第二版前言

本书第一版自2014年10月出版以来,受到了广大读者的肯定和好评。近年来,高等教育的快速发展给高校教学提出了许多新的课题。面对新时代高等教育的发展需要,我们认为有必要把最近几年在教学过程中发现的一些问题进行系统的总结,对原有的内容作进一步凝练、加工和增删,这就有了再版的想法。与第一版比较,主要变动如下:

(1)在保持第一版内容简明扼要、注重概念和理论的解释、注重方法应用的基础上,在新版中进一步考虑了学生对内容及其叙述的可接受性,对部分内容作了增删和修改,使之更为通顺或简洁;对各章的例题和习题都作了适当的调整,以提高例题、习题的代表性,加强学生对相关知识应用的能力。

(2)融入思政元素,把"立德树人"作为教育的根本任务,通过例题,把"量变与质变""偶然与必然""质疑与创新"融入课程实例中,以此来潜移默化地影响学生的思想意识。

(3)紧贴信息时代特点,通过"纸质教材+数字资源"的形式,把原教材中打"＊"号的内容,以及相关、拓展的内容全部设计成数字化内容,满足学生个性化学习的需求,同时使纸质教材更加简洁。

(4)更新近六年考研真题(2018—2023)及相应解答。

第二版的更新和编写分工如下:第一、二章由薛美玉编写,第三章由刘文丽编写,第四章由吕书龙编写,第五至八章由梁飞豹编写,并在集体讨论的基础上,全书由梁飞豹统稿并定稿。

本书得到福州大学教材建设立项;高等教育出版社李晓鹏编辑在编校中付出辛勤劳动,并提出了许多宝贵的意见,在此,我们一并表示衷心的感谢!

由于作者水平有限,本书虽经不断修改,但仍会有不少缺点和问题,恳请广大同行和读者批评指正。

编　者
2023年元月于福州大学

概率论与数理统计

（第二版）

主　编　梁飞豹

副主编　薛美玉　吕书龙　刘文丽

中国教育出版传媒集团

高等教育出版社·北京

内容简介

　　本书是编者结合长期教学实践中的经验与体会,经多次修改编写而成的。全书共分八章,主要内容包括:随机事件及其概率、随机变量及其分布、二维随机变量及其分布、随机变量的数字特征、极限定理初步、数理统计的基本概念与抽样分布、参数估计、假设检验等。每章配有内容小结与习题,习题分三个部分:第一部分为基本题,包括选择题、填空题及计算题;第二部分为提高题;第三部分为近年考研真题。书后配有各章基本题的参考答案、提高题的解答及近年考研真题详解。

　　本书具有广泛的适用性,适合不同层次高校使用,既可作为高等学校理工类(非数学类专业)、经济管理类各专业本科生的概率论与数理统计教材和教学参考书,也可作为全国硕士研究生招生考试数学(一)和数学(三)的辅导书。

图书在版编目（ＣＩＰ）数据

　　概率论与数理统计／梁飞豹主编；薛美玉，吕书龙，刘文丽副主编. -- 2 版. -- 北京：高等教育出版社，2023.9

　　ISBN 978-7-04-060604-1

　　Ⅰ. ①概… 　Ⅱ. ①梁… ②薛… ③吕… ④刘… 　Ⅲ. ①概率论-高等学校-教材②数理统计-高等学校-教材 　Ⅳ. ①O21

　　中国国家版本馆 CIP 数据核字（2023）第 098723 号

Gailülun yu Shuli Tongji

策划编辑	李晓鹏	责任编辑	李晓鹏	特约编辑	宋玉文	封面设计	王 洋
版式设计	马 云	责任绘图	裴一丹	责任校对	张 然	责任印制	田 甜

出版发行	高等教育出版社	网　址	http://www.hep.edu.cn
社　址	北京市西城区德外大街 4 号		http://www.hep.com.cn
邮政编码	100120	网上订购	http://www.hepmall.com.cn
印　刷	人卫印务（北京）有限公司		http://www.hepmall.com
开　本	787mm×1092mm　1/16		http://www.hepmall.cn
印　张	16	版　次	2014 年 10 月第 1 版
字　数	380 千字		2023 年 9 月第 2 版
购书热线	010-58581118	印　次	2023 年 9 月第 1 次印刷
咨询电话	400-810-0598	定　价	40.80 元

本书如有缺页、倒页、脱页等质量问题,请到所购图书销售部门联系调换

▍第一版前言

概率论与数理统计是研究随机现象统计规律的,随着"大数据"时代的来临,概率论与数理统计作为研究"大数据"的主要基础理论之一,受到了专家学者的广泛重视。概率论与数理统计课程已经成为高等学校最重要的基础课程之一。

本书在编写过程中,力求体现以下特点:

1. 内容精简。严格按照教学大纲,并参照全国工学、经济学、管理学硕士研究生入学统一考试数学(一)和数学(三)对概率论和数理统计课程的基本要求编写。全书包含八章内容,其中前五章为概率论部分,后三章为数理统计部分。

2. 适用性广。考虑到各层次高校对该课程的不同要求,本书力求例题、习题难度的多样性,便于教师在教学过程中进行取舍。同时,我们对各章的习题进行分类,基本题只给出参考答案,培养学生独立做题的习惯;提高题给出详细解答,一方面作为本章例题的补充,另一方面丰富本章的习题题型及解题技巧,为学生提供课外练习和参考。

3. 配备考研真题分析与详解。考虑到硕士研究生教育的快速发展以及本科生学习的多层次需要,我们收集了近几年(2006—2014)全国硕士研究生入学统一考试中的概率统计试题,按其内容分别归类到不同章中,形成各章习题的第三部分,并在习题答案中给出详解,可以作为学生的课外练习,同时也供考研学生参考。

讲授本书的全部内容(不包括带 ＊ 号内容)大约需要 48 学时,各校可根据学校的具体情况适当增减。

本书第一章由薛美玉编写,第二、三章由刘文丽编写,第四章由吕书龙编写,第五至八章由梁飞豹编写,并在集体讨论的基础上,由梁飞豹定稿。

本书系福州大学教材建设的立项成果。福州大学数学与计算机科学学院"概率统计"教学团队全体教师多次参与书稿内容修改的集体讨论,并提出许多宝贵的意见,在此,我们表示衷心的感谢!

限于编者的水平,书中难免存在不足之处,恳请广大同行和读者批评指正。

编 者

2014 年 5 月于福州大学

目　录

第一章

随机事件及其概率 ──────────○

概率论的诞生可以追溯到 1654 年法国数学家帕斯卡和费马对机会博弈中的一些问题所作的讨论. 概率论在射击、保险、测量等领域的应用推动了概率论的发展, 但它的复兴和大发展则是在 20 世纪. 20 世纪以来, 概率论与工程技术和社会学科相结合, 推动了信息论、可靠性理论等多种学科的形成.

概率是随机事件发生的可能性大小的度量, 概率论通过对简单随机事件的研究, 过渡到对复杂随机现象的研究, 是研究随机现象统计规律性的有效方法和工具. 随机现象在社会生活和科学技术中存在的广泛性及其所具有的内在规律, 使得概率论得以产生并迅速发展. 学好概率论是今后学好数理统计的理论基础.

本章主要介绍概率论的一些基本概念、五大公式、三大概型等, 它们是以后各章的重要基础.

§1.1　样本空间与随机事件

在人类生活中, 观察到的自然现象和社会现象多种多样, 主要可归结为两种类型. 一类称为确定性现象, 是指在确定的条件满足时, 必然发生的现象. 例如, 上抛一枚质地均匀的硬币必然会下落; 在市场经济条件下, 某种商品供不应求, 其价格必然不会下跌, 等等. 另一类称为不确定性现象, 是指在确定的条件满足时, 无法确知它是否发生, 即使发生也无法知道其结果的现象. 对于该类现象, 情况比较复杂, 我们主要关注其中一种情况. 在这种情况下, 现象事先能够预知所有可能结果, 但在每次试验后, 时而出现这种结果, 时而出现那种结果, 呈现出一种随机性, 称为随机现象. 例如, 上抛一枚质地均匀的硬币, 其落地后可能是正面朝上, 也可能是反面朝上; 某股票明天可能上涨, 也可能下跌, 还可能不涨也不跌, 等等. 随机现象具有随机性、偶然性, 但当重复观察某一随机现象时, 它又将体现出某种统计规律性. 例如, 重复上抛一枚质地均匀的硬币 1 000 次, 大约 500 次正面朝上. 概率论正是研究随机现象统计规律性的一种有效方法和工具.

一、 随机试验

为了研究随机现象内部隐藏的统计规律性,必须对随机现象进行大量的重复观测或试验,这种观测或试验统称为随机试验,简称为试验,记为 E.

例 1.1.1 在某一批产品中任选一件,检验其是否合格.

例 1.1.2 将一枚质地均匀的硬币连掷两次,观察正、反面出现的情况.

例 1.1.3 掷一颗质地均匀的正六面体骰子一次,观察出现的点数.

例 1.1.4 掷一颗质地均匀的正六面体骰子,直到掷出 6 点为止,记录其抛掷次数.

例 1.1.5 在一大批电脑中任意抽取一台,测试其寿命.

显然,以上 5 个例子都是随机试验,分别记为 E_1, E_2, E_3, E_4, E_5,它们具有如下特点:

(1) 可重复性:试验可以在相同条件下重复进行.

(2) 所有结果可确定性:每一次试验,可能出现各种不同结果,但所有可能出现的结果事先是明确的.

(3) 每次结果不确定性:每一次试验,实际只出现一种结果,至于实际出现哪一种结果,试验之前是无法预先知道的.

以上 3 个特点是随机试验所具有的共同特点,我们往往通过大量的随机试验去研究随机现象的规律性.

二、 样本空间

在研究随机试验 E 时,首先必须弄清楚这个试验可能出现的所有结果,称每一个可能的结果为样本点,一般用小写字母 ω 表示,全体样本点构成的集合称为样本空间,一般用大写字母 Ω 表示.

在例 1.1.1 中,可以用"0"表示产品合格,"1"表示产品不合格,则样本空间可记为 $\Omega_1 = \{0,1\}$.

在例 1.1.2 中,可以用"H"表示出现正面,"T"表示出现反面,则样本空间可记为 $\Omega_2 = \{HH, HT, TH, TT\}$.

在例 1.1.3 中,若用 i 表示"出现 i 点",则 i 取 $1,2,\cdots,6$,样本空间可记为 $\Omega_3 = \{1,2,\cdots,6\}$.

在例 1.1.4 中,若用 n 表示"首次掷出 6 点所需的抛掷次数",则 n 取正整数 $1,2,3,\cdots$,样本空间可记为 $\Omega_4 = \{1,2,3,\cdots\}$.

在例 1.1.5 中,若用 x 表示"一台电脑的寿命",则 x 可取为一切非负实数,样本空间可记为 $\Omega_5 = \{x \mid x \geqslant 0\}$.

从以上例子可以看出,随机试验的样本空间可能包含有限多个样本点,如例 1.1.1 到例 1.1.3,也可能包含无限多个样本点,如例 1.1.4 和例 1.1.5.而由于例 1.1.4 的样本点可以按某种顺序排列出来,通常称之为可列无穷多个,简称为可列个.我们常把包含有限个或可列个样本点的样本空间称为离散样本空间,包含无限个但不可列个样本点的样本空间称为非离散样本空间.

样本空间 Ω 一般有两种表示法,一种是列举法,即把所有的样本点都列举出来,如例 1.1.1 到例 1.1.4,一般来说离散样本空间常用列举法表示;另一种是描述法,即样本点满足某一条件,如例 1.1.5,一般来说非离散样本空间常用描述法表示.

三、 随机事件

在随机试验中,可能发生也可能不发生的事情称为随机事件,简称事件,一般用大写字母 $A,B,C,\cdots$ 表示.

每次试验中,一定发生的事件称为必然事件,记为 Ω. 每次试验中一定不发生的事件称为不可能事件,记为 $\varnothing$. 这两个事件是确定性事件,不是随机事件,但为了方便起见,通常把 Ω 和 $\varnothing$ 作为特殊的随机事件来看待.

对于一个随机试验,它的每一个可能出现的结果(样本点)都是一个事件,这种简单的随机事件称为基本事件,基本事件也可以看作是试验中不能再分解的事件. 由若干个基本事件组成的事件称为复合事件(或可再分事件).

按集合论的观点,对于某一随机试验 E,样本空间 Ω 是一集合,随机事件 A 可看作集合 Ω 的一个子集,即 $A \subset \Omega$,所有随机事件的全体称为事件集,记为 $\mathscr{F}$,即 $\mathscr{F}=\{A\,|\,A \subset \Omega\}$. 显然必然事件 $\Omega \in \mathscr{F}$,不可能事件 $\varnothing \in \mathscr{F}$.

在例 1.1.3 中,"出现 3 点"是一个随机事件,记为 $A=\{3\}$,它是一个基本事件;"出现奇数点"也是一个随机事件,记为 $B=\{1,3,5\}$,它是一个复合事件;"点数小于 7"是一个必然事件,记为 Ω;"点数超过 6"是一个不可能事件,记为 $\varnothing$.

四、 事件间的关系与运算

1.1.1 随机事件的
关系与运算

因为随机事件是样本空间的子集,所以随机事件之间的关系与运算可以等同于集合间的关系与运算.

随机事件之间的关系主要有包含、互斥、对立.

若事件 A 发生时,必导致事件 B 发生,则称事件 B 包含事件 A,或称事件 A 包含于事件 B,记为 $A \subset B$,或 $B \supset A$.

若事件 A 与事件 B 不能同时发生,则称事件 A 与事件 B 为互斥事件,也称为互不相容事件.

事件 A 不发生的事件,记为 $\overline{A}$,称事件 A 与事件 $\overline{A}$ 为对立事件.

随机事件之间的运算主要有和、差、积三种.

事件 A 与事件 B 至少有一个发生的事件,称为事件 A 与事件 B 的和(并)事件,记为 $A \cup B$.

事件 A 发生而事件 B 不发生的事件称为事件 A 与事件 B 的差事件,记为 $A-B$. 特别地,$\Omega-B$ 记为 $\overline{B}$.

事件 A 与事件 B 同时发生的事件,称为事件 A 与事件 B 的积(交)事件,记为 $A \cap B$ 或 AB.

除了上述几种随机事件的关系和运算之外,今后还常常谈及有限个随机事件对样本空间的分割,即完备事件组的概念.

若随机事件 $A_1, A_2, \cdots, A_n$ 满足下面两个条件:

(1) $A_1 \cup A_2 \cup \cdots \cup A_n = \Omega$,即在一次试验中,事件组 $A_1, A_2, \cdots, A_n$ 中至少有一个发生;

(2) $A_i A_j = \varnothing (i \neq j; i, j = 1, 2, \cdots, n)$,即事件组 $A_1, A_2, \cdots, A_n$ 两两互不相容,则称事件组 $A_1, A_2, \cdots, A_n$ 为**完备事件组**,完备事件组也称为**样本空间的一个分割**(或划分).

用长方形表示样本空间 Ω,而用长方形内的小圆或子区域表示随机事件的图形称为**文氏图**.图 1.1.1(a)到图 1.1.1(g)就是表示事件之间关系、运算、分割的文氏图.

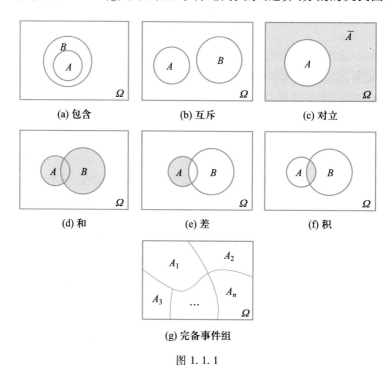

图 1.1.1

在进行事件运算时,一般是先进行逆的运算,再进行交的运算,最后再进行并或差的运算.与集合论中集合的运算一样,事件之间的运算满足下列运算律:

(1) **交换律**:$A \cup B = B \cup A$,$A \cap B = B \cap A$;

(2) **结合律**:$(A \cup B) \cup C = A \cup (B \cup C)$,$(A \cap B) \cap C = A \cap (B \cap C)$;

(3) **分配律**:$(A \cup B) \cap C = (A \cap C) \cup (B \cap C)$,$(A \cap B) \cup C = (A \cup C) \cap (B \cup C)$;

(4) **对偶律**:$\overline{A \cup B} = \overline{A} \cap \overline{B}$,$\overline{A \cap B} = \overline{A} \cup \overline{B}$.

对偶律可推广到任意有限个或可列个事件的情况,即

$$\overline{\bigcup_{i=1}^{n} A_i} = \bigcap_{i=1}^{n} \overline{A_i}; \quad \overline{\bigcap_{i=1}^{n} A_i} = \bigcup_{i=1}^{n} \overline{A_i};$$

$$\overline{\bigcup_{i=1}^{\infty} A_i} = \bigcap_{i=1}^{\infty} \overline{A_i}; \quad \overline{\bigcap_{i=1}^{\infty} A_i} = \bigcup_{i=1}^{\infty} \overline{A_i}.$$

在应用中,应特别注意对偶律的逆向公式,即 $\overline{A} \cap \overline{B} = \overline{A \cup B}$,$\overline{A} \cup \overline{B} = \overline{A \cap B}$.

例 1.1.6 设 A, B 是任意两个随机事件,试化简事件:

$$(\overline{A} \cup B)(A \cup \overline{B})(A \cup B)(\overline{A} \cup \overline{B}).$$

解 由交换律与分配律,易得

$$(\overline{A}\cup B)(A\cup \overline{B})(A\cup B)(\overline{A}\cup \overline{B})$$

$$=(\overline{A}\cup B)(\overline{A}\cup \overline{B})(A\cup \overline{B})(A\cup B)$$

$$=(\overline{A}\cup (B\cap \overline{B}))(A\cup (B\cap \overline{B}))$$

$$=\overline{A}\cap A=\varnothing.$$

例 1.1.7 设 A,B,C 是任意三个随机事件,试化简事件:

$$ABC\cup AB\overline{C}\cup A\overline{B}C\cup \overline{A}BC\cup A\overline{B}\,\overline{C}\cup \overline{A}B\overline{C}\cup \overline{A}\,\overline{B}C.$$

解 ABC 表示 A,B,C 三个事件都发生, $AB\overline{C}\cup A\overline{B}C\cup \overline{A}BC$ 表示 A,B,C 中恰有两个发生, $A\overline{B}\,\overline{C}\cup \overline{A}B\overline{C}\cup \overline{A}\,\overline{B}C$ 表示 A,B,C 中恰有一个发生,因此题目所求事件表示 A,B,C 中至少有一个发生,从而

$$ABC\cup AB\overline{C}\cup A\overline{B}C\cup \overline{A}BC\cup A\overline{B}\,\overline{C}\cup \overline{A}B\overline{C}\cup \overline{A}\,\overline{B}C=A\cup B\cup C.$$

例 1.1.8 某同学参加了 3 门课程的考试,设 A_i 表示事件"第 i 门及格"($i=1,2,3$),试用 A_i 及对立事件 $\overline{A_i}$ 表示下列事件:

(1) 3 门中至少有 1 门及格;　　　　(2) 3 门都及格;

(3) 3 门中恰有 1 门及格;　　　　　(4) 3 门都不及格;

(5) 3 门中最多有 1 门及格;　　　　(6) 前两门及格,第 3 门不及格.

解 (1) $A=\{3$ 门中至少有 1 门及格 $\}=A_1\cup A_2\cup A_3$;

(2) $B=\{3$ 门都及格 $\}=A_1A_2A_3$;

(3) $C=\{3$ 门中恰好有 1 门及格 $\}=A_1\overline{A_2}\,\overline{A_3}\cup \overline{A_1}A_2\overline{A_3}\cup \overline{A_1}\,\overline{A_2}A_3$;

(4) $D=\{3$ 门都不及格 $\}=\overline{A_1}\,\overline{A_2}\,\overline{A_3}=\overline{A_1\cup A_2\cup A_3}=\overline{A}$;

(5) $F=\{3$ 门中最多有 1 门及格 $\}=C\cup D$

$$=A_1\overline{A_2}\,\overline{A_3}\cup \overline{A_1}A_2\overline{A_3}\cup \overline{A_1}\,\overline{A_2}A_3\cup \overline{A_1}\,\overline{A_2}\,\overline{A_3};$$

(6) $G=\{$ 前两门及格,第 3 门不及格 $\}=A_1A_2\overline{A_3}$.

随机事件是概率论中最重要、最基本的概念,要学会并掌握用概率论语言叙述事件,用符号表示事件;要会用简单的事件表示复杂的事件. 另外,借助直观又简便的文氏图常可简化事件表达式.

§1.2　概率的直观定义

研究随机现象不仅要知道可能出现哪些事件,还要知道各种事件出现的可能性的大小. 我们把衡量事件发生可能性大小的数值称为事件发生的概率,事件 A 发生的概率常常用 $P(A)$ 来表示,简称为事件 A 的概率.

为了从数学上对概率的概念给出严格定义,也为了更直观地了解概率的内涵,我们首先引入概率的三种直观定义,有时也称为确定概率的三种计算方法.

一、统计概率

人们在长期的实践中发现,对于随机事件 A,若在 n 次试验中出现了 m 次,则 n 次试验中 A 出现的频率 $f_n(A) = \dfrac{m}{n}$ 在 n 较大时呈现出明显的规律性.

1.2.1 抛掷硬币试验

例 1.2.1　历史上有多位著名科学家,曾做过成千上万次的抛掷硬币试验,并统计了 n 次试验中出现正面(事件 A 发生)的次数 m 及相应的频率 $f_n(A) = \dfrac{m}{n}$,如表 1.2.1 所示.

表 1.2.1　历史上抛掷硬币试验的若干结果

实验者	掷币次数 n	出现正面次数 m	频率 $f_n(A)$
棣莫弗	2 048	1 061	0.518 1
蒲丰	4 040	2 048	0.506 9
弗勒	10 000	4 979	0.497 9
卡尔·皮尔逊	24 000	12 012	0.500 5

从表 1.2.1 可以看出,当试验次数 n 较大时,频率 $f_n(A)$ 总是在 0.5 附近摆动,此时可认为 0.5 为频率的稳定值.

这个稳定值说明随机事件 A 发生的可能性大小是客观存在的,是不以人们的意志为转移的客观规律,我们把它称为随机现象的统计规律性.

定义 1.2.1(概率的统计定义)　设在相同条件下对事件 A 重复进行的 n 次试验中,事件 A 出现 m 次,当试验次数 n 比较大时,事件 A 出现的频率 $f_n(A) = \dfrac{m}{n}$ 的稳定值 p 称为事件 A 的概率,也称为统计概率,记为 $P(A)$,即

$$P(A) = p \approx f_n(A) = \frac{m}{n}. \tag{1.2.1}$$

在实际应用中,当重复试验的次数较大时,可用事件的频率作为其概率的近似值.

例 1.2.2　抽查某厂的某一产品 100 件,发现有 5 件不合格品,则不合格品(事件 A)的概率为

$$P(A) \approx 5/100 = 5\%.$$

二、古典概率

对于某些特殊类型的随机试验,某事件发生的概率可以直接求出.

概率论发展初期的主要研究对象是古典概型随机试验.古典概型随机试验是指具有下列两个特征的随机试验:

(1) 有限性:试验的所有可能结果为有限个基本事件;

(2) **等可能性**:每次试验中各基本事件出现的可能性均相同.

古典概型随机试验也叫**古典概型试验**,简称为**古典概型**.例如,观察球技相当的两名乒乓球运动员的一场比赛,假设没有平局,那么或出现甲胜或出现乙胜,只有两种结果,且每种结果出现的可能性相同.又如掷一颗质地均匀的骰子,观察出现的点数,则共有 6 种结果,且每一种结果出现的可能性相同.这些试验都属于古典概型.

定义 1.2.2(概率的古典定义) 在古典概型试验中,设只有 n 个等可能的基本事件,随机事件 A 包含有 m 个基本事件,则称 m / n 为事件 A 的**概率**,也称为**古典概率**,记为

$$P(A) = \frac{\text{事件 } A \text{ 所包含的基本事件数}}{\text{所有可能的基本事件数}} = \frac{m}{n}. \qquad (1.2.2)$$

在古典概率的计算中,常常需要用到加法原理、乘法原理、排列、组合等计数方法.

1.2.2 常见的计数方法

例 1.2.3 从编号为 $0,1,2,3,4,5$ 的 6 个球中任取 1 个,假定每个数字都以 $1/6$ 的概率被取中,取后放回,先后取出 3 个球,试求下列各事件 A_i 的概率 $P(A_i)(i=1,2,3)$.

(1) A_1 表示"3 个球编号互不相同";

(2) A_2 表示"3 个球的编号排成一个能被 5 整除的三位数";

(3) A_3 表示"3 个球编号中有且只有一个 0".

解 从编号为 $0,1,2,3,4,5$ 的 6 个球中,有放回地取 3 个球,其所有可能的基本事件数 $n = 6^3$.

(1) A_1 所包含的基本事件数 $m_1 = 6 \times 5 \times 4$,故

$$P(A_1) = \frac{m_1}{n} = \frac{6 \times 5 \times 4}{6^3} = \frac{5}{9}.$$

(2) A_2 所包含的基本事件数 $m_2 = 5 \times 6 \times 2 = 60$,故

$$P(A_2) = \frac{m_2}{n} = \frac{60}{6^3} = \frac{5}{18}.$$

(3) A_3 所包含的基本事件数 $m_3 = 3 \times 5 \times 5 = 75$,故

$$P(A_3) = \frac{m_3}{n} = \frac{75}{6^3} = \frac{25}{72}.$$

例 1.2.4(分类问题) 设一批游客入住某酒店,可供选择的房间共 N 间,其中 M 间有无线网络信号覆盖,现在从全部 N 个房间中随机地抽取 n 间 $(n \leqslant N)$,试求恰好取到 m 间 $(m \leqslant M)$ 有无线网络信号覆盖的概率.

解 从 N 个房间中任取 n 间,有 C_N^n 种不同取法,所以总的基本事件数为 C_N^n.

设 $A = \{$ 取出的 n 个房间中恰好有 m 间有无线网络信号覆盖 $\}$,这相当于从 M 个有无线网络信号覆盖的房间中抽取 m 间,以及从 $N-M$ 个没有无线网络信号覆盖的房间中抽取 $n-m$ 间,所以 A 所包含的基本事件数为 $\mathrm{C}_M^m \mathrm{C}_{N-M}^{n-m}$,因此

$$P(A) = \frac{\mathrm{C}_M^m \mathrm{C}_{N-M}^{n-m}}{\mathrm{C}_N^n}. \qquad (1.2.3)$$

(1.2.3)式即为超几何分布的概率公式,详见第二章.例 1.2.4 对应的概率模型常可以推广成以下概率模型.

例 1.2.5 设 N 件产品可分为 k 类,第 $i(1\leqslant i\leqslant k)$ 类中有 N_i 件产品,现从中任取 $n(n\leqslant N)$ 件,求 n 件中恰有 $n_i(n_i\leqslant N_i)$ 件 $i(1\leqslant i\leqslant k)$ 类产品的概率.

解 从 N 件产品任取 n 件,有 C_N^n 种不同取法,所以总的基本事件数为 C_N^n.

设 $A=\{n$ 件中恰有 n_i 件 i 类产品 $\}$,则 A 所包含的基本事件数为 $C_{N_1}^{n_1}C_{N_2}^{n_2}\cdots C_{N_k}^{n_k}$,因此

$$P(A)=\frac{C_{N_1}^{n_1}C_{N_2}^{n_2}\cdots C_{N_k}^{n_k}}{C_N^n}.$$

例 1.2.6 任意将 10 本书放在同一层书架上,其中有两套书,一套含三本,另一套含四本,则这两套各自放在一起的概率是多少?

解 将 10 本书放在同一层书架上共有 10! 种方法,即总的基本事件数为 10!.

设 $A=\{$ 这两套各自放在一起 $\}$,则题意相当于共有五套书,另外三套是每套都只有一本,则可以留五个位置给五套书,有 5! 种方法,而每个位置内各套书可以进行全排列,所以 A 包含的基本事件数为 5! 3! 4!. 故

$$P(A)=\frac{5!\ 3!\ 4!}{10!}=\frac{1}{210}.$$

例 1.2.7(生日问题) 设全班有 n 个学生,每个学生的生日等可能地出现在 365 天中的任一天,求下列事件的概率.

(1) $A=\{$ 至少有两个学生在同一天过生日 $\}$;

(2) $B=\{$ 恰好有 m 个学生在 10 月 1 日过生日 $\}$.

解 每个学生的生日都有 365 种可能,所以 n 个学生共有 365^n 种,即总的基本事件数为 365^n.

(1) $\bar{A}$ 表示所有学生的生日互不相同,则 $\bar{A}$ 包含的基本事件数是 A_{365}^n,故

$$P(A)=1-\frac{A_{365}^n}{365^n}.$$

(2) 在 10 月 1 日过生日的 m 个人可由 n 个人中任意选出,有 C_n^m 种选法,其余 $n-m$ 个人的生日可以任意落在剩余的 364 天里,共有 364^{n-m} 种分配法,所以 B 所包含的基本事件为 $C_n^m 364^{n-m}$. 故

$$P(B)=\frac{C_n^m 364^{n-m}}{365^n}=C_n^m\left(\frac{1}{365}\right)^m\left(1-\frac{1}{365}\right)^{n-m}. \tag{1.2.4}$$

(1.2.4)式为二项分布的概率公式,详见第二章.

另外,对于不同的 n,借助计算机可以计算出表 1.2.2.

表 1.2.2 事件 A 的概率

n	10	20	22	23	30	40	50	60	70
$P(A)=1-\dfrac{A_{365}^n}{365^n}$	0.116 9	0.411 4	0.475 7	0.507 3	0.706 3	0.891 2	0.970 4	0.994 1	0.999 2

将上述概率值绘制成图 1.2.1,不难发现,随着 n 的增加,$P(A)$ 迅速增加. 当全班有 60 个学生时,能以 99.4% 的把握保证至少有两个学生在同一天过生日.

三、 几何概率

在古典概率中考虑的试验结果只有有限个,这在实际应用中具有很大的局限性.许多时候还需要考虑试验结果为无穷多个的情形,这就是几何概型.所谓几何概型是指具有下列两个特征的随机试验.

(1) **有限区域、无限样本点**:试验的所有可能结果为无穷多个样本点,但其样本空间 Ω 充满某一有限的几何区域(直线、平面、三维空间等),可以度量该区域的大小(长度、面积、体积等).

(2) **等可能性**:试验中各样本点出现在度量相同的子区域内的可能性相同.

定义 1.2.3(概率的几何定义) 在几何概型试验中,设样本空间为 Ω,事件 $A \subset \Omega$,则称

$$P(A) = \frac{m(A)}{m(\Omega)} = \frac{A \text{ 的几何度量}}{\Omega \text{ 的几何度量}} \tag{1.2.5}$$

为事件 A 的概率,也称为几何概率,其中几何度量指长度、面积、体积等.

例 1.2.8 公共汽车站每隔 5 min 有一辆公共汽车到站,乘客到达汽车站的时刻是任意的,求一个乘客候车不超过 3 min 的概率.

解 设 t 表示乘客等待的时长(单位:min),A 表示"候车时间不超过 3 min",则样本空间为 $\Omega = \{t \mid 0 \leqslant t \leqslant 5\}$,事件 $A = \{t \mid 0 \leqslant t \leqslant 3\}$,所以 $P(A) = \dfrac{m(A)}{m(\Omega)} = \dfrac{3}{5}$.

例 1.2.9(会面问题) 两人相约于 8:00 至 9:00 之间在某地会面,先到者等候另一人 15 min 后,若未见到对方即可离开,求两人能够会面的概率.

解 以 x, y 分别表示两人到达时刻在 8:00 后的时间,设 A 表示"两人能够会面",则样本空间可表示成 $\Omega = \{(x, y) \mid 0 \leqslant x \leqslant 60, 0 \leqslant y \leqslant 60\}$,事件 A 可表示成 $A = \{(x, y) \mid |x - y| \leqslant 15\}$. 如图 1.2.2 所示,$A$ 为图中阴影部分. 故

$$P(A) = \frac{S_A}{S_\Omega} = \frac{60^2 - (60 - 15)^2}{60^2} = \frac{7}{16}.$$

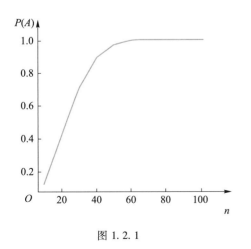

图 1.2.1

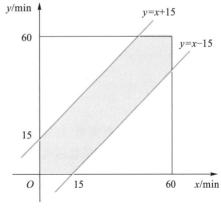

图 1.2.2

9

例 1.2.10（蒲丰投针问题） 平面上画有等距离的平行线,平行线的距离为 $a(a>0)$,向平面投掷一枚长为 $l(l<a)$ 的针,试求针与平行线相交的概率.

1.2.3 蒲丰

解 以 x 表示针与平行线间的交角,y 表示针的中点与最近一条平行线的距离,设 A 表示"针与平行线相交". 由图 1.2.3（a）易知,要使针与平行线相交,要求针在垂直方向上的投影长度 $l\sin x$ 的一半不小于针的中点与最近一条平行线的距离. 则样本空间可表示成:$\Omega = \left\{(x,y) \,\middle|\, 0\le x\le\pi, 0\le y\le\dfrac{a}{2}\right\}$,事件 A 可表示成:$A=\left\{(x,y) \,\middle|\, 0\le y\le\dfrac{l}{2}\sin x\right\}$. 如图 1.2.3（b）所示,$A$ 为图中阴影部分. 故

$$P(A)=\frac{S_A}{S_\Omega}=\frac{\displaystyle\int_0^\pi \frac{l}{2}\sin x\, \mathrm{d}x}{\pi\cdot\dfrac{a}{2}}=\frac{2l}{\pi a}.$$

若 l,a 已知,则以 π 的值代入即可计算概率 $P(A)$ 的值. 反之,如果已知概率 $P(A)$,那么也可由上式求 π 的值. 由频率的稳定性,如果投针 N 次,其中针与平行线相交 n 次,那么概率 $P(A)$ 可以用频率 $\dfrac{n}{N}$ 代替,则可由下式来近似计算 π:

$$\pi\approx\frac{2lN}{an}.$$

特别地,当平行线的距离等于针长的 2 倍,即 $a=2l$ 时,$P(A)=\dfrac{1}{\pi}$,此时则可用频率的倒数 $\dfrac{N}{n}$ 来近似计算 π,即 $\pi\approx\dfrac{N}{n}$.

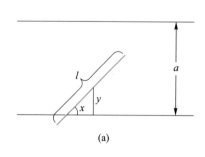

(a)

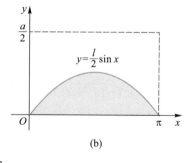

(b)

图 1.2.3

显然,统计概率、古典概率、几何概率具有如下性质:

（1）非负有界性:对于任意随机事件 A,有 $0\le P(A)\le 1$;

（2）规范性:$P(\Omega)=1$;

（3）有限可加性:设 $A_1,A_2,\cdots,A_n$ 是一组两两互不相容的事件,则有

$$P\left(\bigcup_{i=1}^n A_i\right)=\sum_{i=1}^n P(A_i).$$

§1.3　概率的公理化定义

§1.2 讨论的三种特殊概率模型中关于事件概率的定义,是在特殊情况下给出的事件概率的计算方法,具有明显的局限性,不能作为事件概率的严格定义.另一方面,从 §1.2 的定义出发,我们又可以看出,它们有一些共同的属性:非负有界性、规范性及有限可加性.这些共同的属性为我们建立概率的公理化定义提供了理论基础.

一、 概率的公理化定义

定义 1.3.1(概率的公理化定义)　设随机试验 E 的样本空间为 Ω,对试验 E 的任一随机事件 A,定义实值函数 $P(A)$,若它满足以下三个公理:

公理 1(非负有界性)　$0 \leqslant P(A) \leqslant 1$;

公理 2(规范性)　$P(\Omega) = 1$;

公理 3(可列可加性)　对于可列无穷多个两两互不相容的随机事件 $A_1, A_2, \cdots, A_n, \cdots$,有

$$P\left(\bigcup_{i=1}^{\infty} A_i\right) = \sum_{i=1}^{\infty} P(A_i).$$

则称 $P(A)$ 为事件 A 的概率.

二、 概率的性质

利用概率的公理化定义,可以推导出概率的一些重要性质和相关推论.

1.3.1 概率的性质

性质 1　不可能事件的概率为 0,即 $P(\varnothing) = 0$.

值得注意的是,概率为 0 的事件不一定是不可能事件.概率为 1 的事件不一定是必然事件.

性质 2(有限可加性)　若随机事件 $A_1, A_2, \cdots, A_n$ 两两互不相容,则

$$P\left(\bigcup_{i=1}^{n} A_i\right) = \sum_{i=1}^{n} P(A_i).$$

性质 3　对任一事件 A,有 $P(A) = 1 - P(\bar{A})$.

性质 4(减法公式)　对任意的两个随机事件 A, B,有

$$P(A-B) = P(A) - P(AB).$$

推论　对任意两个事件 A, B,若 $A \supset B$,则

(1) $P(A-B) = P(A) - P(B)$.

则(2) $P(A) \geqslant P(B)$.

性质 5(加法公式)　对任意的两个随机事件 A, B,有

$$P(A \cup B) = P(A) + P(B) - P(AB).$$

推论　对任意 n 个随机事件 $A_1, A_2, \cdots, A_n$，有

$$P\left(\bigcup_{i=1}^{n} A_i\right) = \sum_{i=1}^{n} P(A_i) - \sum_{1 \leqslant i < j \leqslant n} P(A_i A_j) + \sum_{1 \leqslant i < j < k \leqslant n} P(A_i A_j A_k) +$$
$$\cdots + (-1)^{n-1} P(A_1 A_2 \cdots A_n).$$

例 1.3.1　设 $P(AB) = P(\overline{A}\,\overline{B})$，$P(A) = p$，求 $P(B)$ 的值.

解　根据对偶律、性质 3 和性质 5，易得

$$P(AB) = P(\overline{A}\,\overline{B}) = P(\overline{A \cup B}) = 1 - P(A \cup B)$$
$$= 1 - P(A) - P(B) + P(AB),$$

所以 $P(B) = 1 - P(A) = 1 - p$.

例 1.3.2　已知 $P(A) = \dfrac{1}{2}$，$P(B) = \dfrac{1}{3}$，在下列 3 种情况下分别求出 $P(B\overline{A})$ 的值：（1）A 与 B 互不相容；（2）$B \subset A$；（3）$P(AB) = \dfrac{1}{4}$.

解　由性质 4，$P(B\overline{A}) = P(B) - P(BA)$.

（1）因为 $AB = \varnothing$，所以 $P(AB) = 0$，故 $P(B\overline{A}) = P(B) = \dfrac{1}{3}$.

（2）因为 $B \subset A$，所以 $BA = B$，故 $P(B\overline{A}) = 0$.

（3）$P(B\overline{A}) = P(B) - P(AB) = \dfrac{1}{3} - \dfrac{1}{4} = \dfrac{1}{12}$.

例 1.3.3　已知随机事件 A, B, C，其中 B 与 C 互不相容，且 $A \subset B$，又 $P(A) = \dfrac{1}{4}$，$P(B) = \dfrac{1}{3}$，$P(C) = \dfrac{1}{2}$，试求 A, B, C 至少有一个发生的概率.

解　因为 B 与 C 互不相容，且 $A \subset B$，所以 A 与 C 互不相容，从而 $AC = \varnothing$，$BC = \varnothing$，于是由性质 1，$P(AC) = P(BC) = 0$. 又 $ABC \subset BC$，由性质 4 得 $P(ABC) = 0$，且 $P(AB) = P(A) = \dfrac{1}{4}$，所以由性质 5 的推论，$A, B, C$ 至少有一个发生的概率为

$$P(A \cup B \cup C)$$
$$= P(A) + P(B) + P(C) - P(AB) - P(BC) - P(AC) + P(ABC)$$
$$= \frac{1}{4} + \frac{1}{3} + \frac{1}{2} - \frac{1}{4} - 0 - 0 + 0 = \frac{5}{6}.$$

例 1.3.4　抛一枚质地均匀的硬币 6 次，求既出现正面又出现反面的概率.

解　设 A 表示"抛硬币 6 次既出现正面又出现反面"，则 A 的情况较复杂，而 A 的对立事件 $\overline{A}$ 则相对简单：6 次全部是正面或 6 次全部是反面，故

$$P(A) = 1 - P(\overline{A}) = 1 - \frac{1}{2^6} - \frac{1}{2^6} = \frac{31}{32}.$$

例 1.3.5　从 5 双不同的鞋子中任取 4 只，求取得的 4 只鞋中至少有 2 只配成一双的概率.

解　设 A 表示"取得的 4 只鞋中至少有 2 只成双", A_i 表示"取得的 4 只鞋中恰好成 i 双"($i=0,1,2$),则

解法 1　$P(A)=1-P(A_0)=1-\dfrac{C_5^4 C_2^1 C_2^1 C_2^1 C_2^1}{C_{10}^4}=\dfrac{13}{21}.$

解法 2　$P(A_1)=\dfrac{C_5^1 C_4^2 C_2^1 C_2^1}{C_{10}^4}=\dfrac{4}{7}$, $P(A_2)=\dfrac{C_5^2}{C_{10}^4}=\dfrac{1}{21}$,

$$P(A)=P(A_1\cup A_2)=P(A_1)+P(A_2)=\dfrac{13}{21}.$$

§1.4　条　件　概　率

一、 条件概率的定义

到目前为止,我们在计算某事件 A 发生的概率时,一直没有考虑试验中有关其他事件的信息. 但在实际问题中,往往会在事件 B 已经发生的条件下,求事件 A 发生的概率,这时由于附加了条件,它与事件 A 发生的概率 $P(A)$ 的意义是不同的,我们把这种概率记为 $P(A\mid B)$,先看一个例子.

例 1.4.1　一个家庭中有两个小孩,已知至少有一个是男孩的条件下,问两个都是男孩的概率是多少(假设生男生女是等可能的)?

解　由题意,样本空间为
$$\Omega=\{(男,男),(男,女),(女,男),(女,女)\}.$$
设 A 表示"两个都是男孩", B 表示"至少有一个是男孩",则有
$$A=\{(男,男)\},\ B=\{(男,男),(男,女),(女,男)\}.$$

由于事件 B 已经发生,故此时所有可能的结果只有 3 种,而事件 A 只包含一种基本事件,所以

$$P(A\mid B)=\frac{1}{3}. \tag{1.4.1}$$

在例 1.4.1 中,如果不知道 B 已经发生的信息,那么事件 A 发生的概率为

$$P(A)=\frac{1}{4}\neq P(A\mid B).$$

这表明,事件之间是存在着一定的关联的, $P(A\mid B)$ 与 $P(A)$ 不相等的原因在于,事件 B 的发生改变了样本空间.

注意到(1.4.1)式还可以写成如下的形式:

$$P(A\mid B)=\frac{1}{3}=\frac{1/4}{3/4}=\frac{P(AB)}{P(B)}.$$

从概率的直观意义出发,若事件 B 已经发生,则要使事件 A 发生当且仅当试验结果出现的样本点属于 A 又属于 B,即属于 AB,因此 $P(A\mid B)$ 应为 $P(AB)$ 在 $P(B)$ 中的"比重",由此我们

给出条件概率 $P(A|B)$ 的定义.

定义 1.4.1 设 A,B 是两个随机事件,且 $P(B)>0$,称

$$P(A|B) = \frac{P(AB)}{P(B)} \tag{1.4.2}$$

为事件 B 发生的条件下事件 A 发生的条件概率.

可以验证,条件概率仍然满足概率的三条公理,即

(1)非负有界性:对于每一个随机事件 A,有 $0 \leqslant P(A|B) \leqslant 1$;

(2)规范性:$P(\Omega|B) = 1$;

(3)可列可加性:设 $A_1,A_2,\cdots,A_n,\cdots$ 是两两互不相容的事件,则有

$$P\left(\bigcup_{i=1}^{\infty} A_i \,\middle|\, B\right) = \sum_{i=1}^{\infty} P(A_i|B).$$

因此,概率所具有的性质,条件概率仍然具有,例如 $P(\varnothing|B) = 0$, $P(\bar{A}|B) = 1 - P(A|B)$, $P(A_1 \cup A_2|B) = P(A_1|B) + P(A_2|B) - P(A_1 A_2|B)$ 等.

例 1.4.2 假设某种品牌的小轿车行驶 40 000 km 还能正常行驶的概率是 0.95,行驶 60 000 km 还能正常行驶的概率是 0.8,问已经行驶了 40 000 km 的该品牌小轿车还能继续行驶到 60 000 km 的概率是多少?

解 设事件 A 表示"小轿车行驶 40 000 km 还能正常行驶",事件 B 表示"小轿车行驶 60 000 km 还能正常行驶". 由题意,即求概率 $P(B|A)$,根据条件概率的定义,有

$$P(B|A) = \frac{P(BA)}{P(A)} = \frac{P(B)}{P(A)} = \frac{0.8}{0.95} \approx 0.842\ 1.$$

例 1.4.3 箱中有 5 个红球和 3 个白球,现不放回地取出 2 球,假设每次抽取时,箱中各球被取出是等可能的,问:在第一次取出红球的条件下,第二次仍取出红球的概率是多少?

解 记 $A_i = \{$第 i 次取出红球$\}$,$i = 1,2$.

解法 1 由题意有

$$P(A_1) = \frac{5}{8},\quad P(A_1 A_2) = \frac{C_5^2}{C_8^2} = \frac{10}{28},$$

所以

$$P(A_2|A_1) = \frac{P(A_1 A_2)}{P(A_1)} = \frac{10/28}{5/8} = \frac{4}{7}.$$

解法 2 由于事件 A_1 已经发生,第二次去取球时,球共剩下 7 个,其中红球剩下 4 个,所以 $P(A_2|A_1) = \frac{4}{7}$.

计算条件概率常有两种方法,一种是由条件概率的定义(即(1.4.2)式)计算,如例 1.4.2 和例 1.4.3 的解法 1;另一种是用样本空间缩减法,即在某个事件已经发生的条件下,样本空间往往被缩小了,在缩小的样本空间中考虑另外一个事件发生的概率,如例 1.4.3 的解法 2.

由条件概率的定义,结合事件的关系和运算,可以推导出三个非常实用的公式:乘法公式、全概率公式、贝叶斯公式,这些公式可以帮助我们计算一些较复杂事件的概率.

二、 乘法公式

利用条件概率的定义,自然地得到概率的乘法公式.

定理 1.4.1(乘法公式) 设 A,B 为任意随机事件,若 $P(B)>0$,则
$$P(AB)=P(B)P(A\mid B);\qquad\qquad(1.4.3)$$
若 $P(A)>0$,则
$$P(AB)=P(A)P(B\mid A).\qquad\qquad(1.4.4)$$

乘法公式可以推广至多个随机事件的情形.

推论 设有 n 个事件 $A_1,A_2,\cdots,A_n$,则
$$P(A_1A_2\cdots A_n)=P(A_1)P(A_2\mid A_1)\cdots P(A_n\mid A_1A_2\cdots A_{n-1}).\qquad(1.4.5)$$

例 1.4.4 某同学参加概率论与数理统计课程考试.假设第一次考试及格的概率为 0.5;若第一次不及格,第二次考试及格的概率为 0.25;若前两次不及格,第三次及格的概率为 0.1. 试求该同学参加三次考试都未及格的概率.

解 记 $A_i=\{$第 i 次考试及格$\}$,$i=1,2,3$.

由题意有
$$P(A_1)=0.5,\ P(A_2\mid\overline{A_1})=0.25,\ P(A_3\mid\overline{A_1}\,\overline{A_2})=0.1,$$
则参加三次考试仍未及格的概率
$$P(\overline{A_1}\,\overline{A_2}\,\overline{A_3})=P(\overline{A_1})P(\overline{A_2}\mid\overline{A_1})P(\overline{A_3}\mid\overline{A_1}\,\overline{A_2})=0.5\times0.75\times0.9=0.337\,5.$$

例 1.4.5 假设某人在森林中第一次丢下烟头不引起火灾的概率是 $q_1=1-\varepsilon\,(0<\varepsilon<1,$ 一般很小). 第一次没引起火灾后,第二次丢下烟头不引起火灾的概率是 $q_2=1-\varepsilon$……前 $j-1$ 次没引起火灾后,第 j 次丢下烟头不引起火灾的概率是 $q_j=1-\varepsilon$……求他 n 次丢下烟头至少有一次引起火灾的概率.

解 设 A_i 表示"此人第 i 次丢下烟头不引起火灾",则 $\overline{A_1}\cup\overline{A_2}\cup\cdots\cup\overline{A_n}$ 表示"他 n 次丢下烟头至少有一次引起火灾",故
$$
\begin{aligned}
P(\overline{A_1}\cup\overline{A_2}\cup\cdots\cup\overline{A_n})&=P(\overline{A_1A_2\cdots A_n})\\
&=1-P(A_1A_2\cdots A_n)=1-P(A_1)P(A_2\mid A_1)\cdots P(A_n\mid A_1A_2\cdots A_{n-1})\\
&=1-q_1q_2\cdots q_n=1-(1-\varepsilon)^n.
\end{aligned}
$$

易得,不论 ε 多小,总有 $\lim\limits_{n\to\infty}[1-(1-\varepsilon)^n]=1$.

统计推断理论中的主要依据——"小概率事件原理"告诉我们,概率很小的随机事件在一次试验中几乎不可能发生. 因此,"丢一次烟头引起火灾"这样的小概率(概率 ε 一般很小)事件在一次试验几乎不可能发生. 但是,例 1.4.5 的计算结果也告诉我们,不论这个概率多小,若大家在森林中都随意丢下烟头,则迟早会引起火灾!类似地,假设某人经过一次尝试能完成某事的概率是 ε,如果此人能坚持不懈,持续尝试,那么,不论 ε 多小,随着尝试次数 n 的增加,此人能完成此事的概率将趋于 1.

例 1.4.6 设 10 件产品中有 4 件不合格品,每次从中取 1 件产品,问:在有放回和不放回抽取的两种情况下,第二次抽得合格品的概率分别为多少?

解 设 A_i 表示"第 i 次抽得合格品"$(i=1,2)$.

若第一次取后放回,则有

$$P(A_1) = \frac{3}{5}, \ P(A_2 \mid A_1) = \frac{3}{5} = P(A_2).$$

若第一次取后不放回,则有

$$P(A_1) = \frac{3}{5}, P(A_2 \mid A_1) = \frac{5}{9}, P(A_2 \mid \overline{A_1}) = \frac{2}{3}, P(\overline{A_1}) = \frac{2}{5}.$$

因为 $A_2 = A_2\Omega = A_2(A_1 \cup \overline{A_1}) = A_1A_2 \cup \overline{A_1}A_2$,且 $(A_1A_2) \cap (\overline{A_1}A_2) = \varnothing$,所以

$$P(A_2) = P(A_1A_2 \cup \overline{A_1}A_2) = P(A_1A_2) + P(\overline{A_1}A_2)$$
$$= P(A_1)P(A_2 \mid A_1) + P(\overline{A_1})P(A_2 \mid \overline{A_1})$$
$$= \frac{3}{5} \times \frac{5}{9} + \frac{2}{5} \times \frac{2}{3} = \frac{3}{5}.$$

因此,不论第一次抽出的产品是否有放回,第二次抽到合格品的概率与第一次抽到合格品的概率是一样的.读者可以自己计算,第 k 次($k = 1, 2, \cdots, 10$)抽到合格品的概率均为 3/5,这表明"抽到合格品"这一事件的概率与抽取的前后次序无关,这就是人们常把这个原理应用于一般的随机抽取活动中的理由.

三、 全概率公式

例 1.4.6 的计算方法具有普遍的意义,它代表如下一类随机事件的概率计算方法,即如果欲求其概率的事件 B 是在完备事件组 $A_1, A_2, \cdots, A_n$ 中有且只有一个发生时才发生的,那么 $P(B)$ 的计算就可归结为如下的全概率公式.

定理 1.4.2(全概率公式)　设 $A_1, A_2, \cdots, A_n$ 是一个完备事件组,$P(A_i) > 0$($i = 1, 2, \cdots, n$),则对于事件 B,有

$$P(B) = \sum_{i=1}^{n} P(A_i)P(B \mid A_i). \tag{1.4.6}$$

证　因为 $A_1, A_2, \cdots, A_n$ 是一个完备事件组,所以 $B = B\left(\bigcup_{i=1}^{n} A_i\right) = \bigcup_{i=1}^{n} A_iB$,从而

$$P(B) = \sum_{i=1}^{n} P(A_iB) = \sum_{i=1}^{n} P(A_i)P(B \mid A_i).$$

注　若随机事件 $A_1, A_2, \cdots, A_n$ 两两互不相容,$P(A_i) > 0$($i = 1, 2, \cdots, n$),并且 $B \subset A_1 \cup A_2 \cup \cdots \cup A_n$,则全概率公式(1.4.6)仍然成立.

例 1.4.7　某人准备报名驾校学车,他选甲、乙、丙三所驾校的概率分别为 0.5、0.3、0.2,已知甲、乙、丙三所驾校的学生能顺利通过驾考的概率分别为 0.7、0.9、0.75,求此人顺利通过驾考的概率.

解　设 A_1 表示"报名甲驾校",A_2 表示"报名乙驾校",A_3 表示"报名丙驾校",B 表示"此人顺利通过驾考".依题意:$B \subset A_1 \cup A_2 \cup A_3 = \Omega$,且

$$P(A_1) = 0.5, P(A_2) = 0.3, P(A_3) = 0.2,$$
$$P(B \mid A_1) = 0.7, P(B \mid A_2) = 0.9, P(B \mid A_3) = 0.75,$$

由全概率公式有

$$P(B)=P(A_1)P(B|A_1)+P(A_2)P(B|A_2)+P(A_3)P(B|A_3)$$
$$=0.5×0.7+0.3×0.9+0.2×0.75=0.77.$$

例 1.4.8 试卷中有一道选择题,共有 m 个答案可供选择,其中只有一个答案是正确的.任一考生若会解这道题,则一定能选出正确答案;若不会解这道题,也可能通过试猜而选中正确答案,其概率是 $1/m$. 设考生会解这道题的概率是 p,求:(1)考生选出正确答案的概率;(2)考生在选出正确答案的前提下,确实会解这道题的概率.

解 设 A 表示"会解这道题"; B 表示"选出正确答案".依题意: $B⊂A∪\bar{A}=\Omega$,且 $P(A)=p,P(\bar{A})=1-p$,$P(B|A)=1,P(B|\bar{A})=\dfrac{1}{m}$.

(1)由全概率公式有

$$P(B)=P(A)P(B|A)+P(\bar{A})P(B|\bar{A})$$
$$=p×1+(1-p)×\dfrac{1}{m}=\dfrac{1+(m-1)p}{m}.$$

(2)由条件概率有

$$P(A|B)=\dfrac{P(AB)}{P(B)}=\dfrac{P(A)P(B|A)}{P(B)}=\dfrac{mp}{1+(m-1)p}.$$

假设一个考生会解一道四选一的选择题的概率为 0.5,即 $m=4,p=0.5$,则他会选出正确答案的概率 $P(B)=\dfrac{5}{8}$,而他选出正确答案的情况下确实会解这道题的概率 $P(A|B)=\dfrac{4}{5}$.

四、 贝叶斯公式

利用全概率公式,人们可以通过综合分析一个事件发生的不同原因、情况或途径及其可能性来求得该事件发生的概率.但在实际应用中,人们往往需要考虑与之相反的问题,如例 1.4.8 第 2 小题.这就是下面的贝叶斯公式.

定理 1.4.3(贝叶斯公式) 设 $A_1,A_2,\cdots,A_n$ 是一个完备事件组,$P(A_i)>0(i=1,2,\cdots,n)$,则在 B 已经发生的条件下,A_i 发生的条件概率为

$$P(A_i|B)=\dfrac{P(A_i)P(B|A_i)}{\sum\limits_{k=1}^{n}P(A_k)P(B|A_k)}\quad(i=1,2,\cdots,n).\qquad(1.4.7)$$

1.4.1 托马斯·贝叶斯

公式(1.4.7)中,事件 A_i 的概率 $P(A_i)$($i=1,2,\cdots,n$)通常是在试验之前已知的,因此习惯上称之为先验概率,而 $P(A_i|B)$ 反映了在试验之后,导致事件 B 发生的原因的各种可能性大小,通常称之为后验概率.

注 若随机事件 $A_1,A_2,\cdots,A_n$ 两两互不相容,$P(A_i)>0(i=1,2,\cdots,n)$,并且 $B⊂A_1∪A_2∪\cdots∪A_n$,则贝叶斯公式(1.4.7)仍然成立.

例 1.4.9(疾病普查问题) 甲胎蛋白试验法是早期发现肝癌的一种有效手段.据统

计,肝癌患者甲胎蛋白试验呈阳性反应的概率为95%,非肝癌患者甲胎蛋白试验呈阳性反应的概率为2%.已知某地人群中肝癌患者占0.4%,现在此地有一人用甲胎蛋白试验法进行检查,结果显示阳性,问:此人是肝癌患者的概率是多少?

1.4.2 先验概率
与后验概率

解 设 A 表示"肝癌患者",$\overline{A}$ 表示"非肝癌患者",B 表示"检查结果呈阳性".依题意得:$B \subset A \cup \overline{A} = \Omega$,且

$$P(A) = 0.004, P(\overline{A}) = 0.996, P(B \mid A) = 0.95, P(B \mid \overline{A}) = 0.02,$$

由贝叶斯公式得

$$P(A \mid B) = \frac{P(A)P(B \mid A)}{P(A)P(B \mid A) + P(\overline{A})P(B \mid \overline{A})} = \frac{0.004 \times 0.95}{0.004 \times 0.95 + 0.996 \times 0.02} \approx 0.160\,2.$$

这种检验的准确率 $P(B \mid A)$ 尽管高达95%,但确诊率 $P(A \mid B)$ 并不太高.一方面.说明我们的直觉并不总是可靠,不能因为检查呈阳性而忧心忡忡.另一方面,说明一些疾病需进行多次检测的必要性.当然,如果检查结果呈阳性,仍然不可掉以轻心!

例 1.4.10 某股票今天有利好消息、有利空消息、既无利好也无利空消息的概率分别为0.6、0.2、0.2,已知有利好消息、有利空消息、既无利好也无利空消息的情况下该股票今天会上涨的概率分别为0.8、0.3、0.5.现已知该股票今天上涨,求今天有利好消息的概率.

解 设 A_1 表示"有利好消息",A_2 表示"有利空消息",A_3 表示"既无利好也无利空消息",B 表示"今天该股票上涨".依题意:A_1, A_2, A_3 两两互不相容,且 $B \subset A_1 \cup A_2 \cup A_3 = \Omega$,

$$P(A_1) = 0.6, \ P(A_2) = 0.2, \ P(A_3) = 0.2,$$
$$P(B \mid A_1) = 0.8, \ P(B \mid A_2) = 0.3, \ P(B \mid A_3) = 0.5,$$

由贝叶斯公式得

$$P(A_1 \mid B) = \frac{P(A_1)P(B \mid A_1)}{P(A_1)P(B \mid A_1) + P(A_2)P(B \mid A_2) + P(A_3)P(B \mid A_3)}$$
$$= \frac{0.6 \times 0.8}{0.6 \times 0.8 + 0.2 \times 0.3 + 0.2 \times 0.5} = 0.75.$$

使用全概率公式和贝叶斯公式的关键之一在于识别出试验的两个阶段,第一阶段的各事件往往是第二阶段事件发生的原因或途径;关键之二在于构造完备事件组,一般把第一阶段的各可能事件作为完备事件组.如例1.4.7,如果报名驾校被视为第一阶段,通过驾考被视为第二阶段,那么报名三个驾校的事件 A_1, A_2, A_3 就是完备事件组.若已知第一阶段的各可能事件,求第二阶段某事件的概率,即由原因推结果,要用全概率公式;若已知第二阶段某事件发生,求第一阶段某事件的概率,即由结果找原因,则用贝叶斯公式.贝叶斯公式实际上是由先验概率来求后验概率.贝叶斯公式在机器学习与人工智能领域中的应用极为广泛.

一般地,概率的加法公式、减法公式、乘法公式、全概率公式、贝叶斯公式并称为概率的五大公式.

§1.5 事件的独立性

一、事件的独立性

事件的独立性是概率论中最重要的概念之一. 所谓两个事件 A 与 B 相互独立,直观上说就是它们互不影响,或者说,事件 A 发生与否不会影响事件 B 发生的可能性,事件 B 发生与否不会影响事件 A 发生的可能性,用数学式子表示就是

$$P(B \mid A) = P(B), \text{且 } P(A \mid B) = P(A).$$

但上面两个式子要求 $P(A) > 0$ 或 $P(B) > 0$. 考虑到更一般的情形,我们给出如下定义:

定义 1.5.1 对任意两个事件 A, B,若有

$$P(AB) = P(A)P(B), \tag{1.5.1}$$

则称事件 A 与事件 B 相互独立.

当 $P(A) > 0, P(B) > 0$ 时,由定义 1.5.1 可推出

$$P(B \mid A) = \frac{P(AB)}{P(A)} = \frac{P(A)P(B)}{P(A)} = P(B).$$

同理 $P(A \mid B) = P(A)$,但在该定义中对 $P(A)$ 和 $P(B)$ 并没有限制. 实际上,概率为零的事件与任何事件都相互独立.

需要强调一点的是,事件的独立性与事件的互不相容是两个完全不同的概念. 实际上,从定义即知,如果两个概率不为 0 或 1 的事件是互不相容的,那么它们一定是不独立的;反之,如果两个概率不为 0 或 1 的事件是相互独立的,那么这两个事件不可能互不相容.

定理 1.5.1 若事件 A 与事件 B 相互独立,则 A 与 $\overline{B}, \overline{A}$ 与 $B, \overline{A}$ 与 $\overline{B}$ 也分别相互独立.

1.5.1 独立与互不相容的关系

证 由 $P(AB) = P(A)P(B)$ 得

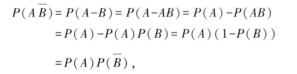

$$
\begin{aligned}
P(A\overline{B}) &= P(A - B) = P(A - AB) = P(A) - P(AB) \\
&= P(A) - P(A)P(B) = P(A)(1 - P(B)) \\
&= P(A)P(\overline{B}),
\end{aligned}
$$

所以 A 与 $\overline{B}$ 相互独立. 利用类似方法可证明 $\overline{A}$ 与 $B, \overline{A}$ 与 $\overline{B}$ 也相互独立.

由于概率为零的事件与任何事件相互独立,再由上述定理显然可得,概率为 1 的事件也与任何事件相互独立.

例 1.5.1 甲、乙两人分别独立地破译同一个密码,设甲、乙能独自译出密码的概率分别是 0.4 与 0.25,现各破译一次,试求:

(1) 此密码能被译出的概率;

(2) 密码恰好被一个人译出的概率.

解 设 A 表示"甲译出密码",B 表示"乙译出密码",依题意 A 与 B 相互独立,从而有 A

与 $\bar{B}$, $\bar{A}$ 与 B, $\bar{A}$ 与 $\bar{B}$ 也都是相互独立.

（1）密码能被译出的概率为

$$P(A \cup B) = P(A) + P(B) - P(AB)$$
$$= 0.4 + 0.25 - 0.4 \times 0.25 = 0.55.$$

（2）密码恰好被一个人译出的概率为

$$P(A\bar{B} \cup \bar{A}B) = P(A\bar{B}) + P(\bar{A}B)$$
$$= P(A)P(\bar{B}) + P(\bar{A})P(B)$$
$$= 0.4 \times 0.75 + 0.6 \times 0.25 = 0.45.$$

注 定义 1.5.1 不完全都是用来判断事件的独立性,经常是利用该定义来计算独立事件乘积的概率,而事件的独立性有时需要根据实际意义或经验来进行假设(如例 1.5.1).另外,事件的独立性与事件在样本空间中的位置没有直接关系,一般不能通过画文氏图来描述事件的独立性.

下面给出三个事件相互独立的定义.

定义 1.5.2 对任意三个事件 A,B,C,若以下四个等式成立:

$$\left. \begin{array}{l} P(AB) = P(A)P(B), \\ P(AC) = P(A)P(C), \\ P(BC) = P(B)P(C), \end{array} \right\} \tag{1.5.2}$$

$$P(ABC) = P(A)P(B)P(C), \tag{1.5.3}$$

则称事件 A,B,C 相互独立.若仅(1.5.2)式成立,则称事件 A,B,C 两两独立.

由定义 1.5.2 知,若事件 A,B,C 相互独立,则必两两独立;但若事件 A,B,C 两两独立,则事件 A,B,C 不一定相互独立.

例 1.5.2 如果将一枚硬币抛掷两次,观察正面 H 和反面 T 的出现情况,那么此时样本空间 $\Omega = \{HH, HT, TH, TT\}$. 设 $A = \{HH, HT\}$, $B = \{HH, TH\}$, $C = \{HH, TT\}$,则 $AB = AC = BC = ABC = \{HH\}$,故有

$$P(A) = P(B) = P(C) = \frac{1}{2},$$

$$P(AB) = P(AC) = P(BC) = P(ABC) = \frac{1}{4},$$

显然

$$P(AB) = P(A)P(B), P(AC) = P(A)P(C), P(BC) = P(B)P(C).$$

但 $P(ABC) = \dfrac{1}{4} \neq P(A)P(B)P(C) = \dfrac{1}{8}$,由定义 1.5.2 知,$A,B,C$ 两两独立,但 A,B,C 并不是相互独立.

因此,当我们考虑多个事件之间是否相互独立时,除了必须考虑任意两事件之间的相互关系外,还要考虑到多个事件的乘积对其他事件的影响.基于如此考虑,我们给出 n 个事件相互独立的定义.

定义 1.5.3 若 n 个事件 $A_1, A_2, \cdots, A_n$ 满足

$$P(A_{i_1} A_{i_2} \cdots A_{i_k}) = P(A_{i_1}) P(A_{i_2}) \cdots P(A_{i_k}) \ (1 \leqslant i_1 < i_2 < \cdots < i_k \leqslant n, 1 < k \leqslant n), \tag{1.5.4}$$

则称事件 $A_1, A_2, \cdots, A_n$ 相互独立.

(1.5.4)式中含有 $C_n^2 + C_n^3 + \cdots + C_n^n = 2^n - n - 1$ 个等式. 由定义 1.5.3 可知, 若事件 A_1, $A_2, \cdots, A_n$ 相互独立, 则它们中的任意一部分事件也相互独立. 类似于定理 1.5.1, 若事件 A_1, $A_2, \cdots, A_n$ 相互独立, 则它们中的任意多个事件换成各自的对立事件后, 所得到的 n 个事件仍然相互独立.

例 1.5.3 (保险赔付问题) 设有 n 个人向保险公司购买人身意外险(保险期为 1 年), 假定投保人在一年内发生意外的概率为 0.01,

(1) 求保险公司赔付的概率;

(2) 当 n 为多大时, 以上赔付的概率超过 0.5?

解 设 A_k 表示"第 k 个投保人出意外"($k = 1, 2, \cdots, n$), A 表示"保险公司赔付", 则易得 $A_1, A_2, \cdots, A_n$ 相互独立, 且 $A = \bigcup\limits_{k=1}^{n} A_k$, 因此

(1) $P(A) = 1 - P\left(\overline{\bigcup\limits_{k=1}^{n} A_k}\right) = 1 - \prod\limits_{k=1}^{n} P(\overline{A_k}) = 1 - 0.99^n$.

(2) $P(A) > 0.5 \Leftrightarrow 0.99^n < 0.5 \Leftrightarrow n > 68.97$.

即当投保人数大于或等于 69 时, 保险公司赔付的概率大于 0.5.

例 1.5.4 (先下手为强) 甲乙两人轮流掷一颗骰子, 每轮掷一次, 谁先掷得 6 点谁获胜, 从甲开始掷, 问甲乙获胜的概率各为多少?

解 设 A_i 表示"第 i 次掷骰子, 点数为 6"($i = 1, 2, \cdots$), A 表示"甲获胜", 因为甲先开始掷, 所以甲在奇数次掷骰子, 从而事件 $A_{2i-1}(i = 1, 2, \cdots)$ 表示甲在第 i 次掷得 6 点, 同理, 事件 $A_{2i}(i = 1, 2, \cdots)$ 表示乙在第 i 次掷得 6 点, 所以甲获胜的概率为

$$
\begin{aligned}
P(A) &= P(A_1 \cup \overline{A_1}\,\overline{A_2}A_3 \cup \overline{A_1}\,\overline{A_2}\,\overline{A_3}\,\overline{A_4}A_5 \cup \cdots) \\
&= P(A_1) + P(\overline{A_1}\,\overline{A_2}A_3) + P(\overline{A_1}\,\overline{A_2}\,\overline{A_3}\,\overline{A_4}A_5) + \cdots \\
&= \frac{1}{6} + \left(\frac{5}{6}\right)^2 \frac{1}{6} + \left(\frac{5}{6}\right)^4 \frac{1}{6} + \cdots \\
&= \frac{6}{11}.
\end{aligned}
$$

从而, 乙获胜的概率为 $\dfrac{5}{11}$, 这就是先下手为强的理由!

例 1.5.5 元件能正常工作的概率称为该元件的可靠性, 由多个元件构成的系统能正常工作的概率称为该系统的可靠性. 设各元件的可靠性均为 $r(0 < r < 1)$, 且各元件能否正常工作是相互独立的, 试求图 1.5.1 所示各系统的可靠性, 并比较它们的优劣.

解 设 A_k 表示"元件 a_k 能正常工作", B_k 表示"元件 b_k 能正常工作"($k = 1, 2, \cdots, n$). 由题设

$$P(A_k) = P(B_k) = r \quad (k = 1, 2, \cdots, n).$$

而元件 a_k, b_k 失效的概率为

$$P(\overline{A_k}) = P(\overline{B_k}) = 1 - r \quad (k = 1, 2, \cdots, n).$$

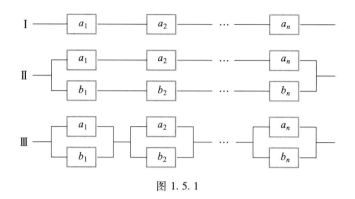

图 1.5.1

关于系统 Ⅰ,由事件独立性知,其可靠性为
$$R_1 = P(A_1 A_2 \cdots A_n) = P(A_1) P(A_2) \cdots P(A_n) = r^n.$$
关于系统 Ⅱ,其能正常工作的事件为
$$(A_1 A_2 \cdots A_n) \cup (B_1 B_2 \cdots B_n),$$
所以其可靠性为
$$
\begin{aligned}
R_2 &= P((A_1 A_2 \cdots A_n) \cup (B_1 B_2 \cdots B_n)) \\
&= P(A_1 A_2 \cdots A_n) + P(B_1 B_2 \cdots B_n) - P(A_1 A_2 \cdots A_n B_1 B_2 \cdots B_n) \\
&= r^n + r^n - r^{2n} = r^n (2 - r^n).
\end{aligned}
$$
关于系统 Ⅲ,其能正常工作的事件为
$$(A_1 \cup B_1)(A_2 \cup B_2) \cdots (A_n \cup B_n),$$
所以其可靠性为
$$
\begin{aligned}
R_3 &= P[(A_1 \cup B_1)(A_2 \cup B_2) \cdots (A_n \cup B_n)] \\
&= P(A_1 \cup B_1) P(A_2 \cup B_2) \cdots P(A_n \cup B_n) \\
&= \prod_{k=1}^{n} [P(A_k) + P(B_k) - P(A_k B_k)] \\
&= \prod_{k=1}^{n} (r + r - r^2) = (2r - r^2)^n = r^n (2 - r)^n.
\end{aligned}
$$
现在来比较各系统的可靠性大小. 因为 $0 < r < 1$, $0 < r^n < 1$, 所以 $2 - r^n > 1$, 从而有
$$R_2 = r^n (2 - r^n) > r^n = R_1.$$
我们可用数学归纳法证得:当 $0 < r < 1$, $n \geqslant 2$ 时,有
$$(2 - r)^n > 2 - r^n,$$
故当 $n \geqslant 2$ 时,有 $R_3 = r^n (2 - r)^n > r^n (2 - r^n) = R_2$.

综合即得:当 $n \geqslant 2$ 时, $R_3 > R_2 > R_1$. 因此,在上述 3 种系统中,系统 Ⅲ 的可靠性最大,系统 Ⅰ 的可靠性最小.

二、 试验的独立性

利用事件的独立性可以定义多个试验的独立性.

定义 1.5.4　设 $E_1, E_2, \cdots, E_n$ 为 n 次随机试验,如果 E_1 的任一事件, E_2 的任一事件, $\cdots, E_n$ 的任一事件之间都是相互独立的,则称试验 $E_1, E_2, \cdots, E_n$ 相互独立. 如果这 n 次独

立试验是相同的,那么称其为独立重复试验.

例如,重复抛掷一枚硬币、重复抛掷一颗骰子、有放回的重复抽样或无放回(产品数量较多时)的重复抽样等,都是独立重复试验.

在独立重复试验中,最常见的是伯努利概型试验.伯努利概型与古典概型、几何概型并称为概率的三大概型.

定义 1.5.5 在独立重复试验中,如果每次试验只考虑一个事件 A 的发生与不发生,且 A 在每次试验中发生的概率不变,都是 p,即 $P(A)=p$,那么称这类试验为伯努利概型试验.若试验次数 n 确定,则称为 n 重(次)伯努利概型试验;若不限定试验次数,允许试验一直重复下去,则称为无穷多次伯努利试验.

1.5.2 雅各布·伯努利

对于 n 重伯努利试验,我们主要关注事件 A 恰好发生 k 次的概率.

定理 1.5.2 设事件 A 在 n 重伯努利试验中发生 k 次的概率为 $p_n(k)$,则

$$p_n(k) = C_n^k p^k (1-p)^{n-k} \quad (k=0,1,2,\cdots,n), \quad (1.5.5)$$

其中 p 为事件 A 在每次试验中发生的概率.

1.5.3 伯努利定理1

对于无穷多次伯努利试验,我们主要关注事件 A 在第 k 次试验才首次发生的概率.

定理 1.5.3 设在无穷多次伯努利试验中,事件 A 在第 k 次试验才首次发生的概率为 $g(k)$,则

$$g(k) = (1-p)^{k-1} p \quad (k=1,2,\cdots), \quad (1.5.6)$$

其中 p 为事件 A 在每次试验中发生的概率.

1.5.4 伯努利定理2

例 1.5.6 某人向某一目标重复射击,每次击中目标的概率为 p.假定每次是否击中是相互独立的,试求:(1)此人射击 10 次恰好有 8 次击中目标的概率;(2)此人第 4 次射击恰好第 2 次击中目标的概率;(3)此人第 10 次射击时才击中目标的概率.

解 由定理 1.5.2 和定理 1.5.3,

(1)此人射击 10 次恰好有 8 次击中目标的概率 $p_{10}(8)=C_{10}^8 p^8(1-p)^2$;

(2)此人第 4 次射击恰好第 2 次击中目标,也就是前 3 次射击恰好 1 次击中目标并且第 4 次射击也击中目标,因此所求概率为

$$C_3^1 p^1 (1-p)^2 p = 3p^2(1-p)^2;$$

(3)此人第 10 次射击时才击中目标的概率 $g(10)=(1-p)^9 p$.

例 1.5.7 甲、乙两名棋手比赛,已知甲每盘获胜的概率为 p.假定每盘棋胜负相互独立,且不会出现和棋.在下列情况下,试求甲最终获胜的概率.(1)采用三盘两胜制;(2)采用五盘三胜制.

解 由定理 1.5.2,

(1)设事件 A 表示采用三盘两胜制甲获胜,A_1 表示甲前两盘获胜,A_2 表示甲前两盘一胜一负而第三盘获胜,则

$$P(A) = P(A_1) + P(A_2) = p^2 + C_2^1 p(1-p)p = 3p^2 - 2p^3.$$

(2)设事件 B 表示采用五盘三胜制甲获胜,B_1 表示甲前三盘获胜,B_2 表示甲前三盘两

胜一负而第四盘获胜，B_3 表示甲前四盘两胜两负而第五盘获胜，则

$$P(B) = P(B_1) + P(B_2) + P(B_3)$$
$$= p^3 + C_3^2 p^2(1-p)p + C_4^2 p^2(1-p)^2 p = 10p^3 - 15p^4 + 6p^5.$$

易得 $P(B) - P(A) = 6p^2(p-1)^2\left(p - \dfrac{1}{2}\right)$.

当甲、乙水平相当，即 $p = \dfrac{1}{2}$ 时，$P(B) - P(A) = 0$，计算可得 $P(A) = P(B) = \dfrac{1}{2}$，此时不管采取哪一种赛制，甲获胜的概率都是 $\dfrac{1}{2}$. 也就是说，两名水平相当的棋手在比赛中将会平分秋色、难分胜负. 当甲的水平高于乙的水平，即 $p > \dfrac{1}{2}$ 时，$P(B) - P(A) > 0$，五盘三胜制获胜的概率高于三盘两胜制获胜的概率，因为比赛盘数越少，比赛结果的偶然性越大. 类似地，可以计算七盘四胜制获胜的概率高于五盘三胜制获胜的概率. 这从某种意义上验证了本章开头处提出的随机现象的统计规律性.

 内容小结

　　随机事件及其概率是概率论中最基本的概念，也是学习以后各章的必要基础. 加法公式、减法公式、乘法公式、全概率公式、贝叶斯公式是概率的五大基本公式，应用它们再结合事件运算与概率的基本性质，可以解决很多有关随机事件概率的计算问题. 随机事件的独立性与伯努利概型试验也是本章的两个重要内容.

　　本章知识点网络图:

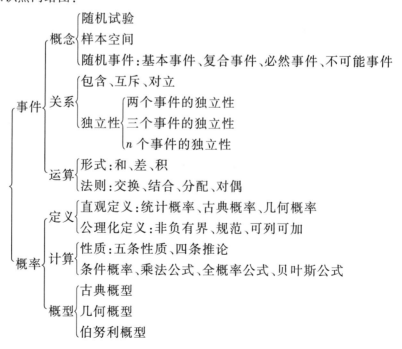

本章的基本要求：

1. 了解随机现象、随机试验与样本空间的概念，理解随机事件的概念，掌握事件之间的关系与运算.

2. 理解概率的三种直观定义，会计算古典概率与几何概率.

3. 理解概率的公理化定义，掌握概率的基本性质.

4. 理解条件概率的概念，掌握乘法公式、全概率公式以及贝叶斯公式，会用这些公式求解概率问题.

5. 理解事件独立性的概念，掌握事件独立的判别方法，会用事件独立性进行概率计算；理解互不相容和独立性的区别；掌握伯努利概型的定义及其计算.

 习题一

第一部分 基 本 题

一、选择题

1. 对于任意两个事件 A, B，与 $A \cup B = B$ 不等价的是（ ）.

A. $A \subset B$ 　　　　B. $\overline{B} \subset \overline{A}$ 　　　　C. $A\overline{B} = \varnothing$ 　　　　D. $\overline{A}B = \varnothing$

2. 设 A, B, C 为三个事件，则 A, B, C 中不多于两个发生可表示为（ ）.

A. $A \cup B \cup C$ 　　　　　　　　　　B. $\overline{A}B \cup \overline{A}C \cup B\overline{C}$

C. $\overline{A} \cup \overline{B} \cup \overline{C}$ 　　　　　　　　　　D. $AB \cup AC \cup BC$

3. 设 A, B 是任意两个事件，则 $P(A - B) = $（ ）.

A. $P(A) - P(B)$ 　　　　　　　　　B. $P(A) - P(B) + P(A\overline{B})$

C. $P(A) + P(\overline{B}) - P(A \cup \overline{B})$ 　　　　D. $P(A) + P(\overline{B}) - P(AB)$

4. 设 A, B 为随机事件，且 $A \subset B, P(B) > 0$，则必有（ ）.

A. $P(A) < P(A \mid B)$ 　　　　　　　B. $P(A) \leqslant P(A \mid B)$

C. $P(A) > P(A \mid B)$ 　　　　　　　D. $P(A) \geqslant P(A \mid B)$

5. 设 $A \subset B$ 且相互独立，则（ ）.

A. $P(A) = 0$ 　　　　　　　　　　B. $P(A) = 0$ 或 $P(B) = 1$

C. $P(A) = 1$ 　　　　　　　　　　D. 上述都不对

6. 设 A 与 B 相互独立，则下列结论错误的是（ ）.

A. $A, \overline{B}$ 独立 　　　　　　　　　B. $\overline{A}, \overline{B}$ 独立

C. $P(\overline{A}B) = P(\overline{A})P(B)$ 　　　　　D. $AB = \varnothing$

7. 某射手的命中率为 $p(0 < p < 1)$，该射手第 n 次射击完才第 k 次命中的概率为（ ）.

A. $p^k(1-p)^{n-k}$ 　　　　　　　　B. $C_n^k p^k(1-p)^{n-k}$

C. $C_{n-1}^{k-1} p^k(1-p)^{n-k}$ 　　　　　D. $C_{n-1}^{k-1} p^{k-1}(1-p)^{n-k}$

二、填空题

1. 某人连续地投掷篮球，直至投中三分球为止，记录其投掷的次数，则该试验的样本空间为____.

2. 化简 $AB \cup \overline{A}B \cup A\overline{B} \cup \overline{A}\,\overline{B} = $____.

3. 将两封信随机地投入 4 个邮筒中，则未向前面两个邮筒投信的概率为____.

4. 在区间$(0,1)$内随机地取两个数,则两数之和大于$\frac{1}{2}$的概率为____.

5. 已知$P(A)=0.8,P(A-B)=0.1$,则$P(\overline{AB})=$____.

6. 设事件A,B和$A\cup B$的概率分别为$0.2,0.3$和0.4,则$P(B\overline{A})=$____.

7. 已知$P(A)=0.4,P(B|A)=0.5,P(A|B)=0.25$,则$P(B)=$____.

8. 设$P(A)=P(B)=P(C)=\frac{1}{3}$,且$A,B,C$相互独立,则$A,B,C$至少有一个出现的概率为____.

三、计算题

1. 试写出下列随机试验的样本空间:

(1) 将一枚质地均匀的硬币抛掷三次,观察正面H、反面T出现的情况;

(2) 将一枚质地均匀的硬币抛掷三次,观察正面出现的次数;

(3) 取圆心为坐标原点,在单位圆内任意取一点,记录它的坐标;

(4) 观察甲、乙两人9局5胜制的乒乓球比赛,记录他们的比分.

2. 设A,B,C为三个随机事件,用A,B,C的运算关系表示下列各事件:

(1) 三个事件至少有一个发生; (2) A不发生,但B、C至少有一个发生;

(3) 三个事件恰好有一个发生; (4) 三个事件至少有两个发生;

(5) 三个事件都不发生; (6) 三个事件至少有一个不发生;

(7) 三个事件不都发生.

3. 设一条公交车线路从起点站出发后有10个停靠站,乘客在每个停靠站下车的概率相同.已知在起点站上有20位乘客上车,问:在第1站恰有4位乘客下车的概率为多少?

4. 某学习小组共6人,计划同时参观科普展.该科普展共有甲、乙、丙三个展厅,6人各自随机地选择一个展厅开始参观,则每个展厅恰好分别有该小组的2个人的概率是多少?

5. 将52张扑克(已去掉两张王牌)随机地平均分给4家,求每家都是同花色的概率.

6. (盒子问题)将n个球随机放入N个盒子中$(n\le N)$,假设盒子的容量不限且每个球等可能地落入任一盒子,试求每个盒子至多有一个球的概率.

7. (分配问题)设有n个人,每个人都等可能地被分配到N个房间中的任意一间中去住$(n\le N)$,且设每个房间可容纳的人数不限,求下列事件的概率.

(1) $A=\{$某指定的n个房间中各有一人住$\}$;

(2) $B=\{$恰好有n个房间,其中各住一人$\}$;

(3) $C=\{$某指定的一间房中恰好有$m(m<n)$人$\}$.

8. 设号码锁有6个拨盘,每个拨盘上有从0到9的10个数字,当6个拨盘上的数字组成某一个六位数号码(开锁号码)时,锁才能打开,如果不知道开锁号码,试开一次就能把锁打开的概率是多少? 如果要求这6个数字全不相同,试开一次就能把锁打开的概率是多少?

9. 一个孩子忘记了母亲电话号码的最后一位数字,因而他随意地拨号,他拨号不超过三次而接通母亲电话的概率是多少? 如果已知最后一位数字是奇数,那么他拨号不超过三次而接通母亲电话的概率是多少?

10. 将一枚质地均匀的硬币抛掷3次,试求:

(1) 至少连续2次出现正面的概率;(2) 恰好出现2次正面的概率;(3) 正面与反面都出现的概率.

11. 设一学生宿舍有6名学生,问:

(1) 6人生日都在星期天的概率是多少?

(2) 6人的生日都不在星期天的概率是多少?

(3) 6人的生日不都在星期天的概率是多少?

12. 在区间 $(0,1)$ 内随机地取两个数,二者积小于 $\dfrac{2}{9}$ 的概率是多少?

13. 从圆心在原点的单位圆内任取一点,求该点与原点的连线的斜率大于 1 的概率.

14. 某个小型机场只能停靠和起降一架飞机,已知某日 8:00 至 11:00 的 3 h 内会有两架飞机随机到达,如果飞机停留的时间分别是 30 min 和 40 min,试求一架飞机需要在空中盘旋的概率.

15. 若 $P(A)=0.9, P(\overline{A}\cup\overline{B})=0.8$,求 $P(A-B)$.

16. 已知 $P(A)=a, P(B)=b, P(AB)=c$,求下列概率:

(1) $P(\overline{A}\cup\overline{B})$;   (2) $P(\overline{A}B)$;

(3) $P(\overline{AB})$;   (4) $P(\overline{A}\cup B)$.

17. 设 $P(A)>0$,试证:$P(B\mid A)\geqslant 1-\dfrac{P(\overline{B})}{P(A)}$.

18. 设随机事件 A 与 B,若 $P(A\mid B)=1$,证明 $P(\overline{B}\mid\overline{A})=1$.

19. 已知事件 $A_1,A_2,\cdots,A_n$ 满足 $\forall i\neq j, A_i\cap A_j=\varnothing, B\subset\bigcup\limits_{i=1}^{n}A_i, P(A_iB)=\dfrac{1}{n}, i=1,2,\cdots,n$,求 $P(B-A_i)$.

20. 对某台仪器进行调试,第一次调试能调好的概率是 1/3;在第一次调试的基础上,第二次调试能调好的概率是 3/8;在前两次调试的基础上,第三次调试能调好的概率是 9/10. 如果对仪器调试不超过三次,问能调好的概率是多少?

21. 假设盒内有 10 件产品,其正品数为 $0,1,\cdots,10$ 件是等可能的,今向盒内放入一件正品,然后从盒内随机取出一件产品,求它是正品的概率.

22. 假设在某时期内影响股票价格变化的因素只有银行存款利率的变化. 经分析,该时期内利率不会上调,利率下调的概率为 60%,利率不变的概率为 40%. 根据经验,在利率下调时某只股票上涨的概率为 80%,在利率不变时,这只股票上涨的概率为 40%.(1) 求这只股票上涨的概率;(2) 若已知该只股票上涨,则利率不变的概率是多少?

23. 假设肺癌发病率为 0.1%,患肺癌的人之中吸烟的占 90%,不患肺癌的人中吸烟占 20%,试求吸烟者与不吸烟者的患肺癌的概率各为多少?

24. 一学生接连参加同一课程的两次考试,第一次及格的概率为 p,若第一次及格则第二次及格的概率也为 p;若第一次不及格则第二次及格的概率为 $p/2$. 若至少有一次及格则他能取得某种资格,求他取得该资格的概率.

25. 设两个相互独立的随机事件 A 和 B 都不发生的概率为 1/9,A 发生 B 不发生的概率与 B 发生 A 不发生的概率相等,试求 B 不发生的概率.

26. 对同一目标接连进行三次独立重复射击,假设至少命中目标一次的概率为 0.875,则每次射击命中目标的概率是多少?

27. 假设在一批产品中有 1% 的废品,试问任意选出多少件产品,才能保证至少有一件废品的概率不少于 0.95?

28. 某射手向某目标射击,设命中的概率为 p,试求:(1) 第 k 次命中的概率;(2) 第 k 次才命中的概率;(3) 第 k 次射击是第 r 次命中的概率;(4) 在第 k 次命中之前恰有 r 次没有命中的概率.

29. 张同学参加数学考试要完成 100 道四选一的选择题,假设至少答对 60 题才能通过考试,试问张同学碰运气能通过这个考试的概率是多少(列式即可)?

30. 设平面区域 D 是顶点坐标为 $(-1,0),(1,0),(0,-1),(0,1)$ 的正方形. 今向 D 内随机地投入 10 个点,求这 10 个点中恰好有 6 个点落在 D 的内切圆内的概率.

第二部分 提 高 题

1. 从 n 阶行列式展开式中任取一项,求此项含有第 1 行第 1 列元素 a_{11} 的概率是多少? 若已知此项不含有第 1 行第 1 列元素 a_{11} 的概率为 $\dfrac{8}{9}$，那么此行列式的阶数 n 是多少？

2. 随机地向半圆 $\left\{(x,y)\mid 0<y<\sqrt{2ax-x^2}\right\}$（其中 $a>0$ 为常数）内掷一点，则原点与该点的连线与 x 轴的夹角小于 $\dfrac{\pi}{4}$ 的概率是多少？

3. 有 n 只信封（收信人地址姓名已写），某人写了 n 封信. 将这 n 封信随机地放入 n 只信封里，求下列事件的概率：(1) 无任何信放正确；(2) 恰有 r 封信放正确.

4. 已知甲兴趣小组有 4 个男生，乙兴趣小组有 4 个男生、4 个女生. 从乙兴趣小组任选一个孩子到甲兴趣小组，然后从甲兴趣小组任选一个孩子到乙兴趣小组，称为一次交换，求经过 4 次交换后，甲兴趣小组有 4 个女生的概率.

5. 设一袋子中装有 $n-1$ 个黑球，1 个白球，现随机地从中取出一球，并放入一黑球，这样连续进行 $m-1$ 次，求此时再从袋中取出一球为黑球的概率.

6. 设有白球、黑球各 4 个，从中任取 4 个放在甲盒中，余下 4 个放入乙盒，然后分别在两盒中各任取 1 球，颜色正好相同，试问放入甲盒的 4 个球中有几个白球的概率最大？并求此概率值.

7. 甲、乙两人轮流投篮，游戏规则规定为甲先开始，且甲每轮只投一次，而乙每轮连续投两次，先投中者为胜，设乙每次投篮的命中率为 0.5，要使甲、乙胜负概率相同，求甲每次投篮的命中率.

8. 设某厂产品的次品率为 0.05，每 100 件产品为一批，在进行产品验收时，在每批中任取一半检验，若发现其中次品数不多于 1 个，则认为该批产品全部合格，求一批产品被认为合格的概率.

9. 设平面区域 D 是由坐标为 $(0,0),(0,1),(1,0),(1,1)$ 的四个点围成的正方形，D_1 是由曲线 $y=x^2$ 与直线 $y=x$ 所围成的区域. 今向 D 内随机地投入 10 个点，求这 10 个点中恰好有 2 个点落在 D_1 内的概率和 10 个点中至少有 1 个点不落在 D_1 内的概率.

第三部分　近年考研真题

一、选择题

1. (2019)设 A,B 为随机事件，则 $P(A)=P(B)$ 的充分必要条件是（　　）.

A. $P(A\cup B)=P(A)+P(B)$　　　　　　B. $P(AB)=P(A)P(B)$

C. $P(A\overline{B})=P(\overline{B}A)$　　　　　　　　D. $P(AB)=P(\overline{AB})$

2. (2020)设 A,B,C 为三个随机事件，$P(A)=P(B)=P(C)=\dfrac{1}{4}$，$P(AB)=0$，$P(AC)=P(BC)=\dfrac{1}{12}$，则 A,B,C 中恰有一个事件发生的概率为（　　）.

A. $\dfrac{3}{4}$　　　　B. $\dfrac{2}{3}$　　　　C. $\dfrac{1}{2}$　　　　D. $\dfrac{5}{12}$

3. (2021)设 A,B,C 为随机事件，且 $0<P(B)<1$，则下列命题不成立的是（　　）.

A. 若 $P(A\mid B)=P(A)$，则 $P(A\mid\overline{B})=P(A)$

B. 若 $P(A\mid B)>P(A)$，则 $P(\overline{A}\mid\overline{B})=P(\overline{A})$

C. 若 $P(A\mid B)>P(A\mid\overline{B})$，则 $P(A\mid B)>P(A)$

D. 若 $P(A\mid A\cup B)>P(\overline{A}\mid A\cup B)$，则 $P(A)>P(B)$

二、填空题

1. (2018)设随机事件 A,B 相互独立，A,C 相互独立，$BC=\varnothing$，若 $P(A)=P(B)=\dfrac{1}{2}$，$P(AC\mid AB\cup C)=\dfrac{1}{4}$，则 $P(C)=$ _____.

2. （2018）已知事件 A,B,C 相互独立,且 $P(A)=P(B)=P(C)=\dfrac{1}{2}$,则 $P(AC\,|\,A\cup B)=$ _____.

3. （2022）设 A,B,C 为随机事件,且 A 与 B 互不相容,A 与 C 互不相容,B 与 C 相互独立,$P(A)=P(B)=P(C)=\dfrac{1}{3}$,则 $P(B\cup C\,|\,A\cup B\cup C)=$ _____.

第二章

随机变量及其分布 ————————————○

为了深入研究和全面掌握随机现象的统计规律,我们将随机试验的结果与实数对应起来,即将随机试验的结果数量化,为此引入随机变量的概念.随机变量是概率论中最基本的概念之一,它使概率论从事件及其概率的研究扩大到随机变量及其概率分布的研究,这样就可以应用微积分等近代数学工具,使概率论成为一门真正的数学学科.本章主要介绍两类随机变量(离散型随机变量和连续型随机变量)、一些常见的分布和随机变量函数的分布等.

§2.1 随机变量与分布函数

一、随机变量

在第一章中,我们看到很多随机试验的结果可以用实数来表示,例如掷一颗骰子,观察其出现的点数;一射手打靶,记录直到击中靶心所需的射击次数;测试电脑的寿命;公共汽车站每 5 min 有一辆公共汽车到站,记录一个乘客的等车时间等.在这些例子中,很自然地可以用实数来分别表示相应的试验结果(即样本点).

而在有些随机试验中,试验结果与实数之间虽然没有上述那种"自然的"联系,但常常可以人为地建立起一个对应关系.

例 2.1.1 从一盒含有红色、白色和黄色的粉笔盒中任意抽取一根粉笔,用 ω_1 表示"取到的粉笔为红色",ω_2 表示"取到的粉笔为白色",ω_3 表示"取到的粉笔为黄色",则该试验的样本空间 $\Omega = \{\omega_1, \omega_2, \omega_3\}$. 可引入一个对应关系:

$$X = \begin{cases} 1, \omega_1 \text{ 发生,} \\ 2, \omega_2 \text{ 发生,} \\ 3, \omega_3 \text{ 发生.} \end{cases}$$

例 2.1.2 连续购买两期彩票,观察这两期中奖的情况.显然样本空间中有 4 个样本点,

若 ω_1 表示"两期都中奖",ω_2 表示"第一期中奖,第二期不中奖",ω_3 表示"第一期不中奖,第二期中奖",ω_4 表示"两期都不中奖",则样本空间 $\Omega = \{\omega_1, \omega_2, \omega_3, \omega_4\}$. 同理,引入一个对应关系:

$$Y = \begin{cases} 1, \omega_1 \text{ 发生}, \\ 2, \omega_2 \text{ 发生}, \\ 3, \omega_3 \text{ 发生}, \\ 4, \omega_4 \text{ 发生}. \end{cases}$$

在这个试验中,若我们不关心中奖所在的期数,则中奖情况的研究可简化为研究两期中中奖的次数,即用 Z 表示中奖次数,则它也可与样本点对应起来,即

$$Z = \begin{cases} 0, \omega_4 \text{ 发生}, \\ 1, \omega_2 \text{ 或 } \omega_3 \text{ 发生}, \\ 2, \omega_1 \text{ 发生}. \end{cases}$$

从上面例子中,我们知道,无论随机试验的结果是否直接表现为一个数,我们总可以用映射的方法使其数量化,即每一个试验结果(样本点)对应于一个实数,这就引入了随机变量的概念.

定义 2.1.1 设 E 是随机试验,Ω 是其样本空间. 若对每个 $\omega \in \Omega$,都有唯一确定的实数 $X(\omega)$ 与之对应,则称 Ω 上的实值函数 $X(\omega)$ 为随机变量,简记为 X. 通常随机变量用大写字母 X, Y, Z 或希腊字母 ξ, η 等表示.

从定义 2.1.1 中我们看到,随机变量本质上是一个定义在样本空间 Ω,取值在实数域上的函数. 正是因为"自变量"是随机试验的一个结果,而随机试验结果在试验之前无法准确预料,因此相应的"函数值"也具有不确定性,即依赖于具体的试验结果,所以我们称随着试验结果不同而变化取值的变量为随机变量.

正如第一章把样本空间分为离散型与非离散型两大类,通常我们根据其随机变量可能取值的范围也将随机变量分为两大类,一类是随机变量 X 的所有可能取值为有限个或可列个值,这种类型的随机变量称为离散型随机变量. 例如掷一颗骰子出现的点数;一射手打靶,直到击中靶心所需的射击次数;再如例 2.1.1 和例 2.1.2 中引入的随机变量 X, Y 和 Z 等. 另一类就是非离散型随机变量,即随机变量的取值不能一一列举,通常包含一个非空的取值区间,例如任意一台电脑的寿命,乘客等候公共汽车的时间等. 非离散型随机变量中,最重要也最常用的是连续型随机变量,在 §2.3 中我们将详细研究它.

引入随机变量后,我们就可以用随机变量的表达式来描述随机试验中的事件. 例如在例 2.1.1 中事件"取到的粉笔是红色"和"取到的粉笔是红色或白色"分别可用 $\{X=1\}$ 和 $\{X \leqslant 2\}$ 表示;在例 2.1.2 中,"两期中恰有一期中奖"可用 $\{2 \leqslant Y \leqslant 3\}$ 或 $\{Z=1\}$ 表示,"两期中至少有一期中奖"可用 $\{Y \leqslant 3\}$ 或 $\{Z \geqslant 1\}$ 表示;又如若用 ξ 表示任意一台电脑的寿命(单位:h),事件"电脑寿命不超过 1 000 h"和"电脑寿命在 1 000 到 2 000 h 范围内"分别可用 $\{\xi \leqslant 1\,000\}$ 和 $\{1\,000 \leqslant \xi \leqslant 2\,000\}$ 表示等. 在引入随机变量概念后,不仅随机事件可用随机变量的表达式来表示,而且,更一般地,对随机试验规律的研究转化为对随机变量取值规律的研究. 事实上,随机变量的概念使得我们能更充分地利用数学方法,全面系统且方便地研究随机现象发生的规律.

如上面所述,随机事件能用随机变量的表达式来表示. 一般地,对随机变量 X 而言, $\{x_1 < X \leqslant x_2\}, \{X < x\}, \{X = x\}, \{x_1 \leqslant X \leqslant x_2\}$ 等这些常见形式的随机事件都可用某种简单形式如 $\{X \leqslant x\}$ 来统一表示.

$$\{x_1 < X \leqslant x_2\} = \{X \leqslant x_2\} - \{X \leqslant x_1\},$$

$$\{X < x\} = \bigcup_{k=1}^{\infty} \left\{ X \leqslant x - \frac{1}{k} \right\},$$

$$\{X = x\} = \{X \leqslant x\} - \{X < x\} = \{X \leqslant x\} - \bigcup_{k=1}^{\infty} \left\{ X \leqslant x - \frac{1}{k} \right\},$$

$$\{x_1 \leqslant X \leqslant x_2\} = \{X \leqslant x_2\} - \bigcup_{k=1}^{\infty} \left\{ X \leqslant x_1 - \frac{1}{k} \right\},$$

......

从上面可知,对于任意实数 x,若已知事件 $\{X \leqslant x\}$ 的概率,即 $P(X \leqslant x)$,则其他任意事件的概率都可由 $P(X \leqslant x)$ 这种形式得到. 因此,我们引入一个函数专门来表示事件 $\{X \leqslant x\}$ 的概率,这就是分布函数.

二、 分布函数

定义 2.1.2　设 X 是随机变量,对任意实数 x,令

$$F(x) = P(X \leqslant x), \quad -\infty < x < +\infty, \tag{2.1.1}$$

则称函数 $F(x)$ 为随机变量 X 的**分布函数**,有时为了避免混淆,也记为 $F_X(x)$.

由定义 2.1.2 可知,对任意实数 x,函数值 $F(x)$ 就是随机变量 X 落在区间 $(-\infty, x]$ 内的概率,且可得出分布函数 $F(x)$ 具有如下基本性质.

定理 2.1.1　设随机变量 X 的分布函数为 $F(x)$,则

（1）$F(x)$ 是单调不减函数,即 $x_1 < x_2$ 时,有 $F(x_1) \leqslant F(x_2)$;

（2）$F(x)$ 非负有界,即 $0 \leqslant F(x) \leqslant 1 (-\infty < x < +\infty)$,且

$$F(-\infty) = \lim_{x \to -\infty} F(x) = 0, F(+\infty) = \lim_{x \to +\infty} F(x) = 1;$$

（3）$F(x)$ 是右连续函数,即 $F(x+0) = F(x)$. 这里,$F(x+0)$ 表示分布函数 $F(x)$ 在点 x 处的右极限.

证明从略.

事实上,反过来也可以证明,任给一个满足定理 2.1.1 的实值函数 $F(x)$,它必是某个随机变量的分布函数,即定理 2.1.1 中的 3 个性质是 $F(x)$ 成为某个随机变量的分布函数的充分必要条件.

分布函数虽然只是事件 $\{X \leqslant x\}$ 的概率,但它具有广泛的表示功能. 其他如 $\{X > x\}, \{X < x\}, \{X = x\}, \{x_1 < X \leqslant x_2\}, \{x_1 \leqslant X \leqslant x_2\}$ 等这些常见随机事件的概率都可以用分布函数 $F(x)$ 来表示,如:

$$P(X > x) = 1 - F(x), \tag{2.1.2}$$

$$P(X < x) = F(x-0), \tag{2.1.3}$$

$$P(X = x) = F(x) - F(x-0), \tag{2.1.4}$$

$$P(x_1 < X \leqslant x_2) = F(x_2) - F(x_1), \tag{2.1.5}$$

$$P(x_1 \leqslant X \leqslant x_2) = F(x_2) - F(x_1 - 0), \tag{2.1.6}$$

$$P(x_1 < X < x_2) = F(x_2 - 0) - F(x_1) \tag{2.1.7}$$

等($F(x-0)$表示分布函数$F(x)$在x点的左极限).

例 2.1.3 向半径为R的圆形靶射击,假设不会发生脱靶,且击中任意区域的概率与该区域的面积成正比,设击中点与靶心的距离为X,求随机变量X的分布函数.

解 由于不会脱靶,故随机变量X的取值应在区间$[0,R]$上.因此当$x<0$时,$\{X \leqslant x\}$是不可能事件,分布函数$F(x) = P(X \leqslant x) = 0$.

当$x>R$时,$\{X \leqslant x\}$是必然事件,$F(x) = P(X \leqslant x) = 1$;

当$0 \leqslant x \leqslant R$时,$F(x) = P(X \leqslant x)$.击中任意区域的概率与该区域的面积成正比,可令$F(x) = a\pi x^2$.考虑事件$\{X \leqslant R\}$是必然事件,则$F(R) = a\pi R^2 = 1$,所以$a = \dfrac{1}{\pi R^2}$,相应地$F(x) = P(X \leqslant x) = \dfrac{x^2}{R^2}$.

故X的分布函数为

$$F(x) = \begin{cases} 0, & x < 0, \\ \dfrac{x^2}{R^2}, & 0 \leqslant x \leqslant R, \\ 1, & x > R. \end{cases}$$

其函数图形见图 2.1.1.

例 2.1.4 判断下列各函数能否成为某随机变量的分布函数.

(1) $F(x) = \begin{cases} 0, & x < 1, \\ 0.5, & 1 \leqslant x \leqslant 2, \\ 1, & x > 2; \end{cases}$ (2) $F(x) = \begin{cases} 0, & x < 0, \\ 0.5x + 0.5, & 0 \leqslant x \leqslant 1, \\ 1, & x > 1; \end{cases}$

(3) $F(x) = |\sin x|, x \in \mathbf{R}$;   (4) $F(x) = \begin{cases} \ln x, & x \geqslant 1, \\ 0, & x < 1. \end{cases}$

解 (1) 因为$F(2) = 0.5$,但$F(x)$在$x = 2$的右极限$F(2+0) = 1$,即该函数$F(x)$不具有右连续,所以它不能成为分布函数.

(2) 易见该函数满足定理 2.1.1 中的(1)(2),且在$x \neq 0$处连续,而$F(0) = F(0+0)$,即在$x = 0$处右连续.该函数$F(x)$图形见图 2.1.2,所以该函数可以成为某随机变量的分布函数.

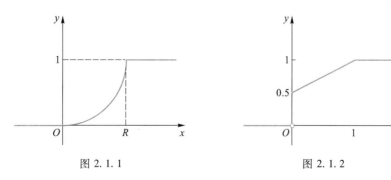

图 2.1.1   图 2.1.2

（3）因为 $F\left(\dfrac{\pi}{2}\right)=1,F(\pi)=0$，即该函数不具有单调不减性，所以它不能成为分布函数.

（4）因为 $\lim\limits_{x\to+\infty}\ln x=\infty$，所以该函数不能成为分布函数.

例 2.1.5 设随机变量 X 的分布函数为

$$F(x)=\begin{cases}0, & x<0,\\[2mm] ax+\dfrac{1}{2}, & 0\leqslant x\leqslant 1,\\[2mm] \dfrac{3}{4}, & 1<x<3,\\[2mm] b, & x\geqslant 3,\end{cases}$$

求常数 a,b 及概率 $P(X=1),P(X=3),P(0.5<X<3),P(\,|\,X\,|\,>1)$.

解 因为 $F(x)$ 为随机变量 X 的分布函数,所以 $F(+\infty)=\lim\limits_{x\to+\infty}F(x)=1$,故 $b=1$.

$F(1+0)=F(1)=\dfrac{3}{4}$,即 $a+\dfrac{1}{2}=\dfrac{3}{4}$,则 $a=\dfrac{1}{4}$. 故

$$F(x)=\begin{cases}0, & x<0,\\[2mm] \dfrac{1}{4}x+\dfrac{1}{2}, & 0\leqslant x\leqslant 1,\\[2mm] \dfrac{3}{4}, & 1<x<3,\\[2mm] 1, & x\geqslant 3.\end{cases}$$

那么

$$P(X=1)=F(1)-F(1-0)=0;\quad P(X=3)=F(3)-F(3-0)=\frac{1}{4};$$

$$P\left(\frac{1}{2}<X<3\right)=F(3-0)-F\left(\frac{1}{2}\right)=\frac{1}{8};\quad P(\,|\,X\,|\,>1)=1-P(\,|\,X\,|\,\leqslant 1)=1-F(1)+F(-1-0)=\frac{1}{4}.$$

§2.2 离散型随机变量及其分布

一、离散型随机变量及其概率分布

定义 2.2.1 若一个随机变量的全部可能取值只有有限个或可列个,则称它是离散型随机变量.

对于一个离散型随机变量所描述的随机试验,我们不但关心随机试验中所有可能的结果,而且更关心各个可能结果出现的概率.因此要了解一个随机试验的统计规律,我们必须掌握相应随机变量的所有可能取值及取每一个可能值的概率,这就需要引入离散型随机变量概率分布的概念.

定义 2.2.2 设离散型随机变量 X 的所有可能取值为 $x_k(k=1,2,\cdots)$,X 取各个可能值

的概率为

$$P(X=x_k)=p_k, k=1,2,\cdots \tag{2.2.1}$$

则称（2.2.1）式为随机变量 X 的**概率分布**或**分布律（分布列）**.

X 的分布列也可写成表 2.2.1 的形式.

表 2.2.1　X 的分布列

X	x_1	x_2	$\cdots$	x_k	$\cdots$
P	p_1	p_2	$\cdots$	p_k	$\cdots$

根据概率的性质,易知 $p_k(k=1,2,\cdots)$ 满足下面两个性质:

性质 1　$p_k \geq 0, k=1,2,\cdots;$ $\tag{2.2.2}$

性质 2　$\sum\limits_k p_k = 1.$ $\tag{2.2.3}$

反之,任给有限或可列个满足(2.2.2),(2.2.3)式的实数 $p_k(k=1,2,\cdots)$,必是某个离散型随机变量 X 的分布律.

例 2.2.1　设随机变量 X 的分布列如表 2.2.2 所示:

表 2.2.2　X 的分布列

X	-1	0	1	2
P	$\dfrac{a}{4}$	a	$\dfrac{a}{2}$	$\dfrac{9}{16}$

求:(1) 常数 a;

(2) $P(X<1), P(-1<X\leq 1), P(X\geq 2)$;

(3) 求分布函数 $F(x)$,并画出其图形.

解　(1)由分布律的性质知 $\dfrac{a}{4}+a+\dfrac{a}{2}+\dfrac{9}{16}=1$,解得 $a=\dfrac{1}{4}$. 因此随机变量 X 的分布列如表 2.2.3 所示:

表 2.2.3　X 的分布列

X	-1	0	1	2
P	$\dfrac{1}{16}$	$\dfrac{1}{4}$	$\dfrac{1}{8}$	$\dfrac{9}{16}$

(2) 由随机变量 X 的分布列易得

$$P(X<1)=P(X=-1)+P(X=0)=\frac{5}{16},$$

$$P(-1<X\leq 1)=P(X=0)+P(X=1)=\frac{3}{8},$$

$$P(X\geq 2)=P(X=2)=\frac{9}{16}.$$

（3）由于 X 的取值点 $-1,0,1,2$ 将 $(-\infty,+\infty)$ 分成五个区间,因此我们分段讨论:

当 $x<-1$ 时,$\{X\leqslant x\}$ 是不可能事件,则

$$F(x)=P(X\leqslant x)=0;$$

当 $-1\leqslant x<0$ 时,在 $(-\infty,x]$ 区间内仅有一个可能取值点 -1,则

$$F(x)=P(X\leqslant x)=P(X=-1)=\frac{1}{16};$$

当 $0\leqslant x<1$ 时,在 $(-\infty,x]$ 区间内有两个可能取值点 -1 和 0,则

$$F(x)=P(X\leqslant x)=P(X=-1)+P(X=0)=\frac{1}{16}+\frac{1}{4}=\frac{5}{16};$$

当 $1\leqslant x<2$ 时,在 $(-\infty,x]$ 区间内有三个可能取值点 $-1,0,1$,则

$$F(x)=P(X\leqslant x)=P(X=-1)+P(X=0)+P(X=1)=\frac{1}{16}+\frac{1}{4}+\frac{1}{8}=\frac{7}{16};$$

当 $x\geqslant 2$ 时,在 $(-\infty,x]$ 区间内包含所有可能取值点,则

$$F(x)=P(X=-1)+P(X=0)+P(X=1)+P(X=2)=1.$$

综上讨论,得到 X 的分布函数为

$$F(x)=\begin{cases}0, & x<-1,\\[2mm]\dfrac{1}{16}, & -1\leqslant x<0,\\[2mm]\dfrac{5}{16}, & 0\leqslant x<1,\\[2mm]\dfrac{7}{16}, & 1\leqslant x<2,\\[2mm]1 & x\geqslant 2.\end{cases}$$

$F(x)$ 的图形如图 2.2.1 所示.它是一条右连续的阶梯形曲线,$x=-1,0,1,2$ 是 $F(x)$ 的间断点.

一般地,对于概率分布为（2.2.1）式的离散型随机变量 X,其分布函数为

$$F(x)=P(X\leqslant x)=\sum_{x_k\leqslant x}P(X=x_k)=\sum_{x_k\leqslant x}p_k\quad(-\infty<x<+\infty).$$

$$(2.2.4)$$

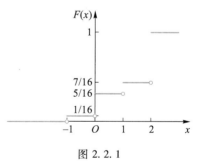

图 2.2.1

若 $x_1<x_2<\cdots<x_k<\cdots$,分布函数 $F(x)$ 也可写成分段函数的形式:

$$F(x)=\begin{cases}0, & x<x_1,\\[2mm]p_1, & x_1\leqslant x<x_2,\\[2mm]p_1+p_2, & x_2\leqslant x<x_3,\\[2mm]\cdots\\[2mm]\displaystyle\sum_{k=1}^{i}p_k, & x_i\leqslant x<x_{i+1},\ i\geqslant 1,\\[2mm]\cdots\end{cases}\qquad(2.2.5)$$

从上式可看到,分布函数 $F(x)$ 的间断点就是随机变量的可能取值点,分段区间是左闭右开的,因此 $F(x)$ 是右连续函数,其图形是一条右连续的阶梯形曲线,它在随机变量的每个可能取值点 $x=x_k$ 处发生间断,其间断高度为 $p_k, k=1,2,\cdots$.

例 2.2.2 已知随机变量 X 的分布函数如下,求 X 的分布律.

$$F(x)=\begin{cases}0, & x<-1, \\ 0.3, & -1\leqslant x<2, \\ 0.9, & 2\leqslant x<4, \\ 1, & x\geqslant 4.\end{cases}$$

解 由 (2.2.5) 式可知 X 的可能取值为 $-1,2,4$,且

$$P(X=-1)=F(-1)-F(-1-0)=0.3,$$
$$P(X=2)=F(2)-F(2-0)=0.9-0.3=0.6,$$
$$P(X=4)=F(4)-F(4-0)=1-0.9=0.1.$$

所以 X 的分布列如表 2.2.4 所示.

表 2.2.4　X 的分布列

X	-1	2	4
P	0.3	0.6	0.1

由离散型随机变量的分布律,我们便可知道它在任意范围内的概率,同时也唯一确定了它的分布函数. 相反地,随机变量的分布函数也可唯一确定相应的分布律. 因此对于离散型随机变量而言,分布律与分布函数具有相同的作用,但分布律比分布函数更直观,更简便. 因此常常通过分布律来描述离散型随机变量的统计规律性.

例 2.2.3 设一宿舍 4 名学生的某课程书籍(各 1 本)摆放在一起,若每人随意地拿出一本,令 X 为取出的书籍属于自己的学生人数,求 X 的分布律.

解 所取书籍正是自己的学生人数 X 的可能取值为 $0,1,2,4$ 这四个值,且可用古典概率计算方法得到如下概率

$$P(X=1)=\frac{C_4^1\times 2}{4!}=\frac{1}{3}, \quad P(X=2)=\frac{C_4^2}{4!}=\frac{1}{4}, \quad P(X=4)=\frac{1}{4!}=\frac{1}{24}.$$

另外事件 $\{X=0\}$ 即 4 个学生全拿错,此事件的概率依然可以用古典概率来计算,本质上它同习题一提高题的第 3 题中第 (1) 小题 $n=4$ 时是等价的,则

$$P(X=0)=1-\frac{1}{1!}+\frac{1}{2!}-\frac{1}{3!}+\frac{1}{4!}=\frac{3}{8},$$

因此 X 的分布列如表 2.2.5 所示.

表 2.2.5　X 的分布列

X	0	1	2	4
P	$\dfrac{3}{8}$	$\dfrac{1}{3}$	$\dfrac{1}{4}$	$\dfrac{1}{24}$

事实上,经检验易知

$$P(X=0)+P(X=1)+P(X=2)+P(X=4)=1.$$

例 2.2.4　一位学生参加某门课程考试,每次考试及格的概率假设都是 $\dfrac{3}{4}$,若不及格则参加下一次考试,否则就不参加. 如果一共有 4 次考试机会,求此人的考试次数 X 的概率分布.

解　显然随机变量 X 只能取 $1,2,3,4.$ X 取 1 意味着该学生第一次考试就及格,X 取 2 意味着该学生第一次考试不及格但第二次考试及格,X 取 3 意味着该学生前两次考试不及格但第三次考试及格,X 取 4 则意味着该学生前三次都不及格,此时第四次可能及格也可能不及格. 故

$$P(X=1)=\frac{3}{4}, \quad P(X=2)=\frac{1}{4}\times\frac{3}{4}=\frac{3}{16},$$

$$P(X=3)=\left(\frac{1}{4}\right)^{2}\times\frac{3}{4}=\frac{3}{64}, \quad P(X=4)=\left(\frac{1}{4}\right)^{3}=\frac{1}{64}.$$

因此 X 的分布列如表 2.2.6 所示.

表 2.2.6　X 的分布列

X	1	2	3	4
P	$\dfrac{3}{4}$	$\dfrac{3}{16}$	$\dfrac{3}{64}$	$\dfrac{1}{64}$

容易验证,$P(X=1)+P(X=2)+P(X=3)+P(X=4)=1.$

值得一提的是,当我们已明确某随机变量的分布律后,就知道了它取值的全面规律.

以下我们介绍几种常见的离散型随机变量及其分布.

二、几种常见的离散型随机变量的分布

1. 0-1 分布

定义 2.2.3　若随机变量 X 只可能取 0 和 1 两个值,其概率分布为

$$P(X=1)=p, \quad P(X=0)=1-p \ (0<p<1), \tag{2.2.6}$$

则称 X 服从参数为 p 的 **0-1 分布**.

(2.2.6) 式中的两个等式可合并成一个表达式:

$$P(X=k)=p^{k}(1-p)^{1-k} \ (k=0,1;0<p<1).$$

0-1 分布在实际应用中经常遇到. 在只有两个可能结果 ω_{1},ω_{2} 的试验中,我们总可以定义一个具有 0-1 分布的随机变量 X:

$$X=X(\omega)=\begin{cases}0, & \text{当 } \omega=\omega_{1} \text{ 时}, \\ 1, & \text{当 } \omega=\omega_{2} \text{ 时}.\end{cases} \tag{2.2.7}$$

用它来描述随机试验的结果. 例如"掷硬币出现正面或反面","产品是否合格","通信中线路畅通或中断","婴儿的性别是男或女"等.

0-1 分布也称为**伯努利分布**或**两点分布**.

2. 二项分布

定义 2.2.4　若随机变量 X 的概率分布为

$$P(X=k)=C_n^k p^k q^{n-k}, \quad k=0,1,2,\cdots,n; 0<q=1-p<1, \qquad (2.2.8)$$

则称 X 服从参数为 n,p 的**二项分布**,记作 $X \sim B(n,p)$.

对于二项分布,由于 $P(X=k)=C_n^k p^k q^{n-k}$ 恰好是二项式 $(p+q)^n$ 的展开式中的通项,所以

$$\sum_{k=0}^{n} P(X=k) = \sum_{k=0}^{n} C_n^k p^k q^{n-k} = (p+q)^n = 1,$$

即满足 (2.2.3) 式这一条件. 也正是因为 $P(X=k)$ 与二项展开式有关,二项分布因此而得名.

二项分布产生于独立试验序列,若一次伯努利试验中某事件 A 发生的概率 $P(A)=p(0<p<1)$,则 n 次伯努利试验中事件 A 发生次数就一定服从参数为 n,p 的二项分布.

在二项分布中,当 $n=1$ 时,有

$$P(X=k)=p^k q^{1-k}, \quad k=0,1(0<q=1-p<1),$$

这就是 0-1 分布,故 0-1 分布是二项分布在 $n=1$ 时的特例.

例 2.2.5　随机抛硬币 10 次,求出现正面次数大于出现反面次数概率.

分析　这里虽然是求概率,但是如果像第一章那样来引入随机事件 A 为"出现正面次数大于出现反面次数",直接计算概率并不容易. 实际上目标事件 A 与 10 次试验中硬币出现某一面的次数有关,因此,不妨引入随机变量表示这一次数.

解　设 X 表示 10 次抛硬币中出现正面的次数,则出现反面的次数为 $10-X$,且 $X \sim B(10,0.5)$. 依题意所求概率为

$$P(X>10-X)=P(X>5)=\sum_{i=6}^{10} P(X=i)=\sum_{i=6}^{10} C_{10}^i \times 0.5^{10} \approx 0.377\ 0.$$

事实上,我们还可从对称性角度更简单地得到该结果. 注意到出现正面次数大于出现反面次数的概率与出现反面次数大于出现正面次数的概率相等,也就是 $P(X>5)=P(X<5)$. 另外出现正面次数等于出现反面次数的概率为

$$P(X=5)=C_{10}^5 \times 0.5^{10} \approx 0.246\ 1.$$

因此

$$P(X>10-X)=P(X>5)=\frac{1-P(X=5)}{2} \approx 0.377\ 0.$$

例 2.2.6（例 1.5.7 续）　甲、乙两名棋手比赛,已知甲每盘获胜的概率为 p. 假定每盘棋胜负是相互独立,且不会出现和棋. 在下列情况下,试求甲最终获胜的概率.

（1）采用三盘两胜制;　　（2）采用五盘三胜制.

分析　类似例 2.2.5,这里虽然是求概率,但是如果像第一章那样来引入随机事件 A 为"甲获胜",实际上目标事件 A 与甲在各种赛制下获胜的盘数有关,因此,也可以引入随机变量来表示这一盘数. 以下假设在各种赛制下,比赛必须打满. 即采用三盘两胜制时,双方必须打满三盘;采用五盘三胜制时,双方必须打满五盘.

解　设随机事件 A 表示甲获胜.

（1）若采用三盘两胜制,设随机变量 X 为三盘比赛中甲获胜的盘数,则 $X \sim B(3,p)$,那么,甲要获胜就要在三盘比赛中至少获胜两盘,即

$$P(A) = P(X=2) + P(X=3) = C_3^2 p^2(1-p) + p^3 = 3p^2 - 2p^3.$$

（2）若采用五盘三胜制，设随机变量 Y 为五盘比赛中甲获胜的盘数，则 $Y \sim B(5, p)$. 甲要获胜就要在五盘比赛中至少获胜三盘，即

$$P(A) = P(Y=3) + P(Y=4) + P(Y=5)$$
$$= C_5^3 p^3(1-p)^2 + C_5^4 p^4(1-p) + p^5 = 10p^3 - 15p^4 + 6p^5.$$

可以看到，这个结果与例 1.5.7 的计算结果一致.

二项分布 $B(n, p)$ 中，有两个参数 n 和 p，对于固定的 n, p，概率 $P(X=k) = C_n^k p^k q^{n-k}$ 随着 k 的变化取值是有规律的. 从图 2.2.2 中，可以清楚地看到：$P(X=k)$ 一般是先随着 k 的增加而增加，直到达到一个最大值，然后再随着 k 的增加而减小.

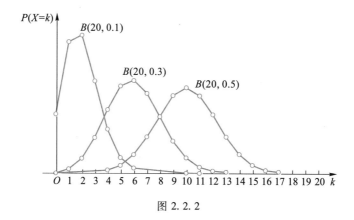

图 2.2.2

事实上，考虑

$$\frac{P(X=k)}{P(X=k-1)} = \frac{C_n^k p^k q^{n-k}}{C_n^{k-1} p^{k-1} q^{n-k+1}} = \frac{(n-k+1)p}{kq}$$
$$= 1 + \frac{(n-k+1)p - kq}{kq} = 1 + \frac{(n+1)p - k}{kq},$$

因此当 $k < (n+1)p$ 时，$P(X=k) > P(X=k-1)$，即 $P(X=k)$ 先随 k 的增加而增加；当 $k = (n+1)p$ 时，$P(X=k) = P(X=k-1)$；当 $k > (n+1)p$ 时，$P(X=k) < P(X=k-1)$，即 $P(X=k)$ 随 k 的增加而减小.

所以当 $k = k_0$ 时，$P(X=k)$ 达到最大，其中

$$k_0 = \begin{cases} (n+1)p \text{ 或}(n+1)p-1, & (n+1)p \text{ 是整数}, \\ [(n+1)p], & (n+1)p \text{ 不是整数}. \end{cases} \tag{2.2.9}$$

这里符号 $[(n+1)p]$ 表示不大于 $(n+1)p$ 的最大整数，对于 $(n+1)p$ 这个正数而言，它就是指 $(n+1)p$ 的整数部分.

一般来说，在 n 很大时，随机变量 X 最大可能取的值 k_0 与 np 相差甚小，因此可作近似 $k_0 \approx np$，即 $\dfrac{k_0}{n} \approx p$，也就是说频率为概率的可能性最大.

例 2.2.7　已知某工厂生产的一大批某类产品的废品率为 0.02，现从中抽出 200 件，求其中废品个数最有可能是多少？并求相应的概率.

解　设 X 表示 200 件产品中的废品个数，则 $X \sim B(200, 0.02)$.

根据（2.2.9）式，废品个数 X 最有可能的取值为 $[(n+1)p]=4$，而相应发生的概率为

$$P(X=4)=C_{200}^4 \times 0.02^4 \times 0.98^{196} \approx 0.197\,3.$$

二项分布的计算公式虽然很简单，但当 n 较大且没有计算机等工具时，其计算却不容易. 为了寻找快速且较准确的计算方法，人们进行了不懈努力，而法国数学家泊松做到了这一点.

3. 泊松分布

2.2.1 泊松

定义 2.2.5 若随机变量 X 的概率分布为

$$P(X=k)=e^{-\lambda}\frac{\lambda^k}{k!}, \quad k=0,1,2,\cdots, \qquad (2.2.10)$$

其中常数 $\lambda>0$，则称 X 服从参数为 λ 的泊松分布，记作 $X \sim P(\lambda)$.

显然 $P(X=k) \geqslant 0, k=0,1,2,\cdots$，且

$$\sum_{k=0}^{\infty} P(X=k)=\sum_{k=0}^{\infty} e^{-\lambda}\frac{\lambda^k}{k!}=e^{-\lambda}\sum_{k=0}^{\infty}\frac{\lambda^k}{k!}=e^{-\lambda}e^{\lambda}=1,$$

即 $P(X=k)$ 满足式（2.2.2）和式（2.2.3）性质.

泊松分布只有一个参数 λ，同二项分布类似，概率 $P(X=k)$ 一般是先随着 k 的增加而增大，直到达到一个最大值，然后再随着 k 的增加而减小，如图 2.2.3 所示. 书后附录Ⅱ表 1 可查得泊松分布在自然数的分布函数值 $F(k)=P(X \leqslant k)=\sum_{i=0}^{k}\frac{\lambda^i e^{-\lambda}}{i!}$.

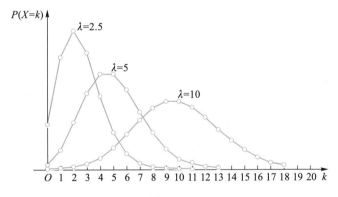

图 2.2.3

历史上泊松分布是作为二项分布的近似在 1838 年由泊松引入的. 下面介绍泊松定理.

定理 2.2.1（泊松定理） 设随机变量 $X_n(n=1,2,\cdots)$ 服从二项分布 $B(n,p_n)$，即

$$P(X_n=k)=C_n^k p_n^k(1-p_n)^{n-k}, \quad k=0,1,2,\cdots,n,$$

其中 $p_n(0<p_n<1)$ 是与 n 有关的数，且设 $np_n=\lambda>0$ 是常数，则有

$$\lim_{n\to\infty}P(X_n=k)=e^{-\lambda}\frac{\lambda^k}{k!}, \quad k=0,1,2,\cdots. \qquad (2.2.11)$$

证 依题有 $p_n=\dfrac{\lambda}{n}$，代入 $P(X_n=k)=C_n^k p_n^k(1-p_n)^{n-k}$ 中有

$$P(X_n=k)=\frac{n(n-1)\cdots(n-k+1)}{k!}\left(\frac{\lambda}{n}\right)^k\left(1-\frac{\lambda}{n}\right)^{n-k}$$

$$= \frac{\lambda^k}{k!} \left[1 \cdot \left(1 - \frac{1}{n} \right) \cdot \left(1 - \frac{2}{n} \right) \cdots \left(1 - \frac{k-1}{n} \right) \right] \left(1 - \frac{\lambda}{n} \right)^n \left(1 - \frac{\lambda}{n} \right)^{-k}.$$

对于固定的 k,有

$$\lim_{n \to \infty} 1 \cdot \left(1 - \frac{1}{n} \right) \cdot \left(1 - \frac{2}{n} \right) \cdots \left(1 - \frac{k-1}{n} \right) = 1,$$

$$\lim_{n \to \infty} \left(1 - \frac{\lambda}{n} \right)^n = e^{-\lambda}, \quad \lim_{n \to \infty} \left(1 - \frac{\lambda}{n} \right)^{-k} = 1,$$

所以

$$\lim_{n \to \infty} P(X_n = k) = e^{-\lambda} \frac{\lambda^k}{k!}, \quad k = 0, 1, 2, \cdots.$$

定理得证.

　　泊松定理表明:若 $np_n = \lambda$ 为常数,则二项分布以泊松分布为极限. 而条件 $np_n = \lambda$ 为常数表明:当 n 很大时,p_n 必很小. 因此,在计算二项分布 $B(n,p)$ 的概率 $P(X = k) = C_n^k p^k q^{n-k}$ 时,若 n 很大,p 较小,可用 $e^{-\lambda} \frac{\lambda^k}{k!}$ 近似代替 $C_n^k p^k (1-p)^{n-k}$,其中 $\lambda = np$,从而得到以下近似公式

$$C_n^k p^k (1-p)^{n-k} \approx e^{-\lambda} \frac{\lambda^k}{k!}. \tag{2.2.12}$$

　　在实际应用时,当 $n \geqslant 10, p \leqslant 0.1$ 时就可采用上述近似公式计算. 当 $n \geqslant 20, p \leqslant 0.05$ 时,近似效果就相当好了.

　　由泊松定理可知,泊松分布是刻画大量试验中稀有事件发生次数的一种概率分布,即若某事件在一次试验中发生的概率很小,而试验次数很大时,该事件发生的次数可用泊松分布来描述. 如纺织厂生产的一批布匹上的疵点个数,一大批产品中不合格产品的个数,某地区一年新生婴儿中三胞胎的个数等随机变量,都近似服从泊松分布.

　　事实上,在不断的研究中,可证明在一段时间内某些事件发生的次数在一定条件下确实服从泊松分布,即所有可能取值为自然数,而当时间间隔极短,取值为 2 或以上是几乎不可能的;另外,固定一段时间内发生某次数的概率只与该段时间长度有关,而与从哪个时刻开始无关,并且在不相重叠的时间间隔内事件发生的次数没有影响. 例如电话总机在一段时间内收到的呼唤次数,一小时中某服务窗口接待的顾客人数,一天中某路口通过的汽车数量,一个月中某手机收到短信的数量等也都服从不同参数的泊松分布.

　　例 2.2.8　已知某人家中在任何长为 t(单位:h)的时间内接到的电话次数 X 服从参数为 $2t$ 的泊松分布.

　　(1) 若他外出计划用时 30 min,求其间恰好有两次电话打来的概率;

　　(2) 若他希望外出时没有电话打来的概率不低于 0.5,则他外出应控制最长时间是多少?

　　解　由题意,

$$P(X = k) = e^{-2t} \frac{(2t)^k}{k!}, \quad k = 0, 1, 2, \cdots.$$

　　(1) 若他外出计划用时 30 min,则 $2t = 2 \times 0.5 = 1$,此时 $X \sim P(1)$,从而

$$P(X = 2) = e^{-1} \frac{1^2}{2!} \approx 0.183\ 9.$$

（2）设此人外出时长为 ah，此时 $X \sim P(2a)$，则

$$P(X=0) = \mathrm{e}^{-2a} \frac{(2a)^0}{0!} = \mathrm{e}^{-2a} \geqslant 0.5,$$

解得

$$a \leqslant \frac{1}{2}\ln 2 \approx 0.35,$$

即他外出应控制最长时间大约是 21 min.

例 2.2.9 保险公司是最早使用概率论知识的部门之一. 保险公司为估计企业的利润盈亏，需要计算各种各样的概率. 下面是典型问题之一：设有 5 000 人参加某类汽车被盗保险，每年保险金为 400 元，设一年中汽车被盗的概率为 0.002，此时保险公司一次性付给受益人 10 万元赔偿费. 试计算"保险公司亏本"和"保险公司盈利不少于 80 万元"的概率.

解 设 X 表示一年中保险公司理赔次数，则 $X \sim B(5\,000, 0.002)$. 又设 A 表示"保险公司亏本"，B 表示"保险公司盈利不少于 80 万元"，则

$$A = \text{"收入小于支出"} = \{5\,000 \times 400 < 1\,000\,000X\} = \{X > 20\},$$

$$B = \text{"收入−支出不少于 80 万元"} = \{5\,000 \times 400 - 1\,000\,000X \geqslant 8\,000\,000\}$$

$$= \{X \leqslant 12\}.$$

所求的两个概率分别为

$$P(X > 20) = 1 - P(X \leqslant 20) = 1 - \sum_{k=0}^{20} P(X=k) = 1 - \sum_{k=0}^{20} \mathrm{C}_{5\,000}^k \cdot 0.002^k \cdot 0.998^{5\,000-k},$$

$$P(X \leqslant 12) = \sum_{k=0}^{12} P(X=k) = \sum_{k=0}^{12} \mathrm{C}_{5\,000}^k \cdot 0.002^k \cdot 0.998^{5\,000-k}.$$

由泊松定理，近似地，$X \sim P(10)$，查附录Ⅱ表 1 可得

$$P(X > 20) = 1 - P(X \leqslant 20) \approx 1 - 0.998\,4 = 0.001\,6,$$

$$P(X \leqslant 12) \approx 0.791\,6.$$

由此可见，保险公司亏本的概率很小，而盈利不少于 80 万元的概率却较大.

设每年保险金为 a 元，对应的保险公司亏本的概率为 p，借助计算机计算得表 2.2.7.

表 2.2.7 保险公司亏本的概率

a	200	220	240	260	280	300	320	340	360	380	400
p	0.417 0	0.303 2	0.208 4	0.135 5	0.083 5	0.048 7	0.027 0	0.014 3	0.007 2	0.003 5	0.001 6

将上述数值绘制成图 2.2.4，不难发现，保险金 a 的小幅增加，会带来保险公司亏本的概率 p 迅速下降. 如果对本例的保险金 400 元进行七五折促销，即每年保险金为 300 元，那么保险公司亏本的概率也不足 3%.

例 2.2.10 某公司有彼此独立工作的 180 台设备，且每台设备在一天内发生故障的概率都是 0.01. 为保证设备正常工作，需要配备适量的维修人员. 假设一台设备的故障可由一人来处理，且每人每天也仅能处理一台设备. 试分别在以下两种情况下求该公司设备发生故障而当天无人修理的概率.

（1）三名修理工每人负责包修 60 台；

（2）三名修理工共同负责 180 台.

解 （1）设 X_i 表示第 i 名修理工负责的 60 台设备中发生故障的台数,易见 $X_i \sim B(60, 0.01)$, $i=1,2,3$. 又令 A_i 表示"第 i 名修理工负责的设备发生故障而无人修理", $i=1,2,3$. 显然 $A_i = \{X_i \geqslant 2\}$. 用(2.2.12)式近似计算概率 $P(A_i)$,其中 $\lambda = np = 60 \times 0.01 = 0.6$,

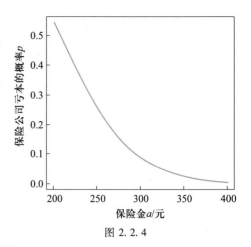

图 2.2.4

$$P(A_i) = P(X_i \geqslant 2) \approx 1 - \sum_{k=0}^{1} \frac{0.6^k}{k!} e^{-0.6}$$
$$\approx 1 - 0.878\,1 = 0.121\,9.$$

该公司设备发生故障而当天无人修理的概率为

$$P(A_1 \cup A_2 \cup A_3) = 1 - P(\overline{A_1 \cup A_2 \cup A_3})$$
$$= 1 - P(\overline{A_1} \cap \overline{A_2} \cap \overline{A_3}) = 1 - P(\overline{A_1})P(\overline{A_2})P(\overline{A_3})$$
$$\approx 1 - (1 - 0.121\,9)^3 = 0.322\,9.$$

（2）若三名修理工共同负责 180 台,设 X 表示 180 台设备中发生故障的台数,易见 $X \sim B(180, 0.01)$. 且"该公司设备发生故障而当天无人修理"相当于 $\{X \geqslant 4\}$. 用(2.2.12)式近似计算概率 $P(X \geqslant 4)$,其中 $\lambda = np = 180 \times 0.01 = 1.8$. 因此该公司设备发生故障而当天无人修理的概率为

$$P(X \geqslant 4) \approx 1 - \sum_{k=0}^{3} \frac{1.8^k}{k!} e^{-1.8} = 1 - 0.891\,3 = 0.108\,7.$$

由例 2.2.10 可以看出,共同负责维修设备比分工负责能更好地保障设备得到及时的维修,从而提高工作效率.

实际上,在分工负责的方案下,根据不同的修理工人数,利用计算机都可以算得该公司设备发生故障而当天无人修理的相应概率,如表 2.2.8 所示.

表 2.2.8 设备故障来不及维修的概率

修理工人数	3	4	5	6	9	12	15
每人负责包修的设备数	60	45	36	30	20	15	12
设备故障来不及维修的概率	0.322 9	0.269 3	0.230 9	0.202 1	0.147 1	0.115 6	0.095 2

将上述数值绘制成图 2.2.5,易见,在分工负责的方案下,当修理工人数取 4,5,6,9,12 时,看上去每个工人的任务比 3 人共同负责 180 台设备时的平均任务减轻了,但是工作效率没有提高,反而降低了.

例 2.2.9 和例 2.2.10 表明,概率论在企业生产、经营管理中具有重要的作用.

4. 几何分布

定义 2.2.6 若随机变量 X 的概率分布为

$$P(X = k) = (1-p)^{k-1} p \quad (k = 1, 2, \cdots), \tag{2.2.13}$$

则称随机变量 X 服从参数为 p 的**几何分布**,记作 $X \sim G(p)$.

几何分布也产生于独立试验序列中,若一次伯努利试验中某事件 A 发生的概率为 $P(A) =$

$p(0<p<1)$,只要事件 A 不发生,试验就不断地重复下去,直到事件 A 发生,试验才停止,则试验的次数 X 就是服从参数为 p 的几何分布.

例 2.2.11 某射手连续向一目标射击,直到命中结束射击,已知他每发命中的概率是 0.4,求:

（1）所需射击次数 X 的概率分布;

（2）至少需要 3 次才命中目标的概率;

（3）已知该射手已射击 5 次还没命中目标,求他至少还需要 3 次才命中目标的概率.

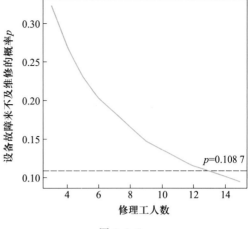

图 2.2.5

解 （1）由题意,所需射击次数 X 的概率分布为

$$P(X=k)=(1-p)^{k-1}p=0.6^{k-1}\times 0.4\ (k=1,2,\cdots),$$

即 X 服从参数 $p=0.4$ 的几何分布.

（2）事件"至少需要 3 次才命中目标"即 $\{X\geqslant 3\}$,其概率为

$$P(X\geqslant 3)=\sum_{k=3}^{+\infty}0.6^{k-1}\times 0.4=0.4\times\sum_{k=3}^{+\infty}0.6^{k-1}=0.6^2=0.36.$$

另外,$P(X\geqslant 3)$ 也可直接求出,因为"至少需要 3 次才能命中目标"等价于"前两次都未命中目标",而每次未能命中目标的概率为 $1-p=0.6$,所以

$$P(X\geqslant 3)=0.6^2=0.36.$$

（3）已知该射手已射击 5 次还没命中目标,则至少还需要 3 次才能命中的概率是条件概率,即

$$P(X\geqslant 8\mid X>5)=\frac{P(X\geqslant 8,X>5)}{P(X>5)}$$

$$=\frac{P(X\geqslant 8)}{P(X>5)}=\frac{P(X\geqslant 8)}{P(X>5)}=\frac{0.6^7}{0.6^5}=0.6^2=0.36.$$

从（2）,（3）可知,该射手至少需要 3 次才命中目标的概率等于在已射击 5 次没命中目标,至少还需要 3 次才能命中的概率.

若一次伯努利试验中某事件 A 发生的概率为 $P(A)=p(0<p<1)$,我们需注意到,不仅直到事件 A 发生所需要的试验次数服从参数为 p 的几何分布,而且若已知经过若干次试验,事件 A 都还没发生,不管之前试验的次数是多少,则直到事件 A 发生还需要的试验次数也服从参数为 p 的几何分布,即过去试验失败的次数不会影响之后还需要的试验次数,几何分布的这种性质称为"无记忆性".

5. 超几何分布

定义 2.2.7 若随机变量 X 的概率分布为

$$P(X=k)=\frac{C_M^k C_{N-M}^{n-k}}{C_N^n}\ (k=s,s+1,\cdots,t),\qquad(2.2.14)$$

其中,$n\leqslant N,M<N,s=\max\{0,n-N+M\},t=\min\{n,M\},n,N,M$ 均为正整数,则称随机变量 X 服从参数为 N,M,n 的超几何分布,记作 $X\sim H(N,M,n)$.

2.2.2 分布的无记忆性

超几何分布产生于抽样检验中,设 N 个元素分为两类,有 M 个属于第一类,$N-M$ 个属于第二类.现从中不重复抽取 n 个,则其中第一类元素的个数 X 就是超几何分布.在实际应用中,两类元素可以是合格产品和不合格产品,也可以是男生和女生、两种不同颜色的乒乓球等.

例 2.2.12 从一副完整的扑克牌中任取 20 张,求数字 3 出现的张数 X 的分布列.

解 数字 3 出现张数 X 可能取 0,1,2,3,4 这五个值,相应的概率为

$$P(X=k) = \frac{C_4^k C_{50}^{20-k}}{C_{54}^{20}}, \quad k=0,1,2,3,4,$$

即 $X \sim H(54,4,20)$.具体计算结果如表 2.2.9 所示.

表 2.2.9 X 的分布列

X	0	1	2	3	4
P	0.146 6	0.378 4	0.337 0	0.122 6	0.015 4

§2.3 连续型随机变量及其分布

对离散型随机变量,我们可用分布律来形象地刻画其概率分布情况;而对于非离散型随机变量,若我们对分布函数加以特定约束,可定义其中一类特殊的随机变量,即连续型随机变量,并引入一个重要的刻画随机变量取值规律的工具——概率密度函数.

一、连续型随机变量及概率密度函数

定义 2.3.1 设随机变量 X 的分布函数为 $F(x)$,若存在非负实函数 $f(x)$,使得对任意的实数 x,都有

$$F(x) = P(X \leqslant x) = \int_{-\infty}^{x} f(t)\,\mathrm{d}t, \tag{2.3.1}$$

则称 X 为连续型随机变量,其中 $f(x)$ 称为 X 的概率密度函数,简称概率密度或分布密度.为了避免混淆,也记为 $f_X(x)$.

与离散型随机变量类似,连续型随机变量 X 的概率密度函数 $f(x)$ 也具有如下基本性质:

性质 1 $f(x) \geqslant 0$. $\tag{2.3.2}$

性质 2 $\int_{-\infty}^{+\infty} f(x)\,\mathrm{d}x = 1$. $\tag{2.3.3}$

其中性质 1,性质 2 表明曲线 $y = f(x)$ 是 x 轴及其上方的一条曲线,且它与 x 轴围成的面积为 1(图 2.3.1).值得注意的是,这两个基本性质也是判别某个函数是否为概率密度函数的充要条件.

另外由定义 2.3.1,不难证明连续型随机变量的分布函数 $F(x)$ 和概率密度函数 $f(x)$ 还

具有如下一些常用的性质:

性质 3 对任何实数 $a,b(a<b)$,有

$$P(a<X\leqslant b)=F(b)-F(a)=\int_a^b f(x)\mathrm{d}x. \qquad (2.3.4)$$

性质 4 连续型随机变量的分布函数 $F(x)$ 是连续函数,且对任意实数 x,有

$$P(X=x)=F(x)-F(x-0)=0. \qquad (2.3.5)$$

性质 5 在 $f(x)$ 的连续点 x 处有

$$F'(x)=f(x). \qquad (2.3.6)$$

性质 6 在有限个点上改变概率密度函数 $f(x)$ 的值并不影响其积分的值,从而也不改变对应分布函数 $F(x)$ 的值,即一个分布函数可对应有多个密度函数.

由性质 3,我们知道随机变量 X 落在区间 $(a,b]$ 内的概率 $P(a<X\leqslant b)$ 在几何意义上是曲线 $y=f(x)$ 与 x 轴,直线 $x=a$ 和直线 $x=b$ 所围成的曲边梯形的面积(图 2.3.2).同时根据性质 4,在计算连续型随机变量落在某一区间的概率时可以不区分区间是开区间或闭区间或半开半闭区间,即

$$P(a<X\leqslant b)=P(a<X<b)=P(a\leqslant X<b)$$
$$=P(a\leqslant X\leqslant b)=\int_a^b f(x)\mathrm{d}x.$$

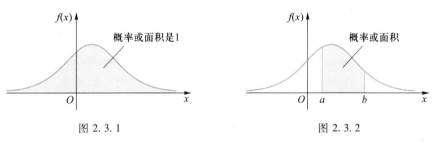

图 2.3.1   图 2.3.2

性质 4 也说明用列举连续型随机变量取某个值的概率来描述这种随机变量不但做不到,而且毫无意义.另外这一结果也表明概率为 0 的事件并不一定是不可能事件,同样概率为 1 的事件并不一定是必然事件.

根据性质 5,在 $F(x)$ 的可导点 x 处有

$$f(x)=F'(x)=\lim_{\Delta x\to 0}\frac{F(x+\Delta x)-F(x)}{\Delta x}$$
$$=\lim_{\Delta x\to 0}\frac{P(x<X\leqslant x+\Delta x)}{\Delta x},$$

因此当 Δx 很小时,有

$$P(x<X\leqslant x+\Delta x)\approx f(x)\Delta x. \qquad (2.3.7)$$

(2.3.7)式说明,密度函数在 x 处的函数值 $f(x)$ 越大,则 X 取 x 附近的值的概率就越大.因此密度函数 $f(x)$ 体现了连续型随机变量 X 在 x 点附近取值的密集程度,这也意味着 $f(x)$ 确实有"密度"的性质,所以称它为概率密度函数.

例 2.3.1 向半径为 R 的圆形靶射击,假设不会发生脱靶,且击中任意区域的概率与该区域的面积成正比,设击中点与靶心的距离为 X,求随机变量 X 的概率密度.

解 在例 2.1.3 中已求得随机变量 X 的分布函数为

$$F(x) = \begin{cases} 0, & x < 0, \\ \dfrac{x^2}{R^2}, & 0 \leqslant x \leqslant R, \\ 1, & x > R, \end{cases}$$

则 X 的概率密度函数为

$$f(x) = F'(x) = \begin{cases} \dfrac{2x}{R^2}, & 0 < x < R, \\ 0, & \text{其他}. \end{cases}$$

例 2.3.1 中,随机变量 X 的概率密度函数 $f(x)$ 在区间 $(0, R)$ 内是线性递增函数,可见随着 x 增大,X 在 x 附近取值的概率越大.

例 2.3.2 设连续型随机变量 X 的分布函数为

$$F(x) = \begin{cases} 0, & x \leqslant -1, \\ A + B\arcsin x, & -1 < x < 1, \\ 1, & x \geqslant 1, \end{cases}$$

求常数 A 和 B 及概率密度函数 $f(x)$.

解 因为 X 为连续型随机变量,所以分布函数 $F(x)$ 连续,于是

$$\begin{cases} F(-1) = F(-1+0), \\ F(1-0) = F(1), \end{cases}$$

则有

$$\begin{cases} A - \dfrac{\pi}{2}B = 0, \\ A + \dfrac{\pi}{2}B = 1, \end{cases}$$

可解得 $A = \dfrac{1}{2}, B = \dfrac{1}{\pi}$. 因此 X 的分布函数为

$$F(x) = \begin{cases} 0, & x \leqslant -1, \\ \dfrac{1}{2} + \dfrac{1}{\pi}\arcsin x, & -1 < x < 1, \\ 1, & x \geqslant 1, \end{cases}$$

则 X 的概率密度函数为

$$f(x) = F'(x) = \begin{cases} \dfrac{1}{\pi\sqrt{1-x^2}}, & -1 < x < 1, \\ 0, & \text{其他}. \end{cases}$$

例 2.3.3 设连续型随机变量 X 的概率密度为

$$f(x) = \begin{cases} kx^2, & 1 < x < 2, \\ 0 & \text{其他}. \end{cases}$$

(1) 求系数 k;

(2) 计算 $P\left(X > \dfrac{3}{2}\right)$;

（3）计算 X 的分布函数.

解　（1）因为 $\int_{-\infty}^{+\infty} f(x)\mathrm{d}x = 1$，即 $\int_{1}^{2} kx^2 \mathrm{d}x = \dfrac{7k}{3} = 1$，所以可得 $k = \dfrac{3}{7}$.

（2）$P\left(X > \dfrac{3}{2}\right) = \int_{\frac{3}{2}}^{2} \dfrac{3}{7} x^2 \mathrm{d}x = \dfrac{37}{56}$.

（3）当 $x < 1$ 时，$F(x) = 0$；

当 $1 \leqslant x < 2$ 时，

$$F(x) = \int_{-\infty}^{x} f(t)\mathrm{d}t = \int_{1}^{x} \dfrac{3}{7} t^2 \mathrm{d}t = \dfrac{x^3}{7} - \dfrac{1}{7};$$

当 $x \geqslant 2$ 时，$F(x) = 1$.

所以分布函数 $F(x)$ 为

$$F(x) = \begin{cases} 0, & x < 1, \\ \dfrac{x^3}{7} - \dfrac{1}{7}, & 1 \leqslant x < 2, \\ 1, & x \geqslant 2. \end{cases}$$

例 2.3.4　设连续型随机变量 X 的概率密度为

$$f(x) = \dfrac{1}{2}\mathrm{e}^{-|x|}, \quad -\infty < x < +\infty,$$

求 X 的分布函数，并计算 $P(X > -1)$.

解　（1）$F(x) = \int_{-\infty}^{x} f(t)\mathrm{d}t = \int_{-\infty}^{x} \dfrac{\mathrm{e}^{-|t|}}{2}\mathrm{d}t$.

当 $x < 0$ 时，$F(x) = \int_{-\infty}^{x} \dfrac{\mathrm{e}^{-|t|}}{2}\mathrm{d}t = \int_{-\infty}^{x} \dfrac{\mathrm{e}^{t}}{2}\mathrm{d}t = \dfrac{\mathrm{e}^{x}}{2}$；

当 $x \geqslant 0$ 时，$F(x) = \int_{-\infty}^{x} \dfrac{\mathrm{e}^{-|t|}}{2}\mathrm{d}t = \int_{-\infty}^{0} \dfrac{\mathrm{e}^{t}}{2}\mathrm{d}t + \int_{0}^{x} \dfrac{\mathrm{e}^{-t}}{2}\mathrm{d}t = 1 - \dfrac{\mathrm{e}^{-x}}{2}$.

所以 X 的分布函数为

$$F(x) = \begin{cases} \dfrac{\mathrm{e}^{x}}{2}, & x < 0, \\ 1 - \dfrac{\mathrm{e}^{-x}}{2}, & x \geqslant 0. \end{cases}$$

（2）$P(X > -1) = 1 - F(-1) = 1 - \dfrac{\mathrm{e}^{-1}}{2}$.

以下我们介绍几种常见的连续型随机变量及其分布.

二、几种常见的连续型随机变量的分布

1. 均匀分布

定义 2.3.2　如果随机变量 X 的概率密度函数为

$$f(x) = \begin{cases} \dfrac{1}{b-a}, & a < x < b, \\ 0, & \text{其他}, \end{cases} \qquad (2.3.8)$$

那么称 X 服从区间 (a,b) 内的**均匀分布**,记作 $X \sim U(a,b)$,其相应的分布函数为

$$F(x) = \begin{cases} 0, & x < a, \\ \dfrac{x-a}{b-a}, & a \leqslant x < b, \\ 1, & x \geqslant b. \end{cases} \tag{2.3.9}$$

$f(x)$ 和 $F(x)$ 的图形见图 2.3.3 和图 2.3.4.

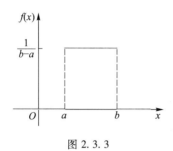

图 2.3.3   图 2.3.4

若 $X \sim U(a,b)$,对于任意区间 $(c,d) \subset (a,b)$,有

$$P(c < X < d) = \int_c^d \frac{\mathrm{d}x}{b-a} = \frac{d-c}{b-a}.$$

上式表明 X 落在 (a,b) 内任一小区间 (c,d) 的概率与该小区间的长度成正比,而与该小区间的位置无关. 这说明 X 落在 (a,b) 内任意等长的小区间内的概率是相同的,所以均匀分布也称为等概率分布,在第一章中讨论过的几何概型中,都可定义服从均匀分布的随机变量.

在例 1.2.8 中,设乘客候车的时间为 X,则 $X \sim U(0,5)$,所以"候车时间不超过 3 min"的概率为 $P(X \leqslant 3) = F(3) = \dfrac{3}{5} = 0.6$.

例 2.3.5 设随机变量 $X \sim U(0,a)$,x 的二次方程 $x^2 + x + X = 0$ 有实根的概率为 $\dfrac{1}{8}$,求常数 a 的值.

解 由于方程有实根的充要条件是 $\Delta = 1 - 4X \geqslant 0$,故

$$P(1 - 4X \geqslant 0) = P\left(X \leqslant \frac{1}{4}\right) = \frac{1}{8}.$$

又因为 $X \sim U(0,a)$,所以 $\dfrac{\dfrac{1}{4} - 0}{a - 0} = \dfrac{1}{8}$,即 $a = 2$.

例 2.3.6 将一根长为 a 的细绳随意剪成两段,试求有一段长度是另一段长度两倍以上的概率.

解 任取其中一段,设其长度为 X. 由题意,$X \sim U(0,a)$. 而事件"有一段长度是另一端长度两倍以上"即 $\{X > 2(a-X)\} \cup \{a - X > 2X\}$. 因此所求概率为

$$P(X > 2(a-X)) + P(a - X > 2X)$$
$$= P\left(X > \frac{2}{3}a\right) + P\left(X < \frac{1}{3}a\right)$$
$$= \frac{1}{3} + \frac{1}{3} = \frac{2}{3}.$$

2. 指数分布

定义 2.3.3 如果随机变量 X 的概率密度函数为

$$f(x) = \begin{cases} \lambda e^{-\lambda x}, & x > 0, \\ 0, & x \leqslant 0, \end{cases} \tag{2.3.10}$$

其中 $\lambda > 0$ 为常数,则称 X 服从参数为 λ 的指数分布,记作 $X \sim E(\lambda)$,其相应的分布函数为

$$F(x) = \begin{cases} 1 - e^{-\lambda x}, & x > 0, \\ 0, & x \leqslant 0. \end{cases} \tag{2.3.11}$$

$f(x)$ 和 $F(x)$ 的图形见图 2.3.5 和图 2.3.6.

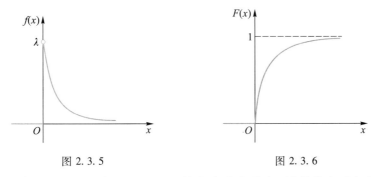

图 2.3.5　　　　　　　　　　　图 2.3.6

指数分布通常是许多电子产品或一些系统的寿命的分布,另外旅客进机场的时间间隔、电话总机相继接收到两次通话的时间间隔等也可认为服从指数分布. 通常,指数分布在排队论和可靠性理论等领域中有广泛的应用.

例 2.3.7 某电子元件的使用寿命 X(单位:h)服从参数为 λ 的指数分布,

(1) 若 $\lambda = 0.001$,求寿命超过 1 000 h 的概率;

(2) 若 $\lambda = 0.001$,已知该元件已正常使用 2 000 h,求它至少还能正常使用 1 000 h 的概率;

(3) 若在持续使用 3 000 h 的前提下还能继续使用 2 000 h 的概率为 e^{-4},则 100 个这样的电子元件至多有 10 个使用寿命超过 1 500 h 的概率是多少?

解 (1) 寿命超过 1 000 h 的概率为

$$P(X > 1\,000) = 1 - F(1\,000) = 1 - (1 - e^{-0.001 \times 1\,000}) = e^{-1} \approx 0.367\,9.$$

(2) 已知该元件已正常使用 2 000 h,则它至少还能正常使用 1 000 h 的概率等价于已知寿命大于 2 000 h,寿命大于 3 000 h 的概率,即条件概率

$$P(X \geqslant 3\,000 \mid X > 2\,000) = \frac{P(X \geqslant 3\,000, X > 2\,000)}{P(X > 2\,000)} = \frac{P(X \geqslant 3\,000)}{P(X > 2\,000)}$$

$$= \frac{e^{-3}}{e^{-2}} = e^{-1} \approx 0.367\,9.$$

(3) 由题意,即条件概率

$$P(X > 5\,000 \mid X > 3\,000) = \frac{P(X > 5\,000, X > 3\,000)}{P(X > 3\,000)} = \frac{P(X > 5\,000)}{P(X > 3\,000)}$$

$$= \frac{e^{-5\,000\lambda}}{e^{-3\,000\lambda}} = e^{-2\,000\lambda} = e^{-4},$$

可知 $\lambda = 0.002$.

　　假设随机变量 Y 表示 100 个这样的电子元件中使用寿命超过 1 500 h 的数目,则 $Y \sim B(100, p)$,其中

$$p = P(X > 1\ 500) = e^{-1\ 500\lambda} = e^{-3}.$$

　　由泊松定理,近似地,$Y \sim P(100e^{-3})$,即 $Y \sim P(5)$.

　　查附录 Ⅱ 表 1 可知,100 个这样的电子元件至多有 10 个使用寿命超过 1 500 h 的概率

$$P(Y \leqslant 10) = 0.986\ 3.$$

从(1)、(2)可知,该元件寿命超过 1 000 h 的概率等于已使用 2 000 h 的条件下至少还能使用 1 000 h 的概率.事实上,同几何分布类似,指数分布也具有无记忆性.即若某元件或动物寿命服从指数分布,若已知寿命长于 s 年,则再"活"t 年的概率与 s 无关,即对过去的 s 时间没有记忆,也就是说只要在某时刻 s 仍"活"着,它的剩余寿命的分布与原来的寿命分布相同,所以也称指数分布是"永远年轻的".

　　另外在很多应用中,指数分布和泊松分布有着特殊的联系.在 §2.2 中我们知道,电话总机在一段时间内收到的呼唤次数、某路口一天通过的汽车数量、一个月中某手机收到短信的数量等都可用泊松分布来描述.这类问题中还存在一个连续型随机变量,例如手机相继接收到的两次短信间的间隔时间,则可用指数分布来描述.

3. 正态分布

定义 2.3.4　如果随机变量 X 的概率密度函数为

$$f(x) = \frac{1}{\sigma\sqrt{2\pi}} e^{-\frac{(x-\mu)^2}{2\sigma^2}}, \quad -\infty < x < +\infty, \tag{2.3.12}$$

2.3.1 泊松分布与指数分布的联系

其中 $\sigma > 0$,μ 和 σ 为常数,则称 X 服从参数为 μ, σ^2 的 正态分布,记作 $X \sim N(\mu, \sigma^2)$,其分布函数为

$$F(x) = \frac{1}{\sigma\sqrt{2\pi}} \int_{-\infty}^{x} e^{-\frac{(x-\mu)^2}{2\sigma^2}} \mathrm{d}t, \quad -\infty < x < +\infty. \tag{2.3.13}$$

　　特别地,参数 $\mu = 0, \sigma = 1$ 的正态分布 $N(0, 1^2)$ 称为标准正态分布,习惯上其概率密度和分布函数分别记为 $\varphi(x)$ 和 $\Phi(x)$,即

$$\varphi(x) = \frac{1}{\sqrt{2\pi}} e^{-\frac{x^2}{2}}, \quad -\infty < x < +\infty. \tag{2.3.14}$$

$$\Phi(x) = \frac{1}{\sqrt{2\pi}} \int_{-\infty}^{x} e^{-\frac{t^2}{2}} \mathrm{d}t, \quad -\infty < x < +\infty. \tag{2.3.15}$$

　　虽然正态分布的概率密度函数 $f(x)$ 看起来较复杂,但大量理论研究和实际经验表明,正态分布不仅有着许多优良的性质,而且在自然界中服从或近似服从正态分布的随机变量广泛存在.例如测量的误差、人的身高和体重、农作物的产量、产品的尺寸和质量以及炮弹落点等都可认为是服从正态分布.事实上,一个随机变量若是大量微小的、独立的随机因素的作用的结果,且其中每一种因素都不能起到压倒一切的主导作用,那么这个随机变量就会服从或近似服从正态分布.关于这一点,我们将在第五章中详细说明.毫不夸张地说,正态分布是概率统计中最重要的一种分布,乃至整个自然科学领域,正态分布也都有着不可替代的重要意义.

在正态分布被发现与应用的历史中,棣莫弗、高斯和拉普拉斯等人都作出了重要的贡献.1809 年,德国数学家高斯在发表的《天体运动理论》中首次将正态分布作为随机误差的分布,从而也促进了正态分布的深入研究和广泛应用.因此,正态分布通常也称为高斯分布.

正态分布的概率密度 $f(x)$ 和分布函数 $F(x)$ 的图形分别如图 2.3.7 和图 2.3.8.

2.3.2 正态分布

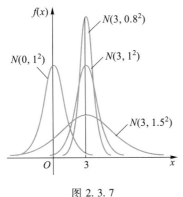

图 2.3.7

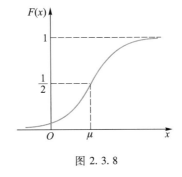

图 2.3.8

从图 2.3.7 我们可以看到,正态分布的概率密度 $f(x)$ 的图形是"中间大,两头小"的一条钟形曲线,并且容易证明 $f(x)$ 还有如下性质:

性质 1　$f(x)$ 的图形关于 $x=\mu$ 对称.

性质 2　$f(x)$ 在 $x=\mu$ 处达到最大,最大值为 $\dfrac{1}{\sqrt{2\pi}\,\sigma}$.

性质 3　$f(x)$ 在 $x=\mu\pm\sigma$ 处有拐点.

性质 4　x 离 μ 越远,$f(x)$ 值越小,当 x 趋向无穷大时,$f(x)$ 趋于零,即 $f(x)$ 以 x 轴为渐近线.

性质 5　当 μ 固定时,σ 越大,$f(x)$ 的最大值越小,即曲线越平坦;σ 越小,$f(x)$ 最大值越大,即曲线越尖.

性质 6　当 σ 固定而改变 μ 时,就是将 $f(x)$ 图形沿 x 轴平移.

值得注意的是,在(2.3.13)式和(2.3.15)式中的分布函数 $F(x)$ 和 $\Phi(x)$ 不能求出初等函数表示形式,通常只能在已知 x 的取值时用数值积分的方法求出相应的分布函数值.但 $\Phi(+\infty)=\dfrac{1}{\sqrt{2\pi}}\displaystyle\int_{-\infty}^{+\infty}e^{-\frac{x^2}{2}}dx=1$ 是可以验证的,因为

$$\frac{1}{\sqrt{2\pi}}\int_{-\infty}^{+\infty}e^{-\frac{x^2}{2}}dx\cdot\frac{1}{\sqrt{2\pi}}\int_{-\infty}^{+\infty}e^{-\frac{y^2}{2}}dy$$

$$=\frac{1}{2\pi}\int_{-\infty}^{+\infty}\int_{-\infty}^{+\infty}e^{-\frac{x^2+y^2}{2}}dxdy$$

$$=\frac{1}{2\pi}\int_{0}^{2\pi}d\theta\int_{0}^{+\infty}re^{-\frac{r^2}{2}}dr(令\ x=r\cos\theta,y=r\sin\theta)$$

$$=\int_{0}^{+\infty}re^{-\frac{r^2}{2}}dr=\left(-e^{-\frac{r^2}{2}}\right)\Big|_{0}^{+\infty}=1,$$

所以有 $\Phi(+\infty) = \dfrac{1}{\sqrt{2\pi}} \displaystyle\int_{-\infty}^{+\infty} \mathrm{e}^{-\frac{x^2}{2}} \mathrm{d}x = 1.$ 同理也可验证在(2.3.15)式中 $F(+\infty) = 1.$ 事实上,我们也可利用这个性质得到以下几个常用的积分结果:

$$\int_{-\infty}^{+\infty} \mathrm{e}^{-\frac{x^2}{2}} \mathrm{d}x = \sqrt{2\pi}, \qquad \int_{-\infty}^{+\infty} \mathrm{e}^{-x^2} \mathrm{d}x = \sqrt{\pi}.$$

在(2.3.13)式中,只要令 $s = \dfrac{t-\mu}{\sigma}$,就可把正态随机变量的分布函数 $F(x)$ 化为标准正态随机变量的分布函数 $\Phi(x)$ 的表示形式,即

$$F(x) = \frac{1}{\sqrt{2\pi}} \int_{-\infty}^{\frac{x-\mu}{\sigma}} \mathrm{e}^{-\frac{s^2}{2}} \mathrm{d}s = \Phi\left(\frac{x-\mu}{\sigma}\right). \tag{2.3.16}$$

因此,正态随机变量的分布函数 $F(x)$ 可借助于标准正态分布函数 $\Phi(x)$ 来计算. 而标准正态随机变量分布函数 $\Phi(x)$ 的值已制成表,可以查用,见附录 II 表 2.

在附录 II 表 2 中,只对 $x \geqslant 0$ 给出 $\Phi(x)$ 函数值. 事实上,标准正态随机变量的概率密度函数 $\varphi(x)$ 是偶函数,而分布函数 $\Phi(x)$ 满足下列公式:

$$\Phi(-x) = 1 - \Phi(x). \tag{2.3.17}$$

因此,当 $x<0$ 时,可先从表中查出 $\Phi(-x)$ 的取值,再由上式计算 $\Phi(x)$.

通过上述讨论,对于常见的概率计算有如下公式:

(1) 若 $X \sim N(0,1^2)$,有

$$P(X \leqslant x) = \begin{cases} \Phi(x), & x>0, \\ 0.5, & x=0, \\ 1-\Phi(-x), & x<0. \end{cases} \tag{2.3.18}$$

$$P(a<X \leqslant b) = \Phi(b) - \Phi(a). \tag{2.3.19}$$

$$P(|X|<x) = \Phi(x) - \Phi(-x) = 2\Phi(x) - 1 \quad (x>0). \tag{2.3.20}$$

(2) 若 $X \sim N(\mu, \sigma^2)$,有

$$P(X \leqslant x) = \Phi\left(\frac{x-\mu}{\sigma}\right). \tag{2.3.21}$$

例 2.3.8 设 $X \sim N(0,1^2)$,求 $P(X>1), P(-1<X<2), P(|X|>2)$.

解 $P(X>1) = 1 - \Phi(1) = 1 - 0.8413 = 0.1587,$

$\qquad P(-1<X<2) = \Phi(2) - \Phi(-1) = \Phi(2) + \Phi(1) - 1 = 0.8185,$

$\qquad P(|X|>2) = 2P(X>2) = 2 \times (1 - \Phi(2)) = 0.0456.$

例 2.3.9 设 $X \sim N(2,2^2)$,求 $P(X \leqslant 1), P(|X|<3)$.

解 $P(X \leqslant 1) = \Phi\left(\dfrac{1-2}{2}\right) = \Phi(-0.5) = 1 - \Phi(0.5) = 0.3085,$

$$P(|X|<3) = P(-3<X<3) = \Phi\left(\frac{3-2}{2}\right) - \Phi\left(\frac{-3-2}{2}\right)$$

$$= \Phi(0.5) - \Phi(-2.5) = \Phi(0.5) + \Phi(2.5) - 1 = 0.6853.$$

例 2.3.10 设 $X \sim N(\mu, \sigma^2)$,求 $P(|X-\mu|<k\sigma)(k=1,2,3)$.

解 $P(|X-\mu|<k\sigma) = P(\mu-k\sigma<X<\mu+k\sigma)$

$$= \Phi(k) - \Phi(-k) = 2\Phi(k) - 1.$$

所以
$$P(|X-\mu|<\sigma)=0.682\ 6,$$
$$P(|X-\mu|<2\sigma)=0.954\ 4,$$
$$P(|X-\mu|<3\sigma)=0.997\ 4.$$

上式表明,服从正态分布的随机变量 X 落在区间 $(\mu-3\sigma,\mu+3\sigma)$ 内的概率已高达 99.74%,因此可认为 X 的值几乎不落在区间 $(\mu-3\sigma,\mu+3\sigma)$ 外. 这就是著名的"3σ 原则",它在工业生产中常用来作为质量控制的依据. 还有著名的"6σ 管理"也被日益广泛地应用在企业管理中. 这里,$P(|X-\mu|<6\sigma)=0.999\ 999\ 8.$

例 2.3.11 设测量某目标的距离时发生的误差 X(单位:m)服从 $N(2,4^2)$,求四次测量中至少有两次误差的绝对值不超过 3 m 的概率.

2.3.3 3σ 原则和 6σ 管理

解 设事件 A 表示"一次测量误差的绝对值不超过 3 m",即事件 $A=\{|X|<3\}$,则
$$P(A)=P(|X|<3)=\Phi\left(\frac{3-2}{4}\right)-\Phi\left(\frac{-3-2}{4}\right)$$
$$=\Phi(0.25)-\Phi(-1.25)=\Phi(0.25)+\Phi(1.25)-1=0.493\ 1,$$
因此四次测量中事件 A 发生的次数 $Y\sim B(4,0.493\ 1)$,则四次测量中事件 A 至少发生两次的概率为
$$P(Y\geqslant 2)=1-P(Y=0)-P(Y=1)$$
$$=1-(1-0.493\ 1)^4-C_4^1\times 0.493\ 1\times(1-0.493\ 1)^3$$
$$=1-0.066\ 0-0.256\ 9=0.677\ 1.$$

例 2.3.12 公共汽车车门的高度是按成年男子与车门顶端碰头概率在 0.01 以下来设计的,设成年男子身高 X(单位:cm)服从正态分布 $N(170,10^2)$,问车门高度应如何确定?

解 设车门高度为 h cm,若
$$P(X>h)<0.01,$$
即
$$1-\Phi\left(\frac{h-170}{10}\right)<0.01,$$
则有
$$\Phi\left(\frac{h-170}{10}\right)>0.99.$$

查附录Ⅱ表 2 得 $\frac{h-170}{10}\geqslant 2.325$,所以 $h\geqslant 170+23.25=193.25$. 因此要使男子与车门顶头碰头机会在 0.01 以下,车门高度至少为 193.3 cm.

2.3.4 伽马分布

§2.4 随机变量函数的分布

在许多实际问题中,所考虑的随机变量常常依赖于另一个随机变量. 例如要考虑一批球,其直径 X 和体积 Y 都是随机变量,其中球的直径可以较方便测量出来,而体积不易直接测量,但可由公式 $Y=\frac{\pi}{6}X^3$ 计算得到,那么我们关心的是,若我们已知这批球直径 X 的概率分

布,能否得到其体积 Y 的概率分布呢?

一般地,设 X 是随机变量,$g(x)$ 是一个实函数,则 $Y = g(X)$ 也是一个随机变量.若 X 的分布已知,如何求随机变量 $Y = g(X)$ 的分布?下面分别就离散型和连续型随机变量函数的分布进行讨论.

一、 离散型随机变量函数的分布

设离散型随机变量 X 的分布律如(2.2.1)式,则 $Y = g(X)$ 也是一个离散型随机变量,其所有可能取值为 $y_k = g(x_k)$,$k = 1, 2, \cdots$.

若 $y_k = g(x_k)$,$k = 1, 2, \cdots$ 的值互不相等,则由
$$P(Y = y_k) = P(X = x_k),$$
可得 Y 的分布律如表 2.4.1 所示.

表 2.4.1　Y 的分布律

Y	y_1	y_2	$\cdots$	y_k	$\cdots$
$P(Y = y_k)$	p_1	p_2	$\cdots$	p_k	$\cdots$

若 $y_k = g(x_k)$,$k = 1, 2, \cdots$ 中有相等的值,则把那些相等的值合并起来,由于事件
$$\{Y = y_k\} = \bigcup_{g(x_i) = y_k} \{X = x_i\},$$
则由概率的可加性,可得事件 $\{Y = y_k\}$ 的概率为
$$P(Y = y_k) = \sum_{g(x_i) = y_k} P(X = x_i). \tag{2.4.1}$$

因此 Y 的分布律应将表(2.4.1)中 $y_k(k = 1, 2, \cdots)$ 相同的值合并,同时将对应的概率加在一起.

例 2.4.1　设随机变量 X 的分布律如表 2.4.2 所示.

表 2.4.2　X 的分布律

X	-2	-1	0	1	2
$P(X = x_k)$	0.1	0.2	0.3	0.1	0.3

求:(1) $Y = 1 - 2X$ 的分布律;(2) $Z = X^2$ 的分布律.

解　首先计算 X 取不同值时,Y 与 Z 的取值,可写成表 2.4.3:

表 2.4.3　Y, Z 的取值结果

X	-2	-1	0	1	2
$Y = 1 - 2X$	5	3	1	-1	-3
$Z = X^2$	4	1	0	1	4

由于表 2.4.3 中 X 取不同值时,Y 的取值各不相同,则 $Y = 1 - 2X$ 的分布律如表 2.4.4.另外,做适当合并后也可得 $Z = X^2$ 的分布律如表 2.4.5.

表 2.4.4　Y 的分布律

Y	-3	-1	1	3	5
$P(Y=y_k)$	0.3	0.1	0.3	0.2	0.1

表 2.4.5　Z 的分布律

Z	0	1	4
$P(Z=y_k)$	0.3	0.3	0.4

二、 连续型随机变量函数的分布

已知连续型随机变量 X 的概率密度为 $f_X(x)$，$y=g(x)$ 是连续实函数，一般来说，随机变量 Y 也是连续型随机变量.

对于 $f_X(x)$，要么是常见分布（均匀分布、指数分布或正态分布），要么是一般分布（这三者之外的分布）；对于 $y=g(x)$，要么是线性函数 $y=ax+b(a\neq0)$，要么是非线性函数 $y=x^2$，$y=|x|$，$y=\ln x$，$y=\sin x$ 等. 下面我们来考虑如何求 $Y=g(X)$ 的概率密度.

例 2.4.2　假设随机变量 X 的分布如下，请分别求随机变量 $Y=1-2X$ 的概率密度.

（1）X 的概率密度 $f_X(x)=\begin{cases}\dfrac{x}{8}, & 0<x<4, \\ 0, & \text{其他;}\end{cases}$

（2）X 服从均匀分布 $U(-1,2)$；

（3）X 服从指数分布 $E(2)$；

（4）X 服从正态分布 $N(2,3^2)$.

解　要得到 $Y=1-2X$ 的概率密度，可以先求它的分布函数 $F_Y(y)$. 据题意有

$$F_Y(y)=P(Y\leqslant y)=P(1-2X\leqslant y)$$
$$=P\left(X\geqslant\frac{1-y}{2}\right)=1-F_X\left(\frac{1-y}{2}\right). \tag{2.4.2}$$

两边对 y 求导，由分布函数与概率密度之间的关系得

$$f_Y(y)=-\frac{\mathrm{d}}{\mathrm{d}y}F_X\left(\frac{1-y}{2}\right)=-f_X\left(\frac{1-y}{2}\right)\frac{\mathrm{d}\left(\dfrac{1-y}{2}\right)}{\mathrm{d}y}$$
$$=\frac{1}{2}f_X\left(\frac{1-y}{2}\right). \tag{2.4.3}$$

（1）将 $f_X(x)$ 的具体表达式代入(2.4.3)可得，$Y=1-2X$ 的概率密度为

$$f_Y(y)=\begin{cases}\dfrac{1-y}{32}, & -7<y<1, \\ 0, & \text{其他.}\end{cases}$$

（2）X 服从均匀分布 $U(-1,2)$，即

$$f_X(x) = \begin{cases} \dfrac{1}{3}, & -1 < x < 2, \\ 0, & \text{其他}. \end{cases}$$

将 $f_X(x)$ 的具体表达式代入(2.4.3)可得, $Y = 1 - 2X$ 的概率密度为

$$f_Y(y) = \begin{cases} \dfrac{1}{6}, & -3 < y < 3, \\ 0, & \text{其他}. \end{cases}$$

（3）X 服从指数分布 $E(2)$, 即

$$f_X(x) = \begin{cases} 2e^{-2x}, & x > 0, \\ 0, & \text{其他}. \end{cases}$$

将 $f_X(x)$ 的具体表达式代入(2.4.3)可得, $Y = 1 - 2X$ 的概率密度为

$$f_Y(y) = \begin{cases} e^{y-1}, & y < 1, \\ 0, & \text{其他}. \end{cases}$$

（4）X 服从正态分布 $N(2, 3^2)$, 即

$$f_X(x) = \frac{1}{3\sqrt{2\pi}} e^{-\frac{(x-2)^2}{18}}.$$

将 $f_X(x)$ 的具体表达式代入(2.4.3)可得, $Y = 1 - 2X$ 的概率密度为

$$f_Y(y) = \frac{1}{6\sqrt{2\pi}} e^{-\frac{(y+3)^2}{72}}.$$

由(2),(3),(4)可见,若 X 服从均匀分布 $U(-1,2)$, 则 $Y = 1 - 2X$ 服从均匀分布 $U(-3, 3)$; 若 X 服从指数分布 $E(2)$, 则 $Y = 1 - 2X$ 不服从指数分布; 若 X 服从正态分布 $N(2, 3^2)$, 则 $Y = 1 - 2X$ 服从正态分布 $N(-3, 6^2)$.

事实上,可以证明,若 X 服从均匀分布 $U(c,d)$, 则 $Y = aX + b (a \neq 0)$ 服从均匀分布 $U(ac+b, ad+b)$ $(a>0)$ 或 $U(ad+b, ac+b)$ $(a<0)$; 若 X 服从指数分布 $E(\lambda)$, 则 $Y = aX (a>0)$ 服从指数分布 $E\left(\dfrac{\lambda}{a}\right)$; 若 X 服从正态分布 $N(\mu, \sigma^2)$, 则 $Y = aX + b (a \neq 0)$ 服从正态分布 $N(a\mu+b, a^2\sigma^2)$.

特别地,若令 $a = \dfrac{1}{\sigma}, b = -\dfrac{\mu}{\sigma}$, 则可得到

$$Y = \frac{X - \mu}{\sigma} \sim N(0, 1^2).$$

在上述解题中,除用到分布函数的定义及分布函数与概率密度的关系外,还用到了等式

$$P(1 - 2X \leqslant y) = P\left(X \geqslant \frac{1-y}{2}\right),$$

其中 $X \geqslant \dfrac{1-y}{2}$ 是由 $1 - 2X \leqslant y$ 恒等变形而得到的,因而 $\left\{X \geqslant \dfrac{1-y}{2}\right\}$ 与 $\{1 - 2X \leqslant y\}$ 是同一事件,其概率相等,从而建立了两个随机变量 Y 与 X 的分布函数之间的关系,这是计算随机变量函数的概率密度的关键一步.

从例 2.4.2 我们知道,求解连续型随机变量函数的分布问题的方法是,从分布函数定义出发,通过等概率事件的转化,建立随机变量函数 Y 与 X 的分布函数之间的关系,得到 $Y =$

$g(X)$ 的分布函数 $F_Y(y)$,然后利用连续型随机变量的分布函数与概率密度之间的关系,对 $F_Y(y)$ 求导得到概率密度函数 $f_Y(y)$. 这种求解连续型随机变量函数的分布问题的方法一般称为**分布函数法**.

依照分布函数法的求解过程,可得下面定理.

定理 2.4.1　设随机变量 X 的概率密度为 $f_X(x)$,$y=g(x)$ 是严格单调且可导的函数,则 $Y=g(X)$ 是一个连续型随机变量,它的概率密度为

$$f_Y(y)=\begin{cases} f_X(g^{-1}(y))\left|\dfrac{\mathrm{d}}{\mathrm{d}y}g^{-1}(y)\right|, & y\in(\alpha,\beta), \\ 0, & y\notin(\alpha,\beta), \end{cases} \qquad (2.4.4)$$

其中 $g^{-1}(y)$ 是 $g(x)$ 的反函数,(α,β) 是 $y=g(x)$ 的值域.

证明从略. 具体证明见二维码资源"2.4.1 定理 2.4.1 的证明".

2.4.1 定理 2.4.1 的证明

例 2.4.3　设某股票某日的价格为 10 元,一年后该股票的价格为 Y,若已知 $\ln\dfrac{Y}{10}\sim N(0.2,0.2^2)$,求 Y 的概率密度函数.

解　令 $X=\ln\dfrac{Y}{10}$,则 $Y=10\mathrm{e}^X$. 根据定理 2.4.1,可得

$$f_Y(y)=\begin{cases} f_X\left(\ln\dfrac{y}{10}\right)\dfrac{1}{y}, & y>0, \\ 0, & y\leqslant 0. \end{cases}$$

由于 $X\sim N(0.2,0.2^2)$,因此 Y 的概率密度函数为

$$f_Y(y)=\begin{cases} \dfrac{1}{\sqrt{2\pi}\,0.2y}\mathrm{e}^{-\frac{(\ln y-\ln 10-0.2)^2}{0.08}}, & y>0, \\ 0, & y\leqslant 0. \end{cases}$$

当随机变量的函数不满足定理 2.4.1 中的条件时,我们仍可用分布函数法求随机变量函数的分布.

例 2.4.4　设随机变量 X 的概率密度为 $f_X(x)$,$-\infty<x<+\infty$,求 $Y=X^2$ 的概率密度.

解　下面我们先求 Y 的分布函数

$$F_Y(y)=P(Y\leqslant y)=P(X^2\leqslant y).$$

当 $y\leqslant 0$ 时,$F_Y(y)=P(Y\leqslant y)=0$;当 $y>0$ 时,

$$\begin{aligned} F_Y(y)=P(Y\leqslant y)=P(X^2\leqslant y)&=P(-\sqrt{y}\leqslant X\leqslant\sqrt{y}) \\ &=F_X(\sqrt{y})-F_X(-\sqrt{y}). \end{aligned} \qquad (2.4.5)$$

由分布函数与概率密度之间的关系得

$$f_Y(y)=F_Y'(y)=\begin{cases} \dfrac{f_X(\sqrt{y})+f_X(-\sqrt{y})}{2\sqrt{y}}, & y>0, \\ 0, & y\leqslant 0. \end{cases} \qquad (2.4.6)$$

例如,当 $X\sim U(-1,2)$ 时,将

$$f_X(x)=\begin{cases} \dfrac{1}{3}, & -1<x<2, \\ 0, & \text{其他} \end{cases}$$

代入(2.4.6)式得 Y 的概率密度为

$$f_Y(y) = \begin{cases} \dfrac{1}{3\sqrt{y}}, & 0 < y < 1, \\[2mm] \dfrac{1}{6\sqrt{y}}, & 1 < y < 4, \\[2mm] 0, & 其他. \end{cases}$$

又如,当 $X \sim E(2)$ 时,将

$$f_X(x) = \begin{cases} 2\mathrm{e}^{-2x}, & x > 0, \\ 0, & 其他 \end{cases}$$

代入(2.4.6)式得 Y 的概率密度为

$$f_Y(y) = \begin{cases} \dfrac{1}{\sqrt{y}}\mathrm{e}^{-2\sqrt{y}}, & y > 0, \\[2mm] 0, & 其他. \end{cases}$$

再如,当 $X \sim N(0,1^2)$ 时,将

$$\varphi(x) = \frac{1}{\sqrt{2\pi}}\mathrm{e}^{-\frac{x^2}{2}}$$

代入(2.4.6)式得 Y 的概率密度为

$$f_Y(y) = \begin{cases} \dfrac{1}{\sqrt{2\pi y}}\mathrm{e}^{-\frac{y}{2}}, & y > 0, \\[2mm] 0, & 其他. \end{cases}$$

例 2.4.5　假设一设备开机后无故障工作的时间 X(单位:h)服从参数为 0.2 的指数分布. 设备定时开机,出现故障时自动关机,而在无故障的情况下工作 2 h 便关机,试求该设备每次开机无故障工作的时间 Y 的分布函数.

解　已知 $X \sim E(0.2)$,则 X 的分布函数

$$F_X(x) = \begin{cases} 1 - \mathrm{e}^{-0.2x}, & x \geqslant 0, \\ 0, & x < 0. \end{cases}$$

由题意可知 $Y = \min\{X, 2\}$,且 Y 可能的取值范围是 $[0,2]$,因此下面分区间讨论 Y 的分布函数 $F_Y(y)$.

当 $y < 0$ 时,Y 的分布函数 $F_Y(y) = P(Y \leqslant y) = 0$;

当 $0 \leqslant y < 2$ 时,Y 的分布函数

$$F_Y(y) = P(Y \leqslant y) = P(X \leqslant y) = F_X(y) = 1 - \mathrm{e}^{-0.2y};$$

当 $y \geqslant 2$ 时,Y 的分布函数 $F_Y(y) = 1$.

综上,Y 的分布函数为

$$F_Y(y) = \begin{cases} 0, & y < 0, \\ 1 - \mathrm{e}^{-0.2y}, & 0 \leqslant y < 2, \\ 1, & y \geqslant 2. \end{cases}$$

值得注意的是,本例中 Y 不是连续型随机变量,它的分布函数 $F_Y(y)$ 是一个间断函数,即在 $y = 2$ 处不连续,因为 $F_Y(2) = 1$,而 $F_Y(2-0) = 1 - \mathrm{e}^{-0.4}$.

内容小结

用随机变量描述随机事件是概率论中最重要的方法,本章详细介绍了随机变量及其分布.

本章概念网络图:

本章的基本要求:

1. 理解随机变量的概念,能够将随机事件的研究转化为对随机变量的研究,理解分布函数的概念和性质,会计算与随机变量相联系的事件的概率.

2. 理解离散型随机变量及其概率分布的概念和性质.

3. 理解连续型随机变量及其概率密度的概念,掌握概率密度的性质.

4. 掌握 0-1 分布、二项分布、泊松分布、几何分布、均匀分布、指数分布、正态分布及其应用.理解二项分布与泊松分布之间的关系,会用泊松分布与标准正态分布表计算有关二项、泊松、正态随机变量的概率.

5. 理解随机变量函数的概念,掌握随机变量函数的分布求解的原理和方法.

 习题二

第一部分 基 本 题

一、选择题

1. 已知随机变量 X 的分布函数为 $F(x)=\begin{cases}0, & x<1, \\ 0.4+0.2x, & 1\leqslant x<2, \\ 1, & x\geqslant 2,\end{cases}$ 则 $P(X=2)=($ $)$.

A. 0   B. 0.2   C. 0.8   D. 1

2. 下面不是某个离散型随机变量的分布列为(   ).

A. $P(X=1)=1$

B. $P(X=k)=0.1, k=1,2,\cdots,10$

C. $P(X=k)=0.6\cdot0.4^k, k=0,1,2,\cdots$

D. $P(X=k)=0.5^k, k=0,1,2,\cdots$

3. 设随机变量 X 的概率密度为 $f(x)$，且 $f(-x)=f(x)$，$F(x)$ 是 X 的分布函数，则对任意实数 a 有（　　）.

A. $F(-a)=1-\int_0^a f(x)\mathrm{d}x$

B. $F(-a)=\dfrac{1}{2}-\int_0^a f(x)\mathrm{d}x$

C. $F(-a)=F(a)$

D. $F(-a)=2F(a)-1$

4. 设随机变量 $X\sim N(\mu,\sigma^2)$，且 $x^2+2x+X=0$ 无实根的概率为 0.5，则 $\mu=$（　　）.

A. -1　　　　　　B. 0　　　　　　C. 1　　　　　　D. 2

5. 随机变量 $X\sim N(\mu,\sigma^2)$，若 μ 固定，则随着 σ 增大，$P(|X-\mu|<\sigma)$（　　）.

A. 单调增加　　　　B. 单调减小　　　　C. 保持不变　　　　D. 增减不定

6. 设随机变量 $X\sim N(\mu,2^2)$，$Y\sim N(\mu,4^2)$，令 $p_1=P(X\geq\mu+2)$，$p_2=P(Y\leq\mu-4)$，则（　　）.

A. 对任意实数 μ，$p_1=p_2$

B. 对任意实数 μ，$p_1>p_2$

C. 对某些实数 μ，$p_1=p_2$

D. 对任意实数 μ，$p_1<p_2$

7. 设随机变量 X 的概率密度函数为 $f_X(x)$，$Y=-3X+1$，则 Y 的概率密度函数为（　　）.

A. $\dfrac{1}{3}f_X\left(\dfrac{1-y}{3}\right)$　　　　B. $-\dfrac{1}{3}f_X\left(\dfrac{1-y}{3}\right)$　　　　C. $-\dfrac{1}{3}f_X\left(\dfrac{y-1}{3}\right)$　　　　D. $f_X\left(\dfrac{1-y}{3}\right)$

8. 设 X_1 和 X_2 是任意两个连续型随机变量，它们的概率密度分别为 $f_1(x)$，$f_2(x)$，分布函数为 $F_1(x)$，$F_2(x)$，则下面说法正确的是（　　）.

A. $f_1(x)+f_2(x)$ 必为某一随机变量的概率密度

B. $f_1(x)f_2(x)$ 必为某一随机变量的概率密度

C. $F_1(x)-F_2(x)$ 必为某一随机变量的分布函数

D. $\dfrac{F_1(x)+F_2(x)}{2}$ 必为某一随机变量的分布函数

二、填空题

1. 已知随机变量 X 的分布列为 $P(X=k)=\dfrac{c}{k!}, k=0,1,2,\cdots$，则 $c=$ ____.

2. 设随机变量 $X\sim B(2,p)$，$Y\sim B(3,p)$，若 $P(X\geq1)=\dfrac{5}{9}$，则 $P(Y\geq1)=$ ____.

3. 设随机变量 X 的概率密度函数为 $f(x)=\begin{cases}kx+2, & 0<x<1,\\0, & \text{其他},\end{cases}$ 则 $P(X<0.5)=$ ____.

4. 已知随机变量 X 在 $[-2,a]$ 上服从均匀分布，且 $P(X>2)=0.6$，则 $a=$ ____.

5. 设随机变量 $X\sim N(2,\sigma^2)$，$P(0<X<4)=0.3$，则 $P(X<0)=$ ____.

6. 设随机变量 $X\sim B(3,0.4)$，且随机变量 $Y=\dfrac{X(3-X)}{2}$，则 $P(Y=1)=$ ____.

7. 设随机变量 $X\sim N(\mu,\sigma^2)$，且 $P(X<2)=P(X>6)=1-\Phi(1)$，若 $Y=2X-2$，则 $Y\sim$ ____.

三、计算题

1. 设随机变量 X 的分布函数为

$$F(x)=\begin{cases}0, & x\leq-1,\\ax+\dfrac{1}{4}, & -1<x<1,\\\dfrac{4}{5}, & 1\leq x<2,\\b, & x\geq2,\end{cases}$$

求常数 a,b 及概率 $P(X=2)$, $P(-1<X<1)$.

2. 某人的一串钥匙上有 4 把钥匙,其中只有一把能打开自己的家门,他随意地试用这串钥匙中的某一把去开门. 若每把钥匙试开一次后除去,求打开门时试开次数的分布律和分布函数.

3. 连续掷一枚均匀硬币,直到正、反面都出现时停止投掷,设 X 为投掷次数,求 X 的分布列.

4. 已知离散型随机变量 (X,Y,Z) 的分布律分别为

(1) $P\{X=k\}=C_1 \cdot k$, $k=1,2,\cdots,N$;

(2) $P\{Y=k\}=C_2\left(\dfrac{2}{3}\right)^k$, $k=1,2,3$;

(3) $P\{Z=k\}=C_3\dfrac{\lambda^k}{k!}$ $(k=1,2,\cdots;\lambda>0$ 为常数),

求常数 C_1, C_2 和 C_3.

5. 设随机变量 X 的分布函数

$$F(x)=\begin{cases}0, & x<-1, \\ 0.2, & -1\leqslant x<1, \\ 0.7, & 1\leqslant x<3, \\ 1, & x\geqslant 3,\end{cases}$$

求 X 的分布律及 $P(X<1)$, $P(X\leqslant 1)$, $P(1\leqslant X\leqslant 3)$.

6. 某人对一个目标独立重复射击 10 次,已知他最可能有 6 次命中目标,则在这 10 次射击中至少有一次命中目标的概率是多少?

7. 已知某种疾病的发病率为 0.001,某地区有 5 000 人,问该地区患有这种疾病的人数恰好为 10 人和不超过 6 人的概率分别是多少?

8. 某厂为保证设备正常工作,需要配备适量的维修人员. 设共有 300 台设备,每台设备的工作相互独立,每次发生故障的概率都是 0.01. 若在通常的情况下,一台设备的故障可由一人来处理,且每人每天也仅能处理一台设备. 问至少应配备多少维修人员,才能保证当设备发生故障时不能及时维修的概率小于 0.01?

9. 设随机变量 $X\sim G(p)$,且 $P(X>4)=\dfrac{1}{16}$,求 $P(X>6)$ 和 $P(X>7\mid X>3)$.

10. 设随机变量 X 的分布函数为 $F(x)=\dfrac{A}{1+\mathrm{e}^{-x}}$, $-\infty<x<+\infty$,求:

(1) 常数 A; (2) X 的概率密度函数; (3) $P\{X\leqslant 0\}$.

11. 设随机变量 X 的概率密度函数为 $f(x)=\begin{cases}ax+b, & 0<x<1, \\ 0, & 其他,\end{cases}$ 又已知 $P\left(X<\dfrac{1}{3}\right)=P\left(X>\dfrac{1}{3}\right)$,试求常数 a 和 b.

12. 随机变量 X 的概率密度函数为 $f(x)=\begin{cases}\dfrac{C}{\sqrt{1-x^2}}, & |x|<1, \\ 0, & 其他,\end{cases}$ 求:

(1) 常数 C;   (2) X 的分布函数.

13. 设随机变量 X 的概率密度函数为 $f(x)=\begin{cases}x, & 0\leqslant x<1, \\ 2-x, & 1\leqslant x<2, \\ 0, & 其他.\end{cases}$

(1) 求 X 的分布函数;   (2) 求 $P\left(\dfrac{1}{4}<X<\dfrac{3}{2}\right)$.

14. 学生完成某份考卷的时间 X 是一个随机变量(单位:h),它的概率密度函数为

$$f(x) = \begin{cases} cx^2 + x, & 0 < x < 2, \\ 0, & \text{其他.} \end{cases}$$

（1）确定常数 c；

（2）求至少需要 1 h 才能完成这份考卷的概率.

15. 设顾客在某银行的窗口等待服务的时间 X（单位：min）服从参数为 0.2 的指数分布.

（1）已知某顾客在窗口已等待 5 min，求他至少还要等 10 min 才能获得服务的概率.

（2）假设某顾客在窗口等待服务时间超过 10 min 他就离开. 他一周要到银行 3 次，以 Y 表示一周内他未等到服务而离开窗口的次数，求 $P(Y \geqslant 1)$.

16. 设每人每次打电话时间（单位：min）服从 $E(1)$，则在 300 人次的通话中至少有 3 次超过 5 min 的概率.

17. 已知随机变量 $X \sim N(3, 2^2)$，求：

（1）$P(2 < X \leqslant 5)$；　　　　　　　　　　（2）$P(-4 < X \leqslant 10)$；

（3）$P(|X| > 2)$；　　　　　　　　　　　　　（4）$P(|X| < 3)$.

18. 由某机器生产的螺栓的长度（单位：cm）服从参数 $\mu = 10.05, \sigma = 0.06$ 的正态分布，规定长度在范围 (10.05 ± 0.12) cm 内为合格品，求螺栓的次品率.

19. 某地抽样调查结果表明，考生的外语成绩（百分制）近似服从于正态分布 $N(72, \sigma^2)$，96 分以上占考生总数的 2.3%，试求考生的外语成绩在 60~84 分的概率.

20. 若 10 岁男童的体重 X（单位：kg）服从正态分布，已知 $P(X \leqslant 34) = 0.5, P(X \leqslant 25) = 0.1$. 求 5 个 10 岁男童中至少有两个体重超过 43 kg 的概率.

21. 已知测量误差 X（单位：m）服从正态分布 $N(7.5, 10^2)$，必须测量多少次才能使至少有一次误差的绝对值不超过 10 m 的概率大于 0.9？

22. 设 $X \sim N(0, 1^2)$，求以下 Y 的概率密度函数：

（1）$Y = e^X$；　　　　　　　　　　　　　　（2）$Y = |X|$.

23. 设 $X \sim U(-1, 3)$，求以下 Y 的概率密度函数：

（1）$Y = 1 - 2X$；　　　　　　　　　　　　　（2）$Y = X^2$.

24. 设随机变量 X 的概率密度函数为 $f_X(x) = \begin{cases} \dfrac{3x^2}{8}, & 0 < x < 2, \\ 0, & \text{其他,} \end{cases}$ 求 $Y = (X-1)^2$ 的概率密度.

25. 设对圆片直径进行测量，测量值 X 在 $[5, 6]$ 上服从均匀分布，求圆片面积 Y 的概率密度函数.

26. 设 X 是随机变量，$\ln X \sim N(\mu, \sigma^2)$，证明 X 的概率密度函数为

$$f_X(x) = \begin{cases} \dfrac{1}{\sqrt{2\pi}\,\sigma x} e^{-\frac{(\ln x - \mu)^2}{2\sigma^2}}, & x > 0, \\ 0, & x \leqslant 0, \end{cases}$$

这时称 X 服从对数正态分布.

第二部分　提　高　题

1. 设有来自甲乙两个地区的各 10 名和 15 名考生的报名表，其中女生的报名表分别为 7 份和 8 份. 随机地取一个地区的报名表，从中随机抽出两份，求其中女生报名表份数 X 的分布律.

2. 在电源电压不超过 200 V，200~240 V 和超过 240 V 的三种情况下，某种电子元件损坏的概率分别为 0.1，0.001 和 0.2，假设电源电压 $X \sim N(220, 25^2)$，试求：

（1）该电子元件损坏的概率；

（2）该电子元件损坏时,电源电压在 200~240 V 之间的概率.

3. 若某动物产出蛋的数量 X 服从参数为 λ 的泊松分布,若每一个蛋能孵化成小动物的概率为 p,且各个蛋能否孵化成小动物是彼此独立的.求该动物后代个数 Y 的分布.

4. 设随机变量 X 的分布函数 $F(x)$ 是严格单调的连续函数,证明:$Y = F(X)$ 在区间 $[0,1]$ 上服从均匀分布.

5. 随机变量 $X \sim E(0.5)$,令随机变量 $Y = \begin{cases} 5, & X \leqslant 2, \\ \dfrac{X}{2}, & 2 < X < 10, \\ 1, & X \geqslant 10, \end{cases}$ 求 Y 的分布函数,并分析该分布函数的间断点个数.

第三部分　近年考研真题

一、选择题

1. （2018）设 $f(x)$ 为某分布的概率密度函数,$f(1+x) = f(1-x)$,$\int_0^2 f(x)\,\mathrm{d}x = 0.6$,则 $P(X<0) = ($ 　　$)$.

A. 0.2　　　　　　B. 0.3　　　　　　C. 0.4　　　　　　D. 0.6

第三章

二维随机变量及其分布 ───────────○

第二章我们讨论了随机变量及其分布问题,但在客观世界中有许多随机现象是由相互联系、相互制约的诸多因素共同作用的结果,要研究这些随机现象,单凭一个随机变量是不够的.例如,考察某地区学龄前儿童的身体发育情况时,要考察他们的身高和体重,这涉及两个随机变量:身高 X 和体重 Y;飞机在空中飞行时的位置是三维空间中的点,需用三个随机变量 $X,Y,$ Z 来确定;考察某产品质量,要分析多个因素;研究某种疾病,也要考察多个指标,这里每个因素或指标都可定义为一个随机变量.对这类随机试验的考察,应同时研究所涉及的多个随机变量,即把多个随机变量看作一个整体加以研究.本章主要介绍二维随机变量的联合分布、边缘分布和条件分布以及随机变量的独立性和随机变量函数的分布.

§3.1　二维随机变量及其分布函数

一、二维随机变量

定义 3.1.1　设 E 是随机试验, Ω 是其样本空间. $X(\omega)$ 和 $Y(\omega)$ 是定义在样本空间 Ω 上的两个随机变量,由它们构成的向量 (X,Y) 称为**二维随机向量**或**二维随机变量**.

通俗地说,对应于试验的每一次结果,二维随机变量 (X,Y) 就取得平面点集上的一个点 (x,y).随着试验结果不同,二维随机变量 (X,Y) 在平面点集上取不同点.与第二章讨论类似,后面我们将分别讨论二维离散型和连续型随机变量的分布问题.现在为了全面地描述二维随机变量取值的规律,我们先定义二维随机变量的联合分布函数的概念.

二、联合分布函数

定义 3.1.2　设 (X,Y) 是二维随机变量,对于任意实数 x,y,称二元函数

$$F(x,y) = P(\{X \leq x\} \cap \{Y \leq y\}) \overset{\text{def}}{=\!=\!=} P(X \leq x, Y \leq y) \tag{3.1.1}$$

为二维随机变量(X,Y)的**联合分布函数**,简称**分布函数**.

二维随机变量(X,Y)的分布函数是一个定义在平面点集上的二元实函数,它也具有明确的概率意义:对任意实数$x,y,F(x,y)$是两个事件$\{X \leq x\},\{Y \leq y\}$同时发生的概率,几何上,它是二维随机变量$(X,Y)$落在平面点集中坐标点$(x,y)$左下方的无穷矩形区域(图3.1.1)内的概率.

联合分布函数刻画了二维随机变量的分布规律,当我们知道了二维随机变量(X,Y)的联合分布函数$F(x,y)$时,不难推知一些常见的事件的概率可由它来表示,如

$$P(X \leq x) = F_X(x) = F(x, +\infty), \tag{3.1.2}$$

$$P(Y \leq y) = F_Y(y) = F(+\infty, y), \tag{3.1.3}$$

$$P(x_1 < X \leq x_2, y_1 < Y \leq y_2) = F(x_2, y_2) - F(x_1, y_2) - F(x_2, y_1) + F(x_1, y_1) \tag{3.1.4}$$

等.其中(3.1.2),(3.1.3)和(3.1.4)中事件对应的区域分别如图3.1.2,图3.1.3和图3.1.4所示.

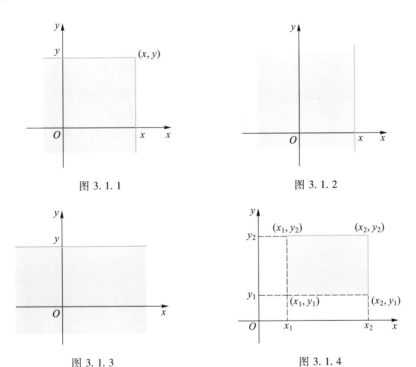

图 3.1.1

图 3.1.2

图 3.1.3

图 3.1.4

容易证明,联合分布函数$F(x,y)$有下面的性质:

性质1 $F(x,y)$分别是变量x和y的单调不减函数,即对任意固定的y,当$x_1 < x_2$时,有

$$F(x_1, y) \leq F(x_2, y);$$

对任意固定的x,当$y_1 < y_2$时,有

$$F(x, y_1) \leq F(x, y_2).$$

性质2 $F(x,y)$非负有界,即$0 \leq F(x,y) \leq 1$;同时对任意固定的x,

$$F(x, -\infty) = \lim_{y \to -\infty} F(x,y) = 0;$$

对任意固定的y,

$$F(-\infty, y) = \lim_{x \to -\infty} F(x,y) = 0,$$

并且

$$F(-\infty, -\infty) = \lim_{\substack{x \to -\infty \\ y \to -\infty}} F(x,y) = 0,$$

$$F(+\infty, +\infty) = \lim_{\substack{x \to +\infty \\ y \to +\infty}} F(x,y) = 1.$$

从几何意义上,在图 3.1.1 中,将无穷矩形区域(阴影部分)的上边界向下无限移动,即 $y \to -\infty$,这个区域趋于空集,则随机点 (X,Y) 落在这个矩形内的概率趋于零,即 $F(x, -\infty) = 0$;将无穷矩形区域的上边界和右边界分别向上,向右无限移动,即 $y \to +\infty$, $x \to +\infty$,这个区域趋于全平面,则随机点 (X,Y) 落在其中的概率趋于 1,即 $F(+\infty, +\infty) = 1$.

性质 3　$F(x,y)$ 分别是变量 x 和 y 的右连续函数,即

$$F(x+0, y) = F(x,y), \quad F(x, y+0) = F(x,y).$$

性质 4　对任意 $(x_1, y_1), (x_2, y_2)$,若 $x_1 < x_2, y_1 < y_2$,则

$$0 \le F(x_2, y_2) - F(x_1, y_2) - F(x_2, y_1) + F(x_1, y_1) \le 1.$$

综上,二维随机变量的分布函数 $F(x,y)$ 具有上面性质 1—4;反之,具有上面性质 1—4 的二元函数 $F(x,y)$ 必是某个二维随机变量的分布函数.

例 3.1.1　判断下面的函数是否是二维随机变量的分布函数.

$$F(x,y) = \begin{cases} 1, & x+y \ge 0, x \ge -1, y \ge -1, \\ 0, & \text{其他.} \end{cases}$$

解　可以验证该二元函数满足性质 1—3,但若取 $x_1 = -1, y_1 = -1, x_2 = 1, y_2 = 1$,则有

$$F(x_2, y_2) - F(x_1, y_2) - F(x_2, y_1) + F(x_1, y_1)$$
$$= F(1,1) - F(-1,1) - F(1,-1) + F(-1,-1)$$
$$= 1 - 1 - 1 + 0 = -1.$$

上式不满足性质 4,所以该例中定义的函数 $F(x,y)$ 不是二元随机变量的联合分布函数.

三、 边缘分布函数与随机变量的独立性

在 (3.1.2) 式和 (3.1.3) 式中我们已知道单个随机变量 X, Y 的分布函数可以用二维随机变量 (X,Y) 的联合分布函数表示,即

$$F_X(x) = P(X \le x) = F(x, +\infty),$$
$$F_Y(y) = P(Y \le y) = F(+\infty, y).$$

此时也称 $F_X(x)$、$F_Y(y)$ 分别为二维随机变量 (X,Y) 关于 X 和 Y 的边缘分布函数.

在讨论二维随机变量的分布时,除了掌握单个变量的分布规律外,我们常常还关心两个变量的取值是否有联系,即独立性问题.下面我们给出两个随机变量相互独立的定义.

定义 3.1.3　设二维随机变量 (X,Y) 的联合分布函数为 $F(x,y)$,关于 X, Y 的边缘分布函数分别为 $F_X(x), F_Y(y)$.若对于任意实数 x, y,事件 $\{X \le x\}$ 和 $\{Y \le y\}$ 都相互独立,即

$$P(X \le x, Y \le y) = P(X \le x) P(Y \le y), \tag{3.1.5}$$

或

$$F(x,y) = F_X(x) F_Y(y), \tag{3.1.6}$$

则称随机变量 X 与 Y 相互独立.

由定义 3.1.3 可知,若已知随机变量 X 和 Y 相互独立,则 X 和 Y 的边缘分布就能唯一确定 (X,Y) 的联合分布.

例 3.1.2 设二维随机变量 (X,Y) 的联合分布函数为

$$F(x,y) = A(B+\arctan x)(C+\arctan 2y), \quad -\infty < x,y < +\infty,$$

求:(1) A,B,C 的值;

(2) 计算边缘分布函数 $F_X(x), F_Y(y)$,并判断 X 与 Y 是否独立.

解 (1) 对任意固定的 x,y,分别有

$$F(x,-\infty) = A(B+\arctan x)\left(C-\frac{\pi}{2}\right) = 0,$$

$$F(-\infty,y) = A\left(B-\frac{\pi}{2}\right)(C+\arctan 2y) = 0,$$

则 $B = C = \dfrac{\pi}{2}$. 另外,$F(+\infty,+\infty) = A\left(B+\dfrac{\pi}{2}\right)\left(C+\dfrac{\pi}{2}\right) = 1$,可得 $A = \dfrac{1}{\pi^2}$,则二维随机变量 (X,Y) 的联合分布函数为

$$F(x,y) = \frac{1}{\pi^2}\left(\frac{\pi}{2}+\arctan x\right)\left(\frac{\pi}{2}+\arctan 2y\right)$$

$$= \left(\frac{1}{2}+\frac{1}{\pi}\arctan x\right)\left(\frac{1}{2}+\frac{1}{\pi}\arctan 2y\right), \quad -\infty < x,y < +\infty.$$

(2) 由 (3.1.2) 式可得边缘分布函数 $F_X(x)$ 为

$$F_X(x) = F(x,+\infty) = \frac{1}{2}+\frac{1}{\pi}\arctan x, \quad -\infty < x < +\infty.$$

同理可得

$$F_Y(y) = F(+\infty,y) = \frac{1}{2}+\frac{1}{\pi}\arctan 2y, \quad -\infty < y < +\infty.$$

易见对于任意实数 x,y,有 $F(x,y) = F_X(x)F_Y(y)$,因此 X 与 Y 相互独立.

例 3.1.3 设随机变量 X 的分布函数为

$$F_X(x) = \frac{1}{2}+\frac{1}{\pi}\arctan x, \quad -\infty < x < +\infty,$$

令 $Y = \dfrac{X}{2}$,求:

(1) 二维随机变量 (X,Y) 的联合分布函数;

(2) 计算边缘分布函数 $F_Y(y)$,并判断 X 与 Y 是否相互独立.

解 (1) 由二维分布函数的定义有

$$F(x,y) = P(X \leqslant x, Y \leqslant y) = P\left(X \leqslant x, \frac{X}{2} \leqslant y\right) = P(X \leqslant x, X \leqslant 2y),$$

则当 $x \leqslant 2y$ 时,

$$F(x,y) = P(X \leqslant x) = \frac{1}{2}+\frac{1}{\pi}\arctan x;$$

当 $x > 2y$ 时,

$$F(x,y) = P(X \leqslant 2y) = \frac{1}{2} + \frac{1}{\pi}\arctan 2y.$$

综上,

$$F(x,y) = \begin{cases} \dfrac{1}{2} + \dfrac{1}{\pi}\arctan x, & -\infty < x \leqslant 2y < +\infty, \\[2mm] \dfrac{1}{2} + \dfrac{1}{\pi}\arctan 2y, & -\infty < 2y < x < +\infty. \end{cases} \tag{3.1.7}$$

(2) 由(3.1.3)式和(3.1.7)式可得(X,Y)关于Y的边缘分布函数为

$$F_Y(y) = F(+\infty, y) = \frac{1}{2} + \frac{1}{\pi}\arctan 2y, \quad -\infty < y < +\infty.$$

事实上,由于$Y = \dfrac{X}{2}$,也可如下计算Y的分布函数:

$$F_Y(y) = P(Y \leqslant y) = P\left(\frac{X}{2} \leqslant y\right) = P(X \leqslant 2y) = F_X(2y)$$

$$= \frac{1}{2} + \frac{1}{\pi}\arctan 2y, \quad -\infty < y < +\infty.$$

易见存在 x,y,使得 $F(x,y) \neq F_X(x)F_Y(y)$,如当 $x = 1, y = 0$ 时,$F(1,0) = \dfrac{1}{2}$,$F_X(1) = \dfrac{3}{4}$,$F_Y(0) = \dfrac{1}{2}$,即 $F(1,0) \neq F_X(1)F_Y(0)$,所以 X 与 Y 不独立. 直观上,随机变量 X 与 Y 有着密切的联系,即 Y 是 X 的一元函数 $Y = \dfrac{X}{2}$,因而 X 与 Y 是不独立的.

　　值得注意的是,在例(3.1.2)和例(3.1.3)中,二维随机变量(X,Y)的联合分布函数是不同的,但关于X、Y的边缘分布函数是相同的. 因此,一般来说,若仅仅知道了X、Y的分布函数,而不明确它们之间的关系时,我们是无法确定二维随机变量(X,Y)的联合分布函数的. 相反,二维随机变量(X,Y)的联合分布函数 $F(x,y)$ 包含的信息量是更多的,即由联合分布函数 $F(x,y)$ 不仅可以确定单个变量的分布,还可以了解这两个变量独立性等问题.

　　接下来,根据随机变量的类型,我们将具体介绍二维离散型随机变量和二维连续型随机变量的联合分布、边缘分布及其独立性等问题.

§3.2　二维离散型随机变量的分布

一、　二维离散型随机变量的联合分布

　　定义 3.2.1　设二维随机变量(X,Y)的所有可能取值只有有限个或可列个,则称(X,Y)是**二维离散型随机变量**. 若(X,Y)的所有可能取值为(x_i, y_j),$i,j = 1,2,\cdots$,且(X,Y)取各个可能值的概率为

$$P(X = x_i, Y = y_j) = p_{ij}, \quad i,j = 1,2,\cdots, \tag{3.2.1}$$

则称(3.2.1)式为二维离散型随机变量(X,Y)的**联合分布律**或**联合分布列**,简称**分布律**或**分布列**.

直观地,(X,Y)的联合分布律常用表3.2.1表示.

表 3.2.1 (X,Y)的联合分布律

X	Y				
	y_1	y_2	$\cdots$	y_j	$\cdots$
x_1	p_{11}	p_{12}	$\cdots$	p_{1j}	$\cdots$
x_2	p_{21}	p_{22}	$\cdots$	p_{2j}	$\cdots$
$\vdots$	$\vdots$	$\vdots$		$\vdots$	
x_i	p_{i1}	p_{i2}	$\cdots$	p_{ij}	$\cdots$
$\vdots$	$\vdots$	$\vdots$		$\vdots$	

离散型随机变量(X,Y)的联合分布律具有如下性质:

(1) $p_{ij} \geqslant 0, i, j = 1, 2, \cdots$;

(2) $\sum\limits_{i} \sum\limits_{j} p_{ij} = 1$.

由二维离散型随机变量(X,Y)的联合分布律,可计算(X,Y)的联合分布函数为

$$F(x,y) = P(X \leqslant x, Y \leqslant y) = \sum_{x_i \leqslant x} \sum_{y_j \leqslant y} p_{ij}. \tag{3.2.2}$$

例 3.2.1 已知一对夫妻有三个不同年龄的孩子,且任一个孩子血型为 A 型,B 型和 AB 型的概率分别为$\dfrac{1}{2}$,$\dfrac{1}{4}$和$\dfrac{1}{4}$. 以 X、Y 分别表示三个孩子中血型为 A 型和 B 型的个数,求(X,Y)的联合分布及 A 型孩子和 B 型孩子个数相同的概率.

解 由题意,(X,Y)的所有可能取值为$(0,0),(0,1),(0,2),(0,3),(1,0),(1,1),(1,2),(2,0),(2,1)$. 其中$\{X=0, Y=0\}$等价于"三个孩子血型都是 AB 型",其概率为

$$P(X=0, Y=0) = \left(\frac{1}{4}\right)^3 = \frac{1}{64}.$$

同理,$\{X=0, Y=1\}$等价于"三个孩子中恰好一个血型是 B 型另外两个是 AB 型",则

$$P(X=0, Y=1) = C_3^1 \times \frac{1}{4} \times \left(\frac{1}{4}\right)^2 = \frac{3}{64}.$$

类似地,

$$P(X=0, Y=2) = C_3^2 \times \left(\frac{1}{4}\right)^2 \times \frac{1}{4} = \frac{3}{64}; \quad P(X=0, Y=3) = \left(\frac{1}{4}\right)^3 \times \frac{1}{4} = \frac{1}{64};$$

$$P(X=1, Y=0) = C_3^1 \times \frac{1}{2} \times \left(\frac{1}{4}\right)^2 = \frac{3}{32}; \quad P(X=1, Y=1) = C_3^1 C_2^1 \times \frac{1}{2} \times \frac{1}{4} \times \frac{1}{4} = \frac{3}{16};$$

$$P(X=1, Y=2) = C_3^1 \times \frac{1}{2} \times \left(\frac{1}{4}\right)^2 = \frac{3}{32}; \quad P(X=2, Y=0) = C_3^2 \left(\frac{1}{2}\right)^2 \times \frac{1}{4} = \frac{3}{16};$$

$$P(X=2, Y=1) = C_3^2 \times \left(\frac{1}{2}\right)^2 \times \frac{1}{4} = \frac{3}{16}; \quad P(X=3, Y=0) = \left(\frac{1}{2}\right)^3 = \frac{1}{8}.$$

即(X,Y)的联合分布律如表 3.2.2 所示.

进一步,由于 $\{X=Y\}=\{X=0,Y=0\}\cup\{X=1,Y=1\}$,故 A 型孩子和 B 型孩子个数相同的概率为

$$P(X=Y)=P(X=0,Y=0)+P(X=1,Y=1)=\frac{1}{64}+\frac{3}{16}=\frac{13}{64}.$$

表 3.2.2 (X,Y) 的联合分布律

X	Y			
	0	1	2	3
0	$\frac{1}{64}$	$\frac{3}{64}$	$\frac{3}{64}$	$\frac{1}{64}$
1	$\frac{3}{32}$	$\frac{3}{16}$	$\frac{3}{32}$	0
2	$\frac{3}{16}$	$\frac{3}{16}$	0	0
3	$\frac{1}{8}$	0	0	0

另外,在例 3.2.1 中,X,Y 分别是两个孩子中 A 型和 B 型的个数,且都服从二项分布,即 $X\sim B\left(3,\frac{1}{2}\right)$,$Y\sim B\left(3,\frac{1}{4}\right)$. 事实上,$(X,Y)$ 的联合分布也可用如下公式表示:

$$P(X=i,Y=j)=\mathrm{C}_3^i\mathrm{C}_{3-i}^j\left(\frac{1}{2}\right)^i\left(\frac{1}{4}\right)^j\left(\frac{1}{4}\right)^{3-i-j},\quad(i,j=0,1,2,3;i+j\leqslant 3).$$

该分布是二项分布在多维随机变量中的推广.

二、 二维离散型随机变量的边缘分布及其独立性

若已知二维离散型随机变量 (X,Y) 的联合分布律为

$$P(X=x_i,Y=y_j)=p_{ij},\quad i,j=1,2,\cdots,$$

则我们可以由此确定出单个随机变量 X 的分布律,即

$$P(X=x_i)=P(X=x_i,Y<+\infty)$$

$$=P(X=x_i,\bigcup_j(Y=y_j))=P(\bigcup_j(X=x_i,Y=y_j))$$

$$=\sum_j P(X=x_i,Y=y_j)=\sum_j p_{ij},\quad i=1,2,\cdots.$$

我们通常称上式为二维离散型随机变量 (X,Y) 关于 X 的边缘分布律,记作

$$P(X=x_i)=p_{i\cdot}=\sum_j p_{ij},\ i=1,2,\cdots.\tag{3.2.3}$$

同理,(X,Y) 关于 Y 的边缘分布律为

$$P(Y=y_j)=p_{\cdot j}=\sum_i p_{ij},\ j=1,2,\cdots.\tag{3.2.4}$$

若 (X,Y) 的联合分布律用表 3.2.1 表示,则 $p_{i\cdot}$ 就是表格上第 i 行数据之和,$p_{\cdot j}$ 就是表格上第 j 列数据之和,因此在表格中最右边增加一列,最下边增加一行,分别记录 $p_{i\cdot}$ 和 $p_{\cdot j}$,

如表 3.2.3 所示. 也正是因为它们在表格边缘, 所以我们形象地称 X 和 Y 的分布是 (X,Y) 关于 X,Y 的边缘分布.

表 3.2.3　(X,Y) 的边缘分布律

X	Y					$p_i.$
	y_1	y_2	$\cdots$	y_j	$\cdots$	
x_1	p_{11}	p_{12}	$\cdots$	p_{1j}	$\cdots$	$p_1.$
x_2	p_{21}	p_{22}	$\cdots$	p_{2j}	$\cdots$	$p_2.$
$\vdots$	$\vdots$	$\vdots$		$\vdots$		$\vdots$
x_i	p_{i1}	p_{i2}	$\cdots$	p_{ij}	$\cdots$	$p_i.$
$\vdots$	$\vdots$	$\vdots$		$\vdots$		$\vdots$
$p._j$	$p._1$	$p._2$	$\cdots$	$p._j$	$\cdots$	1

在 §3.1 中, 我们已定义了二维随机变量的独立性概念. 若已知二维随机变量是离散型, 则下面的定理 3.2.1 将给出由联合分布律判断二维离散型随机变量独立性的更简单的方法.

定理 3.2.1　若 (X,Y) 为离散型随机变量, 联合分布列如表 3.2.1 所示, X 和 Y 相互独立的充分必要条件是

$$P(X=x_i,Y=y_j)=P(X=x_i)P(Y=y_j) \quad (i,j=1,2,\cdots). \tag{3.2.5}$$

即在表 3.2.3 中

$$p_{ij}=p_i. \cdot p._j \quad (i,j=1,2,\cdots). \tag{3.2.6}$$

例 3.2.2　设袋中有五个同类产品, 其中两个是次品, 每次从袋中任意抽取一个, 抽取两次, 定义随机变量 X,Y 如下:

$$X=\begin{cases}1, & \text{第一次抽取的产品是正品,} \\ 0, & \text{第一次抽取的产品是次品,}\end{cases} \quad Y=\begin{cases}1, & \text{第二次抽取的产品是正品,} \\ 0, & \text{第二次抽取的产品是次品.}\end{cases}$$

在下面两种抽取方式: (1) 有放回抽取; (2) 无放回抽取下, 分别求 (X,Y) 的概率分布以及关于 X 和 Y 的边缘分布律, 并判断 X、Y 的独立性.

解　(X,Y) 所有可能取值为 $(0,0),(0,1),(1,0),(1,1)$.

(1) 有放回抽取时, 事件 $\{X=i\}$ 和事件 $\{Y=j\}$ 相互独立, 则

$$P(X=i,Y=j)=P(X=i)P(Y=j), \quad i,j=0,1.$$

因此

$$P(X=0,Y=0)=\frac{2}{5}\times\frac{2}{5}=\frac{4}{25}, \quad P(X=0,Y=1)=\frac{2}{5}\times\frac{3}{5}=\frac{6}{25},$$

$$P(X=1,Y=0)=\frac{3}{5}\times\frac{2}{5}=\frac{6}{25}, \quad P(X=1,Y=1)=\frac{3}{5}\times\frac{3}{5}=\frac{9}{25}.$$

(2) 无放回抽取时, 事件 $\{X=i\}$ 和事件 $\{Y=j\}$ 不独立, 由乘法公式有

$$P(X=i,Y=j)=P(X=i)P(Y=j|X=i), \quad i,j=0,1.$$

因此

$$P(X=0,Y=0)=\frac{2}{5}\times\frac{1}{4}=\frac{1}{10}, \quad P(X=0,Y=1)=\frac{2}{5}\times\frac{3}{4}=\frac{3}{10},$$

$$P(X=1,Y=0)=\frac{3}{5}\times\frac{2}{4}=\frac{3}{10},\ P(X=1,Y=1)=\frac{3}{5}\times\frac{2}{4}=\frac{3}{10}.$$

在(1),(2)两种抽取方式下,(X,Y)的联合分布律也可分别用表 3.2.4 和表 3.2.5 表示.

表 3.2.4 有放回抽取时

X	Y	
	0	1
0	$\frac{4}{25}$	$\frac{6}{25}$
1	$\frac{6}{25}$	$\frac{9}{25}$

表 3.2.5 无放回抽取时

X	Y	
	0	1
0	$\frac{1}{10}$	$\frac{3}{10}$
1	$\frac{3}{10}$	$\frac{3}{10}$

由(3.2.3)式和(3.2.4)式,可在(1),(2)两种抽取方式下分别计算(X,Y)关于X、Y的边缘分布律.事实上,在这两种不同抽取方式下,(X,Y)关于X,Y的边缘分布均如表 3.2.6 和表 3.2.7 所示.

表 3.2.6 关于 X 的边缘分布律

X	0	1
$p_{i\cdot}$	$\frac{2}{5}$	$\frac{3}{5}$

表 3.2.7 关于 Y 的边缘分布律

Y	0	1
$p_{\cdot j}$	$\frac{2}{5}$	$\frac{3}{5}$

明显地,由定理 3.2.1 可判断在有放回抽取方式下,随机变量 X 和 Y 是独立的,而在无放回抽取方式下,随机变量 X 和 Y 不是独立的.

值得注意的是在本例中"第一次抽取产品"和"第二次抽取产品"这个试验的独立性问题和我们定义的随机变量 X,Y 的独立性问题是等价的.

例 3.2.3 在标号为 $1,2,\cdots,5$ 的五张卡片中任取三张,以 X,Y 分别表示取出的三张卡片中最小号码和最大号码,求:(1) (X,Y) 的联合分布律;(2) 关于 X,Y 的边缘分布,并判断 X 和 Y 是否相互独立.

解 由题意 X 的可能取值为 $1,2,3$;Y 的可能取值为 $3,4,5$,并且最大号码 Y 至少比最小号码大 2. 一般地,当 $i=1,2,3,j=3,4,5,j\geqslant i+2$ 时,事件 $\{X=i,Y=j\}$ 等价于三张卡片中有两张号码分别为 i,j,还有一张卡片的号码在 $i+1,i+2,\cdots,j-1$ 中,因此 (X,Y) 的联合分布律为

$$P(X=i,Y=j)=\frac{C^1_{j-i-1}}{C^3_5},\quad i=1,2,3,j=3,4,5,j\geqslant i+2.$$

由(3.2.3)式和(3.2.4)式可分别求出关于 X,Y 的联合分布及边缘分布,见表 3.2.8.

明显地,$P(X=2,Y=3)\neq P(X=2)\cdot P(Y=3)$,因此 X 和 Y 不独立.

表 3.2.8 (X,Y) 的边缘分布律

X	Y			
	3	4	5	$p_{i\cdot}$
1	$\frac{1}{10}$	$\frac{1}{5}$	$\frac{3}{10}$	$\frac{3}{5}$

X	Y			
	3	4	5	$p_i.$
2	0	$\dfrac{1}{10}$	$\dfrac{1}{5}$	$\dfrac{3}{10}$
3	0	0	$\dfrac{1}{10}$	$\dfrac{1}{10}$
$p._j$	$\dfrac{1}{10}$	$\dfrac{3}{10}$	$\dfrac{3}{5}$	1

例 3.2.4　设随机变量 X 和 Y 相互独立,表 3.2.9 中列出了 (X,Y) 的联合分布律和关于 X 和关于 Y 的边缘分布律中的部分数值,请将剩余的 8 个数值填入空白处.

表 3.2.9　(X,Y) 的边缘分布律

X	Y			
	y_1	y_2	y_3	$p_i.$
x_1		$\dfrac{1}{8}$		
x_2	$\dfrac{1}{8}$			
$p._j$	$\dfrac{1}{6}$			1

解　因为 X 和 Y 相互独立,所以 $p_{ij}=p_i.\,p._j(i=1,2;j=1,2,3)$,且已知 $p_{12}=\dfrac{1}{8}$,$p_{21}=\dfrac{1}{8}$,

$p._1=\dfrac{1}{6}$;

由于 $p_{21}=p_2.\,p._1$,得 $p_2.=\dfrac{p_{21}}{p._1}=\dfrac{\dfrac{1}{8}}{\dfrac{1}{6}}=\dfrac{3}{4}$;由 $p_1.+p_2.=1$,得 $p_1.=1-\dfrac{3}{4}=\dfrac{1}{4}$;

由 $p_{12}=p_1.\,p._2$,得 $p._2=\dfrac{p_{12}}{p_1.}=\dfrac{\dfrac{1}{8}}{\dfrac{1}{4}}=\dfrac{1}{2}$;

由 $p._1+p._2+p._3=1$,得 $p._3=1-p._1-p._2=1-\dfrac{1}{6}-\dfrac{1}{2}=\dfrac{1}{3}$.

上面关于 X 和关于 Y 的边缘分布都已求出,再由 X 和 Y 相互独立可求出

$$p_{11}=p_1.\,p._1=\dfrac{1}{4}\times\dfrac{1}{6}=\dfrac{1}{24},\quad p_{13}=p_1.\,p._3=\dfrac{1}{4}\times\dfrac{1}{3}=\dfrac{1}{12},$$

$$p_{22}=p_2.\,p._2=\dfrac{3}{4}\times\dfrac{1}{2}=\dfrac{3}{8},\quad p_{23}=p_2.\,p._3=\dfrac{3}{4}\times\dfrac{1}{3}=\dfrac{1}{4}.$$

于是(X,Y)的联合分布律及关于X,Y的边缘分布律可表示为表 3.2.10.

表 3.2.10　(X,Y)的边缘分布律

X	Y			$p_{i\cdot}$
	y_1	y_2	y_3	
x_1	$\dfrac{1}{24}$	$\dfrac{1}{8}$	$\dfrac{1}{12}$	$\dfrac{1}{4}$
x_2	$\dfrac{1}{8}$	$\dfrac{3}{8}$	$\dfrac{1}{4}$	$\dfrac{3}{4}$
$p_{\cdot j}$	$\dfrac{1}{6}$	$\dfrac{1}{2}$	$\dfrac{1}{3}$	1

三、 二维离散型随机变量的条件分布

在第一章中,我们讨论过随机事件的条件概率,即在事件 B 发生的条件下$(P(B)>0)$,事件 A 发生的概率为

$$P(A \mid B) = \frac{P(AB)}{P(B)}.$$

现在我们的问题是:已知二维离散型随机变量(X,Y)的分布,在其中一个随机变量 X 取固定值 x 的条件下,另一个随机变量 Y 的概率分布是什么? 这就是我们将讨论的二维离散型随机变量的条件分布.

定义 3.2.2　设(X,Y)为离散型随机变量,其联合分布律为

$$P(X=x_i,Y=y_j)=p_{ij}, \quad i,j=1,2,\cdots.$$

对于固定的 j,若 $p_{\cdot j}>0$,则在条件 $Y=y_j$ 下,随机事件$\{X=x_i\}$发生的概率

$$P(X=x_i \mid Y=y_j) = \frac{P(X=x_i,Y=y_j)}{P(Y=y_j)} = \frac{p_{ij}}{p_{\cdot j}}, \quad i=1,2,\cdots, \tag{3.2.7}$$

称其为在条件 $Y=y_j$ 下,随机变量 X 的条件分布律.

(3.2.7)式定义的条件概率分布也是一种概率分布,易知它具有概率分布的性质:

(1) $P(X=x_i \mid Y=y_j) \geqslant 0, i=1,2,\cdots$;

(2) $\displaystyle\sum_i P(X=x_i \mid Y=y_j) = \sum_i \frac{p_{ij}}{p_{\cdot j}} = \frac{p_{\cdot j}}{p_{\cdot j}} = 1.$

同理,对于固定的 i,若 $p_{i\cdot}>0$,则在条件 $X=x_i$ 下,随机事件$\{Y=y_j\}$发生的概率

$$P(Y=y_j \mid X=x_i) = \frac{P(X=x_i,Y=y_j)}{P(X=x_i)} = \frac{p_{ij}}{p_{i\cdot}}, \quad j=1,2,\cdots \tag{3.2.8}$$

称其为在条件 $X=x_i$ 下,随机变量 Y 的条件分布律.

例 3.2.5　在例 3.2.2 中,求在 $Y=1$ 条件下 X 的条件分布律.

解　(1) 在有放回抽取时,例 3.2.2 中求出(X,Y)的联合分布列如表 3.2.4,关于 Y 的边缘分布律如表 3.2.7,则易求得

$$P(X=0 \mid Y=1) = \frac{P(X=0, Y=1)}{P(Y=1)} = \frac{\frac{6}{25}}{\frac{3}{5}} = \frac{2}{5},$$

$$P(X=1 \mid Y=1) = \frac{P(X=1, Y=1)}{P(Y=1)} = \frac{\frac{9}{25}}{\frac{3}{5}} = \frac{3}{5}.$$

即在 $Y=1$ 条件下 X 的条件分布律为表 3.2.11.

表 3.2.11　X 的条件分布律

$X \mid Y=1$	0	1
$P(X=x_i \mid Y=1)$	$\dfrac{2}{5}$	$\dfrac{3}{5}$

（2）在无放回抽取时,例 3.2.2 中也求出 (X,Y) 的联合分布列如表 3.2.5,关于 Y 的边缘分布律如表 3.2.7,同理可求得

$$P(X=0 \mid Y=1) = \frac{P(X=0, Y=1)}{P(Y=1)} = \frac{\frac{3}{10}}{\frac{3}{5}} = \frac{1}{2},$$

$$P(X=1 \mid Y=1) = \frac{P(X=1, Y=1)}{P(Y=1)} = \frac{\frac{3}{10}}{\frac{3}{5}} = \frac{1}{2}.$$

即在 $Y=1$ 条件下 X 的条件分布律如表 3.2.12 所示.

表 3.2.12　X 的条件分布律

$X \mid Y=1$	0	1
$P(X=x_i \mid Y=1)$	$\dfrac{1}{2}$	$\dfrac{1}{2}$

例 3.2.6（整数型随机红包发放）　将 6 元红包按如下规则发放给三个人:第一个人的红包金额 X 是 1,2,3 中的任意一个数;在已知 $X=k(k=1,2,3)$ 时,第二个人的红包金额 Y 是 1 到 $5-k$ 中任意一整数;第三个人的红包金额 Z 是剩余金额 $6-X-Y$.

（1）求二维随机变量 (X,Y) 的联合分布律和 (X,Y) 关于 Y 的边缘分布律;

（2）在已知 $Y=1$ 的条件下求 X 的条件分布律.

（3）分别计算第一、二个人的红包金额是三人中的最大金额的概率,即 $P(X \geqslant Y, X \geqslant Z)$ 和 $P(Y \geqslant X, Y \geqslant Z)$.

解　（1）由题意,随机变量 X 的分布律为

$$P(X=k) = \frac{1}{3}, \quad k=1,2,3.$$

当 $X=1$ 时, Y 的条件分布律为 $P(Y=j\mid X=1)=\dfrac{1}{4}$, $j=1,2,3,4$; 当 $X=2$ 时, Y 的条件分布律为 $P(Y=j\mid X=2)=\dfrac{1}{3}$, $j=1,2,3$; 当 $X=3$ 时, Y 的条件分布律为 $P(Y=j\mid X=3)=\dfrac{1}{2}$, $j=1,2$.

另外, (X,Y) 所有可能取值为 $(1,1)$, $(1,2)$, $(1,3)$, $(1,4)$, $(2,1)$, $(2,2)$, $(2,3)$, $(3,1)$, $(3,2)$, 且有

$$P(X=1,Y=j)=P(X=1)P(Y=j\mid X=1)=\frac{1}{3}\times\frac{1}{4}=\frac{1}{12}, \quad j=1,2,3,4;$$

$$P(X=2,Y=j)=P(X=2)P(Y=j\mid X=2)=\frac{1}{3}\times\frac{1}{3}=\frac{1}{9}, \quad j=1,2,3;$$

$$P(X=3,Y=j)=P(X=3)P(Y=j\mid X=3)=\frac{1}{3}\times\frac{1}{2}=\frac{1}{6}, \quad j=1,2.$$

因此二维随机变量 (X,Y) 的联合分布律如表 3.2.13 所示.

表 3.2.13　(X,Y) 的联合分布律

X	Y			
	1	2	3	4
1	$\dfrac{1}{12}$	$\dfrac{1}{12}$	$\dfrac{1}{12}$	$\dfrac{1}{12}$
2	$\dfrac{1}{9}$	$\dfrac{1}{9}$	$\dfrac{1}{9}$	0
3	$\dfrac{1}{6}$	$\dfrac{1}{6}$	0	0

由上表易求得二维随机变量 (X,Y) 关于 Y 的边缘分布律为表 3.2.14.

表 3.2.14　关于 Y 的边缘分布律

Y	1	2	3	4
$P(Y=y_j)$	$\dfrac{13}{36}$	$\dfrac{13}{36}$	$\dfrac{7}{36}$	$\dfrac{1}{12}$

(2) 由 (3.2.7) 式可求得在已知 $Y=1$ 的条件下, X 的条件分布律为表 3.2.15.

表 3.2.15　X 的条件分布律

$X\mid Y=1$	1	2	3
$P(X=x_i\mid Y=1)$	$\dfrac{3}{13}$	$\dfrac{4}{13}$	$\dfrac{6}{13}$

(3) 由于 $\{X\geqslant Y, X\geqslant Z\}=\{X=2,Y=2\}\cup\{X=3,Y=1\}\cup\{X=3,Y=2\}$,

$\{Y\geqslant X, Y\geqslant Z\}=\{X=1,Y=3\}\cup\{X=1,Y=4\}\cup\{X=2,Y=2\}\cup\{X=2,Y=3\}$,

故由表 3.2.13 可得:

$$P(X \geqslant Y, X \geqslant Z) = \frac{1}{9} + \frac{1}{6} + \frac{1}{6} = \frac{4}{9}; \quad P(Y \geqslant X, Y \geqslant Z) = \frac{1}{12} + \frac{1}{12} + \frac{1}{9} + \frac{1}{9} = \frac{7}{18}.$$

在例 3.2.6 中,第一个人的金额 X 和第二个人的金额 Y 的分布是不同的,且 $P(X \geqslant Y, X \geqslant Z)$ 和 $P(Y \geqslant X, Y \geqslant Z)$ 也不相同,这意味着按本例中的机制发放红包,抢红包的顺序会影响红包金额的分布及获得最大红包金额的概率. 但若进一步计算随机变量 X 和 Y 的数学期望(可参看公式 4.1.1),可以发现它们的数学期望都是 2,即红包金额的数学期望与抢红包的顺序无关.

§3.3 二维连续型随机变量的分布

一、 二维连续型随机变量的联合分布

定义 3.3.1 设二维随机变量 (X,Y) 的分布函数为 $F(x,y)$,若存在非负函数 $f(x,y)$,使得对任意的实数 x,y,都有

$$F(x,y) = \int_{-\infty}^{x} \int_{-\infty}^{y} f(s,t)\,\mathrm{d}t\mathrm{d}s, \tag{3.3.1}$$

则称 (X,Y) 为二维连续型随机变量. 其中 $f(x,y)$ 称为 (X,Y) 的**联合概率密度函数**,简称**概率密度**或**分布密度**.

由定义 3.3.1,我们易得出联合概率密度函数 $f(x,y)$ 具有下列性质:

性质 1 $$f(x,y) \geqslant 0. \tag{3.3.2}$$

性质 2 $$\int_{-\infty}^{+\infty} \int_{-\infty}^{+\infty} f(s,t)\,\mathrm{d}t\mathrm{d}s = F(+\infty, +\infty) = 1. \tag{3.3.3}$$

在几何上,$z = f(x,y)$ 表示空间中的一张曲面,性质 1 说明该曲面位于 xOy 平面及其上方,性质 2 表明该曲面与 xOy 平面之间的空间体积等于 1.

性质 3 若 $f(x,y)$ 在点 (x,y) 连续,则

$$\frac{\partial^2 F(x,y)}{\partial x \partial y} = \frac{\partial^2 F(x,y)}{\partial y \partial x} = f(x,y). \tag{3.3.4}$$

性质 4 对任意 $(x_1, y_1), (x_2, y_2)$,若 $x_1 < x_2, y_1 < y_2$,则 (X,Y) 落在矩形 $(x_1, x_2] \times (y_1, y_2]$ 内的概率为

$$P(x_1 < X \leqslant x_2, y_1 < Y \leqslant y_2) = \int_{x_1}^{x_2} \int_{y_1}^{y_2} f(s,t)\,\mathrm{d}t\mathrm{d}s. \tag{3.3.5}$$

更一般地,设 G 为一平面区域,则 (X,Y) 落在 G 内的概率为

$$P((X,Y) \in G) = \iint_G f(x,y)\,\mathrm{d}x\mathrm{d}y. \tag{3.3.6}$$

在几何意义上,(3.3.6)式表示 (X,Y) 落在平面内任意区域 G 上的概率就是以 G 为底,以曲面 $z = f(x,y)$ 为顶的曲顶柱体的体积.

特别地,(X,Y) 落在小矩形 $(x, x+\Delta x] \times (y, y+\Delta y]$ 内的概率为

$$P(x<X\leqslant x+\Delta x,y<Y\leqslant y+\Delta y)=\int_x^{x+\Delta x}\int_y^{y+\Delta y}f(s,t)\,\mathrm{d}t\mathrm{d}s,$$

则当小矩形 $(x,x+\Delta x]\times(y,y+\Delta y]$ 的边长 $\Delta x,\Delta y$ 均较小时，(X,Y) 落在该矩形内的概率近似地等于 $f(x,y)\Delta x\Delta y$，即

$$P(x<X\leqslant x+\Delta x,y<Y\leqslant y+\Delta y)\approx f(x,y)\Delta x\Delta y.$$

与一维情况类似，联合概率密度函数 $f(x,y)$ 并不是二维随机变量 (X,Y) 取值 (x,y) 的概率，而是反映了 (X,Y) 在该点 (x,y) 附近取值的密集程度.

例 3.3.1 设二维随机变量 (X,Y) 的分布密度为

$$f(x,y)=\begin{cases}Ce^{-(2x+3y)}, & x>0,y>0,\\0, & \text{其他}.\end{cases}$$

求：(1) C 的值；(2) 分布函数；(3) $P(Y<X)$.

解 (1) 由于 $f(x,y)$ 是二维随机变量的分布密度，则

$$\int_{-\infty}^{+\infty}\int_{-\infty}^{+\infty}f(x,y)\,\mathrm{d}x\mathrm{d}y=\int_0^{+\infty}\int_0^{+\infty}Ce^{-(2x+3y)}\,\mathrm{d}x\mathrm{d}y=1,$$

即

$$C\left[-\frac{1}{2}e^{-2x}\right]_0^{+\infty}\left[-\frac{1}{3}e^{-3y}\right]_0^{+\infty}=1,$$

解得 $C=6$.

(2) 根据定义 $F(x,y)=\int_{-\infty}^x\int_{-\infty}^y f(s,t)\,\mathrm{d}t\mathrm{d}s$，当 $x\leqslant0$ 或 $y\leqslant0$ 时，$F(x,y)=0$；当 $x>0,y>0$ 时，

$$\begin{aligned}F(x,y)&=\int_0^x\int_0^y 6e^{-(2s+3t)}\,\mathrm{d}t\mathrm{d}s=\int_0^x 2e^{-2s}\,\mathrm{d}s\int_0^y 3e^{-3t}\,\mathrm{d}t\\&=(1-e^{-2x})(1-e^{-3y}).\end{aligned}$$

因此 (X,Y) 的分布函数为

$$F(x,y)=\begin{cases}(1-e^{-2x})(1-e^{-3y}), & x>0,y>0,\\0 & \text{其他}.\end{cases}$$

(3) 事件 $\{Y<X\}$ 等价于"(X,Y) 落在直线 $y=x$ 下方"，因此

$$\begin{aligned}P(Y<X)&=\iint_{y<x}f(x,y)\,\mathrm{d}x\mathrm{d}y=\int_0^{+\infty}\mathrm{d}x\int_0^x 6e^{-(2x+3y)}\,\mathrm{d}y\\&=\int_0^{+\infty}\left[2e^{-2x}(1-e^{-3x})\right]\mathrm{d}x=\int_0^{+\infty}2(e^{-2x}-e^{-5x})\,\mathrm{d}x=1-\frac{2}{5}=\frac{3}{5}.\end{aligned}$$

常见的二维连续型随机变量有均匀分布和二维正态分布，下面我们将分别介绍它们.

定义 3.3.2 设 G 为平面上的有界区域，若二维随机变量 (X,Y) 的分布密度函数为

$$f(x,y)=\begin{cases}\dfrac{1}{S_G}, & (x,y)\in G,\\[2mm]0, & \text{其他},\end{cases}\tag{3.3.7}$$

其中 $S_G=\iint_G \mathrm{d}x\mathrm{d}y$ 为区域 G 的面积，则称二维随机变量 (X,Y) 服从 G 上的**均匀分布**.

若 (X,Y) 服从 G 上的均匀分布，对于任意区域 $D\subset G$，记区域 D 的面积为 S_D，则二维随机变量 (X,Y) 落在区域 D 上的概率为

$$P((X,Y) \in D) = \iint\limits_D f(x,y)\mathrm{d}x\mathrm{d}y = \frac{1}{S_G}\iint\limits_D \mathrm{d}x\mathrm{d}y = \frac{S_D}{S_G}. \tag{3.3.8}$$

此概率正是区域 D 与区域 G 的面积之比,即它与 D 的面积成正比,而与 D 在 G 内的位置和形状无关,这正是均匀分布的"均匀"含义.在第一章中讨论过的几何概型,都可用均匀分布来描述.

例 3.3.2 设 (X,Y) 服从区域 $G = \{(x,y) \mid 0<y<2x, 0<x<2\}$ 上的均匀分布,求:(1) (X,Y) 的联合概率密度函数;(2) $P(Y \geqslant X^2)$.

解 (1) 区域 G 的面积为

$$S_G = \iint\limits_G \mathrm{d}x\mathrm{d}y = \int_0^2 \mathrm{d}x \int_0^{2x} \mathrm{d}y = \int_0^2 2x\mathrm{d}x = 4.$$

则 (X,Y) 的联合概率密度为

$$f(x,y) = \begin{cases} \dfrac{1}{4}, & (x,y) \in G, \\ 0, & \text{其他.} \end{cases}$$

(2) 记 $D = \{(x,y):y \geqslant x^2\}$,则 $P(Y \geqslant X^2)$ 是 (X,Y) 落在区域 D 上的概率

$$P(Y \geqslant X^2) = \iint\limits_D f(x,y)\mathrm{d}x\mathrm{d}y.$$

由于 $f(x,y)$ 只在区域 G 上取非零值,交集区域 $D \cap G$ 为图 3.3.1 中阴影部分,则

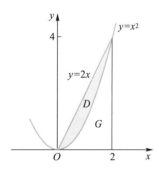

$$\begin{aligned} P(Y \geqslant X^2) &= \iint\limits_{G \cap D} \frac{1}{4}\mathrm{d}x\mathrm{d}y = \frac{1}{4}\iint\limits_{G \cap D}\mathrm{d}x\mathrm{d}y \\ &= \frac{1}{4}\int_0^2\int_{x^2}^{2x}\mathrm{d}y\mathrm{d}x = \frac{1}{4}\int_0^2(2x-x^2)\mathrm{d}x \\ &= \frac{1}{4}\left(4 - \frac{8}{3}\right) = \frac{1}{3}. \end{aligned}$$

与一维情形类似,二维正态分布也是一种很常见的分布,例如某射手连续射击的命中点在靶平面上的位置 (X,Y) 就服从二维正态分布.

图 3.3.1

定义 3.3.3 若二维随机变量 (X,Y) 的分布密度函数为

$$f(x,y) = \frac{1}{2\pi\sigma_1\sigma_2\sqrt{1-\rho^2}}\mathrm{e}^{-\frac{1}{2(1-\rho^2)}\left[\left(\frac{x-\mu_1}{\sigma_1}\right)^2 - 2\rho\left(\frac{x-\mu_1}{\sigma_1}\right)\left(\frac{y-\mu_2}{\sigma_2}\right) + \left(\frac{y-\mu_2}{\sigma_2}\right)^2\right]} \quad (-\infty < x,y < +\infty), \tag{3.3.9}$$

其中 $\mu_1,\mu_2,\sigma_1,\sigma_2,\rho$ 均为常数,且 $\sigma_1>0,\sigma_2>0,|\rho|<1$,则称 (X,Y) 服从参数为 $\mu_1,\mu_2,\sigma_1^2,\sigma_2^2,\rho$ 的二维正态分布,记作 $(X,Y) \sim N(\mu_1,\mu_2,\sigma_1^2,\sigma_2^2,\rho)$.

二维正态分布的密度函数 $f(x,y)$ 的图形是一个以 (μ_1,μ_2) 为极大值点的单峰钟形曲面,如图 3.3.2 所示.

二、 二维连续型随机变量的边缘分布及其独立性

若 (X,Y) 为连续型随机变量,其联合概率密度为 $f(x,y)$,则 X 的边缘分布函数可表示为

$$F_X(x) = F(x, +\infty) = \int_{-\infty}^{x}\int_{-\infty}^{+\infty} f(s,t)\,\mathrm{d}t\,\mathrm{d}s.$$

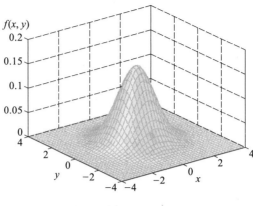

图 3.3.2

由分布函数和概率密度函数之间的关系可得 X 的概率密度函数为

$$f_X(x) = \frac{\mathrm{d}F_X(x)}{\mathrm{d}x} = \int_{-\infty}^{+\infty} f(x,y)\,\mathrm{d}y. \tag{3.3.10}$$

上式也称为 (X, Y) 关于 X 的边缘概率密度函数,简称 X 的边缘概率密度.

类似地,(X, Y) 关于 Y 的边缘概率密度函数为

$$f_Y(y) = \frac{\mathrm{d}F_Y(y)}{\mathrm{d}y} = \int_{-\infty}^{+\infty} f(x,y)\,\mathrm{d}x. \tag{3.3.11}$$

在 §3.1 中,我们已定义了二维随机变量的独立性概念,对于二维连续型随机变量,我们常用概率密度函数来判断独立性问题.

定理 3.3.1 若 (X, Y) 为连续型随机变量,其联合概率密度为 $f(x,y)$,边缘概率密度为 $f_X(x)$,$f_Y(y)$,则 X 和 Y 相互独立的充分必要条件是

$$f(x,y) = f_X(x)f_Y(y) \tag{3.3.12}$$

在 $f(x,y)$,$f_X(x)$,$f_Y(y)$ 的一切公共连续点上都成立.

例 3.3.3 求例 3.3.1 中 (X, Y) 关于 X 和 Y 的边缘概率密度,并判断 X 与 Y 的独立性.

解 在例 3.3.1 中已求出 (X, Y) 的联合密度函数为

$$f(x,y) = \begin{cases} 6\mathrm{e}^{-(2x+3y)}, & x>0, y>0, \\ 0, & \text{其他.} \end{cases}$$

关于 X 的边缘概率密度为

$$f_X(x) = \int_{-\infty}^{+\infty} f(x,y)\,\mathrm{d}y.$$

当 $x \leqslant 0$ 时,$f(x,y) = 0$,$f_X(x) = 0$;当 $x > 0$ 时,$f_X(x) = \int_{0}^{+\infty} 6\mathrm{e}^{-(2x+3y)}\,\mathrm{d}y = 2\mathrm{e}^{-2x}\left[-\mathrm{e}^{-3y}\right]_0^{+\infty} = 2\mathrm{e}^{-2x}$.

因此关于 X 的边缘概率密度为

$$f_X(x) = \begin{cases} 2\mathrm{e}^{-2x}, & x>0, \\ 0, & \text{其他.} \end{cases}$$

同理,关于 Y 的边缘概率密度为

$$f_Y(y) = \int_{-\infty}^{+\infty} f(x,y)\,\mathrm{d}x$$

$$= \begin{cases} \int_0^{+\infty} 6\mathrm{e}^{-(2x+3y)}\,\mathrm{d}x = 3\mathrm{e}^{-3y}\left[-\mathrm{e}^{-2x}\right]_0^{+\infty}, & y>0, \\ 0, & \text{其他}, \end{cases}$$

$$= \begin{cases} 3\mathrm{e}^{-3y}, & y>0, \\ 0, & \text{其他}. \end{cases}$$

明显地,对于任意 x,y,都有 $f(x,y)=f_X(x)f_Y(y)$,所以 X 与 Y 相互独立.

例 3.3.4 设二维连续型随机变量 (X,Y) 服从区域 $G=\{(x,y)\mid 0<y<x<1\}$ 上的均匀分布,求边缘概率密度函数 $f_X(x),f_Y(y)$,并判断 X 与 Y 的独立性.

解 区域 G 即图 3.3.3 中阴影区域,其面积 $S_G = \dfrac{1}{2}$,则

(X,Y) 的联合概率密度为

$$f(x,y) = \begin{cases} 2, & (x,y)\in G, \\ 0, & \text{其他}. \end{cases}$$

因此 (X,Y) 的边缘概率密度函数 $f_X(x),f_Y(y)$ 分别为

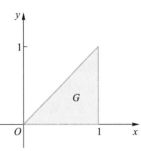

图 3.3.3

$$f_X(x) = \int_{-\infty}^{+\infty} f(x,y)\,\mathrm{d}y = \begin{cases} \int_0^x 2\mathrm{d}y, & 0<x<1, \\ 0, & \text{其他}, \end{cases}$$

$$= \begin{cases} 2x, & 0<x<1, \\ 0, & \text{其他}. \end{cases}$$

$$f_Y(y) = \int_{-\infty}^{+\infty} f(x,y)\,\mathrm{d}x = \begin{cases} \int_y^1 2\mathrm{d}x, & 0<y<1, \\ 0, & \text{其他}, \end{cases}$$

$$= \begin{cases} 2(1-y), & 0<y<1, \\ 0, & \text{其他}. \end{cases}$$

明显地,存在 $f(x,y)$ 的连续点使得 $f(x,y)\neq f_X(x)f_Y(y)$,例如取 $x=\dfrac{1}{2},y=\dfrac{1}{4}$,则 $f\left(\dfrac{1}{2},\dfrac{1}{4}\right) = 2$,$f_X\left(\dfrac{1}{2}\right)=1$,$f_Y\left(\dfrac{1}{4}\right)=\dfrac{3}{2}$,即 $f\left(\dfrac{1}{2},\dfrac{1}{4}\right)\neq f_X\left(\dfrac{1}{2}\right)\cdot f_Y\left(\dfrac{1}{4}\right)$,所以 X 与 Y 不独立.

在例 3.3.4 中,(X,Y) 服从二维均匀分布,但单个变量 X 和 Y 并不服从一维均匀分布.但是若区域 G 是矩形区域 $G=\{(x,y)\mid a<x<b,c<y<d\}$,易求得 $X\sim U(a,b)$,$Y\sim U(c,d)$,即单个变量 X 和 Y 依然服从均匀分布,且 X 与 Y 相互独立.

在例 3.3.4 中,二维随机变量 (X,Y) 的联合密度函数的非零区域是一个三角形区域 $G=\{(x,y)\mid 0<y<x<1\}$,直观地,这意味着随机变量 Y 几乎一定小于 X,即随机变量 X 与 Y 的取值会相互影响,从而 X 与 Y 不是独立的.

例 3.3.5 已知 (X,Y) 联合概率密度函数为

$$f(x,y) = \begin{cases} \dfrac{3x^2}{2}+y, & 0<x<1,0<y<1, \\ 0, & \text{其他}, \end{cases}$$

求关于 X,Y 的边缘分布密度,并判断 X 和 Y 的独立性.

解 $\qquad f_X(x)=\int_{-\infty}^{+\infty}f(x,y)\mathrm{d}y=\begin{cases}\int_0^1\left(\dfrac{3x^2}{2}+y\right)\mathrm{d}y=\dfrac{3x^2}{2}+\dfrac{1}{2}, & 0<x<1,\\[3mm] 0, & \text{其他}.\end{cases}$

$\qquad\qquad f_Y(y)=\int_{-\infty}^{+\infty}f(x,y)\mathrm{d}x=\begin{cases}\int_0^1\left(\dfrac{3x^2}{2}+y\right)\mathrm{d}x=y+\dfrac{1}{2}, & 0<y<1,\\[3mm] 0, & \text{其他}.\end{cases}$

明显地,$f(x,y)\neq f_X(x)f_Y(y)$,所以 X 与 Y 不独立.

在例 3.3.5 中,联合密度函数 $f(x,y)$ 的非零区域虽然是一个矩形区域 $(0,1)\times(0,1)$,然而 $f(x,y)$ 并不能表示为 $f_X(x)f_Y(y)$,因此 X 与 Y 不独立.

对于二维连续型随机变量 (X,Y),直观判断 X 与 Y 相互独立的条件是联合密度函数 $f(x,y)$ 可分离变量,它有两方面的含义:一是联合密度函数 $f(x,y)$ 的非零区域可分解为两个一维区域的乘积空间,如矩形区域 $\{(x,y)\mid a<x<b,c<y<d\}=(a,b)\times(c,d)$;二是 $f(x,y)$ 可以表示成关于 x 的函数与关于 y 的函数的乘积形式,如 $f(x,y)=g(x)h(y)$. 在例 3.3.3 中,$f(x,y)$ 的非零区域为 $\{(x,y)\mid 0<x<+\infty,0<y<+\infty\}$,且在该区域内 $f(x,y)=6\mathrm{e}^{-2x-3y}=6\mathrm{e}^{-2x}\cdot\mathrm{e}^{-3y}$,于是 X 与 Y 是相互独立的.

例 3.3.6　设二维随机变量 $(X,Y)\sim N(\mu_1,\mu_2,\sigma_1^2,\sigma_2^2,\rho)$.

(1) 分别求 (X,Y) 关于 X 和 Y 的边缘概率密度函数;

(2) 证明:参数 $\rho=0$ 是 X 和 Y 相互独立的充分必要条件.

解 （1）$f_X(x)=\int_{-\infty}^{+\infty}f(x,y)\mathrm{d}y$

$$=\frac{1}{2\pi\sigma_1\sigma_2\sqrt{1-\rho^2}}\int_{-\infty}^{+\infty}\mathrm{e}^{-\frac{1}{2(1-\rho^2)}\left[\left(\frac{x-\mu_1}{\sigma_1}\right)^2-2\rho\left(\frac{x-\mu_1}{\sigma_1}\right)\left(\frac{y-\mu_2}{\sigma_2}\right)+\left(\frac{y-\mu_2}{\sigma_2}\right)^2\right]}\mathrm{d}y,$$

作变量代换,令

$$\frac{x-\mu_1}{\sigma_1}=s,\qquad \frac{y-\mu_2}{\sigma_2}=t,$$

则有

$$f_X(x)=\frac{1}{2\pi\sigma_1\sqrt{1-\rho^2}}\int_{-\infty}^{+\infty}\mathrm{e}^{-\frac{s^2-2\rho st+t^2}{2(1-\rho^2)}}\mathrm{d}t$$

$$=\frac{1}{2\pi\sigma_1\sqrt{1-\rho^2}}\int_{-\infty}^{+\infty}\mathrm{e}^{-\frac{(t-\rho s)^2+(1-\rho^2)s^2}{2(1-\rho^2)}}\mathrm{d}t$$

$$=\frac{\mathrm{e}^{-s^2/2}}{2\pi\sigma_1\sqrt{1-\rho^2}}\int_{-\infty}^{+\infty}\mathrm{e}^{-\frac{(t-\rho s)^2}{2(1-\rho^2)}}\mathrm{d}t$$

$$=\frac{\mathrm{e}^{-s^2/2}}{2\pi\sigma_1}\int_{-\infty}^{+\infty}\mathrm{e}^{-\frac{z^2}{2}}\mathrm{d}z\quad\left(z=\frac{t-\rho s}{\sqrt{1-\rho^2}}\right),$$

利用 $\int_{-\infty}^{+\infty}\dfrac{1}{\sqrt{2\pi}}\mathrm{e}^{-\frac{z^2}{2}}\mathrm{d}z=1$,得

$$f_X(x) = \frac{1}{\sqrt{2\pi}\,\sigma_1} e^{-\frac{(x-\mu_1)^2}{2\sigma_1^2}}, \quad -\infty < x < +\infty,$$

即 $X \sim N(\mu_1, \sigma_1^2)$. 同理可得

$$f_Y(y) = \frac{1}{\sqrt{2\pi}\,\sigma_2} e^{-\frac{(y-\mu_2)^2}{2\sigma_2^2}}, \quad -\infty < y < +\infty,$$

即 $Y \sim N(\mu_2, \sigma_2^2)$.

（2）充分性：若 $\rho = 0$，则二维随机变量 (X, Y) 的联合概率密度函数为

$$f(x, y) = \frac{1}{2\pi\sigma_1\sigma_2} e^{-\frac{1}{2}\left[\frac{(x-\mu_1)^2}{\sigma_1^2} + \frac{(y-\mu_2)^2}{\sigma_2^2}\right]}$$

$$= \frac{1}{\sqrt{2\pi}\,\sigma_1} e^{-\frac{(x-\mu_1)^2}{2\sigma_1^2}} \cdot \frac{1}{\sqrt{2\pi}\,\sigma_2} e^{-\frac{(y-\mu_2)^2}{2\sigma_2^2}}$$

$$= f_X(x) \cdot f_Y(y),$$

因此 X 和 Y 相互独立.

必要性：若 X 和 Y 相互独立，则在连续点 (x, y) 处有

$$f(x, y) = f_X(x) f_Y(y).$$

特别地，取 $x = \mu_1, y = \mu_2$，得到 $f(\mu_1, \mu_2) = f_X(\mu_1) f_Y(\mu_2)$，即

$$\frac{1}{2\pi\sigma_1\sigma_2\sqrt{1-\rho^2}} = \frac{1}{\sqrt{2\pi}\,\sigma_1} \frac{1}{\sqrt{2\pi}\,\sigma_2},$$

从而有 $\rho = 0$.

综上所述，参数 $\rho = 0$ 是 X 和 Y 相互独立的充分必要条件.

从例 3.3.5 中，我们还可得到关于正态分布的两个重要性质：

（1）若二维随机变量 $(X, Y) \sim N(\mu_1, \mu_2, \sigma_1^2, \sigma_2^2, \rho)$，则 $X \sim N(\mu_1, \sigma_1^2)$，$Y \sim N(\mu_2, \sigma_2^2)$. 即服从二维正态分布的随机变量其边缘分布是一维正态分布；

（2）若 X 与 Y 相互独立，且 $X \sim N(\mu_1, \sigma_1^2)$，$Y \sim N(\mu_2, \sigma_2^2)$，则联合分布 $(X, Y) \sim N(\mu_1, \mu_2, \sigma_1^2, \sigma_2^2, 0)$，即两个独立的服从正态分布的随机变量，其联合分布也服从二维正态分布. 值得注意的是两个随机变量 X、Y 均服从正态分布，而 X 与 Y 之间不独立，其联合分布不一定是二维正态分布.

三、二维连续型随机变量的条件分布

在 §3.2 中，对于二维离散型随机变量，我们定义了条件分布律的概念. 现在，类似地我们也引入二维连续型随机变量的条件概率密度的概念.

定义 3.3.4 设 (X, Y) 为二维连续型随机变量，联合密度和关于 X, Y 的边缘分布密度分别为 $f(x, y), f_X(x), f_Y(y)$，对于固定的 x，若 $f_X(x) > 0$，则称

3.3.1 正态分布相关例题

$$f_{Y|X}(y \mid x) = \frac{f(x, y)}{f_X(x)} \tag{3.3.13}$$

为在条件 $X = x$ 下,随机变量 Y 的条件概率密度.

条件概率密度 $f_{Y|X}(y \mid x)$ 刻画了在已知随机变量 $X = x$ 时,随机变量 Y 取值的概率分布规律.例如 X 和 Y 分别表示人的身高(cm)和体重(kg),则 $f_{Y|X}(y \mid 170)$ 表示已知人身高为 170 cm 时,其体重的分布规律.

类似地,对于固定的 y,若 $f_Y(y) > 0$,则称

3.3.2 二维连续型随机变量的条件分布函数

$$f_{X|Y}(x \mid y) = \frac{f(x, y)}{f_Y(y)} \tag{3.3.14}$$

为在条件 $Y = y$ 下,随机变量 X 的条件概率密度函数.

由式(3.3.13)和式(3.3.14),又可得到,当 $f_Y(y) > 0, f_X(x) > 0$ 时,
$$f(x, y) = f_Y(y) f_{X|Y}(x \mid y) = f_X(x) f_{Y|X}(y \mid x). \tag{3.3.15}$$

(3.3.13)式,(3.3.14)式和(3.3.15)式均反映了联合密度、边缘密度和条件概率密度之间的关系,并且它们完全类似于第一章中条件概率计算公式和乘法公式.另外,若 X 与 Y 相互独立,则条件概率密度函数 $f_{Y|X}(y \mid x)$ 和边缘密度函数 $f_Y(y)$ 相等.

例 3.3.7　设二维随机变量 (X, Y) 的概率密度为
$$f(x, y) = \begin{cases} 6x, & 0 < x < 1, x < y < 1; \\ 0, & \text{其他}. \end{cases}$$

(1) 在已知 $X = x (0 < x < 1)$ 时,求条件概率密度 $f_{Y|X}(y \mid x)$;

(2) 求 $P\left(Y \leqslant \dfrac{1}{2} \,\middle|\, X \leqslant \dfrac{1}{2}\right)$.

解　(1) $f_X(x) = \displaystyle\int_{-\infty}^{+\infty} f(x, y)\,\mathrm{d}y = \begin{cases} \displaystyle\int_x^1 6x\,\mathrm{d}y = 6x(1-x), & 0 < x < 1; \\ 0, & \text{其他}. \end{cases}$

在已知 $X = x (0 < x < 1)$ 时,Y 的条件概率密度为
$$f_{Y|X}(y \mid x) = \frac{f(x, y)}{f_X(x)} = \begin{cases} \dfrac{1}{1-x}, & x < y < 1; \\ 0, & \text{其他}. \end{cases}$$

从上式我们可以看到,在已知 $X = x (0 < x < 1)$ 时,Y 服从区间 $(x, 1)$ 内的均匀分布.

(2)

$$P\left(Y \leqslant \frac{1}{2} \,\middle|\, X \leqslant \frac{1}{2}\right) = \frac{P\left(X \leqslant \dfrac{1}{2}, Y \leqslant \dfrac{1}{2}\right)}{P\left(X \leqslant \dfrac{1}{2}\right)}$$

$$= \frac{\displaystyle\int_0^{\frac{1}{2}} \mathrm{d}x \int_x^{\frac{1}{2}} 6x\,\mathrm{d}y}{\displaystyle\int_0^{\frac{1}{2}} \mathrm{d}x \int_x^1 6x\,\mathrm{d}y} = \frac{\displaystyle\int_0^{\frac{1}{2}} 6x\left(\frac{1}{2} - x\right)\mathrm{d}x}{\displaystyle\int_0^{\frac{1}{2}} 6x(1-x)\,\mathrm{d}x}$$

$$= \frac{\dfrac{1}{8}}{\dfrac{1}{2}} = \frac{1}{4}.$$

例 3.3.8 将长度为 1 m 的一根细绳随意剪成两段,任取其中一段,设其长度为 X m,继续将其随意剪断并再任取其中一段,设其长度为 Y m.

(1) 在 $X = x$ $(0 < x < 1)$ 条件下,求随机变量 Y 的条件概率密度 $f_{Y \mid X}(y \mid x)$.

(2) 求随机变量 Y 的概率密度函数 $f_Y(y)$.

解 (1) 由题意,在 $X = x$ $(0 < x < 1)$ 条件下,Y 服从区间 $(0, x)$ 内的均匀分布,即

$$f_{Y \mid X}(y \mid x) = \begin{cases} \dfrac{1}{x}, & 0 < y < x, \\ 0, & \text{其他}. \end{cases}$$

(2) 由题意可知随机变量 X 服从区间 $(0, 1)$ 内的均匀分布,即 X 的概率密度函数为

$$f_X(x) = \begin{cases} 1, & 0 < x < 1, \\ 0, & \text{其他}. \end{cases}$$

由 (3.3.15) 式可得 (X, Y) 的联合概率密度函数为

$$f(x, y) = f_X(x) f_{Y \mid X}(y \mid x) = \begin{cases} \dfrac{1}{x}, & 0 < x < 1, 0 < y < x, \\ 0, & \text{其他}. \end{cases}$$

则随机变量 Y 的概率密度函数为

$$\begin{aligned} f_Y(y) &= \int_{-\infty}^{+\infty} f(x, y) \, \mathrm{d}x \\ &= \begin{cases} \displaystyle\int_y^1 \dfrac{1}{x} \mathrm{d}x = -\ln y, & 0 < y < 1, \\ 0, & \text{其他}. \end{cases} \end{aligned}$$

例 3.3.9 设 $(X, Y) \sim N(\mu_1, \mu_2, \sigma_1^2, \sigma_2^2, \rho)$,求条件概率密度 $f_{Y \mid X}(y \mid x)$.

解 (X, Y) 的联合密度和关于 X 的边缘分布密度分别为

$$f(x, y) = \frac{1}{2\pi \sigma_1 \sigma_2 \sqrt{1 - \rho^2}} e^{-\frac{1}{2(1-\rho^2)} \left[\left(\frac{x-\mu_1}{\sigma_1}\right)^2 - 2\rho \left(\frac{x-\mu_1}{\sigma_1}\right) \left(\frac{y-\mu_2}{\sigma_2}\right) + \left(\frac{y-\mu_2}{\sigma_2}\right)^2 \right]},$$

$$f_X(x) = \frac{1}{\sqrt{2\pi} \sigma_1} e^{-\frac{(x-\mu_1)^2}{2\sigma_1^2}},$$

由 (3.3.13) 式得

$$\begin{aligned} f_{Y \mid X}(y \mid x) = \frac{f(x, y)}{f_X(x)} &= \frac{1}{\sqrt{2\pi} \sigma_2 \sqrt{1-\rho^2}} e^{-\frac{\left(\frac{x-\mu_1}{\sigma_1}\right)^2 - 2\rho \left(\frac{x-\mu_1}{\sigma_1}\right) \left(\frac{y-\mu_2}{\sigma_2}\right) + \left(\frac{y-\mu_2}{\sigma_2}\right)^2 + (\rho^2-1)\left(\frac{x-\mu_1}{\sigma_1}\right)^2}{2(1-\rho^2)}} \\ &= \frac{1}{\sqrt{2\pi} \sigma_2 \sqrt{1-\rho^2}} e^{-\frac{1}{2(1-\rho^2)} \left[\rho^2 \left(\frac{x-\mu_1}{\sigma_1}\right)^2 - 2\rho \left(\frac{x-\mu_1}{\sigma_1}\right) \left(\frac{y-\mu_2}{\sigma_2}\right) + \left(\frac{y-\mu_2}{\sigma_2}\right)^2 \right]} \\ &= \frac{1}{\sqrt{2\pi} \sigma_2 \sqrt{1-\rho^2}} e^{-\frac{1}{2(1-\rho^2)} \left(\frac{y-\mu_2}{\sigma_2} - \rho \frac{x-\mu_1}{\sigma_1} \right)^2} \\ &= \frac{1}{\sqrt{2\pi} \sigma_2 \sqrt{1-\rho^2}} e^{-\frac{\left[y - \left(\mu_2 + \rho \frac{\sigma_2}{\sigma_1}(x-\mu_1) \right) \right]^2}{2\sigma_2^2(1-\rho^2)}}. \end{aligned}$$

因此 $f_{Y|X}(y|x)$ 是正态分布 $N(\mu_2+\rho\dfrac{\sigma_2}{\sigma_1}(x-\mu_1),\sigma_2^2(1-\rho^2))$ 的概率密度函数,即在条件 $X=x$ 下,随机变量 Y 服从正态分布 $N(\mu_2+\rho\dfrac{\sigma_2}{\sigma_1}(x-\mu_1),\sigma_2^2(1-\rho^2))$. 从而得到二维正态分布的又一个性质:服从二维正态分布的随机变量的条件分布仍是正态分布. 具体地,若 10 岁女童的身高(单位:cm)和体重(单位:kg)分别用随机变量 X 和 Y 表示,若已知 $(X,Y)\sim N(138.5,33.5,6^2,7^2,0.5)$,则在已知身高为 145 cm 时,体重 Y 服从正态分布 $N(37.29,36.75)$.

§3.4 二维随机变量函数的分布

在第二章中我们讨论过一维随机变量的函数的分布问题,即已知随机变量 X 的分布,怎样求出 $Y=g(X)$ 的分布? 现在的问题是:已知二维随机变量 (X,Y) 的联合分布,如何求随机变量 $Z=g(X,Y)$ 的分布?

下面分别就离散型和连续型随机变量的情形进行讨论.

一、 二维离散型随机变量函数的分布

若二维离散型随机变量 (X,Y) 的联合分布为
$$P(X=x_i,Y=y_j)=p_{ij},\quad i,j=1,2,\cdots,$$
显然 $Z=g(X,Y)$ 为一维离散型随机变量. 若对于不同的 (x_i,y_j),函数值 $g(x_i,y_j)$ 互不相同,则 $Z=g(X,Y)$ 的分布律为
$$P(Z=g(x_i,y_j))=p_{ij},\quad i,j=1,2,\cdots. \tag{3.4.1}$$
若对于不同的 (x_i,y_j),函数 $g(x,y)$ 有相同的取值,与一维离散型情况类似,应以 (X,Y) 在相同函数值的点 (x_i,y_j) 的概率之和作为 $Z=g(X,Y)$ 取相应函数值时的概率.

例 3.4.1 设 (X,Y) 的联合分布为表 3.4.1,求 $Z=X-Y$ 的分布律.

表 3.4.1 (X,Y) 的联合分布律

X	Y		
	0	1	2
0	$\dfrac{1}{10}$	$\dfrac{1}{5}$	$\dfrac{1}{10}$
1	$\dfrac{1}{5}$	$\dfrac{3}{10}$	$\dfrac{1}{10}$

解 首先由 (X,Y) 的值计算相应 Z 的取值,见表 3.4.2.

表 3.4.2 Z 的取值结果

(X,Y)	$(0,0)$	$(0,1)$	$(0,2)$	$(1,0)$	$(1,1)$	$(1,2)$
Z	0	-1	-2	1	0	-1

因此 Z 所有的取值为 $-2,-1,0,1$,其中,特别地,
$$\{Z=0\} = \{X=0,Y=0\} \cup \{X=1,Y=1\}$$
以及
$$\{Z=-1\} = \{X=0,Y=1\} \cup \{X=1,Y=2\}.$$
因此 $Z=X-Y$ 的分布律为表 3.4.3.

表 3.4.3 Z 的分布律

Z	-2	-1	0	1
P	$\dfrac{1}{10}$	$\dfrac{3}{10}$	$\dfrac{2}{5}$	$\dfrac{1}{5}$

例 3.4.2(泊松分布的可加性) 设在上午 8:00—9:00 和 9:00—10:00 这两个时间段到达某超市的顾客人数 X 和 Y 分别服从参数为 λ_1,λ_2 的泊松分布,且 X,Y 相互独立,求在 8:00—10:00 时间段到达该超市的顾客人数 $Z=X+Y$ 的概率分布.

解 由于 X,Y 的可能取值为 $0,1,2,\cdots$,则 $Z=X+Y$ 的所有可能取值也为 $0,1,2,\cdots$. 一般地,当 $k=0,1,2,\cdots$ 时,

$$
\begin{aligned}
P(Z=k) &= P(X+Y=k)\\
&= P\left(\bigcup_{i=0}^{k} \{X=i,Y=k-i\}\right)\\
&= \sum_{i=0}^{k} P(X=i,Y=k-i),
\end{aligned}
$$

因为 X,Y 相互独立,所以

$$P(Z=k) = \sum_{i=0}^{k} P(X=i)P(Y=k-i). \tag{3.4.2}$$

依题意,X,Y 的概率分布分别为

$$P(X=k) = \frac{\lambda_1^{k}}{k!}e^{-\lambda_1}, \quad k=0,1,2,\cdots,$$

$$P(Y=k) = \frac{\lambda_2^{k}}{k!}e^{-\lambda_2}, \quad k=0,1,2,\cdots,$$

代入(3.4.2)式,则有

$$
\begin{aligned}
P(Z=k) &= \sum_{i=0}^{k} \frac{\lambda_1^{i}}{i!}e^{-\lambda_1}\frac{\lambda_2^{k-i}}{(k-i)!}e^{-\lambda_2}\\
&= \frac{1}{k!}e^{-(\lambda_1+\lambda_2)}\sum_{i=0}^{k}\frac{k!\lambda_1^{i}}{i!}\frac{\lambda_2^{k-i}}{(k-i)!} = \frac{1}{k!}e^{-(\lambda_1+\lambda_2)}\sum_{i=0}^{k}C_k^{i}\lambda_1^{i}\lambda_2^{k-i}\\
&= \frac{1}{k!}e^{-(\lambda_1+\lambda_2)}(\lambda_1+\lambda_2)^{k}, \quad k=0,1,2,\cdots.
\end{aligned}
$$

因此,在 8:00—10:00 时间段到达该超市的顾客人数 $Z=X+Y$ 服从参数为 $\lambda_1+\lambda_2$ 的泊松分布,即 $Z \sim P(\lambda_1+\lambda_2)$.

由例 3.4.2 可知两个独立的服从泊松分布的随机变量之和也服从泊松分布,且参数为原有两个分布的参数之和,这个性质称为泊松分布的可加性.

同例 3.4.2 类似可证,二项分布也具有可加性,即若 X,Y 相互独立,且分别服从 $B(n_1,$

p),$B(n_2,p)$,则 $X+Y\sim B(n_1+n_2,p)$.

值得注意的是在例 3.4.2 的求解中,用到了一个常用的(3.4.2)式,它通常称为 **离散型卷积公式**.

二、 二维连续型随机变量函数的分布

设 (X,Y) 为二维连续型随机变量,其联合概率密度为 $f(x,y)$,$z=g(x,y)$ 为连续函数,则 $Z=g(X,Y)$ 为一维随机变量,它的分布函数为

$$F_Z(z)=P(Z\leqslant z)=P(g(X,Y)\leqslant z)=\iint\limits_{g(x,y)\leqslant z}f(x,y)\mathrm{d}x\mathrm{d}y. \tag{3.4.3}$$

然后对分布函数求导就可得到 Z 的概率密度函数,即 $f_Z(z)=F_Z'(z)$,这也就是再次应用分布函数法求解随机变量函数的分布.

例 3.4.3 设 (X,Y) 的联合概率密度为

$$f(x,y)=\begin{cases}\dfrac{3}{2}x, & 0<x<1,0<y<2x,\\[2mm]0, & 其他.\end{cases}$$

求 $Z=2X-Y$ 的概率密度.

解 首先计算随机变量 Z 的分布函数

$$F_Z(z)=P(Z\leqslant z)=P(2X-Y\leqslant z)=P(Y\geqslant 2X-z),$$

事件 $\{Y\geqslant 2X-z\}$ 等价于 (X,Y) 落在图 3.4.1 中直线 $y=2x-z$ 上方.$f(x,y)$ 只在图 3.4.1 中三角形区域 $\{(x,y)\mid 0<x<1,0<y<2x\}$ 取非零值,当 z 取不同值时,该三角形区域与直线 $y=2x-z$ 上方区域的交集不同,因此下面讨论计算 Z 的分布函数:

当 $z\leqslant 0$ 时,$F_Z(z)=0$;

当 $z\geqslant 2$ 时,$F_Z(z)=1$;

当 $0<z<2$ 时,

$$\begin{aligned}F_Z(z)&=1-P(Y<2X-z)\\&=1-\int_{\frac{z}{2}}^1\mathrm{d}x\int_0^{2x-z}\frac{3}{2}x\mathrm{d}y\\&=\frac{3}{4}z-\frac{1}{16}z^3,\end{aligned}$$

则随机变量 Z 的概率密度为

$$f_Z(z)=\begin{cases}\dfrac{3}{4}-\dfrac{3}{16}z^2, & 0<z<2,\\[2mm]0, & 其他.\end{cases}$$

例 3.4.4 在一维数轴 $(0,1)$ 区间内任意取两点 X 和 Y ,求这两点间距离 $Z=|X-Y|$ 的概率密度函数.

解 由题意 X 和 Y 相互独立且均服从 $(0,1)$ 区间的均匀分布,则 (X,Y) 服从正方形区域 $G=\{(x,y)\mid 0<x<1,0<y<1\}$ 上的均匀分布.考虑到 $Z=|X-Y|$ 所有可能取值范围是 $(0,1)$,下面对 Z 的分布函数 $F_Z(z)=P(Z\leqslant z)=P(|X-Y|\leqslant z)$ 分情况讨论:

当 $z<0$ 时，$F_Z(z)=0$；

当 $z\geqslant 1$ 时，$F_Z(z)=1$；

当 $0\leqslant z<1$ 时，$F_Z(z)=P(-z\leqslant X-Y\leqslant z)$.

上式中事件 $\{-z\leqslant X-Y\leqslant z\}$ 意味着随机点 (X,Y) 落在图 3.4.2 中的阴影部分. 由于 (X,Y) 服从正方形区域 $G=\{(x,y)\mid 0<x<1,0<y<1\}$ 的均匀分布，故事件 $\{-z\leqslant X-Y\leqslant z\}$ 的概率为图 3.4.2 中阴影部分面积与正方形区域 G 的面积之比，即当 $0\leqslant z<1$ 时，$F_Z(z)=1-(1-z)^2=2z-z^2$.

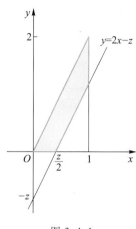 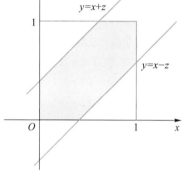

图 3.4.1   图 3.4.2

因此，随机变量 Z 的概率密度函数为

$$f_Z(z)=\begin{cases}2-2z, & 0<z<1,\\ 0, & \text{其他}.\end{cases}$$

例 3.4.5 向坐标为 $(0,0)$ 的目标射击，已知弹落点 $(X,Y)\sim N(0,0,1^2,1^2,0)$，求弹落点距离目标的距离 $Z=\sqrt{X^2+Y^2}$ 的概率密度函数.

解 由题意 (X,Y) 的联合概率密度为

$$f(x,y)=\frac{1}{2\pi}\mathrm{e}^{-\frac{x^2+y^2}{2}}\quad(-\infty<x<+\infty,-\infty<y<+\infty).$$

应用分布函数法，$Z=\sqrt{X^2+Y^2}$ 的分布函数

$$F_Z(z)=P(Z\leqslant z)=P(\sqrt{X^2+Y^2}\leqslant z).$$

当 $z\leqslant 0$ 时，显然 $F_Z(z)=0$；当 $z>0$ 时，

$$\begin{aligned}F_Z(z)&=\iint\limits_{x^2+y^2\leqslant z^2}\frac{1}{2\pi}\mathrm{e}^{-\frac{x^2+y^2}{2}}\mathrm{d}x\mathrm{d}y\\ &=\frac{1}{2\pi}\int_0^{2\pi}\int_0^z\mathrm{e}^{-\frac{r^2}{2}}r\mathrm{d}r\mathrm{d}\theta\quad(\text{令 }x=r\cos\theta,y=r\sin\theta)\\ &=\int_0^z r\mathrm{e}^{-\frac{r^2}{2}}\mathrm{d}r.\end{aligned}$$

于是得到 Z 的概率密度为

$$f_Z(z) = \begin{cases} z\mathrm{e}^{-\frac{z^2}{2}}, & z > 0, \\ 0, & \text{其他.} \end{cases}$$

下面我们对两种常见的函数分布问题进行深入讨论.

1. 极值的分布

定理 3.4.1 设随机变量 X 与 Y 相互独立,其分布函数分别为 $F_X(x)$,$F_Y(y)$,则极值 $M = \max\{X, Y\}$ 和 $N = \min\{X, Y\}$ 的分布函数分别为

$$F_M(x) = F_X(x)F_Y(x), \tag{3.4.4}$$

$$F_N(x) = 1 - [1 - F_X(x)][1 - F_Y(x)]. \tag{3.4.5}$$

证 (1) 由分布函数的定义有

$$F_M(x) = P(M \leqslant x) = P(\max(X, Y) \leqslant x).$$

事件 $\{\max\{X, Y\} \leqslant x\}$ 等价于 $\{X \leqslant x, Y \leqslant x\}$,且 X, Y 相互独立,则有

$$F_M(x) = P(X \leqslant x, Y \leqslant x) = P(X \leqslant x)P(Y \leqslant x) = F_X(x)F_Y(x).$$

(2) $F_N(x) = P(N \leqslant x) = P(\min(X, Y) \leqslant x) = 1 - P(\min(X, Y) > x).$

其中 $\{\min\{X, Y\} > x\}$ 等价于 $\{X > x, Y > x\}$,且 X, Y 相互独立,则有

$$F_N(x) = 1 - P(X > x, Y > x) = 1 - P(X > x)P(Y > x)$$
$$= 1 - [1 - F_X(x)][1 - F_Y(x)].$$

综合(1),(2),定理得证.

一般地,若随机变量 $X_1, X_2, \cdots, X_n$ 相互独立,且分布函数分别为 $F_1(x), F_2(x), \cdots, F_n(x)$,类似定理 3.4.1 的证明可得 $M = \max\{X_1, X_2, \cdots, X_n\}$,$N = \min\{X_1, X_2, \cdots, X_n\}$ 的分布函数分别为

$$F_M(x) = F_1(x)F_2(x)\cdots F_n(x), \tag{3.4.6}$$

$$F_N(x) = 1 - (1 - F_1(x))(1 - F_2(x))\cdots(1 - F_n(x)). \tag{3.4.7}$$

特别地,若随机变量 $X_1, X_2, \cdots, X_n$ 独立同分布,且分布函数均为 $F(x)$,概率密度函数为 $f(x)$,则 $M = \max\{X_1, X_2, \cdots, X_n\}$,$N = \min\{X_1, X_2, \cdots, X_n\}$ 的分布函数可简化为

$$F_M(x) = F^n(x), \tag{3.4.8}$$

$$F_N(x) = 1 - [1 - F(x)]^n. \tag{3.4.9}$$

相应地,概率密度函数分别为

$$f_M(x) = nF^{n-1}(x)f(x), \tag{3.4.10}$$

$$f_N(x) = n[1 - F(x)]^{n-1}f(x). \tag{3.4.11}$$

例 3.4.6 某元件由两个相互独立的元件 A_1, A_2 连接而成,其连接方式分别为:(1) 并联;(2) 串联. 如图 3.4.3 所示,设 A_1, A_2 的寿命 X, Y 分别服从参数为 $\alpha > 0$,$\beta > 0$ 的指数分布,试分别在上述两种连接方式下求出系统寿命的概率密度函数.

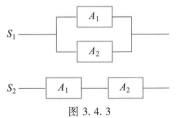

图 3.4.3

解 由题意 X, Y 的概率密度分别为

$$f_X(x) = \begin{cases} \alpha\mathrm{e}^{-\alpha x}, & x > 0, \\ 0, & x \leqslant 0, \end{cases} \qquad f_Y(y) = \begin{cases} \beta\mathrm{e}^{-\beta y}, & y > 0, \\ 0, & y \leqslant 0, \end{cases}$$

易得它们的分布函数分别为

$$F_X(x) = \begin{cases} 1-\mathrm{e}^{-\alpha x}, & x>0, \\ 0, & x \leqslant 0. \end{cases} \qquad F_Y(y) = \begin{cases} 1-\mathrm{e}^{-\beta y}, & y>0, \\ 0, & y \leqslant 0. \end{cases}$$

（1）并联时，系统 S_1 的寿命 $M = \max\{X, Y\}$，由（3.4.4）式得 M 的分布函数为

$$F_M(x) = F_X(x) F_Y(x) = \begin{cases} (1-\mathrm{e}^{-\alpha x})(1-\mathrm{e}^{-\beta x}), & x>0, \\ 0, & x \leqslant 0, \end{cases}$$

则 M 的概率密度为

$$f_M(x) = F_M'(x) = \begin{cases} \alpha\mathrm{e}^{-\alpha x} + \beta\mathrm{e}^{-\beta x} - (\alpha+\beta)\mathrm{e}^{-(\alpha+\beta)x}, & x>0, \\ 0, & x \leqslant 0. \end{cases}$$

（2）系统 S_2 的寿命 $N = \min\{X, Y\}$，由（3.4.5）式得 N 的分布函数为

$$\begin{aligned} F_N(x) &= 1 - [1-F_X(x)][1-F_Y(x)] \\ &= \begin{cases} 1 - [1-(1-\mathrm{e}^{-\alpha x})][1-(1-\mathrm{e}^{-\beta x})], & x>0, \\ 0, & x \leqslant 0 \end{cases} \\ &= \begin{cases} 1 - \mathrm{e}^{-(\alpha+\beta)x}, & x>0, \\ 0, & x \leqslant 0, \end{cases} \end{aligned}$$

则 N 的概率密度为

$$f_N(x) = F_N'(x) = \begin{cases} (\alpha+\beta)\mathrm{e}^{-(\alpha+\beta)x}, & x>0, \\ 0, & x \leqslant 0, \end{cases}$$

值得注意的是 $N = \min\{X, Y\} \sim E(\alpha+\beta)$.

2. $X+Y$ 的分布

定理 3.4.2 设连续型随机变量 (X, Y) 的联合概率密度为 $f(x, y)$，则 $Z = X+Y$ 的概率密度为

$$f_Z(z) = \int_{-\infty}^{+\infty} f(x, z-x)\,\mathrm{d}x, \tag{3.4.12}$$

或

$$f_Z(z) = \int_{-\infty}^{+\infty} f(z-y, y)\,\mathrm{d}y. \tag{3.4.13}$$

证 随机变量 $Z = X+Y$ 的分布函数为

$$\begin{aligned} F_Z(z) &= P(Z \leqslant z) = P(X+Y \leqslant z) \\ &= \iint\limits_{x+y \leqslant z} f(x, y)\,\mathrm{d}x\mathrm{d}y = \int_{-\infty}^{+\infty} \mathrm{d}x \int_{-\infty}^{z-x} f(x, y)\,\mathrm{d}y. \end{aligned}$$

其中积分区域参见图 3.4.4 中的阴影部分. 在积分 $\int_{-\infty}^{z-x} f(x, y)\,\mathrm{d}y$ 中，令 $y = t-x$，有

$$\begin{aligned} F_Z(z) &= \int_{-\infty}^{+\infty} \mathrm{d}x \int_{-\infty}^{z} f(x, t-x)\,\mathrm{d}t \\ &= \int_{-\infty}^{z} \left[\int_{-\infty}^{+\infty} f(x, t-x)\,\mathrm{d}x \right] \mathrm{d}t, \end{aligned}$$

从而得到 Z 的概率密度函数为

$$f_Z(z) = F_Z'(z) = \int_{-\infty}^{+\infty} f(x, z-x)\,\mathrm{d}x.$$

若令 $z-x = y$，则上式可化为

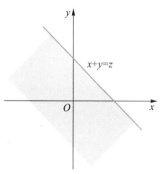

图 3.4.4

$$f_Z(z) = \int_{-\infty}^{+\infty} f(z-y, y)\, \mathrm{d}y.$$

定理得证.

特别地,当 X 和 Y 相互独立时,设 X 和 Y 的边缘概率密度分别为 $f_X(x)$, $f_Y(y)$,由于 $f(x,y)=f_X(x)f_Y(y)$,所以 $Z=X+Y$ 的概率密度为

$$f_Z(z) = \int_{-\infty}^{+\infty} f_X(x) f_Y(z-x)\, \mathrm{d}x, \tag{3.4.14}$$

或

$$f_Z(z) = \int_{-\infty}^{+\infty} f_X(z-y) f_Y(y)\, \mathrm{d}y. \tag{3.4.15}$$

(3.4.14)式或(3.4.15)式通常也被称为连续型卷积公式.

例 3.4.7 设 (X,Y) 的联合概率密度如下:

$$f(x,y) = \begin{cases} 2-x-y, & 0<x<1, 0<y<1, \\ 0 & \text{其他}. \end{cases}$$

求 $Z=X+Y$ 的概率密度函数.

解 由于 (X,Y) 的联合概率密度函数 $f(x,y)$ 只在区域 $G=\{(x,y)\mid 0<x<1, 0<y<1\}$ 内为非零值,则应用 (3.4.12) 式求解 Z 的概率密度函数 $f_Z(z) = \int_{-\infty}^{+\infty} f(x,z-x)\,\mathrm{d}x$ 时,欲使被积函数 $f(x,z-x) \neq 0$,积分变量 x 必须满足如下不等式:

$$\begin{cases} 0<x<1, \\ 0<z-x<1, \end{cases}$$

即

$$\begin{cases} 0<x<1, \\ z-1<x<z, \end{cases} \tag{3.4.16}$$

此时 $f(x,z-x) = 2-x-(z-x) = 2-z$. 其中(3.4.16)式对应图 3.4.5 中的阴影部分.

下面讨论 z 不同取值时 $f_Z(z)$ 的情况.

(1) 当 $z \le 0$ 或 $z \ge 2$ 时,(3.4.7)式中 $\{x \mid 0<x<1\}$ 和 $\{x \mid z-1<x<z\}$ 的交集为空集,此时 $f_Z(z)=0$;

(2) 当 $0<z \le 1$ 时,$\{x \mid 0<x<1\} \cap \{x \mid z-1<x<z\} = \{x \mid 0<x<z\}$,此时

$$f_Z(z) = \int_{-\infty}^{+\infty} f(x,z-x)\, \mathrm{d}x = \int_0^z (2-z)\, \mathrm{d}y = 2z-z^2.$$

(3) 当 $1<z<2$ 时,$\{x \mid 0<x<1\} \cap \{x \mid z-1<x<z\} = \{x \mid z-1<x<1\}$,此时

$$f_Z(z) = \int_{-\infty}^{+\infty} f(x,z-x)\, \mathrm{d}x = \int_{z-1}^1 (2-z)\, \mathrm{d}y = (2-z)^2.$$

综上,$Z=X+Y$ 的概率密度为

$$f_Z(z) = \begin{cases} 2z-z^2, & 0<z \le 1, \\ (2-z)^2, & 1<z<2, \\ 0, & \text{其他}. \end{cases}$$

由例 3.4.7 可知,若 (X,Y) 的联合密度函数 $f(x,y)$ 是分段函数形式,则将定理 3.4.2 中的公式(3.4.12)代入 $f(x,z-x)$ 的非零表达式时,需注意积分范围会发生变化,所以要根据 z

不同取值时积分范围的情况来讨论计算 $Z=X+Y$ 的概率密度 $f_Z(z)$.

另外,例 3.4.7 还可直接应用分布函数法来计算,但由于计算分布函数时涉及二重积分的计算,运算量较大,这里不再重复. 相反,应用定理 3.4.2 或连续型卷积公式计算 $Z=X+Y$ 的概率密度函数时只涉及一重积分的计算,运算量通常较小.

例 **3.4.8** 设 $X\sim N(0,1^2)$,$Y\sim N(0,1^2)$,且 X 和 Y 相互独立,求 $Z=X+Y$ 的分布.

解 X 和 Y 的边缘概率密度分别为

$$f_X(x)=\frac{1}{\sqrt{2\pi}}\mathrm{e}^{-\frac{x^2}{2}},\ -\infty<x<+\infty,\quad f_Y(y)=\frac{1}{\sqrt{2\pi}}\mathrm{e}^{-\frac{y^2}{2}},\ -\infty<y<+\infty,$$

由(3.4.14)式,$Z=X+Y$ 的概率密度为

$$\begin{aligned}
f_Z(z)&=\int_{-\infty}^{+\infty}f_X(x)f_Y(z-x)\,\mathrm{d}x\\
&=\int_{-\infty}^{+\infty}\frac{1}{\sqrt{2\pi}}\mathrm{e}^{-\frac{x^2}{2}}\frac{1}{\sqrt{2\pi}}\mathrm{e}^{-\frac{(z-x)^2}{2}}\,\mathrm{d}x\\
&=\frac{1}{2\pi}\int_{-\infty}^{+\infty}\mathrm{e}^{-\left(x^2-zx+\frac{z^2}{2}\right)}\,\mathrm{d}x\\
&=\frac{\mathrm{e}^{-\frac{z^2}{4}}}{2\pi}\int_{-\infty}^{+\infty}\mathrm{e}^{-\left(x-\frac{z}{2}\right)^2}\,\mathrm{d}x.
\end{aligned}$$

令 $x-\dfrac{z}{2}=t$ 得

$$f_Z(z)=\frac{\mathrm{e}^{-\frac{z^2}{4}}}{2\pi}\int_{-\infty}^{+\infty}\mathrm{e}^{-t^2}\,\mathrm{d}t=\frac{\mathrm{e}^{-\frac{z^2}{4}}}{2\pi}\sqrt{\pi}=\frac{1}{2\sqrt{\pi}}\mathrm{e}^{-\frac{z^2}{4}}.$$

可见 $Z=X+Y$ 服从 $N(0,2)$ 的正态分布.

一般地,若 X 和 Y 相互独立,$X\sim N(\mu_1,\sigma_1^2)$,$Y\sim N(\mu_2,\sigma_2^2)$,由卷积公式(3.4.14)或(3.4.15)式可证明 $Z=X+Y$ 仍服从正态分布,且 $Z\sim N(\mu_1+\mu_2,\sigma_1^2+\sigma_2^2)$. 从这个意义上说,正态分布具有可加性. 另外我们知道,对任意非零实数 a,b,有 $aX\sim N(a\mu_1,a^2\sigma_1^2)$,$bY\sim N(b\mu_2,b^2\sigma_2^2)$,因此

$$aX+bY\sim N(a\mu_1+b\mu_2,a^2\sigma_1^2+b^2\sigma_2^2).\tag{3.4.17}$$

也就是说,服从正态分布的独立随机变量的线性组合仍服从正态分布.

在本章中,我们看到了正态分布的许多性质. 事实上,正态分布是实际生活中一种普遍存在的分布,也是概率统计学科上研究最多的一种分布. 现将前面已经证明的有关二维正态分布的一些性质及其他一些相关的重要性质总结如下,若 $(X,Y)\sim N(\mu_1,\mu_2,\sigma_1^2,\sigma_2^2,\rho)$,则

(1)边缘分布是正态分布,即
$$X\sim N(\mu_1,\sigma_1^2),\quad Y\sim N(\mu_2,\sigma_2^2).$$

(2)条件分布是正态分布,即

$$Y\mid X=x\sim N\left(\mu_2+\rho\frac{\sigma_2}{\sigma_1}(x-\mu_1),\sigma_2^2(1-\rho^2)\right),$$

$$X\mid Y=y\sim N\left(\mu_1+\rho\frac{\sigma_1}{\sigma_2}(y-\mu_2),\sigma_1^2(1-\rho^2)\right).$$

3.4.1 离散连续混合型函数的分布

（3）线性组合是正态分布，即若 $ab \neq 0$，有
$$aX+bY \sim N(a\mu_1+b\mu_2, a^2\sigma_1^2+b^2\sigma_2^2+2\rho ab\sigma_1\sigma_2).$$

（4）线性变换是正态分布，即 $U = aX+bY$，$V = cX+dY$，其中 a，b 不同时为零，c，d 不同时为零，且 $ad-bc \neq 0$，则 (U, V) 服从二维正态分布.

3.4.2 多维随机变量简述

 内容小结

本章讨论了多维随机变量及其分布，主要讨论二维随机变量及其分布.

本章概念网络图：

$$\begin{cases} \text{二维随机变量与分布} \begin{cases} \text{二维随机变量} \\ \text{联合分布函数与性质} \\ \text{边缘分布函数与独立性} \end{cases} \\ \text{二维离散型随机变量} \begin{cases} \text{联合分布律} \\ \text{边缘分布律与独立性} \\ \text{条件分布律} \end{cases} \\ \text{二维连续型随机变量} \begin{cases} \text{联合概率密度函数} \\ \text{边缘概率密度与独立性} \\ \text{条件概率密度} \end{cases} \\ \text{随机变量函数的分布} \begin{cases} \text{离散型的列举法} \\ \text{连续型的分布函数法：最大\textbackslash 最小\textbackslash 和} \end{cases} \end{cases}$$

本章的基本要求：

1. 了解多维随机变量的概念，理解二维随机变量的联合分布函数的概念及性质.

2. 理解二维离散型随机变量的联合分布律、边缘分布和条件分布.

3. 掌握二维连续型随机变量的联合概率密度、边缘概率密度和条件概率密度函数；掌握二维均匀分布、二维正态分布的定义及其基本性质.

4. 理解随机变量的独立性概念，掌握判断随机变量相互独立的方法.

5. 掌握二维随机变量函数的分布的求解方法，会求两个独立随机变量简单函数的概率分布.

 **习题三**

第一部分　基　本　题

一、选择题

1. 设两个随机变量 X 和 Y 独立同分布，$P(X=-1) = \dfrac{1}{3}$，$P(X=1) = \dfrac{2}{3}$，则下列各式成立的是（　　　）.

A. $P(X=Y) = 1$

B. $P(XY=1) = \dfrac{4}{9}$

C. $P(X=Y) = \dfrac{5}{9}$

D. $P(X+Y=0) = \dfrac{2}{9}$

2. 若随机变量 (X,Y) 的联合概率密度 $f(x,y)=\begin{cases} cx, & 0<x<2,0<y<2, \\ 0, & 其他, \end{cases}$ 则 c 为( ).

A. 0.25   B. 1   C. 2   D. 4

3. 设随机变量 X 与 Y 相互独立,且分别服从参数为 1 与参数为 2 的指数分布,则 $P(X>Y)=($).

A. $\dfrac{1}{3}$ B. $\dfrac{1}{2}$ C. $\dfrac{2}{3}$ D. $\dfrac{3}{4}$

4. 在 $[0,1]$ 区间上任取两点,则两点之和大于 1.5 的概率为( ).

A. 0.125   B. 0.25   C. 0.5   D. 0.875

5. 设随机变量 X,Y 独立同分布,且 X 的分布函数为 $F(x)$,则 $Z=\min\{X,Y\}$ 的分布函数为( ).

A. $F^2(x)$ B. $F(x)F(y)$

C. $[1-F(x)][1-F(y)]$ D. $1-[1-F(x)]^2$

6. 已知 $X\sim U(-5,5)$,$Y=X^2$,令 $F(x,y)$ 为二维随机变量 (X,Y) 的联合分布函数,则 $F(1,4)=($).

A. 0.2   B. 0.3   C. 0.4   D. 0.5

二、填空题

1. 已知随机变量 (X,Y) 的概率分布为

X	Y	
	1	0
1	0.3	0.1
0	a	b

当 $a=$ _____,$b=$ _____ 时,X,Y 相互独立.

2. 设随机变量 X 和 Y 相互独立,分布列分别为

X	-1	0	1
P	0.2	0.5	0.3

Y	0	1
P	0.6	0.4

则 $P(X^2=Y^2)=$ ____.

3. 随机变量 X 与 Y 都服从正态分布 $N(0,1)$,且 $P(X<0,Y<0)=\dfrac{1}{3}$,则 $P(X<0,Y>0)=$ ____.

4. 设二维随机变量 (X,Y) 的概率密度为

$$f(x,y)=\begin{cases} 6x, & 0<x<y<1, \\ 0, & 其他, \end{cases}$$

则 $P(X+Y>1)=$ ____.

5. 设二维随机变量 (X,Y) 的联合分布函数为

$$F(x,y)=\begin{cases} (1-e^{-3x})(1-e^{-4y}), & x>0,y>0, \\ 0, & 其他, \end{cases}$$

则当 $x>0$ 时,(X,Y) 关于 X 的边缘概率密度为____.

6. 设 G 为由抛物线 $y=x^2$ 和直线 $y=x$ 所围成的区域,随机变量 (X,Y) 服从区域 G 上的均匀分布,则 (X,Y) 的联合概率密度函数 $f(x,y)=$ ____.

三、计算题

1. 某厂的一批产品通常分为三个等级:一等品、二等品和三等品,若已知每个产品为一等品、二等品和三等品的概率分布为 0.5、0.3 和 0.2,现从这批产品中取出 3 件产品,以 X、Y 分别表示这 3 件产品中一等

品、二等品的件数.求(X,Y)的联合分布律及当已知$X=1$的条件下Y的条件分布列.

2. 已知甲和乙两人独立进行射击,且各自命中目标的概率均为 0.8,令

$$X=\begin{cases}1, & \text{甲和乙都命中目标,}\\ 0, & \text{甲和乙不都命中目标,}\end{cases} \qquad Y=\begin{cases}1, & \text{甲和乙中至少一人命中目标,}\\ 0, & \text{甲和乙都不命中目标,}\end{cases}$$

求(X,Y)的联合分布,并判断 X 与 Y 是否相互独立.

3. 二维随机变量(X,Y)的联合分布律为

$$P(X=i,Y=j)=p^2(1-p)^{j-2}, \quad i=1,2,\cdots; \ j=i+1,i+2,\cdots$$

其中 $0<p<1$,求关于 X,Y 的边缘分布律.

4. 已知随机变量 X 与 Y 的分布律为

X	-1	0	1
P	1/4	1/2	1/4

Y	0	1
P	1/2	1/2

而且 $P(XY=0)=1$. 求:

(1) 求(X,Y)的联合概率分布列;(2) X 与 Y 是否相互独立.

5. 设二维随机变量(X,Y)的分布函数

$$F(x,y)=A\left(B+\arctan\frac{x}{2}\right)\left(C+\arctan\frac{y}{3}\right),$$

求:(1) A,B,C 的值;(2) $f(x,y)$.

6. 设(X,Y)的联合分布密度为

$$f(x,y)=\begin{cases}Aye^{-x}, & x>0,0<y<1,\\ 0, & \text{其他.}\end{cases}$$

求:(1) 常数 A;

(2) $P(X<1)$;

(3) (X,Y)的联合分布函数.

7. 设二维随机变量(X,Y)的联合概率密度为

$$f(x,y)=\begin{cases}4xy, & 0<x<1,0<y<1,\\ 0, & \text{其他.}\end{cases}$$

求:(1) $P(X<0.5,Y<0.5)$;

(2) $P\left(XY<\frac{1}{4}\right)$;

(3)(X,Y)的联合分布函数.

8. 设 G 为由 y 轴,直线 $y=2$ 和直线 $y=x$ 所围成的区域,随机变量(X,Y)服从区域 G 上的均匀分布.求:

(1) 关于 X,Y 的边缘分布密度;

(2) 求已知 $X=x(0<x<2)$的条件下,Y 的条件概率密度.

9. 设二维随机变量(X,Y)的联合概率密度为

$$f(x,y)=\begin{cases}xe^{-x(y+1)}, & x>0,y>0,\\ 0, & \text{其他.}\end{cases}$$

求已知 $X=x(x>0)$的条件下,Y 的条件概率密度.

10. 设随机变量(X,Y)的联合概率密度为

$$f(x,y)=\begin{cases}cy(1-x), & 0<x<1,0<y<x,\\ 0, & \text{其他.}\end{cases}$$

(1) 求出参数 c;

（2）求关于 X,Y 的边缘分布密度,并判断 X 和 Y 是否相互独立?

11. 设随机变量 (X,Y) 的联合概率密度为

$$f(x,y)=\begin{cases}\dfrac{x+y}{8}, & 0<x<2,0<y<2,\\[2mm]0, & \text{其他}.\end{cases}$$

（1）求 $P(X+Y<2)$;

（2）问 X 和 Y 是否相互独立?

12. 设随机变量 X 与 Y 相互独立,且分布列如下:

X	-1	0	1
P	0.3	0.4	0.3

Y	-1	1
P	0.6	0.4

分别求 $Z_1=X+Y,Z_2=XY$ 的分布律.

13. 设随机变量 X 与 Y 相互独立,且 X 与 Y 的分布律相同,$P(X=0)=P(X=1)=\dfrac{1}{2}$,令 $U=\max\{X,Y\}$,$V=\min\{X,Y\}$,求 (U,V) 的联合分布列,并判断 U,V 是否相互独立.

14. 设随机变量 X 与 Y 独立同分布,且 $P(X=1)=p,P(X=0)=1-p$. 又令

$$Z=\begin{cases}1, & X+Y=1,\\0, & X+Y\neq1.\end{cases}$$

求 p 为何值时,X 与 Z 相互独立.

15. 向半径为 R 的圆形靶射击,设击中点 (X,Y) 在靶上服从均匀分布,求击中点距离靶心的距离 $Z=\sqrt{X^2+Y^2}$ 的概率密度.

16. 已知随机变量 X 与 Y 相互独立,均服从 $(0,1)$ 区间内的均匀分布. 分别求下列函数的概率密度.

（1）$Z_1=\max\{X,Y\}$;（2）$Z_2=\min\{X,Y\}$;（3）$Z_3=|X-Y|$.

17. 已知随机变量 X 与 Y 相互独立,且均服从参数为 1 的指数分布,求 $Z=X+Y$ 的概率密度.

18. 设二维随机变量 (X,Y) 的联合概率密度为

$$f(x,y)=\begin{cases}3x, & 0<x<1,0<y<x,\\0, & \text{其他},\end{cases}$$

求 $Z=X-Y$ 的概率密度.

第二部分 提 高 题

1. 甲、乙两名篮球队员独立地轮流投篮,直到某人投中篮筐为止. 现让甲先投,且甲、乙每次投中的概率分别为 $p_1,p_2(0<p_1,p_2<1)$,设 X,Y 分别表示甲、乙投篮的次数.

（1）求 (X,Y) 的联合分布律;

（2）求关于 X,Y 的边缘分布律.

2. 设二维随机变量 (X,Y) 的概率密度为 $f(x,y)=\begin{cases}e^{-y}, & 0<x<y,\\0, & \text{其他}.\end{cases}$

（1）求当 $Y=y(y>0)$ 时 X 的条件概率密度;

（2）计算概率 $P\left(0<X<\dfrac{1}{2}\mid Y<1\right)$,$P(X>2\mid Y=4)$.

3. 已知随机变量 X 与 Y 相互独立,其中 $X\sim U(0,1),Y\sim E(1)$,求 $Z=X+Y$ 的概率密度函数.

4. 设随机变量 $X_1,X_2,\cdots,X_n$ 相互独立,且均服从区间 $(0,\theta)(\theta>0)$ 内的均匀分布,求 $Z=\max\{X_1,X_2,\cdots,X_n\}$ 的概率密度函数.

5. 随机变量 X,Y 相互独立,$X \sim U(0,1)$,Y 的概率分布为 $P(Y=0)=P(Y=1)=\dfrac{1}{2}$,分别求随机变量 $Z_1=XY$,$Z_2=X+Y$ 的分布函数,若是连续型随机变量,则求相应的概率密度函数.

第三部分 近年考研真题

一、选择题

1. (2019)设随机变量 X 与 Y 相互独立,且都服从正态分布 $N(\mu,\sigma^2)$,则 $P\{|X-Y|<1\}$ ( ).

A. 与 μ 无关,与 σ^2 有关   B. 与 μ 有关,与 σ^2 无关

C. 与 μ,σ^2 都有关   D. 与 μ,σ^2 都无关

二、填空题

1. (2023)设随机变量 X,Y 相互独立,且 $X \sim B\left(1,\dfrac{1}{3}\right)$,$Y \sim B\left(2,\dfrac{1}{2}\right)$,则 $P(X=Y)=$ _____.

三、解答题

1. (2020)设随机变量 X_1,X_2,X_3 相互独立,其中 X_1,X_2 均服从标准正态分布,X_3 的概率分布为 $P(X_3=0)=P(X_3=1)=\dfrac{1}{2}$,$Y=X_3X_1+(1-X_3)X_2$.

(1)求二维随机变量 (X_1,Y) 的分布函数,结果用标准正态分布 $\varPhi(x)$ 表示;

(2)证明随机变量 Y 服从标准正态分布.

第四章

随机变量的数字特征 ————————○

前面我们介绍了随机变量及其分布,如果知道了随机变量的分布,就能完整地描述随机变量分布的规律性.但是,在实际问题中,要完全知道一个随机变量的分布是不容易的,即使知道随机变量的分布,也不一定直观地理解其分布的规律性;另一方面,在某些实际问题中,并不需要完全知道随机变量的分布规律性,而只需知道随机变量的某些特征,就能直观理解随机变量的分布规律,这就是我们要介绍的随机变量数字特征.

§4.1 数 学 期 望

通俗地讲,数学期望就是随机变量的平均取值,或随机变量取值的整体平均数.因此,数学期望又称为均值,由于随机变量的分布能够整体反映随机变量取值的概率规律,所以根据分布就可求出数学期望.

4.1.1 数学期望
的由来

一、数学期望的定义

我们先用一个实例来说明数学期望这个数字特征的定义.

例 4.1.1 某班有 100 名学生,其期末成绩(5 分制)中有 30 人是 5 分,50 人是 4 分,20 人是 3 分.问该班的平均成绩是多少?现从该班学生中任选一名学生,记其期末成绩为 X,则 X 为随机变量,请问随机变量 X 的数学期望(均值)是什么?

解 本题包含 2 个问题:

(1)如何理解随机变量的数学期望?

(2)如何计算数学期望(如何通过随机变量的分布计算数学期望)?

先考虑随机变量 X 的分布,显然 X 是离散型随机变量,依题意,X 的分布律如表 4.1.1 所示.

表 4.1.1　X 的分布律

X	3	4	5
P	$\dfrac{1}{5}$	$\dfrac{1}{2}$	$\dfrac{3}{10}$

对于第 1 个问题,从直观上解释,数学期望就是随机变量取值的整体平均数,本例中 X 的取值就是 100 名学生的期末成绩,所以其数学期望就是这 100 名学生期末成绩的整体平均数;对于第 2 个问题,数学期望就是这 100 名学生期末成绩的整体平均数,即数学期望为

$$\frac{3+\cdots+3+4+\cdots+4+5+\cdots+5}{100}=4.1,$$

但如果不知道 100 名学生的期末成绩,仅知道随机变量的分布律为表 4.1.1,那么数学期望就不能用上述方法计算,我们能否根据随机变量的分布来计算数学期望呢?

先把上述计算数学期望的式子写成

$$\frac{3\times20+4\times50+5\times30}{100}=4.1,$$

或

$$3\times\frac{1}{5}+4\times\frac{1}{2}+5\times\frac{3}{10}=4.1,$$

从上式看,数学期望就是随机变量 X 的取值与相应概率乘积之和. 随机变量的数学期望等同于整体平均数,并由其概率分布唯一决定. 由此可得出离散型随机变量的数学期望的定义.

定义 4.1.1　设离散型随机变量 X 的分布律为

$$P(X=x_k)=p_k,\quad k=1,2,\cdots,$$

若级数 $\sum_k |x_k|p_k<+\infty$(即 $\sum_k x_kp_k$ 绝对收敛),则称级数 $\sum_k x_kp_k$ 的和为离散型随机变量 X 的数学期望,记为 $E(X)$ 或 EX,即

$$E(X)=\sum_k x_kp_k. \tag{4.1.1}$$

定义 4.1.1 中要求 $\sum_k |x_k|p_k<+\infty$,其意义是对于无穷级数,在计算数学期望时可以任意调换 $\sum_k x_kp_k$ 中各项的次序而不改变 $\sum_k x_kp_k$ 的敛散性和级数和.

定义 4.1.2　设连续型随机变量 X 的概率密度为 $f(x)$,若积分 $\int_{-\infty}^{+\infty}|x|f(x)\mathrm{d}x<+\infty$(即 $\int_{-\infty}^{+\infty}xf(x)\mathrm{d}x$ 绝对收敛),则称积分 $\int_{-\infty}^{+\infty}xf(x)\mathrm{d}x$ 的值为连续型随机变量 X 的数学期望,记为 $E(X)$ 或 EX,即

$$E(X)=\int_{-\infty}^{+\infty}xf(x)\mathrm{d}x=\int_{-\infty}^{+\infty}x\mathrm{d}F(x). \tag{4.1.2}$$

定义 4.1.2 中要求 $\int_{-\infty}^{+\infty}|x|f(x)\mathrm{d}x<+\infty$ 的原因同离散时一样.

例 4.1.2　某个赌局的规则是:你随机掷出 3 颗骰子,当出现 1 个 6 点时,庄家赔你 1 倍赌注;当出现 2 个 6 点时,庄家赔你 2 倍赌注;当你掷出 3 个 6 点时,庄家赔你 10 倍赌注,否则输掉你的赌注. 如果你下注 100 元,那么你和庄家在每局中的平均获利是多少元? 从中能

得到什么启发?

　　解　设 X 表示你在一局中的获利,令 $M=100$ 元,则 X 的分布列如表 4.1.2 所示:

表 4.1.2　X 的分布列

X	$-M$	M	$2M$	$10M$
P	$\dfrac{5^3}{6^3}$	$\dfrac{C_3^1 5^2}{6^3}$	$\dfrac{C_3^2 5}{6^3}$	$\dfrac{1}{6^3}$

从而

$$E(X) = -M\times\frac{125}{216}+M\times\frac{75}{216}+2M\times\frac{15}{216}+10M\frac{1}{216}=-\frac{10}{216}M=-4.63.$$

即你在每局中平均获利为 -4.63 元. 显然庄家每局的平均获利为 4.63 元. 由此可知,虽然你掷出 3 个 6 点能获得 10 倍赌注,看似高额回报,但此概率极低. 因而导致长期的期望负回报,而庄家盈利也正是基于长期的期望正回报. 因此赌博是一项长期期望为负回报的投机活动,从理性层面应坚决拒绝参与.

　　例 4.1.3(投资决策问题)　假设某人进行为期一年的投资,有两种投资方案可供选择:基金投资和股票投资. 若经济形势良好,则基金投资的收益率为 15%,股票投资的收益率为 25%;若经济形势一般,则基金投资的收益率为 8%,股票投资的收益率为 10%;若经济形势不好,则基金投资会亏损 10%,而股票投资会亏损 20%. 预估上述三种经济形势发生的概率分别为 0.25,0.55,0.2,问依据期望收益率最大化原则应该选择何种投资方案?

　　解　设事件 B 表示经济形势,X_1,X_2 分别表示基金投资和股票的收益率,构造表 4.1.3,并且

$$E(X_1) = 0.15\times0.25+0.08\times0.55-0.10\times0.2 = 0.061\,5,$$
$$E(X_2) = 0.25\times0.25+0.10\times0.55-0.20\times0.2 = 0.077\,5.$$

因为 $E(X_2)>E(X_1)$,说明股票投资的平均收益高于基金投资,所以应选择股票投资. 上述的平均收益率是投资领域最基本的考察和评价指标之一.

表 4.1.3　不同经济形势下的收益率

经济形势	良好	一般	不好
P	0.25	0.55	0.20
基金收益 X_1	0.15	0.08	-0.10
股票收益 X_2	0.25	0.10	-0.20

　　例 4.1.4　设随机变量 X 服从参数为 λ 的泊松分布,求 X 的数学期望 $E(X)$.

　　解　X 的分布律为 $P(X=k)=\mathrm{e}^{-\lambda}\dfrac{\lambda^k}{k!}$, $k=0,1,2,\cdots;\lambda>0$,则

$$E(X) = \sum_{k=0}^{+\infty} k\mathrm{e}^{-\lambda}\frac{\lambda^k}{k!} = \lambda\mathrm{e}^{-\lambda}\sum_{k=1}^{+\infty}\frac{\lambda^{k-1}}{(k-1)!} = \lambda\mathrm{e}^{-\lambda}\sum_{k=0}^{+\infty}\frac{\lambda^k}{k!} = \lambda\mathrm{e}^{-\lambda}\mathrm{e}^{\lambda} = \lambda.$$

　　例 4.1.5　某人连续独立地投掷篮球,直到投中三分球为止. 设每次投中三分球的概率均为 p,求平均投篮次数.

解　设 X 表示直到投中三分球为止所需的投掷次数,则 $X \sim G(p)$,其分布律为
$$P(X=k)=pq^{k-1}(q=1-p,k=1,2,\cdots),$$
所以
$$E(X)=\sum_{k=1}^{\infty}kpq^{k-1}=p\sum_{k=1}^{\infty}kq^{k-1}=p\sum_{k=1}^{\infty}(q^{k})'=p\left(\sum_{k=1}^{\infty}q^{k}\right)'$$
$$=p\left(\frac{q}{1-q}\right)'=p\frac{1}{(1-q)^{2}}=\frac{1}{p}.$$

在求离散型随机变量的数学期望时,经常用到下面几个求和公式:

(1) $\displaystyle\sum_{k=0}^{\infty}x^{k}=\frac{1}{1-x}$, $|x|<1$;　　　　(2) $\displaystyle\sum_{k=1}^{\infty}kx^{k-1}=\frac{1}{(1-x)^{2}}$, $|x|<1$;

(3) $\displaystyle\sum_{k=0}^{\infty}\frac{x^{k}}{k!}=\mathrm{e}^{x}$;　　　　　　(4) $\displaystyle\sum_{k=1}^{\infty}k^{2}x^{k-1}=\frac{1+x}{(1-x)^{3}}$, $|x|<1$;

(5) $\displaystyle\sum_{k=1}^{n}k=\frac{n(n+1)}{2}$;　　　　　(6) $\displaystyle\sum_{k=1}^{n}k^{2}=\frac{n(n+1)(2n+1)}{6}$.

例 4.1.6　已知随机变量 X 的分布律
$$P\left(X=(-1)^{k-1}\frac{2^{k}}{k}\right)=\frac{1}{2^{k}},\ k=1,2,\cdots,$$
求 X 的数学期望 $E(X)$.

解　虽然 $\displaystyle\sum_{k=1}^{+\infty}(-1)^{k-1}\frac{2^{k}}{k}\frac{1}{2^{k}}=\sum_{k=1}^{+\infty}(-1)^{k-1}\frac{1}{k}=1-\frac{1}{2}+\frac{1}{3}-\frac{1}{4}+\frac{1}{5}-\frac{1}{6}+\cdots=\ln 2$,但是

$\displaystyle\sum_{k=1}^{+\infty}|x_{k}p_{k}|=\sum_{k=1}^{+\infty}\frac{1}{k}=+\infty$,所以 X 的数学期望不存在.

将上述级数重排成 $1-\dfrac{1}{2}-\dfrac{1}{4}+\dfrac{1}{3}-\dfrac{1}{6}-\dfrac{1}{8}+\cdots$,可得结果为 $\dfrac{1}{2}\ln 2$. 显然,一个随机变量的数学期望是唯一的,所以上述随机变量的数学期望不存在.

例 4.1.7　设随机变量 X 的概率密度如下
$$f(x)=\begin{cases}1+x, & -1\leqslant x<0,\\ 1-x, & 0\leqslant x\leqslant 1,\\ 0, & \text{其他},\end{cases}$$
求 $E(X)$.

解　$\displaystyle E(X)=\int_{-\infty}^{+\infty}xf(x)\mathrm{d}x=\int_{-1}^{0}x(1+x)\mathrm{d}x+\int_{0}^{1}x(1-x)\mathrm{d}x$
$$=\left[\frac{1}{2}x^{2}+\frac{1}{3}x^{3}\right]_{-1}^{0}+\left[\frac{1}{2}x^{2}-\frac{1}{3}x^{3}\right]_{0}^{1}=0.$$

例 4.1.8　设随机变量 $X \sim N(\mu,\sigma^{2})$,求 $E(X)$.

解　随机变量 X 的概率密度为 $f(x)=\dfrac{1}{\sqrt{2\pi}\sigma}\mathrm{e}^{-\frac{(x-\mu)^{2}}{2\sigma^{2}}}$, $-\infty<x<+\infty$,则有
$$E(X)=\int_{-\infty}^{+\infty}xf(x)\mathrm{d}x=\int_{-\infty}^{+\infty}x\frac{1}{\sqrt{2\pi}\sigma}\mathrm{e}^{-\frac{(x-\mu)^{2}}{2\sigma^{2}}}\mathrm{d}x$$

$$= \frac{1}{\sqrt{2\pi}\,\sigma} \int_{-\infty}^{+\infty} (\sigma y + \mu) e^{-\frac{y^2}{2}} \sigma dy \quad \left(\diamondsuit\; y = \frac{x-\mu}{\sigma}\right)$$

$$= \frac{\sigma}{\sqrt{2\pi}} \int_{-\infty}^{+\infty} y e^{-\frac{y^2}{2}} dy + \frac{\mu}{\sqrt{2\pi}} \int_{-\infty}^{+\infty} e^{-\frac{y^2}{2}} dy$$

$$= 0 + \mu = \mu.$$

例 4.1.9 设随机变量 X 的数学期望存在,其概率密度函数为 $f(x)$,

(1) 若 $\forall x \in \mathbf{R}$,均有 $f(x) = f(-x)$,则其数学期望等于 0;

(2) 若 $\forall x \in \mathbf{R}$,$f(\mu-x) = f(\mu+x)$,则其数学期望等于 μ.

解 (1) 因为 $f(x)$ 为偶函数,令 $g(x) = xf(x)$,可知 $g(x)$ 为奇函数,则

$$E(X) = \int_{-\infty}^{+\infty} xf(x) dx = \int_{-\infty}^{+\infty} g(x) dx = 0.$$

(2) $$E(X) = \int_{-\infty}^{+\infty} xf(x) dx = \int_{-\infty}^{+\infty} (x-\mu+\mu)f(x-\mu+\mu) dx$$

$$= \int_{-\infty}^{+\infty} \mu f(x) dx + \int_{-\infty}^{+\infty} (x-\mu)f(x-\mu+\mu) dx \,(\diamondsuit\; y = x-\mu)$$

$$= \mu + \int_{-\infty}^{+\infty} yf(y+\mu) dy \quad (\diamondsuit\; g(y) = yf(y+\mu),\text{则}\; g(y)\text{为奇函数})$$

$$= \mu.$$

由此,可得出一个比较一般的结论:若随机变量 X 的数学期望存在,且密度函数(或分布律)关于 μ 对称,则该随机变量的数学期望 $E(X)$ 就等于 μ. 因此很容易推出均匀分布 $U(a, b)$ 的数学期望为 $\frac{a+b}{2}$,例 4.1.8 中正态分布 $N(\mu, \sigma^2)$ 的数学期望为 μ.

在连续型随机变量中,同样有数学期望不存在的情况,如服从标准柯西分布的随机变量. 其概率密度为 $f(x) = \dfrac{1}{\pi(1+x^2)}$, $-\infty < x < +\infty$,根据定义,容易验证它的数学期望是不存在的.

二、 随机变量函数的数学期望

在实际问题中,通常面临求随机变量函数的数学期望问题. 例如,进入某超市的人数 X 是个随机变量,而商家关心的是实际购物的人数 $g(X)$ 及消费金额 $h(X)$ 的数学期望问题. 对于此类问题,一般的提法是:已知随机变量 X 的分布,如何求随机变量 X 的函数 $Y = g(X)$ 的数学期望? 或许可以先求出随机变量 X 的函数 $Y = g(X)$ 的分布,再由数学期望的定义求出随机变量 Y 的数学期望,但这样的计算过程过于曲折复杂.

下面的定理告诉我们,可以直接利用随机变量 X 的分布来求 $Y = g(X)$ 的数学期望,而不必先算出随机变量 Y 的分布.

定理 4.1.1 设 Y 是随机变量 X 的函数,$Y = g(X)$,其中 $g(\cdot)$ 是连续函数.

(1) 若 X 是离散型随机变量,其分布律为 $P(X = x_k) = p_k(k = 1, 2, \cdots)$,且级数 $\sum_k |g(x_k)| \cdot p_k < +\infty$ (即 $\sum_k g(x_k)p_k$ 绝对收敛),则有

$$E(Y) = E[g(X)] = \sum_k g(x_k) p_k. \tag{4.1.3}$$

（2）设 X 是连续型随机变量，它的概率密度为 $f(x)$，且积分 $\int_{-\infty}^{+\infty} |g(x)| \cdot f(x)\mathrm{d}x < +\infty$（即 $\int_{-\infty}^{+\infty} g(x)f(x)\mathrm{d}x$ 绝对收敛），则有

$$E(Y) = E[g(X)] = \int_{-\infty}^{+\infty} g(x)f(x)\mathrm{d}x. \tag{4.1.4}$$

4.1.2 针对连续型随机变量的证明

例 4.1.10　设随机变量 X 的分布律如表 4.1.4 所示，求 $Y = |X|$ 的数学期望.

表 4.1.4　X 的分布律

X	-2	-1	0	1	2
P	0.15	0.2	0.3	0.15	0.2

解　$E(Y) = E(|X|) = |-2| \times 0.15 + |-1| \times 0.2 + 0 \times 0.3 + 1 \times 0.15 + 2 \times 0.2$
$\qquad = 1.05.$

例 4.1.11（库存决策问题）　每年七夕玫瑰花的销售总是很火爆，某商家据多年的历史数据分析得出，商家所在片区的玫瑰花需求量 X 服从 $U(1\,000, 1\,500)$. 每售出一支玫瑰花可盈利 2 元；若销售不出去则每支亏损 1 元. 问商家应在七夕期间储备多少支玫瑰花才能使得期望盈利达到最大？

解　设商家应储备 s 支玫瑰花，其盈利为 Y，依题意可知，Y 是随机变量 X 和储备量 s 的函数 $Y = g(X, s)$，且有

$$Y = g(X, s) = \begin{cases} 2s, & X \geqslant s, \\ 2X - (s - X) = 3X - s, & X < s. \end{cases}$$

因为 $X \sim U(1\,000, 1\,500)$，所以

$$E(Y) = E(g(X, s)) = \int_{1\,000}^{s} (3x - s)\frac{1}{500}\mathrm{d}x + \int_{s}^{1\,500} 2s\frac{1}{500}\mathrm{d}x = -\frac{3s^2}{1\,000} + 8s - 3\,000.$$

由 $\dfrac{\mathrm{d}E(Y)}{\mathrm{d}s} = -\dfrac{6s}{1\,000} + 8 = 0$ 得 $s = 1\,333.333\,3$. 考虑实际情况取 $s = 1\,333$，即商家应储备 $1\,333$ 支玫瑰花才能使期望盈利达到最大.

定理 4.1.2　设 $Z = g(X, Y)$ 是二维随机变量 (X, Y) 的函数，其中 $g(\cdot)$ 为连续函数.

（1）若 (X, Y) 是二维离散型随机变量，其联合分布律为

$$P(X = x_i, Y = y_j) = p_{ij}, \quad i, j = 1, 2, \cdots,$$

且 $\sum_i \sum_j |g(x_i, y_j)| p_{ij} < +\infty$（即 $\sum_i \sum_j g(x_i, y_j) p_{ij}$ 绝对收敛），则有

$$E(Z) = E[g(X, Y)] = \sum_i \sum_j g(x_i, y_j) p_{ij}; \tag{4.1.5}$$

（2）若 (X, Y) 是二维连续型随机变量，其联合概率密度为 $f(x, y)$，若

$\int_{-\infty}^{+\infty} \int_{-\infty}^{+\infty} |g(x, y)| f(x, y)\mathrm{d}x\mathrm{d}y < +\infty$（即 $\int_{-\infty}^{+\infty} \int_{-\infty}^{+\infty} g(x, y)f(x, y)\mathrm{d}x\mathrm{d}y$ 绝对收敛），则有

$$E(Z) = E[g(X, Y)] = \int_{-\infty}^{+\infty} \int_{-\infty}^{+\infty} g(x, y)f(x, y)\mathrm{d}x\mathrm{d}y. \tag{4.1.6}$$

证明从略.

例 4.1.12   设二维随机变量(X,Y)的联合分布列如表 4.1.5 所示,求 $E(XY+Y)$.

表 4.1.5 (X,Y)的联合分布列

(X,Y)	$(1,1)$	$(1,2)$	$(2,1)$	$(2,2)$
P	$\dfrac{1}{8}$	$\dfrac{1}{2}$	$\dfrac{1}{4}$	$\dfrac{1}{8}$

解   设 $Z=g(X,Y)=XY+Y$,则

$$E(Z)=\sum_i\sum_j g(x_i,y_j)p_{ij}=g(1,1)\times\frac{1}{8}+g(1,2)\times\frac{1}{2}+g(2,1)\times\frac{1}{4}+g(2,2)\times\frac{1}{8}$$

$$=2\times\frac{1}{8}+4\times\frac{1}{2}+3\times\frac{1}{4}+6\times\frac{1}{8}=\frac{15}{4}.$$

例 4.1.13   设随机变量 X,Y 相互独立,且均服从 $N(0,1)$,求 $E(\sqrt{X^2+Y^2})$.

解   因 X 与 Y 相互独立,且均服从 $N(0,1)$,所以(X,Y)的联合概率密度为

$$f(x,y)=\frac{1}{2\pi}\mathrm{e}^{-\frac{x^2+y^2}{2}},\quad -\infty<x,y<+\infty,$$

则

$$E(\sqrt{X^2+Y^2})=\int_{-\infty}^{+\infty}\int_{-\infty}^{+\infty}\sqrt{x^2+y^2}\,\frac{1}{2\pi}\mathrm{e}^{-\frac{x^2+y^2}{2}}\mathrm{d}x\mathrm{d}y$$

$$=\int_0^{2\pi}\mathrm{d}\theta\int_0^{+\infty}\rho\,\frac{1}{2\pi}\mathrm{e}^{-\frac{\rho^2}{2}}\rho\mathrm{d}\rho\quad(\diamondsuit\ x=\rho\cos\theta,y=\rho\sin\theta)$$

$$=2\pi\,\frac{1}{2\pi}\int_0^{+\infty}\rho^2\mathrm{e}^{-\frac{\rho^2}{2}}\mathrm{d}\rho=-\int_0^{+\infty}\rho\mathrm{d}\mathrm{e}^{-\frac{\rho^2}{2}}$$

$$=\left[-\rho\mathrm{e}^{-\frac{\rho^2}{2}}\right]_0^{+\infty}+\int_0^{+\infty}\mathrm{e}^{-\frac{\rho^2}{2}}\mathrm{d}\rho$$

$$=\frac{\sqrt{2\pi}}{2}=\sqrt{\frac{\pi}{2}}.$$

三、数学期望的性质

我们假设下面性质中所遇到的随机变量的数学期望均存在,且只对连续型随机变量的情形进行证明,离散型的情形请读者自行完成.

性质 1   设 X 为随机变量,则对任意常数 a,b,有
$$E(aX+b)=aE(X)+b.$$

证   设随机变量 X 的概率密度为 $f(x)$,则

$$E(aX+b)=\int_{-\infty}^{+\infty}(ax+b)f(x)\mathrm{d}x=a\int_{-\infty}^{+\infty}xf(x)\mathrm{d}x+b\int_{-\infty}^{+\infty}f(x)\mathrm{d}x$$
$$=aE(X)+b.$$

推论 1   设 b 为常数,则 $E(b)=b$.

推论 2　设 a 为常数, X 为随机变量,则 $E(aX) = aE(X)$.

例 4.1.14　设 X 为某人月收入(单位:元),已知 $X \sim N(4\,000, 200^2)$,假设此人月支出为 Y,且满足函数关系 $Y = 0.5X + 300$,求此人月平均支出.

解　由数学期望的性质 1 知

$$E(Y) = E(0.5X + 300) = 0.5E(X) + 300 = 0.5 \times 4\,000 + 300 = 2\,300,$$

即此人月平均支出为 2 300 元.

性质 2　设 X, Y 为两个随机变量,则 $E(X+Y) = E(X) + E(Y)$.

证　设 X, Y 为连续型随机变量,其联合概率密度为 $f(x, y)$,则

$$E(X+Y) = \int_{-\infty}^{+\infty} \int_{-\infty}^{+\infty} (x+y)f(x, y)\,dx\,dy$$

$$= \int_{-\infty}^{+\infty} \int_{-\infty}^{+\infty} xf(x, y)\,dx\,dy + \int_{-\infty}^{+\infty} \int_{-\infty}^{+\infty} yf(x, y)\,dx\,dy$$

$$= \int_{-\infty}^{+\infty} xf_X(x)\,dx + \int_{-\infty}^{+\infty} yf_Y(y)\,dy$$

$$= E(X) + E(Y).$$

推论 1　设 $X_1, X_2, \cdots, X_n$ 为 n 个随机变量,则

$$E(X_1 + X_2 + \cdots + X_n) = E(X_1) + E(X_2) + \cdots + E(X_n) = \sum_{i=1}^{n} E(X_i).$$

推论 2　设 $X_1, X_2, \cdots, X_n$ 为 n 个随机变量, $a_1, a_2, \cdots, a_n$ 为常数,则

$$E\left(\sum_{i=1}^{n} a_i X_i\right) = \sum_{i=1}^{n} a_i E(X_i).$$

例 4.1.15　随机变量 X 服从二项分布 $B(n, p)$,求其数学期望.

解　设 $X_1, X_2, \cdots, X_n$ 独立同分布,均服从参数为 p 的 0-1 分布(即 $B(1, p)$),由二项分布的可加性知, $X_1 + X_2 + \cdots + X_n \sim B(n, p)$ 与随机变量 X 同分布,由于数学期望完全取决于概率分布,因此

$$E(X) = E\left(\sum_{i=1}^{n} X_i\right) = nE(X_1) = np.$$

例 4.1.16　将 n 个球放入 M 个盒子中,若每个球落入各个盒子是等可能的,求有球的盒子数 X 的数学期望.

解　设 $X_i = \begin{cases} 1, & \text{第 } i \text{ 个盒子中有球}, \\ 0, & \text{第 } i \text{ 个盒子中无球} \end{cases} (i = 1, 2, \cdots, M)$,则有 $X = X_1 + X_2 + \cdots + X_M$,显然 X_i 服从 0-1 分布. 由于每个球落入各个盒子是等可能的,概率均为 $\dfrac{1}{M}$,则对第 i 个盒子而言,一个球不落入这个盒子的概率为 $1 - \dfrac{1}{M}$, n 个球都不落入这个盒子的概率为 $\left(1 - \dfrac{1}{M}\right)^n$. 所以 X_i 服从参数为 $1 - \left(1 - \dfrac{1}{M}\right)^n$ 的 0-1 分布,即

$$P(X_i = 0) = \left(1 - \frac{1}{M}\right)^n, \quad i = 1, 2, \cdots, M,$$

$$P(X_i = 1) = 1 - \left(1 - \frac{1}{M}\right)^n, \quad i = 1, 2, \cdots, M,$$

因此

$$E(X_i) = 1 - \left(1 - \frac{1}{M}\right)^n, \quad i = 1, 2, \cdots, M.$$

4.1.3 超几何分布数学期望的计算

故

$$E(X) = \sum_{i=1}^{M} E(X_i) = M\left[1 - \left(1 - \frac{1}{M}\right)^n\right].$$

在上述例子中,我们把一个比较复杂的随机变量 X 分解成 n 个比较简单的随机变量 X_i 之和,然后通过这些比较简单的随机变量的数学期望,再根据数学期望的性质求得 X 的数学期望. 这种方法是概率论中常用的方法.

性质 3 设随机变量 X, Y 相互独立且数学期望均存在,则

$$E(XY) = E(X)E(Y).$$

证 设 (X, Y) 的联合概率密度为 $f(x, y)$,其边缘密度分别为 $f_X(x), f_Y(y)$,由 X, Y 相互独立,得 $f(x, y) = f_X(x)f_Y(y)$,所以

$$E(XY) = \int_{-\infty}^{+\infty} \int_{-\infty}^{+\infty} xyf(x, y) \mathrm{d}x\mathrm{d}y = \int_{-\infty}^{+\infty} \int_{-\infty}^{+\infty} xyf_X(x)f_Y(y) \mathrm{d}x\mathrm{d}y$$

$$= \int_{-\infty}^{+\infty} xf_X(x) \mathrm{d}x \int_{-\infty}^{+\infty} yf_Y(y) \mathrm{d}y = E(X)E(Y).$$

性质 3 可推广到 n 维随机变量相互独立的情况,即当 $X_1, X_2, \cdots, X_n$ 相互独立时,有

$$E(X_1 X_2 \cdots X_n) = E(X_1)E(X_2)\cdots E(X_n) = \prod_{i=1}^{n} E(X_i).$$

例 4.1.17 设一电路中电流 I(单位:A)与电阻 R(单位:Ω)是相互独立的两个随机变量,其概率密度分别为

$$f_I(x) = \begin{cases} 2x, & 0 < x < 1, \\ 0, & \text{其他}, \end{cases} \qquad f_R(x) = \begin{cases} \dfrac{x}{2}, & 0 < x < 2, \\ 0, & \text{其他}. \end{cases}$$

求电压 $U = IR$ 的平均值.

解 $E(U) = E(IR) = E(I)E(R) = \left(\int_0^1 2x^2 \mathrm{d}x\right)\left(\int_0^2 \dfrac{x^2}{2}\mathrm{d}x\right) = \dfrac{8}{9}.$

§4.2 方 差

数学期望反映了随机变量的平均取值或者集中位置,是一个重要的数字特征. 在很多实际问题中,仅仅知道数学期望是不够的. 我们还需要了解随机变量 X 与其平均值 $E(X)$ 的偏离程度,以此来表达随机变量的波动性. 在金融投资领域,该波动性通常指投资的风险程度;而在数据分析领域,它通常可表征数据所承载的信息量大小. 这就是下面要讨论的方差问题.

一、方差的定义

在引入方差的概念之前,我们先来看一个例子.

例 4.2.1 为比较甲、乙两套自动包装生产线的工作质量,今从这两套自动包装生产线所包装的产品中各抽查 10 包称重,具体数据(单位:kg)如下:

甲生产线的产品质量 X:0.52,0.48,0.53,0.47,0.56,0.51,0.44,0.52,0.48,0.49;

乙生产线的产品质量 Y:0.61,0.46,0.60,0.40,0.52,0.39,0.58,0.45,0.57,0.42.

解 可计算得甲、乙两生产线所包装的产品平均质量均为 0.5 kg. 显然,仅靠平均值不能回答甲、乙两套自动包装生产线的工作质量问题,我们必须寻找新的评价指标(数字特征).

我们画出甲、乙两套生产线包装产品重量的散点连线图,如图 4.2.1 所示. 从图 4.2.1 上直观判断甲生产线的工作质量较好一些,因为甲生产线的质量更集中在它的均值 $E(X)$ 附近.

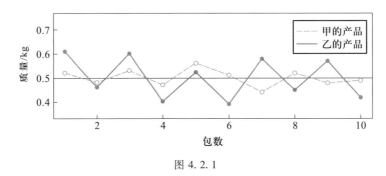

图 4.2.1

此例提示我们,需要定义一个数量指标来度量随机变量 X 和它的均值 $E(X)$ 之间的离散程度(偏离程度). 显然 $|X-E(X)|$ 反映了 X 与 $E(X)$ 的偏离程度,但 $|X-E(X)|$ 是一个随机变量,人们自然会想到采用 $|X-E(X)|$ 的平均值 $E|X-E(X)|$,但此式带有绝对值符号,运算不便. 而采用 $[X-E(X)]^2$ 的均值 $E\{[X-E(X)]^2\}$ 来代替会更容易计算. 显然 $E\{[X-E(X)]^2\}$ 的大小也反映了 X 与 $E(X)$ 的偏离程度大小,这个值就是 X 的方差.

定义 4.2.1 设 X 为随机变量,若 $E\{[X-E(X)]^2\}$ 存在,则称 $E\{[X-E(X)]^2\}$ 为 X 的方差,记为 $D(X)$ 或 DX,即

$$D(X) = E\{[X-E(X)]^2\}. \tag{4.2.1}$$

同时称 $\sqrt{D(X)}$ 为 X 的标准差或均方差,记为 $\sigma(X)$,即

$$\sigma(X) = \sqrt{D(X)}. \tag{4.2.2}$$

$D(X)$ 与 $\sigma(X)$ 均度量了 X 与 $E(X)$ 的偏离程度,但 $D(X)$ 与 X 的量纲不一致,而 $\sigma(X)$ 与 X 有相同的量纲(计量单位),故在实际问题中常采用标准差 $\sigma(X)$.

因为方差 $D(X)$ 实际上就是随机变量 X 的函数 $[X-E(X)]^2$ 的数学期望,所以由定理 4.1.1 就可以很方便地计算 $D(X)$:

(1) 若 X 为离散型随机变量,其分布律为

$$P(X=x_k) = p_k, \quad k=1,2,\cdots,$$

则

$$D(X) = E\{[X-E(X)]^2\} = \sum_{k=1}^{\infty}[x_k-E(X)]^2 p_k; \tag{4.2.3}$$

(2) 若 X 为连续型随机变量,其概率密度为 $f(x)$,则

$$D(X) = E\{[X-E(X)]^2\} = \int_{-\infty}^{+\infty} [x-E(X)]^2 f(x)\,dx. \qquad (4.2.4)$$

计算方差 $D(X)$ 还有一个常用的公式:

$$D(X) = E(X^2) - [E(X)]^2. \qquad (4.2.5)$$

事实上,

$$D(X) = E\{[X-E(X)]^2\} = E\{X^2 - 2XE(X) + [E(X)]^2\}$$
$$= E(X^2) - 2E(X)E(X) + [E(X)]^2$$
$$= E(X^2) - [E(X)]^2.$$

例 4.2.2 设随机变量 X 服从参数为 p 的 0-1 分布,求 X 的方差 $D(X)$ 和标准差 $\sigma(X)$.

解 $E(X) = 0 \times (1-p) + 1 \times p = p$,$E(X^2) = 0 \times (1-p) + 1 \times p = p$. 所以

$$D(X) = E(X^2) - [E(X)]^2 = p - p^2 = p(1-p),$$

$$\sigma(X) = \sqrt{D(X)} = \sqrt{p(1-p)}.$$

例 4.2.3 设随机变量 $X \sim N(\mu, \sigma^2)$,求 $D(X)$.

解 由例 4.1.8 知 $E(X) = \mu$,令 $y = \dfrac{x-\mu}{\sigma}$,则

$$D(X) = E\{[X-E(X)]^2\} = \int_{-\infty}^{+\infty} (x-\mu)^2 \frac{1}{\sqrt{2\pi}\,\sigma} e^{-\frac{(x-\mu)^2}{2\sigma^2}}\,dx$$

$$= \frac{\sigma^2}{\sqrt{2\pi}} \int_{-\infty}^{+\infty} y^2 e^{-\frac{y^2}{2}}\,dy = \frac{\sigma^2}{\sqrt{2\pi}} \left(-y e^{-\frac{y^2}{2}} \Big|_{-\infty}^{+\infty} + \int_{-\infty}^{+\infty} e^{-\frac{y^2}{2}}\,dy \right) = \sigma^2.$$

例 4.2.4 设连续型随机变量 X 的分布函数为

$$F(x) = \begin{cases} 0, & x \le 0, \\ x^2, & 0 < x < 1, \\ 1, & x \ge 1, \end{cases} \quad \text{求 } D(X).$$

解 由题设可知随机变量 X 的密度函数为 $f(x) = \begin{cases} 2x, & 0 < x < 1, \\ 0, & \text{其他}. \end{cases}$

于是 $E(X) = \int_0^1 x \cdot 2x\,dx = \dfrac{2}{3}$,而 $E(X^2) = \int_0^1 x^2 \cdot 2x\,dx = \dfrac{1}{2}$,所以 $D(X) = E(X^2) - [E(X)]^2 = \dfrac{1}{18}$.

例 4.2.5(例 4.1.3 续) 在金融领域中,方差常用来描述收益的波动程度,通常用来表示风险,显然方差越大,风险也越大. 例 4.1.3 的计算可知基金投资和股票投资的收益差不多,此时若依据投资风险应选择何种投资方案?

解 已知 $E(X_1) = 0.061\,5$,$E(X_2) = 0.077\,5$,

$$E(X_1^2) = 0.15^2 \times 0.25 + 0.08^2 \times 0.55 + (-0.10)^2 \times 0.2 = 0.011\,145,$$

$$E(X_2^2) = 0.25^2 \times 0.25 + 0.10^2 \times 0.55 + (-0.20)^2 \times 0.2 = 0.029\,125,$$

$$D(X_1) = E(X_1^2) - [E(X_1)]^2 = 0.007\,362\,75,$$

$$D(X_2) = E(X_2^2) - [E(X_2)]^2 = 0.023\,118\,75.$$

由于 $D(X_1) < D(X_2)$,说明基金投资的风险远低于股票投资,且基金投资和股票投资的收益

差不多,综合收益与风险,故选择基金投资这个方案比较合适.

二、 方差的性质

假设以下随机变量的方差均存在,则随机变量的方差具有下列性质:

性质 1　设 X 为随机变量,则对于任意常数 a,b,有
$$D(aX+b) = a^2 D(X).$$

证　$\begin{aligned} D(aX+b) &= E[aX+b-E(aX+b)]^2 = E[aX+b-aE(X)-b]^2 \\ &= E[a^2(X-E(X))^2] = a^2 E(X-E(X))^2 = a^2 D(X). \end{aligned}$

推论　设 b 为常数,则 $D(b)=0$,即常数的方差为零.

例 4.2.6　已知 $E(X)=3,E(X^2)=12$,求 $D(2-4X)$.

解　因为 $D(X)=E(X^2)-[E(X)]^2=12-9=3$,由性质 1 可知
$$D(2-4X)=16D(X)=16\times3=48.$$

性质 2　设 X_1,X_2 为数学期望和方差都存在的随机变量,则
$$D(X_1\pm X_2)=D(X_1)+D(X_2)\pm 2\{E(X_1X_2)-E(X_1)E(X_2)\}.$$

证　$\begin{aligned} D(X_1+X_2) &= E[X_1+X_2-E(X_1+X_2)]^2 \\ &= E\{[X_1-E(X_1)]+[X_2-E(X_2)]\}^2 \\ &= E[X_1-E(X_1)]^2+E[X_2-E(X_2)]^2+2E\{[X_1-E(X_1)][X_2-E(X_2)]\} \\ &= D(X_1)+D(X_2)+2E\{[X_1-E(X_1)][X_2-E(X_2)]\}. \end{aligned}$

同理可证 $D(X_1-X_2)=D(X_1)+D(X_2)-2E\{[X_1-E(X_1)][X_2-E(X_2)]\}$.

推论 1　当 X_1 与 X_2 独立时,有 $E(X_1X_2)-E(X_1)E(X_2)=0$,则有
$$D(X_1\pm X_2)=D(X_1)+D(X_2).$$

推论 2　对于独立的随机变量序列 $X_1,X_2,\cdots,X_n$,有
$$D\left(\sum_{i=1}^{n}a_iX_i\right)=\sum_{i=1}^{n}a_i^2 D(X_i).$$

例 4.2.7　设随机变量 $X\sim B(n,p)$,求 $D(X)$.

解　设 $X_1,X_2,\cdots,X_n$ 相互独立,且均服从参数为 p 的 0-1 分布,则 X 与 $X_1+X_2+\cdots+X_n$ 同分布,且
$$E(X_i)=p,\quad E(X_i^2)=p,\quad i=1,2,\cdots,n,$$
$$D(X_i)=E(X_i^2)-[E(X_i)]^2=p-p^2=p(1-p),\quad i=1,2,\cdots,n.$$

所以 $D(X)=\sum_{i=1}^{n}D(X_i)=np(1-p)$.

例 4.2.8　设二维随机变量 (X,Y) 满足 $E(X)=2,D(X)=4,E(Y)=3,D(Y)=9$, $E(XY)=9$,求 $E(aX+bY),D(aX+bY)$.

解
$$E(aX+bY)=aE(X)+bE(Y)=2a+3b.$$
$$D(aX+bY)=a^2 D(X)+b^2 D(Y)+2ab(E(XY)-E(X)E(Y))$$
$$=4a^2+9b^2+6ab.$$

例 4.2.9　设随机变量 $X_1, X_2, \cdots, X_n$ 相互独立服从相同分布,且 $EX_1 = \mu$, $DX_1 = \sigma^2$,令 $\bar{X} = \dfrac{1}{n} \sum\limits_{i=1}^{n} X_i$,求 $E(\bar{X})$, $D(\bar{X})$.

解　$E(\bar{X}) = E\left(\dfrac{1}{n} \sum\limits_{i=1}^{n} X_i\right) = \dfrac{1}{n} \sum\limits_{i=1}^{n} EX_i = \dfrac{1}{n} \cdot n\mu = \mu$,

$\qquad D(\bar{X}) = D\left(\dfrac{1}{n} \sum\limits_{i=1}^{n} X_i\right) = \dfrac{1}{n^2} \sum\limits_{i=1}^{n} DX_i = \dfrac{1}{n^2} \cdot n\sigma^2 = \dfrac{1}{n}\sigma^2$.

如果 $X_1, X_2, \cdots, X_n$ 表示对一个球直径的 n 次测量值,那么用这 n 次测量值的平均值作为直径时,测量值的方差降低 n 倍.因此只要测量仪器无系统偏差(保证 $E(X) = \mu$),则测量精度可以通过多次测量的平均加以改进.在实际问题中,类似的例子是很常见的.

概率统计中,经常需要对随机变量作"标准化",即对任何随机变量 X,若它的数学期望 $E(X)$ 和方差 $D(X)$ 都存在,且 $D(X) > 0$,则称

$$X^* = \frac{X - E(X)}{\sqrt{D(X)}} \qquad (4.2.6)$$

为 X 的标准化随机变量.易见 X^* 是一无量纲的随机变量,且 $E(X^*) = 0$, $D(X^*) = 1$,这正是标准化随机变量所具有的特征.特别地,若 $X \sim N(\mu, \sigma^2)$,则 X 的标准化随机变量

$$X^* = \frac{X - \mu}{\sigma} \sim N(0, 1^2).$$

定理 4.2.1　设随机变量 X 的数学期望 $E(X) = \mu$ 和方差 $D(X) = \sigma^2$ 都存在,则对于任意的正数 $\varepsilon > 0$,有

$$P(|X - \mu| \geqslant \varepsilon) \leqslant \frac{\sigma^2}{\varepsilon^2}, \quad \text{即} \quad P(|X - \mu| < \varepsilon) \geqslant 1 - \frac{\sigma^2}{\varepsilon^2}. \qquad (4.2.7)$$

该不等式称为切比雪夫(Chebyshev)不等式.

证　只针对连续型随机变量情形进行证明,设 X 的概率密度为 $f(x)$,则有

$$P(|X - \mu| \geqslant \varepsilon) = \int\limits_{|x-\mu| \geqslant \varepsilon} f(x)\,\mathrm{d}x \leqslant \int\limits_{|x-\mu| \geqslant \varepsilon} \frac{(x-\mu)^2}{\varepsilon^2} f(x)\,\mathrm{d}x$$

$$\leqslant \frac{1}{\varepsilon^2} \int_{-\infty}^{+\infty} [x - E(X)]^2 f(x)\,\mathrm{d}x = \frac{D(X)}{\varepsilon^2} = \frac{\sigma^2}{\varepsilon^2},$$

即 $P(|X - \mu| < \varepsilon) \geqslant 1 - \dfrac{\sigma^2}{\varepsilon^2}$.

定理 4.2.1 表明当随机变量 X 的分布未知,而 $E(X)$ 和 $D(X)$ 已知时,切比雪夫不等式给出了事件 $\{|X - \mu| \geqslant \varepsilon\}$ 或 $\{|X - \mu| < \varepsilon\}$ 的概率区间的一种估计方法.

推论　$D(X) = 0$ 的充分必要条件是随机变量 X 依概率 1 取常数 $C = E(X)$,即 $P(X = E(X)) = 1$.

在某些实际问题处理中需要估算随机变量落在其数学期望左右偏差 ε 的对称两侧之外(如图 4.2.2 所示)或之内的概率区间,以便对实际问题的处理提供预判或者整体上的把握,这个概率区间的估算就是通过切比雪夫不等式完成的.

图 4.2.2

4.2.1 推论
的证明

例 4.2.10 设 X 为随机变量,且 $E(X)=\mu$,$D(X)=\sigma^2$,试用切比雪夫不等式估计 $P(|X-\mu|\geqslant 2\sigma)$.

解 由切比雪夫不等式有

$$P(|X-\mu|\geqslant 2\sigma)\leqslant\frac{D(X)}{(2\sigma)^2}=\frac{\sigma^2}{4\sigma^2}=\frac{1}{4}=0.25.$$

若 $X\sim N(\mu,\sigma^2)$,则 $P(|X-\mu|\geqslant 2\sigma)=2-2\Phi(2)=2-2\times0.9773=0.0454$.

比较例 4.2.10 的结果可知,切比雪夫不等式估计的是事件发生概率的区间,因此在精度方面比较粗糙,但它仍然是概率论中最重要的不等式之一,第五章将看到它在理论证明方面的重要作用.

三、 几种常见分布的数学期望与方差

1. 0-1 分布的情形

设随机变量 X 服从参数为 p 的 0-1 分布,则由例 4.2.3 知

$$E(X)=p, \quad D(X)=p(1-p)=pq.$$

2. 二项分布的情形

设随机变量 $X\sim B(n,p)$,其分布律为

$$P(X=k)=\mathrm{C}_n^k p^k q^{n-k}, \quad k=0,1,2,\cdots,n;\ 0<p<1,q=1-p,$$

由例 4.1.15 和例 4.2.7 知

$$E(X)=np, \quad D(X)=npq=np(1-p).$$

3. 泊松分布的情形

设随机变量 $X\sim P(\lambda)$,其分布律为

$$P(X=k)=\mathrm{e}^{-\lambda}\frac{\lambda^k}{k!}, \quad k=0,1,2,\cdots,$$

由例 4.1.4 知 $E(X)=\lambda$,

$$
\begin{aligned}
E(X^2)&=E(X^2-X+X)=E[X(X-1)+X]\\
&=E[X(X-1)]+E(X)=E[X(X-1)]+\lambda\\
&=\sum_{k=0}^{+\infty}k(k-1)\mathrm{e}^{-\lambda}\frac{\lambda^k}{k!}+\lambda=\lambda^2\mathrm{e}^{-\lambda}\sum_{k=2}^{+\infty}\frac{\lambda^{k-2}}{(k-2)!}+\lambda\\
&=\lambda^2\mathrm{e}^{-\lambda}\sum_{k=0}^{+\infty}\frac{\lambda^k}{k!}+\lambda=\lambda^2\mathrm{e}^{-\lambda}\mathrm{e}^{\lambda}+\lambda=\lambda^2+\lambda,
\end{aligned}
$$

$$D(X)=E(X^2)-[E(X)]^2=\lambda^2+\lambda-\lambda^2=\lambda.$$

4. 几何分布的情形

设随机变量 $X\sim G(p)$,其分布律为

$$P(X=k) = pq^{k-1} \quad (q=1-p, k=1,2,\cdots),$$

由例 4.1.6 知 $E(X) = \dfrac{1}{p}$，而

$$E(X^2) = \sum_{k=1}^{+\infty} k^2 pq^{k-1} = p\sum_{k=1}^{+\infty} k^2 q^{k-1} = p\,\frac{1+q}{(1-q)^3} = \frac{2-p}{p^2},$$

$$D(X) = E(X^2) - [E(X)]^2 = \frac{2-p}{p^2} - \frac{1}{p^2} = \frac{1-p}{p^2} = \frac{q}{p^2}.$$

5. 超几何分布的情形

设随机变量 $X \sim H(N,M,n)$，其分布律为

$$P(X=k) = \frac{C_{N-M}^{n-k} C_M^k}{C_N^n} \quad (k=s,s+1,\cdots,l; s=\max\{0,n-N+M\}, l=\min\{n,M\}).$$

由二维码资源"4.1.3 超几何分布数学期望的计算"知 $E(X) = \dfrac{nM}{N}$，$E(X_i) = \dfrac{M}{N}$. 对于 $i<j$，有

$$E(X_j X_i) = P(X_j=1, X_i=1) = P(X_i=1)P(X_j=1 \mid X_i=1) = \frac{M}{N} \cdot \frac{M-1}{N-1}.$$

且由方差性质 2 知

$$\begin{aligned}
D(X) &= \sum_{j=1}^{n}\sum_{i=1}^{n} \{E(X_i X_j) - E(X_i)E(X_j)\} \\
&= nEX_1 + n(n-1)E(X_1 X_2) - n^2 E^2(X_1) \quad (\text{此处 } EX_1^2 = EX_1) \\
&= n\frac{M}{N} + n(n-1)\frac{M-1}{N-1} \cdot \frac{M}{N} - n^2\left(\frac{M}{N}\right)^2 \\
&= \frac{n(N-n)(N-M)M}{N^2(N-1)}.
\end{aligned}$$

$$D(X) = \frac{n(N-n)(N-M)M}{N^2(N-1)}.$$

6. 均匀分布的情形

设随机变量 $X \sim U(a,b)$，其概率密度为

$$f(x) = \begin{cases} \dfrac{1}{b-a}, & a \leqslant x \leqslant b, \\ 0, & \text{其他}, \end{cases}$$

则

$$E(X) = \int_a^b x\frac{1}{b-a}\mathrm{d}x = \left[\frac{x^2}{2(b-a)}\right]_a^b = \frac{b^2-a^2}{2(b-a)} = \frac{a+b}{2},$$

$$E(X^2) = \int_a^b x^2\frac{1}{b-a}\mathrm{d}x = \frac{b^3-a^3}{3(b-a)} = \frac{1}{3}(a^2+ab+b^2),$$

$$D(X) = E(X^2) - [E(X)]^2 = \frac{1}{12}(b-a)^2.$$

7. 指数分布的情形

设随机变量 $X \sim E(\lambda)$，其概率密度为

$$f(x) = \begin{cases} \lambda e^{-\lambda x}, & x > 0, \\ 0, & x \leqslant 0, \end{cases}$$

则

$$E(X) = \int_0^{+\infty} x \lambda e^{-\lambda x} \, dx = \left[-x e^{-\lambda x} \right]_0^{+\infty} + \int_0^{+\infty} e^{-\lambda x} \, dx$$

$$= \left[-\frac{1}{\lambda} e^{-\lambda x} \right]_0^{+\infty} = \frac{1}{\lambda},$$

$$E(X^2) = \int_0^{+\infty} x^2 \lambda e^{-\lambda x} \, dx = \left[-x^2 e^{-\lambda x} \right]_0^{+\infty} + \int_0^{+\infty} e^{-\lambda x} \, dx^2$$

$$= 2 \int_0^{+\infty} x e^{-\lambda x} \, dx = -\frac{2}{\lambda} \left(\left[x e^{-\lambda x} \right]_0^{+\infty} - \int_0^{+\infty} e^{-\lambda x} \, dx \right)$$

$$= \left[-\frac{2}{\lambda^2} e^{-\lambda x} \right]_0^{+\infty} = \frac{2}{\lambda^2},$$

$$D(X) = E(X^2) - [E(X)]^2 = \frac{2}{\lambda^2} - \left(\frac{1}{\lambda} \right)^2 = \frac{1}{\lambda^2}.$$

8. 正态分布的情形

设随机变量 $X \sim N(\mu, \sigma^2)$, 其概率密度为

$$f(x) = \frac{1}{\sigma \sqrt{2\pi}} e^{-\frac{(x-\mu)^2}{2\sigma^2}}, \quad -\infty < x < +\infty,$$

则由例 4.1.8 和例 4.2.4 知

$$E(X) = \mu, \quad D(X) = \sigma^2.$$

综上所述, 随机变量的数学期望与方差均是随机变量分布参数的函数, 这一点将在第七章中的参数点估计上得到广泛应用.

§4.3　矩与分位数(点)

数学期望和方差是随机变量最重要的两个数字特征, 此外, 随机变量还有一些其他数字特征, 以下主要介绍矩与分位数(点)的定义.

一、矩

矩作为随机变量的数字特征之一, 在概率统计中有着广泛的应用, 如第五章的大数定律、第七章的矩估计等.

定义 4.3.1　对随机变量 X 及正整数 k, 若 $E(X^k)$ 存在, 则称 $E(X^k)$ 为 X 的 k 阶原点矩, 简称 k 阶矩; 若 $E\{[X - E(X)]^k\}$ 存在, 则称 $E\{[X - E(X)]^k\}$ 为 X 的 k 阶中心矩.

易知随机变量 X 的数学期望就是 1 阶原点矩; 而其 1 阶中心矩为 0; 随机变量 X 的方差

就是其 2 阶中心矩.

例 4.3.1　设随机变量 $X \sim N(0,1^2)$,求 $E(X^n)$,$n \geq 1$.

解　$E(X^n) = \int_{-\infty}^{+\infty} x^n f(x)\,dx = \int_{-\infty}^{+\infty} x^n \dfrac{1}{\sqrt{2\pi}} e^{-\frac{x^2}{2}}\,dx.$

因为 $f(x)$ 是偶函数,所以对任意的奇数 n,由对称性知,均有 $E(X^n)=0$(或见例 4.1.9).当 n 为偶数时,

$$
\begin{aligned}
E(X^n) &= \int_{-\infty}^{+\infty} x^n \frac{1}{\sqrt{2\pi}} e^{-\frac{x^2}{2}}\,dx = \int_{-\infty}^{+\infty} x^{n-1}\,d\left(-\frac{1}{\sqrt{2\pi}} e^{-\frac{x^2}{2}}\right) \\
&= (n-1)\int_{-\infty}^{+\infty} x^{n-2} \frac{1}{\sqrt{2\pi}} e^{-\frac{x^2}{2}}\,dx = (n-1)E(X^{n-2}) \\
&= (n-1)(n-3)E(X^{n-4}) = \cdots = (n-1)(n-3)\cdots E(X^2) = (n-1)!!.
\end{aligned}
$$

综上所述,可得

$$
E(X^n) = \begin{cases} 0, & n \text{ 奇数}, \\ (n-1)!!, & n \text{ 偶数}, \end{cases} \quad n \geq 1.
$$

例 4.3.2　设随机变量 $X \sim N(\mu, \sigma^2)$,求 X 的 2 阶原点矩 $E(X^2)$ 和 3 阶原点矩 $E(X^3)$.

解　$E(X^2) = D(X) + [E(X)]^2 = \sigma^2 + \mu^2.$

令 $Y = \dfrac{X-\mu}{\sigma}$,则 $Y \sim N(0,1^2)$,$E(X^3) = E(\sigma Y + \mu)^3$,且 $E(Y) = 0$,$E(Y^2) = 1$,$D(Y) = 1$,$E(Y^3) = 0$(由奇函数性质可知),从而

$$
\begin{aligned}
E(\sigma Y + \mu)^3 &= E(\sigma^3 Y^3 + 3\sigma^2 \mu Y^2 + 3\sigma\mu^2 Y + \mu^3) \\
&= \sigma^3 E(Y^3) + 3\sigma^2 \mu E(Y^2) + 3\sigma\mu^2 E(Y) + \mu^3 \\
&= 3\sigma^2 \mu + \mu^3.
\end{aligned}
$$

二、分位数(点)

我们还要介绍在后续第六章到第八章的统计推断中常用到的分位点的概念.

4.3.1 马尔可夫 (Markov) 不 等 式

定义 4.3.2　设连续型随机变量 X 的分布函数为 $F(x)$,对于给定的 $0 < \alpha < 1$,若存在 x_α 满足

$$P(X > x_\alpha) = 1 - F(x_\alpha) = \alpha, \tag{4.3.1}$$

则称 x_α 为随机变量 X 关于 α 的上侧分位点,也称为上侧分位数,如图 4.3.1 所示;若存在 a,$b(a<b)$ 满足

$$P(X \leq a) = F(a) = \frac{\alpha}{2}, \quad P(X > b) = 1 - P(X \leq b) = 1 - F(b) = \frac{\alpha}{2}, \tag{4.3.2}$$

则称 a,b 为随机变量 X 关于 α 的双侧分位点,按上侧分位点的记号,a,b 可记为

$$a = x_{1-\frac{\alpha}{2}}, \quad b = x_{\frac{\alpha}{2}},$$

如图 4.3.2 所示.

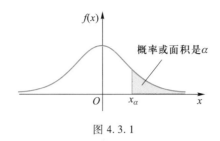

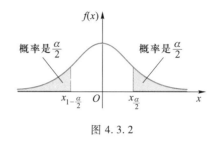

图 4.3.1 图 4.3.2

通常,标准正态分布随机变量 X 的上侧分位点记为 u_α,即

$$P(X>u_\alpha)=\int_{u_\alpha}^{+\infty}\varphi(x)\,\mathrm{d}x=\alpha \quad 或 \quad \varPhi(u_\alpha)=1-P(X>u_\alpha)=1-\alpha.$$

如图 4.3.3 所示.

通常,标准正态分布随机变量 X 的双侧分位点常记为 $u_{1-\alpha/2},u_{\alpha/2}$,且有 $u_{1-\alpha/2}=-u_{\alpha/2}$.

定义 4.3.3 随机变量 X 关于 $\frac{1}{2}$ 的分位点 $x_{1/2}$ 称为随机变量 X 的中位数,记为 $x_{0.5}$ 或 M. 中位数反映的是随机变量集中程度的一个数字特征,它总是存在的,但可能不唯一.

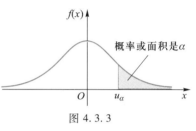

图 4.3.3

性质 若随机变量 X 的密度函数或分布律关于 μ 对称,则该随机变量的中位数为 μ.

例 4.3.3 求标准正态分布关于 $\alpha=0.05$ 的上侧分位点 $u_{0.05}$,双侧分位点 $u_{0.975},u_{0.025}$.

解 附录 Ⅱ 表 2 给出的是 $\varPhi(x)=P(X\leqslant x)$,而 $u_{0.05}$ 满足的是 $P(X>u_{0.05})=0.05$,转化成满足表格的要求,即 $P(X\leqslant u_{0.05})=1-P(X>u_{0.05})=1-0.05=0.95$,所以应查附录 Ⅱ 表 2 中单元格值(分布函数值)为 0.95 所对应的 x,即 $u_{0.05}=1.645$.

同理可查表得,$u_{0.975}=-1.96,u_{0.025}=1.96$.

为便于查表,利用标准正态分布密度的对称性,可得 $\varPhi(u_\alpha)=1-\alpha$, $\varPhi(-u_\alpha)=\alpha$.

4.3.2 计算正态概率/分位点的 R 代码

例 4.3.4 设随机变量 X 的密度函数为 $f(x)=\begin{cases}\dfrac{x}{2}, & 0<x<2,\\ 0, & 其他,\end{cases}$ 求随机变量 X 的中位数 M.

解 由定义知中位数 x 满足 $P(X\leqslant x)=\int_0^x\dfrac{t}{2}\,\mathrm{d}t=\dfrac{x^2}{4}=\dfrac{1}{2}$,解得 $x=\sqrt{2}$,所以随机变量 X 的中位数 $M=\sqrt{2}$.

例 4.3.5 若随机变量 $X\sim N(\mu,\sigma^2)$,求 X 的中位数 M.

解 由性质可知,正态分布的中位数就是其密度函数的对称中心,所以中位数 $M=\mu$.

§4.4 协方差与相关系数

对于二维随机变量 (X,Y),除了讨论随机变量 X 与 Y 的数学期望和方差外,还要讨论描

述 X 与 Y 之间关系的数字特征——协方差与相关系数.

一、 协方差

我们知道,如果随机变量 X 与 Y 相互独立,那么

$$E(XY) = E(X)E(Y), \text{即 } E\{[X-E(X)][Y-E(Y)]\} = 0.$$

因此,对于任意两个随机变量 X 与 Y,若

$$E\{[X-E(X)][Y-E(Y)]\} \neq 0,$$

则随机变量 X 与 Y 不相互独立,即 X 与 Y 之间存在着某种关系,我们用量 $E\{[X-E(X)] \cdot [Y-E(Y)]\}$ 来度量 X 与 Y 之间的这种关系,称之为随机变量 X 与 Y 的协方差(下面我们将会看到,这种关系其实就是 X 与 Y 的线性关系).

定义 4.4.1 设 (X,Y) 为二维随机变量. 若

$$E\{[X-E(X)][Y-E(Y)]\}$$

存在,则称它是随机变量 X 与 Y 的**协方差**,记为 $\mathrm{cov}(X,Y)$,即

$$\mathrm{cov}(X,Y) = E\{[X-E(X)][Y-E(Y)]\}. \tag{4.4.1}$$

特别地,当 $X=Y$ 时,有

$$\mathrm{cov}(X,X) = D(X). \tag{4.4.2}$$

这说明方差是协方差的一种特殊形式.

由数学期望的性质即得协方差的基本计算公式:

$$\mathrm{cov}(X,Y) = E(XY) - E(X)E(Y). \tag{4.4.3}$$

事实上,

$$\begin{aligned}
\mathrm{cov}(X,Y) &= E\{[X-E(X)][Y-E(Y)]\} \\
&= E(XY) - 2E(X)E(Y) + E(X)E(Y) \\
&= E(XY) - E(X)E(Y).
\end{aligned}$$

由协方差的定义,可得下面关于协方差的性质.

性质 1 $\mathrm{cov}(X,Y) = \mathrm{cov}(Y,X)$.

性质 2 若 a 为常数,则 $\mathrm{cov}(X,a) = 0$,即常数与随机变量的协方差为 0.

性质 3 若 a,b 为常数,则 $\mathrm{cov}(aX,bY) = ab\,\mathrm{cov}(X,Y)$.

性质 4 $\mathrm{cov}(X_1+X_2,Y) = \mathrm{cov}(X_1,Y) + \mathrm{cov}(X_2,Y)$.

性质 5 由协方差的定义,方差的性质 2 可表示为 $D(X\pm Y) = D(X) + D(Y) \pm 2\mathrm{cov}(X,Y)$.

更一般地,对任意 n 个随机变量 $X_1, X_2, \cdots, X_n$,有

$$D\left(\sum_{i=1}^{n} X_i\right) = \sum_{i=1}^{n} D(X_i) + 2\sum_{i=1}^{n-1}\sum_{j=i+1}^{n} \mathrm{cov}(X_i, X_j).$$

定义 4.4.2 若 $\mathrm{cov}(X,Y) = 0$,则称随机变量 X 与 Y **不相关**,否则称随机变量 X 与 Y 相关,其中,若 $\mathrm{cov}(X,Y) > 0$,则称随机变量 X 与 Y **正相关**;若 $\mathrm{cov}(X,Y) < 0$,则称随机变量 X 与 Y **负相关**.

例 4.4.1 设二维随机变量 (X,Y) 的联合分布列如表 4.4.1 所示,求 $\mathrm{cov}(3X,2Y)$.

解 由性质 3 知,$\mathrm{cov}(3X,2Y) = 6\mathrm{cov}(X,Y) = 6[E(XY) - E(X)E(Y)]$. 先求随机变量 (X,Y) 的边缘分布,见表 4.4.2,于是有

表 4.4.1 (X,Y)的联合分布列

X	Y		
	0	1	2
1	$\frac{1}{16}$	$\frac{3}{8}$	$\frac{1}{16}$
2	$\frac{1}{8}$	$\frac{1}{4}$	$\frac{1}{8}$

表 4.4.2 (X,Y)的边缘分布列

X	Y			$p_i.$
	0	1	2	
1	$\frac{1}{16}$	$\frac{3}{8}$	$\frac{1}{16}$	$\frac{1}{2}$
2	$\frac{1}{8}$	$\frac{1}{4}$	$\frac{1}{8}$	$\frac{1}{2}$
$p._j$	$\frac{3}{16}$	$\frac{5}{8}$	$\frac{3}{16}$	1

$$E(X) = 1 \times \frac{1}{2} + 2 \times \frac{1}{2} = \frac{3}{2}, E(Y) = 0 \times \frac{3}{16} + 1 \times \frac{5}{8} + 2 \times \frac{3}{16} = 1.$$

$$E(XY) = 1 \times \frac{3}{8} + 2 \times \frac{1}{16} + 2 \times \frac{1}{4} + 4 \times \frac{1}{8} = \frac{3}{2},$$

$$\text{cov}(3X, 2Y) = 6 \times \text{cov}(X, Y) = 6 \times \left(\frac{3}{2} - \frac{3}{2} \times 1 \right) = 0.$$

也可以不必先求(X,Y)的边缘分布,直接利用求二维随机变量函数的数学期望方法计算 X,Y 的数学期望,即

$$E(X) = \sum_i \sum_j x_i p_{ij} = 1 \times \left(\frac{1}{16} + \frac{3}{8} + \frac{1}{16} \right) + 2 \times \left(\frac{1}{8} + \frac{1}{4} + \frac{1}{8} \right) = \frac{3}{2},$$

$$E(Y) = \sum_i \sum_j y_i p_{ij} = 0 \times \left(\frac{1}{16} + \frac{1}{8} \right) + 1 \times \left(\frac{3}{8} + \frac{1}{4} \right) + 2 \times \left(\frac{1}{16} + \frac{1}{8} \right) = 1.$$

例 4.4.2 设随机变量 X 与 Y 独立同分布,且 X 的概率分布为表 4.4.3.

表 4.4.3 X 的分布列

X	1	2
P	$\frac{2}{3}$	$\frac{1}{3}$

令 $U = \max\{X, Y\}$, $V = \min\{X, Y\}$,求 $\text{cov}(U, V)$.

解 由题可得 U 和 V 的边缘分布列,见表 4.4.4.

表 4.4.4 (U,V)的边缘分布列

U	V		$p_i.$
	1	2	
1	$\frac{4}{9}$	0	$\frac{4}{9}$
2	$\frac{4}{9}$	$\frac{1}{9}$	$\frac{5}{9}$
$p._j$	$\frac{8}{9}$	$\frac{1}{9}$	1

则

$$E(UV) = \frac{4}{9} + 2 \times \frac{4}{9} + 4 \times \frac{1}{9} = \frac{16}{9}, \quad E(U) = \frac{14}{9}, \quad E(V) = \frac{10}{9},$$

于是

$$\mathrm{cov}(U,V) = E(UV) - E(U)E(V) = \frac{16}{9} - \frac{14}{9} \times \frac{10}{9} = \frac{4}{81}.$$

例 4.4.3 设二维随机变量 (X,Y) 的联合概率密度为

$$f(x,y) = \begin{cases} x+y, & 0<x<1, 0<y<1, \\ 0, & \text{其他}, \end{cases}$$

求 $\mathrm{cov}(X,Y)$.

解 $E(X) = \int_0^1 x \int_0^1 (x+y) \, \mathrm{d}y \mathrm{d}x = \frac{7}{12}, \quad E(Y) = \int_0^1 y \int_0^1 (x+y) \, \mathrm{d}x \mathrm{d}y = \frac{7}{12},$

$$E(XY) = \int_0^1 \int_0^1 xy(x+y) \, \mathrm{d}y \mathrm{d}x = \frac{1}{3},$$

$$\mathrm{cov}(X,Y) = E(XY) - E(X)E(Y) = \frac{1}{3} - \frac{7}{12} \times \frac{7}{12} = -\frac{1}{144}.$$

二、相关系数

协方差的数值虽然在一定程度上反映了随机变量 X 与 Y 之间的关系,但它还受随机变量 X 与 Y 本身数值大小的影响. 比如说,令随机变量 X 与 Y 各增大 $k(k \neq 0)$ 倍,即令 $X_1 = kX$, $Y_1 = kY$,这时随机变量 X_1 与 Y_1 间的相互关系和随机变量 X 与 Y 间的相互关系应保持不变,可是反映这种关系的协方差却增大到原来的 k^2 倍,即有

$$\mathrm{cov}(X_1,Y_1) = k^2 \mathrm{cov}(X,Y).$$

这是协方差的一个缺陷. 协方差另外一个明显缺点是它的数值大小依赖于 X 与 Y 的度量单位. 为了克服这些缺点,我们引入相关系数的定义.

定义 4.4.3 设 (X,Y) 是二维随机变量,若 $D(X)>0, D(Y)>0$,则称 $\dfrac{\mathrm{cov}(X,Y)}{\sqrt{D(X)D(Y)}}$ 为随机变量 X 与 Y 的相关系数,记为 ρ 或 ρ_{XY},即

$$\rho = \rho_{XY} = \frac{\mathrm{cov}(X,Y)}{\sqrt{D(X)D(Y)}} = \frac{E\{[X-E(X)][Y-E(Y)]\}}{\sqrt{D(X)D(Y)}}. \tag{4.4.4}$$

相关系数 ρ 与 $\mathrm{cov}(X,Y)$ 在数值上只相差一个倍数,但相关系数是无量纲的,不受度量单位的影响,因此它能准确一致地反映随机变量 X 与 Y 的关系. 实际上随机变量的相关系数就是"标准化"随机变量后的协方差,即

$$\begin{aligned} \rho = \rho_{XY} &= \frac{\mathrm{cov}(X,Y)}{\sqrt{D(X)D(Y)}} = E\left(\frac{X-E(X)}{\sqrt{D(X)}} \cdot \frac{Y-E(Y)}{\sqrt{D(Y)}}\right) = E(X^*Y^*) \\ &= \mathrm{cov}(X^*,Y^*) = \rho_{X^*Y^*}. \end{aligned}$$

与定义 4.4.2 一样,我们同样可以用相关系数表示 X 与 Y 不相关、正相关及负相关,即若 $\rho_{XY} = 0$,则随机变量 X 与 Y 不相关,否则随机变量 X 与 Y 相关;其中若 $\rho_{XY}>0$,则随机变量 X 与 Y 正相关;若 $\rho_{XY}<0$,则随机变量 X 与 Y 负相关.

定理 4.4.1 随机变量 X 与 Y 的相关系数 ρ_{XY} 具有如下性质：

(1) $\left| \rho_{XY} \right| \leqslant 1$；

(2) $\left| \rho_{XY} \right| = 1$ 的充分必要条件是存在常数 $a \neq 0, b$，使得 $P(Y = aX + b) = 1$，即随机变量 X 与 Y 以概率 1 有线性关系，其中若 $a > 0$，则 $\rho_{XY} = 1$；若 $a < 0$，则 $\rho_{XY} = -1$.

相关系数 ρ_{XY} 是刻画随机变量 X 与 Y 之间线性关系程度的数学特征，$\left| \rho_{XY} \right|$ 越大，随机变量 X 与 Y 之间的线性关系强度越强，且当 $\rho_{XY} > 0$ 时，Y 就呈现出随着 X 的增加而增加的趋势；当 $\rho_{XY} < 0$ 时，Y 就呈现出随着 X 的增加而减少的趋势. 当 $\left| \rho_{XY} \right| = 1$ 时，Y 可几乎由 X 的线性函数给出. $\left| \rho_{XY} \right|$ 越近于 0，则 Y 与 X 的线性相关程度越弱. 当 $\rho_{XY} = 0$ 时，Y 与 X 之间无线性关系.

4.4.1 相关系数性质的证明

例 4.4.4 从 0 到 9 这 10 个数字中有放回地随机抽取 n 次，以 X 和 Y 分别表示抽到偶数和奇数的次数，求 X 和 Y 的相关系数 ρ_{XY}.

解 由题意知 $X + Y = n$，即 $Y = n - X$，且有 $P(Y = n - X) = 1$，由定理 4.4.1 可得 $\rho_{XY} = -1$.

例 4.4.5 设随机变量 X 和 Y 的相关系数 ρ_{XY} 为 0.9，若 $Z = X - 0.4$，求 ρ_{YZ}.

解 $\rho_{YZ} = \dfrac{\text{cov}(Y, Z)}{\sqrt{DY}\sqrt{DZ}} = \dfrac{\text{cov}(Y, X - 0.4)}{\sqrt{DY}\sqrt{DX}} = \dfrac{\text{cov}(Y, X)}{\sqrt{DY}\sqrt{DX}} = \rho_{XY} = 0.9$.

一般地，对于随机变量的线性函数 $Z_1 = aX + b, Z_2 = cY + d \, (a \neq 0, c \neq 0)$，

$$\rho_{Z_1 Z_2} = \frac{ac}{|ac|} \rho_{XY}, \quad 即 \quad \rho_{Z_1 Z_2} = \begin{cases} \rho_{XY}, & ac > 0, \\ -\rho_{XY}, & ac < 0. \end{cases}$$

例 4.4.6 对于例 4.4.3，求 ρ_{XY}.

解 由例 4.4.3 知 $\text{cov}(X, Y) = -\dfrac{1}{144}$，而

$$D(X) = E(X^2) - [E(X)]^2 = \int_0^1 x^2 \int_0^1 (x + y) \, dy \, dx - \frac{49}{144} = \frac{11}{144},$$

$$D(Y) = E(Y^2) - [E(Y)]^2 = \int_0^1 y^2 \int_0^1 (x + y) \, dx \, dy - \frac{49}{144} = \frac{11}{144},$$

则

$$\rho_{XY} = \frac{\text{cov}(X, Y)}{\sqrt{D(X)D(Y)}} = \frac{-\dfrac{1}{144}}{\sqrt{\dfrac{11}{144} \times \dfrac{11}{144}}} = -\frac{1}{11}.$$

例 4.4.7 设随机变量 $X \sim N(0, 1^2), Y = X^n$（$n$ 是正整数），求 ρ_{XY}.

解 $\text{cov}(X, Y) = E(XY) - E(X)E(Y) = E(X^{n+1})$.

由例 4.3.1 知，当 n 为偶数时，$E(X^{n+1}) = 0$，即 $\rho_{XY} = 0$；而当 n 为奇数时，$E(X^{n+1}) = n!!$，且 $D(X^n) = E(X^{2n}) = (2n-1)!!$，则 $\rho_{XY} = \dfrac{n!!}{\sqrt{(2n-1)!!}}$. 综上所述，有

$$\rho_{XY} = \begin{cases} 0, & n \text{ 为偶数}, \\ \dfrac{n!!}{\sqrt{(2n-1)!!}}, & n \text{ 为奇数}. \end{cases}$$

定理 4.4.2 若随机变量 X 与 Y 相互独立，则 X 与 Y 不相关.

证　由于 X 与 Y 相互独立,所以 $\mathrm{cov}(X,Y)=0$,从而 $\rho_{XY}=0$,即 X 与 Y 不相关.

注　定理 4.4.2 的逆命题不成立,即 $\rho_{XY}=0$ 时,X 与 Y 不相关,但 X 与 Y 不一定相互独立.

例 **4.4.8**　设二维随机变量 (X,Y) 的联合分布律如表 4.4.5 所示,试讨论 X 与 Y 的相关性和独立性.

表 4.4.5　(X,Y) 的联合分布律

X	Y		
	-1	0	1
-1	$\dfrac{1}{16}$	$\dfrac{1}{4}$	$\dfrac{1}{16}$
0	$\dfrac{1}{8}$	0	$\dfrac{1}{8}$
1	$\dfrac{1}{16}$	$\dfrac{1}{4}$	$\dfrac{1}{16}$

解　先计算二维随机变量 (X,Y) 的边缘分布律,见表 4.4.6,则有

$$E(X)=-1\times\frac{3}{8}+0\times\frac{1}{4}+1\times\frac{3}{8}=0,\quad E(Y)=-1\times\frac{1}{4}+0\times\frac{1}{2}+1\times\frac{1}{4}=0,$$

$$E(XY)=\frac{1}{16}+0-\frac{1}{16}+0+0+0-\frac{1}{16}+0+\frac{1}{16}=0,$$

则
$$\mathrm{cov}(X,Y)=E(XY)-E(X)E(Y)=0.$$

所以随机变量 X 与 Y 不相关.从表 4.4.6 中可知 $p_{22}=0\neq p_{2.}\times p_{.2}=\dfrac{1}{8}$,所以随机变量 X 与 Y 不相互独立.此处取 $p_{22}=0$ 来验证对于解题来说是最直观也是最快捷的.

表 4.4.6　(X,Y) 的边缘分布律

X	Y			$p_{i.}$
	-1	0	1	
-1	$\dfrac{1}{16}$	$\dfrac{1}{4}$	$\dfrac{1}{16}$	$\dfrac{3}{8}$
0	$\dfrac{1}{8}$	0	$\dfrac{1}{8}$	$\dfrac{1}{4}$
1	$\dfrac{1}{16}$	$\dfrac{1}{4}$	$\dfrac{1}{16}$	$\dfrac{3}{8}$
$p_{.j}$	$\dfrac{1}{4}$	$\dfrac{1}{2}$	$\dfrac{1}{4}$	1

本题在求解过程中,认真观察可发现随机变量 X 与 Y 的分布具有对称性,所以其数学期望的计算可以通过对称性直接得出,而协方差的计算也可利用这点.

例 **4.4.9**　设随机变量 $X\sim N(0,1)$,$Y=|X|$,讨论 X 与 Y 的相关性和独立性.

解　$E(X)=0$,$E(XY)=\displaystyle\int_{-\infty}^{+\infty}x|x|\frac{1}{\sqrt{2\pi}}\mathrm{e}^{-\frac{x^2}{2}}\mathrm{d}x=0$,

$$\mathrm{cov}(X,Y)=E(XY)-E(X)E(Y)=0.$$

因此 X 与 Y 不相关. 下面讨论 X 与 Y 的独立性.

由于 $X \sim N(0,1)$, 所以任取 $0 < x_0 < +\infty$, 有 $P(X \leqslant x_0) \neq 1$, 且有

$$P(X \leqslant x_0, |X| \leqslant x_0) = P(|X| \leqslant x_0) \neq P(X \leqslant x_0) P(|X| \leqslant x_0),$$

所以 X 与 Y 不相互独立. 当然, 从直观上讲 Y 是 X 的函数, 也可以理解为 Y 与 X 之间存在着函数关系, 即 X 与 Y 不相互独立.

例 4.4.10　设随机变量 (X,Y) 在单位圆 $G = \{(x,y) \mid x^2 + y^2 \leqslant 1\}$ 上服从均匀分布, 讨论随机变量 X 与 Y 的相关性.

解　由题意可知

$$f(x,y) = \begin{cases} \dfrac{1}{\pi}, & (x,y) \in G, \\ 0, & \text{其他.} \end{cases}$$

$$E(X) = \int_{-1}^{1} x \int_{-\sqrt{1-x^2}}^{\sqrt{1-x^2}} \frac{1}{\pi} \mathrm{d}y \mathrm{d}x = \frac{1}{\pi} \int_{-1}^{1} 2x\sqrt{1-x^2}\, \mathrm{d}x = 0, \text{同理 } E(Y) = 0,$$

$$E(XY) = \int_{-1}^{1} x \int_{-\sqrt{1-x^2}}^{\sqrt{1-x^2}} y \frac{1}{\pi} \mathrm{d}y \mathrm{d}x = 0,$$

所以 $E(XY) - E(X)E(Y) = 0$, 即随机变量 X 与 Y 不相关, 显然 X 与 Y 也不独立.

两个随机变量相互独立与不相关是两个不同的概念, "不相关" 只说明两个随机变量之间没有线性关系, 但随机变量 X 与 Y 可能还有非线性函数关系; 而 "相互独立" 说明随机变量 X 与 Y 之间没有任何关系, 既无线性关系, 也无非线性关系. 至此我们就可以更好地理解 "相互独立" 必导致 "不相关", 反之不一定成立.

对于二维正态随机变量 (X,Y) 而言, 相互独立与互不相关是等价的. 这也是二维正态随机变量的特殊性质.

例 4.4.11　设二维随机变量 (X,Y) 服从 $N(\mu_1, \mu_2, \sigma_1^2, \sigma_2^2, \rho)$. 证明 $\rho_{XY} = \rho$.

证　由例 3.3.5 得 $X \sim N(\mu_1, \sigma_1^2)$, $Y \sim N(\mu_2, \sigma_2^2)$, 所以

$$E(X) = \mu_1, D(X) = \sigma_1^2, E(Y) = \mu_2, D(Y) = \sigma_2^2.$$

于是

$$\mathrm{cov}(X,Y) = \int_{-\infty}^{+\infty} \int_{-\infty}^{+\infty} (x-\mu_1)(y-\mu_2) f(x,y) \mathrm{d}x \mathrm{d}y$$

$$= \frac{1}{2\pi\sigma_1\sigma_2\sqrt{1-\rho^2}} \int_{-\infty}^{+\infty} \int_{-\infty}^{+\infty} (x-\mu_1)(y-\mu_2) \mathrm{e}^{-\frac{1}{2(1-\rho^2)}\left[\left(\frac{x-\mu_1}{\sigma_1}\right)^2 - 2\rho\left(\frac{x-\mu_1}{\sigma_1}\right)\left(\frac{y-\mu_2}{\sigma_2}\right) + \left(\frac{y-\mu_2}{\sigma_2}\right)^2\right]} \mathrm{d}x \mathrm{d}y.$$

令 $s = \dfrac{x-\mu_1}{\sigma_1}$, $t = \dfrac{y-\mu_2}{\sigma_2}$, 则有

$$\mathrm{cov}(X,Y) = \frac{1}{2\pi\sqrt{1-\rho^2}} \int_{-\infty}^{+\infty} \int_{-\infty}^{+\infty} \sigma_1 s \sigma_2 t \mathrm{e}^{-\frac{(s-\rho t)^2 + (1-\rho^2)t^2}{2(1-\rho^2)}} \mathrm{d}s \mathrm{d}t$$

$$= \frac{\sigma_1\sigma_2}{\sqrt{2\pi}} \int_{-\infty}^{+\infty} t \mathrm{e}^{-\frac{t^2}{2}} \mathrm{d}t \int_{-\infty}^{+\infty} \frac{1}{\sqrt{2\pi}\sqrt{1-\rho^2}} s \mathrm{e}^{-\frac{(s-\rho t)^2}{2(1-\rho^2)}} \mathrm{d}s$$

$$= \frac{\sigma_1 \sigma_2}{\sqrt{2\pi}} \int_{-\infty}^{+\infty} t e^{-\frac{t^2}{2}} \rho t \mathrm{d}t = \rho \sigma_1 \sigma_2.$$

因此

$$\rho_{XY} = \frac{\mathrm{cov}(X,Y)}{\sqrt{D(X)D(Y)}} = \rho.$$

由例 3.4.7 知，二维正态分布随机变量 (X,Y) 相互独立的充分必要条件是参数 $\rho = 0$，现在又知道 $\rho_{XY} = \rho$，故对二维正态分布随机变量而言，"X 与 Y 不相关"和"X 与 Y 相互独立"是等价的.

从上例我们知道，若二维随机变量 (X,Y) 服从二维正态分布 $N(\mu_1, \mu_2, \sigma_1^2, \sigma_2^2, \rho)$，$X$ 与 Y 的相关系数就是参数 ρ，因此二维正态随机变量 (X,Y) 的分布完全由 X 与 Y 各自的数学期望、方差和它们的相关系数唯一确定.

例 4.4.12 设二维随机变量 $(X,Y) \sim N\left(1, 0, 9, 16, -\frac{1}{2}\right)$，$Z = \frac{X}{3} + \frac{Y}{2}$.

(1) 求 Z 的分布；

(2) 求 ρ_{XZ}，判断 X 与 Z 是否不相关；

(3) 判断 X 与 Z 是否独立，并给出理由.

解 (1) 由题意知

$$E(X) = 1, \quad D(X) = 9, \quad E(Y) = 0, \quad D(Y) = 16, \quad \rho_{XY} = -\frac{1}{2},$$

故

$$E(Z) = E\left(\frac{X}{3} + \frac{Y}{2}\right) = \frac{1}{3},$$

$$D(Z) = D\left(\frac{X}{3} + \frac{Y}{2}\right) = D\left(\frac{X}{3}\right) + D\left(\frac{Y}{2}\right) + 2\mathrm{cov}\left(\frac{X}{3}, \frac{Y}{2}\right)$$

$$= \frac{1}{9} \times 9 + \frac{1}{4} \times 16 + 2 \times \frac{1}{3} \times \frac{1}{2} \mathrm{cov}(X,Y).$$

又 $\mathrm{cov}(X,Y) = \rho_{XY}\sqrt{D(X)D(Y)} = -\frac{1}{2} \times 3 \times 4 = -6$，所以

$$D(Z) = 1 + 4 - 6 \times \frac{1}{3} = 3.$$

因此，$Z \sim N\left(\frac{1}{3}, 3\right)$.

(2) $\mathrm{cov}(X,Z) = \mathrm{cov}\left(X, \frac{X}{3} + \frac{Y}{2}\right) = \frac{1}{3}\mathrm{cov}(X,X) + \frac{1}{2}\mathrm{cov}(X,Y)$

$$= \frac{1}{3} \times 9 + \frac{1}{2} \times (-6) = 0,$$

所以 $\rho_{XZ} = \dfrac{\mathrm{cov}(X,Z)}{\sqrt{D(X)D(Z)}} = 0$，因此 X 与 Z 不相关.

(3) 因为 (X,Z) 由 (X,Y) 经线性变换所得，由第三章正态分布性质知 (X,Z) 服从二维正态分布，又 X 与 Z 不相关，因此 X 与 Z 也互相独立.

注意,此处 $Z = \dfrac{X}{3} + \dfrac{Y}{2}$ 也是 X 的函数,但 Z 与 X 是相互独立,所以并不是存在函数关系就一定不独立. 如果 Z 只与 X 存在函数关系,则 Z 与 X 不独立(如例 4.4.9);但如果 Z 与 X 及其他变量存在函数关系,则 Z 与 X 也有可能是独立的(如本例中 Z 与 X 及 Y 存在函数关系,但 Z 与 X 是独立的),要视具体情况而定.

综上所述,对于二维随机变量 (X,Y),一般有下列关系式:

X 与 Y 相互独立 $\Rightarrow X$ 与 Y 不相关 $\Leftrightarrow \rho_{XY} = 0.$

$$\Leftrightarrow \mathrm{cov}(X,Y) = 0$$
$$\Leftrightarrow E(XY) = E(X)E(Y)$$
$$\Leftrightarrow D(X \pm Y) = D(X) + D(Y).$$

4.4.2 多维随机变量的数字特征

对于正态分布随机变量 (X,Y),X 与 Y 相互独立 $\Leftrightarrow X$ 与 Y 不相关.

 内容小结

本章讨论随机变量的数字特征. 概率分布全面地描述了随机变量取值的统计规律性,而数字特征则描述了统计规律性的某些主要特征,并且是由概率分布唯一确定的.

本章概念网络图:

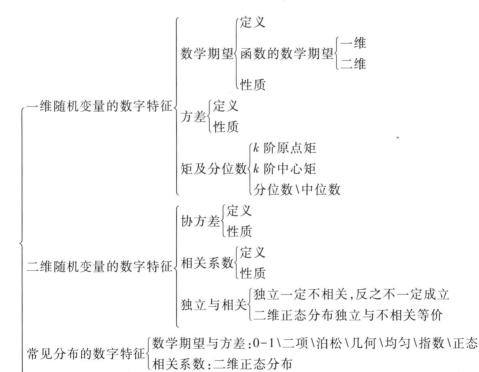

本章的基本要求:

1. 理解数学期望的概念,掌握数学期望的性质与计算;会求随机变量函数的数学期望.

2. 理解方差、标准差的概念,掌握方差的性质与计算;会用切比雪夫不等式进行概率估算.

3. 掌握常见分布的数学期望和方差.

4. 理解协方差和相关系数的概念,掌握它们的性质与计算;掌握随机变量不相关与相互独立的关系.

5. 理解分位数的定义,并会查表求正态分布的上侧分位数.

6. 了解随机变量的矩的概念.

 习题四

第一部分 基 本 题

一、选择题

1. 某人的一串钥匙上有 n 把钥匙,其中只有一把能打开他的家门. 他随意地试用这串钥匙中的某一把去开门. 若每把钥匙试开一次后除去,则打开门时平均试用钥匙次数为( ).

A. $\ln n$ B. $\dfrac{n+1}{2}$ C. $\dfrac{n}{2}$ D. $\dfrac{n-1}{2}$

2. 设随机变量 $X \sim N(1,2)$, $Y \sim E\left(\dfrac{1}{2}\right)$,则下列等式不一定成立的是( ).

A. $E(X+Y)=3$ B. $D(2Y+2)=16$

C. $D(X-Y)=6$ D. $D(3X)=18$

3. 设随机变量 $(X,Y) \sim N(0,0,3,2,0)$,则 $D(3X-2Y)=($).

A. 5   B. 13   C. 19   D. 35

4. 设 X 为随机变量,$E(X)=\mu$,$D(X)=\sigma^2$,则对于任意常数 C,有( ).

A. $E\left[(X-C)^2\right]=E(X^2)-C$ B. $E\left[(X-C)^2\right]=E\left[(X-\mu)^2\right]$

C. $E\left[(X-C)^2\right] \geqslant E\left[(X-\mu)^2\right]$ D. $E\left[(X-C)^2\right] \leqslant E\left[(X-\mu)^2\right]$

5. 对于随机变量 X 与 Y,若 $D(X+Y)=D(X-Y)$,则( ).

A. $D(XY)=D(X)D(Y)$ B. $E(XY)=E(X)E(Y)$

C. X 与 Y 相互独立   D. X 与 Y 不独立

6. 设随机变量 X 与 Y 独立同分布,$U=3X+3Y$,$V=X-Y$,则 U,V 必然( ).

A. 相互独立   B. 负相关   C. 正相关   D. 不相关

7. 设随机变量 $X \sim N(1,2)$,$Y=2X+1$,则 $Y \sim ($).

A. $N(1,2)$ B. $N(2,4)$ C. $N(3,6)$ D. $N(3,8)$

8. 设随机变量 X 的密度函数满足 $\forall x \in \mathbf{R}$,$f(x)=f(-x)$,且 $E\left(\left|X\right|^3\right)<+\infty$,则 X 与 X^2 的关系是( ).

A. 相互独立   B. 不相关   C. 相关   D. 不确定

二、填空题

1. 设随机变量 X 的分布律如下表

X	-2	0	2
P	0.3	0.4	0.3

则 $E(X)=$ _____ ,$D(X)=$ _____ .

2. 设 X 的概率分布为 $P(X=k) = \dfrac{AB^k}{k!}$，$k = 0, 1, 2, \cdots$；若已知 $E(X) = 2$，则常数 $A = $ _____，$B = $

_____，$E(X^2 - 4X + 4) = $ _____．

3. 设随机变量 $X \sim P(\lambda)$，则 $E\left(\dfrac{1}{X+1}\right) = $ _____．

4. 设随机变量 $X \sim U(-1, 3)$，随机变量

$$Y = \begin{cases} 1, & X > 0, \\ 0, & X = 0, \\ -1, & X < 0, \end{cases}$$

则 $D(Y) = $ _____．

5. 设 X 为随机变量，且 $E(X) = -2$，$D(X) = 3$，则 $E(3X^2 - 2X + 6) = $ _____．

6. 设随机变量 X 与 Y 独立同分布，且 $X \sim N\left(0, \dfrac{1}{2}\right)$，则 $E|X-Y| = $ _____．

7. 已知每毫升正常男性成人血液中，白细胞数平均是 7 300，均方差是 700. 由切比雪夫不等式估计每毫升血液中白细胞数在 4 500~10 100 的概率不小于 _____．

8. 设随机变量 X 与 Y 的方差分别为 16, 25，相关系数为 0.4，则 $D(X+Y) = $ _____，$D(2X-Y) = $ _____．

9. 若随机变量 $X \sim U(a, b)$，则 X 的中位数是 _____．

10. 设随机变量 X, Y, Z 相互独立，且 $D(X) = 25$，$D(Y) = 144$，$D(Z) = 81$，$U = X + Y$，$V = Y + Z$，则 $\rho_{UV} = $ _____．

11. 将一枚硬币重复抛掷 n 次，以 X 和 Y 分别表示正面和反面朝上的次数，则 X 和 Y 的相关系数等于 _____．

12. 设随机变量 X 和 Y 的数学期望分别为 -3 和 3，方差分别为 1 和 4，相关系数为 0.5，则 $P(|X+Y| \geq 5) \leq $ _____．

三、计算题

1. 现有 10 张奖券，其中 8 张为 2 元，2 张为 5 元，某人从中随机地无放回地抽取 3 张，求此人得奖金额的数学期望．

2. 按规定，某车站每天 8：00—9：00 和 9：00—10：00 都恰有一辆客车到站，到站的时刻相互独立. 其分布律为

8：00—9：00 到站时间 9：00—10：00 到站时间	8：10 9：10	8：30 9：30	8：50 9：50
到站概率	$\dfrac{1}{6}$	$\dfrac{1}{2}$	$\dfrac{1}{3}$

若一旅客 8：20 到达车站，求他候车时间的数学期望．

3. 设送客汽车载有 20 位旅客，自始发站开出，旅客有 10 个车站可以下车，如到达一个车站没有旅客下车，就不停车. 设每位旅客在各站下车是等可能的，求平均停车次数．

4. 把数字 $1, 2, \cdots, n$ 任意地排成一行，如果数字 i $(i = 1, 2, \cdots, n)$ 恰好出现在第 i 个位置上，那么称为一个巧合，求巧合个数的数学期望．

5. 设随机变量 X 的分布律为 $P\left(X = (-1)^{i+1}\dfrac{3^i}{i}\right) = \dfrac{2}{3^i}$，$i = 1, 2, \cdots$，求 $E(X)$．

6. 某干货批发商每批发 1 吨干货可获利 a 元，每库存 1 吨干货则损失 b 元，假设干货批发量 X 服从

$E(\lambda)$ 的指数分布, 问库存多少吨干货才能使得平均盈利达到最大?

7. 设某种商品每周的需求量 $X \sim U(10,30)$, 而经销的商场进货数量为区间 $[10,30]$ 中的某一整数. 商场每销售一单位商品可获利 500 元; 若供大于求则降价处理, 每处理一单位商品亏损 100 元; 若供不应求, 则可从外部调剂, 此时每一单位商品仅获利 300 元. 为使商场所获利润期望值不少于 9 280 元, 试确定进货量区间.

8. 设随机变量 X 的分布律为

X	-2	-1	1	2
P	0.2	0.3	0.3	0.2

求 $E(|X|), E(X^2)$.

9. 设随机变量 X 的密度函数为

$$f(x) = \begin{cases} ax, & 0 \leq x \leq 2, \\ cx+b, & 2 \leq x \leq 4, \\ 0, & \text{其他}, \end{cases}$$

且已知 $E(X) = 2, P(1 < X < 3) = \dfrac{3}{4}$, 求 (1) a, b, c; (2) $E e^X$.

10. 设二维随机变量 (X,Y) 的联合概率密度为

$$f(x,y) = \begin{cases} 2, & 0 < x < 1, 0 < y < x, \\ 0, & \text{其他}. \end{cases}$$

求 $E(X+Y), E(XY)$.

11. 设二维随机变量 (X,Y) 在圆盘 $x^2 + y^2 \leq R^2$ 上服从均匀分布, 求点 (X,Y) 到圆心的距离的数学期望.

12. 设随机变量 $X \sim N(0, \sigma^2)$, 求 $E(X^n), E(|X|^n), n \geq 1$.

13. 设二维随机变量 (X,Y) 的联合概率密度为

$$f(x,y) = \begin{cases} 4xy e^{-x^2-y^2}, & x > 0, y > 0, \\ 0, & \text{其他}, \end{cases}$$

求 $Z = \sqrt{X^2 + Y^2}$ 的数学期望.

14. 设随机变量 X, Y 相互独立, 密度函数分别为

$$f_X(x) = \begin{cases} 2x, & 0 < x < 1, \\ 0, & \text{其他}, \end{cases} \quad f_Y(y) = \begin{cases} e^{-(y-5)}, & y > 5, \\ 0, & \text{其他}, \end{cases}$$

求 $E(XY)$.

15. 游客乘电梯从底层到电视塔顶层观光, 电梯于每个整点的第 5 分, 25 分和 55 分从底层起行. 假设一游客在 8:00 的第 X 分到达底层电梯口, 且 $X \sim U(0,60)$, 求该游客等候时间的数学期望.

16. 设随机变量 X 的概率密度为 $f(x) = \begin{cases} 8(1-x)^7, & 0 < x < 1, \\ 0, & \text{其他}, \end{cases}$ 求 $E(X), D(X)$.

17. 设灯管使用寿命 X 服从指数分布, 已知其平均使用寿命为 3 000 h. 现有 10 只这样的灯管 (并联) 每天工作 4 h, 求 150 天内这 10 只灯管

(1) 至少有一只灯管需要更换的概率;

(2) 平均需要更换几只;

(3) 需要更换灯管数的方差.

18. 设随机变量 X 的分布函数如下, 试求 $E(X)$.

$$F(x) = \begin{cases} \dfrac{1}{2}e^x, & x<0, \\[2mm] \dfrac{1}{2}, & 0 \leqslant x < 1, \\[2mm] 1 - \dfrac{1}{2}e^{-\frac{1}{2}(x-1)}, & x \geqslant 1. \end{cases}$$

19. 设随机变量 X 服从 Γ(伽马)分布,其概率密度函数为

$$f(x) = \begin{cases} \dfrac{\beta}{\Gamma(\alpha)}(\beta x)^{\alpha-1}e^{-\beta x}, & x>0, \\[2mm] 0, & \text{其他}, \end{cases}$$

其中 $\alpha>0,\beta>0$ 为常数,求 $E(X),D(X)$.

20. 设随机变量 X 服从对数正态分布,其概率密度函数为

$$f(x) = \begin{cases} \dfrac{1}{\sqrt{2\pi}\,\sigma x}e^{-\frac{(\ln x-\mu)^2}{2\sigma^2}}, & x>0, \\[2mm] 0, & \text{其他}, \end{cases}$$

其中 $\sigma>0,\mu$ 为常数,求 $E(X),D(X)$.

21. 将一枚均匀硬币连续抛 1 000 次,利用切比雪夫不等式估计在 1 000 次试验中出现正面的次数在 400 至 600 次之间的概率.

22. 设随机变量 X,Y 相互独立,且概率密度分别为

$$f_X(x) = \dfrac{1}{\sqrt{\pi}}e^{-x^2+2x-1}, \quad -\infty < x < +\infty; \qquad f_Y(y) = \begin{cases} \dfrac{1}{2}, & 0<y<2, \\[2mm] 0, & \text{其他}. \end{cases}$$

求 $E(X+Y),D(2X+Y)$.

23. 设二维随机变量 (X,Y) 的联合概率密度为

$$f(x,y) = \begin{cases} 6xy^2, & 0<x<1,0<y<1, \\ 0, & \text{其他}. \end{cases}$$

求 $E(X),E(Y),\mathrm{cov}(X,Y)$.

24. 设二维随机变量 (X,Y) 的联合概率密度为

$$f(x,y) = \begin{cases} (x+y)/8, & 0<x<2,0<y<2, \\ 0, & \text{其他}, \end{cases}$$

求 $E(X),E(Y),\mathrm{cov}(X,Y),\rho_{XY}$.

25. 设二维随机变量 (X,Y) 在由 x 轴,y 轴及直线 $x+y+1=0$ 所围成的区域上服从均匀分布. 求相关系数 ρ_{XY}.

26. 点 (X,Y) 在以 $(0,0),(1,0)$ 和 $(0,1)$ 为顶点的三角形内服从均匀分布,求 X 与 Y 的相关系数.

27. 设二维离散随机变量 (X,Y) 满足 $P(XY=0)=1$,且边缘分布如下:

X	-1	0	1
P	$\dfrac{1}{4}$	$\dfrac{1}{2}$	$\dfrac{1}{4}$

Y	0	1
P	$\dfrac{1}{2}$	$\dfrac{1}{2}$

试求 (X,Y) 的相关系数 ρ_{XY},并判断随机变量 X,Y 是否相互独立.

28. 设随机变量 X,Y 相互独立,都服从 $N(\mu,\sigma^2)$. 令 $U=\alpha X+\beta Y,V=\alpha X-\beta Y$($\alpha,\beta$ 为常数). 求:(1) 相关系数 ρ_{UV};(2) 讨论相关性和独立性.

29. 设随机变量 $X \sim U(0, 2\pi)$，$Y = \cos X$. 讨论 X 与 Y 的相关性.

30. 设随机变量 X 服从拉普拉斯分布，其概率密度函数为

$$f(x) = \frac{1}{2} e^{-|x|}, \quad -\infty < x < +\infty.$$

（1）求 X 的数学期望 $E(X)$ 和方差 $D(X)$；

（2）求 $\mathrm{cov}(X, |X|)$，并问：X 与 $|X|$ 是否相关？

（3）问：X 与 $|X|$ 是否相互独立？为什么？

31. 设随机变量 $X \sim N(50, 1)$，$Y \sim N(60, 4)$，且 X 与 Y 相互独立，记 $Z = 3X - 2Y - 10$，求 $P(Z > 10)$.

32. 设 $X_1, X_2, \cdots, X_n$ 独立同分布且方差有限均为 σ^2，令 $\overline{X} = \frac{1}{n} \sum_{i=1}^{n} X_i$，当 $i \neq j$ 时，求 $X_i - \overline{X}$ 与 $X_j - \overline{X}$ 的相关系数.

第二部分 提 高 题

1. 对产品进行抽查，只要发现废品就认为这批产品不合格，并结束抽查. 若抽查到第 n 件仍未发现废品则认为这批产品合格. 假设产品数量很大，每次抽查到废品的概率都是 p，求平均需抽查的件数.

2. 现有 n 个袋子，各装有 a 只白球和 b 只黑球，先从第一个袋中摸出一球，记下颜色后就把它放入第二个袋子中，再从第二个袋子中摸出一球，记下颜色后就把它放入第三个袋子中，依此下去，最后从第 n 个袋子中摸出一球并记下颜色，记 S_n 表示这 n 次摸球中所得的白球总数，求 $E(S_n)$.

3. 设 a 为区间 $(0, 1)$ 内的一个定点，随机变量 X 在其上服从均匀分布，以 Y 表示点 X 到 a 的距离，问 a 为何值时，随机变量 X 与 Y 不相关.

4. 设 $g(x)$ 为随机变量 X 取值的集合上的非负不减函数，且 $E[g(X)]$ 存在. 证明：对任意的 $\varepsilon > 0$，均有

$$P(X > \varepsilon) \leqslant \frac{E[g(X)]}{g(\varepsilon)}.$$

5. 设有一个均匀的转盘，其圆周分成连续的三个部分，第一部分占 $1/4$ 圆周，并全部刻上 1；第二部分也占 $1/4$，全部刻上 2；剩下的第三部分均匀地刻上 $[0, 1)$ 区间内的数字. 指示圆周上刻度的指针固定不动，旋转转盘，求转盘停止时，指针所指刻度的数学期望.

6. 将 n 封不同的信件随机装入 n 个写好地址的信封，平均有几封信能搭配正确？

7. 随机变量 X, Y 的数学期望均存在，若 $X \leqslant Y$ 几乎处处成立，证明 $EX \leqslant EY$. 并证明如下推论：

（1）若 $a, b\,(a \leqslant b)$ 为常数，且 $a \leqslant X \leqslant b$，则 $a \leqslant E(X) \leqslant b$；

（2）对任意的随机变量 X，有 $|E(X)| \leqslant E(|X|)$.

8. 若 $E(|X|) = 0$，证明 $P(X = 0) = 1$.

9. 设 $X_1, X_2, \cdots, X_n$ 相互独立，$D(X_i) = \sigma_i^2$，$i = 1, 2, \cdots, n$，$\sum_{i=1}^{n} a_i = 1$，求 a_i，使得 $\sum_{i=1}^{n} a_i X_i$ 的方差达到最小.

第三部分 近年考研真题

一、选择题

1. （2020）设随机变量 (X, Y) 服从二维正态分布 $N\left(0, 0, 1, 4, -\frac{1}{2}\right)$，则下列随机变量中服从标准正态分布且与 X 独立的是（　　）.

A. $\frac{\sqrt{5}}{5}(X+Y)$ B. $\frac{\sqrt{5}}{5}(X-Y)$ C. $\frac{\sqrt{3}}{3}(X+Y)$ D. $\frac{\sqrt{3}}{3}(X-Y)$

2. （2022）设随机变量 $X \sim U(0, 3)$，随机变量 Y 服从参数为 2 的泊松分布，且 X 与 Y 的协方差为 -1，则 $D(2X - Y + 1) = ($　　$)$.

A. 1　　　　　　B. 5　　　　　　C. 9　　　　　　D. 12

3. (2022)设随机变量 $X_1, X_2, \cdots, X_n$ 独立同分布,且 X_1 的 4 阶矩存在,记 $\mu_k = E(X_1^k)$ $(k=1,2,3,4)$,则由切比雪夫不等式,对任意 $\varepsilon>0$ 有 $P\left(\left|\dfrac{1}{n}\sum_{i=1}^{n} X_i^2 - \mu_2\right| \geqslant \varepsilon\right) \leqslant ($ 　　 $)$.

A. $\dfrac{\mu_4 - \mu_2^2}{n\varepsilon^2}$　　　　B. $\dfrac{\mu_4 - \mu_2^2}{\sqrt{n}\,\varepsilon^2}$　　　　C. $\dfrac{\mu_2 - \mu_1^2}{n\varepsilon^2}$　　　　D. $\dfrac{\mu_2 - \mu_1^2}{\sqrt{n}\,\varepsilon^2}$

4. (2022)设随机变量 $X \sim N(0,1)$,在 $X=x$ 条件下,随机变量 $Y \sim N(x,1)$,则 X 与 Y 的相关系数为 (　).

A. $\dfrac{1}{4}$　　　　　B. $\dfrac{1}{2}$　　　　　C. $\dfrac{\sqrt{3}}{3}$　　　　　D. $\dfrac{\sqrt{2}}{2}$

5. (2022)设随机变量 $X \sim N(0,4)$,随机变量 $Y \sim B\left(3,\dfrac{1}{3}\right)$,且 X 与 Y 不相关,则 $D(X-3Y+1) = ($ 　　 $)$.

A. 2　　　　　　B. 4　　　　　　C. 6　　　　　　D. 10

6. (2022)设二维随机变量 (X,Y) 的概率分布为

X	Y		
	0	1	2
-1	0.1	0.1	b
1	a	0.1	0.1

若事件 $\{\max\{X,Y\}=2\}$ 与事件 $\{\min\{X,Y\}=1\}$ 相互独立,则 $\mathrm{cov}(X,Y) = ($ 　　 $)$.

A. -0.6　　　　B. -0.36　　　　C. 0　　　　　D. 0.48

7. (2023)设随机变量 X 服从参数为 1 的泊松分布,则 $E(|X-EX|) = ($ 　　 $)$.

A. $\dfrac{1}{\mathrm{e}}$　　　　　B. $\dfrac{1}{2}$　　　　　C. $\dfrac{2}{\mathrm{e}}$　　　　　D. 1

二、填空题

1. (2019)设随机变量 X 的概率密度为 $f(x) = \begin{cases} \dfrac{x}{2}, & 0<x<2, \\ 0, & 其他 \end{cases}$,$F(x)$ 为 X 的分布函数,EX 为 X 的数学期望,则 $P(F(X)>EX-1) = $ _____.

2. (2020)已知随机变量 X 服从区间 $\left(-\dfrac{\pi}{2}, \dfrac{\pi}{2}\right)$ 内的均匀分布,$Y = \sin X$,则 $\mathrm{cov}(X,Y) = $ _____.

3. (2020)设随机变量 X 的分布律为 $P(X=k) = \dfrac{1}{2^k}$,$k=1,2,\cdots$,Y 为 X 被 3 除的余数,则 $EY = $ _____.

4. (2021)甲乙两个盒子中各装有 2 个红球和 2 个白球,先从甲盒中任取一球,观察颜色后放入乙盒中,再从乙盒中任取一球. 令 X, Y 分别表示从甲盒和乙盒中取到的红球个数,则 X 与 Y 的相关系数为 _____.

5. (2023)设随机变量 X, Y 相互独立,且 $X \sim B(1,p)$,$Y \sim B(2,p)$,$p \in (0,1)$,则 $X+Y$ 与 $X-Y$ 的相关系数为 _____.

三、解答题

1. (2018)已知随机变量 X, Y 相互独立,且 X 的概率分布为 $P(X=1) = P(X=-1) = \dfrac{1}{2}$.$Y$ 服从参数为 λ 的泊松分布,$Z = XY$.求:(1) $\mathrm{cov}(X,Z)$;(2) Z 的分布律.

2. (2019)设随机变量 X 与 Y 相互独立,X 服从参数为 1 的指数分布,Y 的概率分布为 $P(Y=-1) = p$,

$P(Y=1)=1-p$,令 $Z=XY$,(1) 求 Z 的概率密度;(2) p 为何值时,X 与 Z 不相关?(3) X 与 Z 是否相互独立?

3. (2020)设二维随机变量 (X,Y) 在区域 $D=\{(x,y)\mid 0<y<\sqrt{1-x^2}\}$ 上服从均匀分布,且

$$Z_1=\begin{cases}1, & X-Y>0,\\ 0, & X-Y\leq 0,\end{cases}\qquad Z_2=\begin{cases}1, & X+Y>0,\\ 0, & X+Y\leq 0.\end{cases}$$

(1) 求二维随机变量 (Z_1,Z_2) 的概率分布;(2) 求 Z_1,Z_2 的相关系数.

4. (2021)在区间 $(0,2)$ 内随机取一点,将该区间分成两段,较短一段的长度记为 X,较长一段的长度记为 Y,令 $Z=\dfrac{Y}{X}$.

(1) 求 X 的概率密度;(2) 求 Z 的概率密度;(3) 求 $E\left(\dfrac{X}{Y}\right)$.

5. (2023)设二维随机变量 (X,Y) 的概率密度为 $f(x,y)=\begin{cases}\dfrac{2}{\pi}(x^2+y^2), & x^2+y^2\leq 1,\\ 0, & \text{其他}.\end{cases}$ (1) 求 X 与 Y 的方差;(2) X 与 Y 是否相互独立?(3) 求 $Z=X^2+Y^2$ 的概率密度.

6. (2023)设随机变量 X 的概率密度为 $f(x)=\dfrac{\mathrm{e}^x}{(1+\mathrm{e}^x)^2}$,$-\infty<x<+\infty$,令 $Y=\mathrm{e}^X$.(1) 求 X 的分布函数;(2) 求 Y 的概率密度;(3) Y 的数学期望是否存在?

第五章

极限定理初步 ———————————————————○

> 对于自然界中的随机现象,虽然无法确切地判断其状态的变化,但如果对随机现象进行大量的重复试验,会发现试验结果呈现出明显的规律性,用极限方法讨论随机现象的规律性就是概率论极限理论的内容.概率论的极限理论历史悠久、内容十分丰富,大数定律和中心极限定理仅是极限理论中的两个重要部分,它在概率论和数理统计的理论研究和实际应用中都有十分重要的地位.本章主要介绍大数定律和中心极限定理中一些最基本的内容.

§5.1 随机变量序列的收敛性

极限定理就是研究随机变量序列的收敛性(极限),我们先看数列(常数序列)的收敛性,数列的收敛性(极限)直观理解就是"越来越接近",它可以通过比较大小来判断是否"越来越接近",所以就只有一种收敛性.随机变量的收敛性也可以直观地理解为"越来越接近",但由于随机变量之间不能比较大小,所以就要通过其他不同的方式来判断是否"越来越接近",这就形成不同方式的收敛性.

设 $\{X_n\}$ 为随机变量序列,X 为随机变量(也可以是常数),X 要成为随机变量序列 $\{X_n\}$ 的极限(或者说随机变量序列 $\{X_n\}$ 收敛于 X),就要找一种方式来判断 X_n 是否"越来越接近"X,依据随机变量自身的特性,最常见的判断方式有两种,一种是按概率方式,另一种是按分布函数的方式,这就是下面介绍的两种收敛性:依概率收敛和依分布收敛.

按概率方式,就是 X_n 与 X"越来越接近"的概率很大,即

定义 5.1.1(依概率收敛) 设 $\{X_n\}$ 为随机变量序列,X 为随机变量.如果对任意的 $\varepsilon>0$,有

$$\lim_{n\to\infty} P(|X_n-X|<\varepsilon)=1, \tag{5.1.1}$$

那么称 $\{X_n\}$ 依概率收敛于 X,记作 $X_n \xrightarrow{P} X$.

按分布函数的方式,就是 X_n 的分布函数 $F_n(x)$ 与 X 的分布函数 $F(x)$"越来越接近",这

实际上就是函数序列的收敛性,即

定义 5.1.2(依分布收敛) 设随机变量序列 $\{X_n\}$ 和随机变量 X 的分布函数分别为 $\{F_n(x)\}$ 和 $F(x)$,如果对 $F(x)$ 的任一连续点 x,都有

$$\lim_{n\to\infty} F_n(x) = F(x), \tag{5.1.2}$$

那么称随机变量序列 $\{X_n\}$ 依分布收敛于随机变量 X,记作 $X_n \overset{L}{\longrightarrow} X$. 也称 $\{F_n(x)\}$ 弱收敛于 $F(x)$,记作 $F_n(x) \overset{W}{\longrightarrow} F(x)$.

下面简单介绍一下这两种收敛的性质.

定理 5.1.1 设 $\{X_n\}$,$\{Y_n\}$ 为两个随机变量序列,X,Y 是两个随机变量,如果

$$X_n \overset{P}{\longrightarrow} X, \qquad Y_n \overset{P}{\longrightarrow} Y,$$

那么

(1) $X_n \pm Y_n \overset{P}{\longrightarrow} X \pm Y$;

(2) $X_n \times Y_n \overset{P}{\longrightarrow} X \times Y$;

(3) $X_n / Y_n \overset{P}{\longrightarrow} X/Y\,(Y \neq 0)$.

证明略.

定理 5.1.2 设 $X_n \overset{P}{\longrightarrow} X$,则 $X_n \overset{L}{\longrightarrow} X$.

证明略.

定理 5.1.3 设 a 为常数,则 $X_n \overset{P}{\longrightarrow} a \Leftrightarrow X_n \overset{L}{\longrightarrow} a$.

证明略.

例 5.1.1 设随机变量序列 $\{X_n\}$ 相互独立,分布律分别为

$$P(X_n = 0) = \frac{1}{n}, \quad P(X_n = 1) = \frac{n-1}{n}, \quad n = 1, 2, \cdots,$$

证明:$X_n \overset{P}{\longrightarrow} 1$,同时 $X_n \overset{L}{\longrightarrow} 1$.

证 对任意的 $\varepsilon > 0\,(\varepsilon < 1)$,有

$$P(|X_n - 1| < \varepsilon) = P(1 - \varepsilon < X_n < 1 + \varepsilon)$$

$$= P(X_n = 1) = \frac{n-1}{n} \to 1 \quad (n \to \infty).$$

所以 $X_n \overset{P}{\longrightarrow} 1$,根据定理 5.1.3 可得 $X_n \overset{L}{\longrightarrow} 1$.

§5.2 大 数 定 律

大数定律是研究随机变量序列 $\{X_n\}$ 前 n 项平均数 $\dfrac{1}{n}\sum_{i=1}^{n} X_i$ 的收敛性,它属于依概率收敛问题.

一、 大数定律的一般形式

定义 5.2.1　设 $\{X_n\}$ 为随机变量序列,且 $E(X_n)(n=1,2,\cdots)$ 存在,如果

$$\frac{1}{n}\sum_{i=1}^{n}X_i-\frac{1}{n}\sum_{i=1}^{n}E(X_i)\xrightarrow{P}0,\qquad(5.2.1)$$

那么称随机变量序列 $\{X_n\}$ 服从大数定律. 即对任意的 $\varepsilon>0$,有

$$\lim_{n\to\infty}P\left(\left|\frac{1}{n}\sum_{i=1}^{n}X_i-\frac{1}{n}\sum_{i=1}^{n}E(X_i)\right|<\varepsilon\right)=1.\qquad(5.2.2)$$

大数定律有多种形式,不同的大数定律只是对不同的随机变量序列 $\{X_n\}$ 而言,即研究随机变量序列 $\{X_n\}$ 在满足什么条件下服从大数定律.

二、 伯努利大数定律

定理 5.2.1(伯努利大数定律)　设随机变量序列 $\{X_n\}$ 独立同分布,且 $X_i\sim B(1,p)(i=1,2,\cdots)$,则随机变量序列 $\{X_n\}$ 服从大数定律.

证　设 $Z_n=\frac{1}{n}\sum_{i=1}^{n}X_i$,则 $E(Z_n)=\frac{1}{n}\sum_{i=1}^{n}E(X_i)=\frac{np}{n}=p$,$D(Z_n)=\frac{1}{n^2}\sum_{i=1}^{n}D(X_i)=\frac{p(1-p)}{n}$.

对任意 $\varepsilon>0$,由切比雪夫不等式有

$$P\left(\left|\frac{1}{n}\sum_{i=1}^{n}X_i-\frac{1}{n}\sum_{i=1}^{n}E(X_i)\right|<\varepsilon\right)=P(|Z_n-E(Z_n)|<\varepsilon)\geqslant1-\frac{D(Z_n)}{\varepsilon^2}=1-\frac{p(1-p)}{n\varepsilon^2},$$

所以 $\lim\limits_{n\to\infty}P\left(\left|\frac{1}{n}\sum_{i=1}^{n}X_i-\frac{1}{n}\sum_{i=1}^{n}E(X_i)\right|<\varepsilon\right)=1$,即 $\{X_n\}$ 服从大数定律.

伯努利大数定律也可以写成另一种形式:

设 X 是 n 次独立试验(n 次伯努利试验)中随机事件 A 发生的次数,p 是每次试验时事件 A 发生的概率,即 $X\sim B(n,p)$,则对任意 $\varepsilon>0$,有

$$\lim_{n\to\infty}P\left(\left|\frac{X}{n}-p\right|<\varepsilon\right)=1,$$

或

$$\frac{X}{n}\xrightarrow{P}p.$$

实际上,构造一个服从 $B(1,p)$ 分布的相互独立随机变量序列 $\{X_n\}$,X 刚好与 $\sum_{i=1}^{n}X_i$ 同分布,这样就与上面的伯努利大数定律一致.

伯努利大数定律表明,事件 A 发生的频率 $\frac{X}{n}$,随着试验次数 n 的增多,"越来越接近"概率 p,从而为第一章中的统计概率的定义提供了理论保障.

三、 切比雪夫大数定律

定理 5.2.2(切比雪夫大数定律) 设 $\{X_n\}$ 为两两不相关的随机变量序列,若每个随机变量 X_i 的方差存在,且有共同的上界,即 $D(X_i) \leqslant c$(c 为常数),$i = 1, 2, \cdots$,则随机变量序列 $\{X_n\}$ 服从大数定律.

证 因为 $\{X_n\}$ 两两不相关,所以

$$D\left(\frac{1}{n}\sum_{i=1}^{n}X_i\right) = \frac{1}{n^2}\sum_{i=1}^{n}D(X_i) \leqslant \frac{c}{n}.$$

由切比雪夫不等式得:对任何 $\varepsilon > 0$,有

$$p\left(\left|\frac{1}{n}\sum_{i=1}^{n}X_i - \frac{1}{n}\sum_{i=1}^{n}E(X_i)\right| < \varepsilon\right) \geqslant 1 - \frac{D\left(\frac{1}{n}\sum_{i=1}^{n}X_i\right)}{\varepsilon^2} \geqslant 1 - \frac{c}{n\varepsilon^2}.$$

于是当 $n \to \infty$ 时,有

$$\lim_{n \to \infty} P\left(\left|\frac{1}{n}\sum_{i=1}^{n}X_i - \frac{1}{n}\sum_{i=1}^{n}E(X_i)\right| < \varepsilon\right) = 1.$$

设 $\{X_n\}$ 为独立同分布随机变量序列,且 $X_i \sim B(1, p)$,则

$$D(X_i) = p(1-p) \leqslant \frac{1}{4} \quad (i = 1, 2, \cdots).$$

即 $\{X_n\}$ 满足切比雪夫大数定律的条件,所以 $\{X_n\}$ 服从大数定律,即伯努利大数定律是切比雪夫大数定律的特例.

四、 辛钦大数定律

定理 5.2.3(辛钦大数定律) 设 $\{X_n\}$ 为独立同分布随机变量序列,若每个随机变量 X_i 的数学期望存在,即 $E(X_i) = \mu$($i = 1, 2, \cdots$),则随机变量序列 $\{X_n\}$ 服从大数定律.

5.2.1 辛钦

证明略.

设 $\{X_n\}$ 为独立同分布随机变量序列,且 $X_i \sim B(1, p)$,则

$$E(X_i) = p \quad (i = 1, 2, \cdots),$$

即 $\{X_n\}$ 满足辛钦大数定律的条件,所以 $\{X_n\}$ 服从大数定律,即伯努利大数定律是辛钦大数定律的特例.

切比雪夫大数定律与辛钦大数定律的区别是:随机变量序列满足的条件不同. 切比雪夫大数定律只要求 $\{X_n\}$ 两两不相关(不要求相互独立),但每个 X_i 的方差要存在,并且要有共同的上界;而辛钦大数定律要求 $\{X_n\}$ 相互独立,但只要求每个 X_i 的数学期望存在(不要求方差存在). 所以在使用这两个定律时,一定要看清条件.

5.2.2 辛钦大数定律的应用

例 5.2.1 设 $\{X_n\}$ 为相互独立的随机变量序列,且其分布律分别为

X_n	-1	0	1
P	$\dfrac{1}{2^{n+1}}$	$1-\dfrac{1}{2^n}$	$\dfrac{1}{2^{n+1}}$

$n=1,2,\cdots.$

问:$\{X_n\}$是否服从大数定律?

解　$E(X_n)=(-1)\cdot\dfrac{1}{2^{n+1}}+0\cdot\left(1-\dfrac{1}{2^n}\right)+1\cdot\dfrac{1}{2^{n+1}}=0,$

$E(X_n^2)=(-1)^2\cdot\dfrac{1}{2^{n+1}}+0^2\cdot\left(1-\dfrac{1}{2^n}\right)+1^2\cdot\dfrac{1}{2^{n+1}}=\dfrac{1}{2^n},$

$D(X_n)=E(X_n^2)-E^2(X_n)=\dfrac{1}{2^n}\leqslant\dfrac{1}{2}\quad(n=1,2,\cdots),$

所以X_n方差存在,且有共同上界,由题意$\{X_n\}$相互独立(两两不相关),即$\{X_n\}$满足切比雪夫大数定律的条件,所以$\{X_n\}$服从大数定律. 请注意:本例的随机变量序列是不同分布,所以不满足辛钦大数定律的条件.

例 5.2.2　设$\{X_n\}$为独立同分布的随机变量序列,且密度函数为

$$f(x)=\begin{cases}\dfrac{2}{x^3}, & x>1,\\ 0, & \text{其他},\end{cases}$$

问:$\{X_n\}$是否服从大数定律?

解　因为$\{X_n\}$独立同分布,且$E(X_1)=\displaystyle\int_{-\infty}^{+\infty}xf(x)\mathrm{d}x=\int_1^{+\infty}\dfrac{2}{x^2}\mathrm{d}x=2$存在,即$\{X_n\}$满足辛钦大数定律,所以$\{X_n\}$服从大数定律. 请注意:本例随机变量的方差不存在,所以不满足切比雪夫大数定律的条件.

§5.3　中心极限定理

大数定律是研究随机变量序列$\{X_n\}$前n项平均数$\dfrac{1}{n}\displaystyle\sum_{i=1}^n X_i$的收敛性(依概率收敛),而中心极限定理是研究随机变量序列$\{X_n\}$前n项之和$\displaystyle\sum_{i=1}^n X_i$的收敛性(依分布收敛),或更直观理解就是研究随机变量序列$\{X_n\}$满足什么条件下,其前n项之和$\displaystyle\sum_{i=1}^n X_i$的极限分布是正态分布. 在第二章介绍正态分布时,我们曾经指出,正态分布是自然界中十分常见的一种分布. 人们自然会提出这样的问题:为什么正态分布会如此广泛地存在?应该如何解释这一现象? 这就是中心极限定理所呈现的结果.

中心极限定理内容非常丰富,我们仅介绍两个条件比较简单,也是常用的中心极限定理.

一、独立同分布中心极限定理

定理 5.3.1(林德伯格-列维中心极限定理) 设随机变量 $X_1, X_2, \cdots,$ $X_n, \cdots$ 独立同分布,且数学期望和方差存在:$E(X_i) = \mu, D(X_i) = \sigma^2 \neq 0$ ($i = 1, 2, \cdots$),则随机变量

5.3.1 林德伯格

$$Y_n = \frac{\sum_{i=1}^{n} X_i - n\mu}{\sqrt{n}\,\sigma}$$

的分布函数 $F_n(x)$ 收敛到标准正态分布 $\Phi(x)$,即对任意实数 x,有

$$\lim_{n \to \infty} F_n(x) = \lim_{n \to \infty} P(Y_n \leqslant x) = \lim_{n \to \infty} P\left(\frac{\sum_{i=1}^{n} X_i - n\mu}{\sqrt{n}\,\sigma} \leqslant x\right) = \frac{1}{\sqrt{2\pi}} \int_{-\infty}^{x} e^{-\frac{t^2}{2}} dt = \Phi(x) \quad (5.3.1)$$

或(设 $U \sim N(0,1)$) $\qquad\qquad Y_n \xrightarrow{L} U$

或 $\qquad\qquad\qquad\qquad F_n(x) \xrightarrow{W} \Phi(x).$

证明略.

林德伯格-列维中心极限定理的结论告诉我们,$Y_n = \dfrac{\sum_{i=1}^{n} X_i - n\mu}{\sqrt{n}\,\sigma}$ 的极限分布是标准正态分布 $N(0,1)$. 所以,当 n 较大时,近似有

$$Y_n = \frac{\sum_{i=1}^{n} X_i - n\mu}{\sqrt{n}\,\sigma} \sim N(0,1).$$

这也意味着,当 n 较大时,近似有

$$\sum_{i=1}^{n} X_i \sim N(n\mu, n\sigma^2).$$

即 $\sum_{i=1}^{n} X_i$ 近似服从正态分布 $N(n\mu, n\sigma^2)$.

由此可以推出,当 n 较大时,对任何 x,有

$$P\left(\sum_{i=1}^{n} X_i \leqslant x\right) \approx \Phi\left(\frac{x - n\mu}{\sqrt{n}\,\sigma}\right). \tag{5.3.2}$$

对任何区间 $(a, b]$,有

$$P\left(a < \sum_{i=1}^{n} X_i \leqslant b\right) \approx \Phi\left(\frac{b - n\mu}{\sqrt{n}\,\sigma}\right) - \Phi\left(\frac{a - n\mu}{\sqrt{n}\,\sigma}\right). \tag{5.3.3}$$

二、二项分布中心极限定理

5.3.2 棣莫弗

定理 5.3.2(棣莫弗-拉普拉斯中心极限定理) 设 X 为 n 次伯努利试验中事件 A 出现

的次数,$p(0<p<1)$是每次试验中事件 A 发生的概率,即 $X \sim B(n,p)$,则随机变量

$$Y_n = \frac{X - np}{\sqrt{np(1-p)}}$$

5.3.3 拉普拉斯

的分布函数 $F_n(x)$ 收敛到标准正态分布 $\Phi(x)$,即对任意实数 x,有

$$\lim_{n \to \infty} F_n(x) = \lim_{n \to \infty} P(Y_n \leqslant x)$$

$$= \lim_{n \to \infty} P\left(\frac{X - np}{\sqrt{np(1-p)}} \leqslant x\right) = \frac{1}{\sqrt{2\pi}} \int_{-\infty}^{x} e^{-\frac{t^2}{2}} dt = \Phi(x) \tag{5.3.4}$$

或(设 $U \sim N(0,1)$)
$$Y_n \xrightarrow{L} U$$

或
$$F_n(x) \xrightarrow{W} \Phi(x).$$

证 设随机变量序列 $\{X_n\}$ 独立同分布,并且 $X_n \sim B(1,p)$,则 $X = \sum_{i=1}^{n} X_i$,我们有 $E(X_n) = p$,$D(X_n) = p(1-p)$($n = 1,2,\cdots$),故由林德伯格-列维中心极限定理即得本定理.

同样,棣莫弗-拉普拉斯中心极限定理的结论告诉我们,$Y_n = \dfrac{X - np}{\sqrt{np(1-p)}}$ 的极限分布是标准正态分布 $N(0,1)$.所以当 n 较大时,近似有

$$Y_n = \frac{X - np}{\sqrt{np(1-p)}} \sim N(0,1).$$

这也意味着,当 n 较大时,近似有
$$X \sim N(np, np(1-p)).$$
即 X 近似服从正态分布 $N(np, np(1-p))$.

由此可以推出,当 n 较大时,对任何 x,有

$$P(X \leqslant x) \approx \Phi\left(\frac{x - np}{\sqrt{np(1-p)}}\right). \tag{5.3.5}$$

对任何区间 $(a,b]$,有

$$P(a < X \leqslant b) \approx \Phi\left(\frac{b - np}{\sqrt{np(1-p)}}\right) - \Phi\left(\frac{a - np}{\sqrt{np(1-p)}}\right). \tag{5.3.6}$$

中心极限定理的主要应用是近似计算,无论是定理 5.3.1 还是 5.3.2,都给出近似式

$$P(Y_n \leqslant y) \approx \Phi(y) \stackrel{\text{def}}{=\!=} \beta \tag{5.3.7}$$

应用上式进行近似计算时,有以下三类常见的近似计算问题.

1. 已知 n 和 y,求 β

例 5.3.1 作加法时,对每个加数四舍五入取整,各个加数的取整误差可以认为是相互独立的,都服从区间 $(-0.5, 0.5)$ 内的均匀分布.现在有 1 200 个数相加,问取整误差总和的绝对值超过 12 的概率是多少?

解 设 X_i 表示第 i 个加数的取整误差,则 $X_1, X_2, \cdots, X_{1\,200}$ 相互独立,且 $X_i \sim U(-0.5,$

0. 5)$(i=1,2,\cdots,1\ 200)$,因为 $n=1\ 200$ 较大,由定理 5. 3. 1 知,取整误差的总和 $Y=\sum\limits_{i=1}^{n}X_i$ 近似服从 $N(n\mu,n\sigma^2)$,其中

$$\mu=EX_1=\frac{-0.\ 5+0.\ 5}{2}=0,\ \ \sigma^2=DX_1=\frac{(0.\ 5+0.\ 5)^2}{12}=\frac{1}{12}.$$

所以所求概率为

$$P\left(\left|\sum_{i=1}^{n}X_i\right|>12\right)=1-P(-12\leqslant Y\leqslant 12)$$

$$\approx 1-\left[\Phi\left(\frac{12-n\mu}{\sqrt{n}\ \sigma}\right)-\Phi\left(\frac{-12-n\mu}{\sqrt{n}\ \sigma}\right)\right]$$

$$=1-\left[\Phi\left(\frac{12-0}{\sqrt{100}}\right)-\Phi\left(\frac{-12-0}{\sqrt{100}}\right)\right]$$

$$=1-\Phi(1.\ 2)+\Phi(-1.\ 2)$$

$$=2[1-\Phi(1.\ 2)]=2\times(1-0.\ 884\ 9)=0.\ 230\ 2.$$

例 5. 3. 2　某网站有 10 000 个相互独立的用户,已知每个用户在平时任一时刻访问网站的概率为 0. 2. 求:

(1) 在任一时刻,有 1 900~2 100 个用户访问该网站的概率;

(2) 在任一时刻,有 2 100 个以上用户访问该网站的概率.

解　设 X 为访问网站的用户数,则 $X\sim B(n,p)$,其中 $n=10\ 000$,$p=0.\ 2$. 由定理 5. 3. 2 知,X 近似服从 $N(np,np(1-p))$,其中 $np=2\ 000$,$np(1-p)=1\ 600$.

(1) 有 1 900~2 100 个用户访问该网站的概率为

$$P(1\ 900\leqslant X\leqslant 2\ 100)\approx\Phi\left(\frac{2\ 100-2\ 000}{\sqrt{1\ 600}}\right)-\Phi\left(\frac{1\ 900-2\ 000}{\sqrt{1\ 600}}\right)$$

$$=\Phi(2.\ 5)-\Phi(-2.\ 5)=2\Phi(2.\ 5)-1=0.\ 987\ 6.$$

(2) 有 2 100 个以上的用户访问该网站的概率为

$$P(X>2\ 100)=1-P(X\leqslant 2\ 100)\approx 1-\Phi\left(\frac{2\ 100-2\ 000}{\sqrt{1\ 600}}\right)$$

$$=1-\Phi(2.\ 5)=0.\ 006\ 2.$$

2. 已知 n 和 β,求 y

例 5. 3. 3　一家旅馆有 500 间客房,每间客房(有住客时)用电量为 2 kW·h,若住房率为 60%,问需要多少电量,才能至少以 99% 的可能性保证这家旅馆的客房有足够电量供应.

解　设 X 为有住客的客房数,则 $X\sim B(n,p)$,其中 $n=500$,$p=0.\ 6$. 由定理 5. 3. 2 知,X 近似服从 $N(np,np(1-p))$,$np=300$,$np(1-p)=120$.

又设 y 是供给电量,依题意得

$$P(2X\leqslant y)=P\left(X\leqslant\frac{y}{2}\right)\approx\Phi\left(\frac{y/2-300}{\sqrt{120}}\right)\geqslant 0.\ 99.$$

查表知 $\Phi(2.33) = 0.9901$，则 $\dfrac{y/2-300}{\sqrt{120}} \geqslant 2.33$，所以

$$y \geqslant 2 \times (300 + 2.33 \times \sqrt{120}) \approx 651.04.$$

取 $y = 652$，即供电 $652\ \text{kW} \cdot \text{h}$ 就能以 99% 的概率保证这家旅馆的客房有足够电量供应.

3. 已知 y 和 β，求 n

例 5.3.4 在天平上重复称标准质量为 a 的物品，假设各次称量结果相互独立，且数学期望和方差都分别为 $a, 0.2^2$，请问至少要称量多少次，才能保证其平均质量与 a 的差异小于 0.1 的概率不小于 0.95？

解 设 n 表示称量次数，X_i 表示第 i 次称量结果，则 $X_1, X_2, \cdots, X_n$ 独立同分布，并且 $E(X_i) = a, D(X_i) = 0.2^2 (i = 1, 2, \cdots, n)$，由定理 5.3.1 知，$n$ 次称量的平均值 $\overline{X} = \dfrac{1}{n} \sum\limits_{i=1}^{n} X_i$ 近似服从 $N\left(a, \dfrac{0.2^2}{n}\right)$，由题意

$$P(|\overline{X} - a| < 0.1) = P\left(-\frac{\sqrt{n}}{2} < \frac{\overline{X} - a}{0.2/\sqrt{n}} < \frac{\sqrt{n}}{2}\right) \approx 2\Phi\left(\frac{\sqrt{n}}{2}\right) - 1 \geqslant 0.95,$$

即 $\Phi\left(\dfrac{\sqrt{n}}{2}\right) \geqslant 0.975$，查正态分布表得，$\Phi(1.96) = 0.975$，故 $\dfrac{\sqrt{n}}{2} \geqslant 1.96$，$n \geqslant 15.36$，所以至少要称量 16 次.

例 5.3.5 某调查公司受委托，调查某电视节目在某市的收视率 p，调查公司将所有调查对象中收看此节目的频率作为 p 的估计，请问至少要调查多少对象，才能至少以 90% 的把握保证调查所得的频率与收视率 p 之间的差异不大于 5%？

解 设共调查 n 个对象，X 为 n 个调查对象中收看此节目的人数，则 $X \sim B(n, p)$，由定理 5.3.2 知，X 近似服从 $N(np, np(1-p))$，依题意

$$P\left(\left|\frac{X}{n} - p\right| < 0.05\right) \approx 2\Phi\left(0.05\sqrt{\frac{n}{p(1-p)}}\right) - 1 \geqslant 0.9,$$

所以 $\Phi\left(0.05\sqrt{\dfrac{n}{p(1-p)}}\right) \geqslant 0.95$，查表得：$0.05\sqrt{\dfrac{n}{p(1-p)}} \geqslant 1.645$，解得

$$n \geqslant p(1-p)\frac{1.645^2}{0.05^2} = 1\,082.41 \times p(1-p).$$

若 p 已知，则上式可以直接解出正整数 n；若 p 未知，则只好对 n 再放大，因为 $p(1-p) \leqslant \dfrac{1}{4}$，所以取 $n \geqslant 270.60$，即至少需要调查 271 个对象.

 **内容小结**

本章讨论大数定律与中心极限定理，这是对随机现象的统计规律性在理论上较深入的论述，也是数理统计的理论基础之一.

本章知识点网络图：

$$\begin{cases} \text{随机变量序列极限} \rightarrow \begin{cases} \text{依概率收敛} \\ \text{依分布收敛} \end{cases} \\ \text{大数定律(一般形式)} \rightarrow \begin{cases} \text{伯努利大数定律} \\ \text{切比雪夫大数定律} \\ \text{辛钦大数定律} \end{cases} \\ \text{中心极限定理} \rightarrow \begin{cases} \text{林德伯格-列维中心定理(独立同分布)} \\ \text{棣莫弗-拉普拉斯中心定理(二项分布)} \end{cases} \end{cases}$$

本章基本要求：

1. 了解随机变量序列依概率收敛的定义.

2. 了解伯努利大数定律、切比雪夫大数定律和辛钦大数定律.

3. 了解独立同分布(林德伯格-列维)中心极限定理和二项分布(棣莫弗-拉普拉斯)中心极限定理,会用中心极限定理近似计算有关事件的概率.

 习题五

第一部分 基 本 题

一、选择题

1. 设 X 为 n 次独立重复试验中 A 出现的次数, p 是事件 A 在每次试验中的出现概率, ε 为大于零的数, 则 $\lim\limits_{n \to \infty} P\left(\left| \dfrac{X}{n} - p \right| < \varepsilon \right) = ($).

A. 0　　　　　　B. 1　　　　　　C. $\dfrac{1}{2}$　　　　　　D. $2\Phi\left(\varepsilon \sqrt{\dfrac{n}{pq}} \right) - 1$

2. 设 $X_1, X_2, \cdots, X_n$ 独立同服从于指数分布 $E(\lambda)$, 则下面选项中正确的是( ).

A. $\lim\limits_{n \to \infty} P\left(\dfrac{\lambda \sum\limits_{i=1}^{n} X_i - n}{\sqrt{n}} \leq x \right) = \Phi(x)$ 　　　　B. $\lim\limits_{n \to \infty} P\left(\dfrac{\sum\limits_{i=1}^{n} X_i - n}{\sqrt{n}} \leq x \right) = \Phi(x)$

C. $\lim\limits_{n \to \infty} P\left(\dfrac{\sum\limits_{i=1}^{n} X_i - \lambda}{\sqrt{n\lambda}} \leq x \right) = \Phi(x)$ 　　　　D. $\lim\limits_{n \to \infty} P\left(\dfrac{\sum\limits_{i=1}^{n} X_i - n\lambda}{\sqrt{n\lambda}} \leq x \right) = \Phi(x)$

3. 设 $\{X_n\}$ 为两两互不相关的随机变量序列,若每个随机变量 $X_i(i=1,2,\cdots)$ 满足( ),则 $\{X_n\}$ 服从大数定律.

A. 数学期望存在　　　　　　　　　B. 数学期望与方差存在

C. 方差存在　　　　　　　　　　　D. 方差存在,且有共同上界

4. 设 $\{X_n\}$ 满足( ),且每个随机变量 X_i 的数学期望存在 $(i=1,2,\cdots)$,则 $\{X_n\}$ 服从大数定律.

A. 相互独立　　　　　　　　　　　B. 两两不相关

C. 独立同分布　　　　　　　　　　D. 同分布

二、填空题

1. 设 $\{X_n\}$ 独立同服从于 $U(0,1)$,则当 n 较大时, $\sum\limits_{i=1}^{n} X_i$ 近似服从_____.

2. 设 $\{X_n\}$ 相互独立，且每个 X_i 都服从参数为 $\dfrac{1}{2}$ 的泊松分布，则当 n 较大时，$Y_n = \dfrac{1}{n} \sum\limits_{i=1}^{n} X_i$ 近似服从 _____．

3. 设 $\{X_n\}$ 独立同分布，且 $E(X_1) = \mu$ 及 $D(X_1) = \sigma^2 (\sigma > 0)$ 都存在，则当 n 较大时，$P\left(\sum\limits_{i=1}^{n} X_i \geqslant a \right)$（$a$ 为常数）的近似值为 _____．

4. 从一大批发芽率为 0.8 的种子中随机抽取 100 粒，则这 100 粒种子中至少有 88 粒能发芽的概率为 _____．

三、计算题

1. 设随机变量序列 $\{X_n\}$ 独立同分布，其分布为 $P\left(X_n = (-1)^{i+1} \dfrac{4^i}{i} \right) = \dfrac{3}{4^i}$（$i = 1, 2, \cdots$），问 $\{X_n\}$ 是否服从大数定律？

2. 设随机变量序列 $\{X_n\}$ 独立同分布，其概率密度为 $f_n(x) = \dfrac{1}{\pi(1+x^2)}$，问 $\{X_n\}$ 是否服从大数定律？

3. 设随机变量 $X_1, X_2, \cdots, X_n$ 相互独立，并且服从同一分布，且 $EX_i^k = a_k, k = 1, 2, \cdots$ 存在，问当 n 较大时，随机变量 $Y_n = \dfrac{1}{n} \sum\limits_{i=1}^{n} X_i^2$ 近似服从什么分布？并指出其分布参数．

4. 已知随机变量序列 $X_1, X_2, \cdots, X_n$ 独立同分布，$EX_i = 0, DX_i = \sigma^2, EX_i^4 < +\infty, i = 1, 2, \cdots, n$．证明：对任意的 $\varepsilon > 0$，都有 $\lim\limits_{n \to \infty} P\left(\left| \dfrac{1}{n} \sum\limits_{i=1}^{n} X_i^2 - \sigma^2 \right| < \varepsilon \right) = 1$．

5. 袋装茶叶用机器装袋，每袋的净含量为随机变量，其期望值为 100 g，标准差为 10 g，一大盒内装 200 袋，求一盒茶叶净含量大于 20.5 kg 的概率．

6. 设某种电子器件的寿命（单位：h）服从参数为 $\lambda = 0.1$ 的指数分布，其使用情况是第一个损坏第二个立即使用．那么在年计划中一年至少需要多少个这种电子器件才能至少有 95% 的概率保证够用（假定一年有 306 个工作日，每个工作日为 8 h）？

7. 某电站供应 10 000 户居民用电，设在高峰时每户用电的概率为 0.8，且各户的用电是相互独立的．求：

（1）同一时刻有 8 100 户以上居民用电的概率；

（2）若每户用电功率为 100 W，则电站至少需要供应多少功率的电，才能至少以 0.975 的概率保证供应居民用电？

8. 假设生产线上组装每件成品的时间服从指数分布，各件产品的组装时间彼此独立．统计资料表明该生产线每件成品的组装时间平均为 10 min，试求：

（1）组装 100 件成品需要 15 h 至 20 h 的概率；

（2）以 95% 的概率在 16 h 之内最多可以组装多少件成品？

9. 从装有 3 个白球与 1 个黑球的箱子中，有放回地取 n 个球．设 m 是白球出现的次数，分别用切比雪夫不等式和中心极限定理计算 n 需要多大时才能使得

$$P\left(\left| \dfrac{m}{n} - \dfrac{3}{4} \right| \leqslant 0.001 \right) = 0.996\ 4.$$

10. 甲、乙两个戏院在竞争 1 000 名观众，假如每个观众完全随意地选择一个戏院，且观众之间选择戏院是彼此独立的，问每个戏院应该设有多少个座位才能保证因缺少座位而使观众离去的概率小于 1%？

11. 某工厂有 200 台同类机器，每台机器发生故障的概率为 0.02，设备台机器工作是相互独立的，分别用二项分布、近似泊松分布和近似正态分布计算发生故障的机器数不少于 2 的概率．

12. 一家食品店有 A、B、C 三种不同价格的蛋糕出售，售价分别为 1 元、1.2 元、1.5 元．顾客购买哪一种

蛋糕是随机的,因而每次售出一种蛋糕的收入是一个随机变量,假设顾客购买 A、B、C 三种蛋糕的概率分别为 0.3,0.2,0.5. 已知售出 300 只蛋糕,(1) 求收入至少为 400 元的概率;(2) 求售出价格为 1.2 元的蛋糕多于 60 只的概率.

第二部分   提 高 题

1. 设随机变量序列 $\{X_n\}$ 独立同分布,$X_n \sim U(a,b)$ $(n=1,2,\cdots)$,$X_{(1)}=\min\{X_1,X_2,\cdots,X_n\}$,证明 $X_{(1)} \xrightarrow{P} a$.

2. 证明(马尔可夫大数定律):若 $\{X_n\}$ 满足马尔可夫条件

$$\frac{1}{n^2} D\left(\sum_{i=1}^n X_i\right) \to 0, n \to \infty ,$$

则 $\{X_n\}$ 满足大数定律,即对任意 $\varepsilon > 0$ 有

$$\lim_{n \to \infty} P\left(\left|\frac{1}{n}\sum_{i=1}^n X_i - \frac{1}{n}\sum_{i=1}^n \mu_i\right| < \varepsilon\right) = 1,$$

其中 $\mu_i = E(X_i)$,$i=1,2,\cdots$.

3. 在一个罐子中,装有 10 个编号为 0—9 的同样的球,从罐中有放回地抽取若干次,每次抽一个,并记下号码. 设

$$X_n = \begin{cases} 1, & \text{第 } n \text{ 次取到号码 } 0, \\ 0, & \text{其他,} \end{cases} \quad n=1,2,\cdots,$$

问 $\{X_n\}$ 是否服从大数定律?

4. 设随机事件 A 在第 i 次独立试验中发生的概率为 $p_i(i=1,2,\cdots,n)$,m 表示事件 A 在 n 次试验中发生的次数. 试计算 $\lim_{n \to \infty} P\left(\left|\frac{m}{n}-\frac{1}{n}\sum_{i=1}^n p_i\right| < \varepsilon\right)$,其中 ε 为任意正数.

5. 对于学校而言,来参加家长会的家长人数是一个随机变量,设一个学生无家长、有 1 名家长、有 2 名家长来参加会议的概率分别 0.05、0.8、0.15. 若学校共有 400 名学生,设各学生参加会议的家长数相互独立,且服从同一分布.

(1) 求参加会议的家长数 X 超过 450 的概率;

(2) 求有 1 名家长来参加会议的学生数不多于 340 的概率.

第三部分   近年考研真题

一、选择题

1. (2020)设 $X_1,X_2,\cdots,X_{100}$ 是来自总体 X 的简单随机样本,其中 $P(X=0)=P(X=1)=\frac{1}{2}$,$\Phi(x)$ 表示标准正态分布函数,则利用中心极限定理可得 $P\left(\sum_{i=1}^{100} X_i \le 55\right)$ 的近似值为(   ).

    A. $1-\Phi(1)$ B. $\Phi(1)$ C. $1-\Phi(0.2)$ D. $\Phi(0.2)$

2. (2022)设随机变量序列 $X_1,X_2,\cdots,X_n,\cdots$ 独立同分布,且 X_1 的概率密度为 $f(x)=\begin{cases} 1-|x|, & |x|<1, \\ 0, & \text{其他,} \end{cases}$ 则当 $n \to \infty$ 时,$\frac{1}{n}\sum_{i=1}^n X_i^2$ 依概率收敛于(   ).

    A. $\frac{1}{8}$ B. $\frac{1}{6}$ C. $\frac{1}{3}$ D. $\frac{1}{2}$

第六章

数理统计的基本概念与抽样分布 ────○

数理统计(统计学)是研究随机现象统计规律性的一门学科.它以概率论为基础,研究如何以有效的方式收集、整理和分析受随机因素影响的数据,从而对所研究对象的某些特征做出判断.因此,只要处理受随机因素影响的数据,或者通过观察、调查、试验获得的数据,就需要数理统计,这就不难理解统计应用的广泛性,事实上,它几乎渗透到人类活动的一切领域.

数理统计(统计学)是一门较年轻的学科.该学科正式诞生于19世纪后,至20世纪20年代这门学科已稳稳地站住了脚跟,到40年代已经成为一个成熟的数学分支.第二次世界大战后,工农业和科技等方面迅速发展,对数理统计不断提出新的课题,使其不断地深入发展.随着数学与计算机的发展,各种数据处理软件的开发应用,现代统计发展日新月异,统计处理数据的方法和手段也日趋先进,使得处理海量数据并从中发现问题与规律成为可能,统计学在各领域中发挥越来越大的作用.如今,统计学已成为一门独立的一级学科,同时统计学也是大数据、人工智能最重要的理论基础.

本章主要介绍统计学中的一些基本概念、重要的统计量及其分布,它们是以后各章的基础.

§6.1　数理统计的基本概念

一、总体

在统计学中,把研究问题所涉及的对象的全体称为**总体**,用大写字母 X, Y, Z 等来表示,而把总体中的每个成员称为**个体**.

例如,研究一批电子元件的寿命 X,总体 X 就是指该批电子元件的寿命,其中每个电子元件的寿命就是一个个体.

再如,研究某一高校本科一年级男生的身高 Y,总体 Y 就是指该校一年级男生的身高,其中每个男生的身高就是一个个体.

从这些例子我们可以知道,总体具有 3 个基本特征:

(1) 研究对象是在某一范围内;

(2) 研究对象是个数量指标;

(3) 研究对象具有随机性.

从这些基本特征可以看出,如果撇开实际背景,总体就是一组数,其中每一个数表示一个个体,这组数中有的出现机会大,有的出现机会小,因此可以用一个概率分布来描述这个总体.从这个意义上讲,总体实际上就是概率论中的随机变量,记号也与随机变量一样.既然总体就是随机变量,那么要研究总体,只要知道它的分布即可,但在实际问题中,总体的分布总是很难完全知道,即使分布的形式已知,但也含有某些未知参数,所以统计学的主要目的就是推断出这些未知信息.

二、样本

为了推断出总体 X 的未知信息,通常的做法是从总体 X 中随机地抽取一部分个体进行观测,每抽取一个个体就是对总体进行一次随机试验.每次抽取 n 个个体,这 n 个个体 X_1, $X_2,\cdots,X_n$ 就称为总体 X 的一个容量为 n 的样本或子样,其中样本所包含的个体数量 n 称为样本容量或样本大小,一般要求样本容量 $n \geqslant 2$.

样本的一个重要性质是二重性.假设 $X_1,X_2,\cdots,X_n$ 是从总体 X 中抽取的样本,在一次具体的观测或试验中,它们是一批测量值,是一些已知的数,常记为 $x_1,x_2,\cdots,x_n$,称为样本观测值.这就是说,样本具有数的属性.但是,另一方面,由于在具体的试验或观测中,受到各种随机因素的影响,在不同的观测中样本取值可能不同,当脱离特定的具体试验或观测时,我们并不知道样本 $X_1,X_2,\cdots,X_n$ 的具体取值到底是多少,因此,又可以把它们看成随机变量.这时,样本就具有随机变量的属性.样本既可被看成数又可被看成随机变量,这就是所谓的样本的二重性.这里,需要特别强调的是,以后凡是离开具体的一次试验来谈及样本 $X_1,X_2,\cdots,X_n$ 时,它们总是被看作随机变量,关于样本的这个基本认识对理解后面的内容十分重要.

样本 $X_1,X_2,\cdots,X_n$ 是用来推断总体未知信息的重要依据,为消除抽样对推断产生的不良影响,必须对样本加以限制,使之满足一定条件,我们有如下定义:

定义 6.1.1 设 $X_1,X_2,\cdots,X_n$ 为总体 X 的一个容量为 n 的样本,若满足

(1) 独立性:即 $X_1,X_2,\cdots,X_n$ 相互独立;

(2) 同分布性:即每一个 $X_i(i=1,2,\cdots,n)$ 都与总体 X 服从相同的分布,则这样的样本称为简单随机样本,简称为样本.今后,凡提到的样本均指简单随机样本.

定理 6.1.1 若 $X_1,X_2,\cdots,X_n$ 是来自总体 X 的样本,

(1) 若 X 的分布函数为 $F(x)$,则样本 $X_1,X_2,\cdots,X_n$ 的联合分布函数为

$$F_{联}(x_1,x_2,\cdots,x_n) = \prod_{i=1}^{n} F(x_i).$$

(2) 若 X 的概率密度为 $f(x)$,则样本 $X_1,X_2,\cdots,X_n$ 的联合概率密度函数为

$$f_{联}(x_1,x_2,\cdots,x_n) = \prod_{i=1}^{n} f(x_i).$$

（3）若 X 的概率分布（分布律）为 $f(x)=P(X=x)$，则样本 $X_1,X_2,\cdots,X_n$ 的联合概率分布（分布律）为

$$f_{\text{联}}(x_1,x_2,\cdots,x_n)=\prod_{i=1}^{n}f(x_i).$$

注 在数理统计中，我们常常把连续型的概率密度函数和离散型的概率分布（分布律）统一记为 $f(x)$，它们主要区别就是函数取非零值（大于零）的区域不同，连续型的概率密度函数 $f(x)$ 取非零值（大于零）的区域充满某个区间，而离散型的概率分布（分布律）取非零值（大于零）的区域仅是有限个或可列个实数点.

例 6.1.1 设 $X_1,X_2,\cdots,X_n$ 是取自总体 X 的样本，X 服从参数为 λ 的指数分布，其分布函数为

$$F(x)=\begin{cases}1-e^{-\lambda x}, & x>0,\\0, & x\leqslant 0,\end{cases}$$

概率密度函数为

$$f(x)=\begin{cases}\lambda e^{-\lambda x}, & x>0,\\0, & x\leqslant 0,\end{cases}$$

则 $X_1,X_2,\cdots,X_n$ 的联合分布函数为

$$F_{\text{联}}(x_1,x_2,\cdots,x_n)=\begin{cases}\prod_{i=1}^{n}(1-e^{-\lambda x_i}), & x_i>0\quad(i=1,2,\cdots,n),\\0, & \text{其他},\end{cases}$$

$X_1,X_2,\cdots,X_n$ 的联合概率密度函数为

$$f_{\text{联}}(x_1,x_2,\cdots,x_n)=\begin{cases}\lambda^n e^{-\lambda\sum\limits_{i=1}^{n}x_i}, & x_i>0\quad(i=1,2,\cdots,n),\\0, & \text{其他},\end{cases}$$

例 6.1.2 设 $X_1,X_2,\cdots,X_n$ 是取自总体 X 的样本，X 服从参数为 λ 的泊松分布，其概率分布（分布律）为

$$f(x)=\begin{cases}e^{-\lambda}\dfrac{\lambda^x}{x!}, & x=0,1,2,\cdots,\\0, & \text{其他},\end{cases}$$

或（只写出取非零值）$f(x)=e^{-\lambda}\dfrac{\lambda^x}{x!}$，$x=0,1,2,\cdots$，则 $X_1,X_2,\cdots,X_n$ 的联合概率分布（分布律）为

$$f_{\text{联}}(x_1,x_2,\cdots,x_n)=e^{-n\lambda}\frac{\lambda^{\sum\limits_{i=1}^{n}x_i}}{\prod\limits_{i=1}^{n}(x_i!)},\quad x_i=0,1,2,\cdots(i=1,2,\cdots,n).$$

三、统计量

样本是从总体中随机抽取的一部分个体，它反映或包含着总体的信息，是对总体进行统

计分析和推断的依据. 但通常样本所含的信息不能直接用于解决我们所要研究的问题, 而需对样本进行必要的加工和计算. 把样本中所包含的信息集中起来, 针对不同问题构造出样本的某种函数, 这种函数在统计学中称为统计量.

定义 6.1.2 设 $X_1, X_2, \cdots, X_n$ 是总体 X 的样本, $T(X_1, X_2, \cdots, X_n)$ 是样本的实值函数, 且不包含任何未知参数, 则称 $T(X_1, X_2, \cdots, X_n)$ 为统计量.

例 6.1.3 设 X_1, X_2, X_3 是从总体 $X \sim N(\mu, \sigma^2)$ 中抽取的一个样本, 其中参数 μ 未知, σ^2 已知, 则 $X_1 X_3 - 3\mu$, $X_1^2 + 4X_2^2 + 5\mu$ 不是统计量, 因为它们包含了未知参数 μ, 而 $X_1 + X_2 + X_3$, $\dfrac{X_1 + 5X_2^2}{\sigma^2}$, $\dfrac{X_1}{X_2} + 3\sigma X_3^2$ 都是统计量.

由于样本具有二重性, 统计量作为样本的函数也具有二重性, 即对样本的一次具体观测值或试验值 $x_1, x_2, \cdots, x_n$, 统计量 $T(X_1, X_2, \cdots, X_n)$ 就是一个具体的数值 $T(x_1, x_2, \cdots, x_n)$, 但当脱离具体的某次观测或试验, 样本是随机变量, 因此统计量 $T(X_1, X_2, \cdots, X_n)$ 也是随机变量.

在统计学中, 我们可以根据不同目的, 构造出许多不同的统计量用于统计推断; 同时, 也可以利用这些统计量, 直观理解样本观测值的分布规律(类似于随机变量的数字特征, 可以直观理解随机变量的分布规律), 为此介绍几种常用的统计量.

定义 6.1.3 设 $X_1, X_2, \cdots, X_n$ 是总体 X 中的一个样本, 则

（1）统计量

$$\overline{X} = \frac{1}{n} \sum_{i=1}^{n} X_i \tag{6.1.1}$$

称为 样本均值. 样本均值是度量样本中间位置的一种统计量.

（2）统计量

$$
\begin{aligned}
S^2 &= \frac{1}{n-1} \sum_{i=1}^{n} (X_i - \overline{X})^2 \\
&= \frac{1}{n-1} \left(\sum_{i=1}^{n} X_i^2 - n\overline{X}^2 \right)
\end{aligned} \tag{6.1.2}
$$

称为 样本方差.

（3）统计量

$$S = \sqrt{S^2} = \sqrt{\frac{1}{n-1} \sum_{i=1}^{n} (X_i - \overline{X})^2} \tag{6.1.3}$$

称为 样本均方差 或 样本标准差. 样本方差(或标准差)是度量样本离散程度的一种统计量.

（4）统计量

$$A_k = \frac{1}{n} \sum_{i=1}^{n} X_i^k \tag{6.1.4}$$

称为 样本 k 阶原点矩 $(k = 1, 2, \cdots)$.

（5）统计量

$$B_k = \frac{1}{n} \sum_{i=1}^{n} (X_i - \overline{X})^k \tag{6.1.5}$$

称为 样本 k 阶中心矩 $(k = 1, 2, \cdots)$.

定义 6.1.4 设 $X_1, X_2, \cdots, X_n$ 是来自总体 X 的一个样本, 记 $x_1, x_2, \cdots, x_n$ 是样本的某一

个观测值,将它们按由小到大的顺序重新排列为 $x_{(1)} \leqslant x_{(2)} \leqslant \cdots \leqslant x_{(n)}$. 若记 $X_{(k)} = x_{(k)}$, $k=1$, $2, \cdots, n$, 则

（1）统计量

$$X_{(1)}, X_{(2)}, \cdots, X_{(n)} \tag{6.1.6}$$

称为样本顺序统计量, $X_{(k)}$ 称为第 k 个顺序统计量, $X_{(1)} = \min\{X_1, X_2, \cdots, X_n\}$ 和 $X_{(n)} = \max\{X_1, X_2, \cdots, X_n\}$ 分别称为最小顺序统计量(最小值)和最大顺序统计量(最大值). 顺序统计量是度量样本数据位置的一种统计量.

（2）统计量

$$R = X_{(n)} - X_{(1)} \tag{6.1.7}$$

称为样本极差. 样本极差是度量样本数据离散程度的另一种统计量.

（3）统计量

$$M_e = \begin{cases} X_{\left(\frac{n+1}{2}\right)}, & \text{当 } n \text{ 为奇数}, \\ \dfrac{1}{2}\left(X_{\left(\frac{n}{2}\right)} + X_{\left(\frac{n}{2}+1\right)}\right), & \text{当 } n \text{ 为偶数} \end{cases} \tag{6.1.8}$$

称为样本的中位数. 样本中位数是度量样本数据中间位置的另一种统计量.

定义 6.1.5　设 $X_1, X_2, \cdots, X_n$ 是来自总体 X 的样本,对应的顺序统计量为 $X_{(1)} \leqslant X_{(2)} \leqslant \cdots \leqslant X_{(n)}$. 当给定顺序统计量的观测值 $x_{(1)} \leqslant x_{(2)} \leqslant \cdots \leqslant x_{(n)}$ 时,对任意实数 x,称下列函数

$$F_n(x) = \sum_{i=1}^{n} I(x_i \leqslant x) = \begin{cases} 0, & x < x_{(1)}, \\ \dfrac{k}{n}, & x_{(k)} \leqslant x < x_{(k+1)}, k=1,2,\cdots,n-1, \\ 1, & x_{(n)} \leqslant x \end{cases} \tag{6.1.9}$$

为总体 X 的经验分布函数. 其中 $I(x)$ 为示性函数,即 $I(x) = \begin{cases} 1, & x \text{ 为真}, \\ 0, & x \text{ 为假}. \end{cases}$

对每个给定的实数 $x \in \mathbf{R}$, $F_n(x)$ 是样本 $X_1, X_2, \cdots, X_n$ 的函数, $F_n(x)$ 就是样本观测值 $x_1, x_2, \cdots, x_n$ 小于等于给定实数 x 的频率,所以经验分布函数 $F_n(x)$ 也是一种统计量,它具有和分布函数同样的性质.

定理 6.1.2(格列文科定理)　设总体 X 的分布函数为 $F(x)$,经验分布函数为 $F_n(x)$,则有 $P\left(\lim\limits_{n \to \infty} \sup\limits_{-\infty < x < +\infty} |F_n(x) - F(x)| = 0\right) = 1$.

证明略.

从这个定理可以看到,当 n 较大时,事件"对所有 x 值, $F_n(x)$ 与 $F(x)$ 的最大绝对偏差非常小"发生的概率近似等于 1.

这一性质说明,当 n 较大时,可以用经验分布函数 $F_n(x)$ 来估计总体 X 的分布函数 $F(x)$,这正是数理统计中用样本估计和推断总体的理论依据.

例 6.1.4　设容量 $n=10$ 的样本的观察值为 8,7,6,5,9,8,7,5,9,6,求样本的均值、方差、最小值、最大值和中位数.

解　样本的均值 $\bar{x} = \dfrac{1}{n}\sum_{i=1}^{n} x_i = \dfrac{1}{10}(8+7+\cdots+6) = 7$,

样本的方差 $s^2 = \dfrac{1}{n-1}\sum_{i=1}^{n}(x_i - \bar{x})^2 = \dfrac{1}{9}\left[(8-7)^2 + (7-7)^2 + \cdots + (6-7)^2\right] = \dfrac{20}{9}$;

观测值从小到大排列为 $5,5,6,6,7,7,8,8,9,9$,最大值 $x_{(10)}=9$,最小值 $x_{(1)}=5$,中位数 $M_e=7$. 经验分布函数为

$$F_n(x) = \begin{cases} 0, & x<5, \\ 0.2, & 5\leqslant x<6, \\ 0.4, & 6\leqslant x<7, \\ 0.6, & 7\leqslant x<8, \\ 0.8, & 8\leqslant x<9, \\ 1, & x\geqslant 9, \end{cases}$$

其图形如图 6.1.1 所示.

6.1.1 样本的偏度、峰度、变异系数、直方图

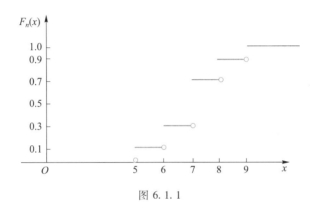

图 6.1.1

§6.2 抽样分布

数理统计的主要任务就是利用样本的信息来推断(估计或检验)总体的未知信息. 读者很快就会看到,多数统计推断都是基于构造统计量的方法来实现,为此有必要研究统计量的概率分布,称之为抽样分布. 为了研究抽样分布,先介绍三种与抽样分布有密切关系的随机变量分布,它们是研究抽样分布的主要基础.

一、三种常见的随机变量分布

在概率论中我们已介绍一些常见的随机变量分布及其性质,本节将再介绍三种在统计学中占有重要地位的随机变量(连续型)分布,并给出它们的一些基本性质. 由于统计量实际上就是样本函数,研究抽样分布(统计量分布)实际上就是研究随机变量函数的分布,所以我们在介绍这三种常见分布的定义时,不是以其概率密度进行定义,而是利用随机变量函数的分布来定义.

1. 定义(函数形式)

定义 6.2.1　设 $X_1,X_2,\cdots,X_n$ 为独立同分布的随机变量,且都服从 $N(0,1)$,则称随机

变量

$$X = X_1^2 + X_2^2 + \cdots + X_n^2 = \sum_{i=1}^{n} X_i^2 \tag{6.2.1}$$

所服从的分布为自由度为 n 的 χ^2 分布,记作 $X \sim \chi^2(n)$. 所谓自由度是指相互独立的随机变量平方和的个数.

定义 6.2.2　设随机变量 $X \sim N(0,1)$,$Y \sim \chi^2(n)$,且 X 与 Y 相互独立,则称随机变量

$$T = \frac{X}{\sqrt{Y/n}} \tag{6.2.2}$$

所服从的分布为自由度为 n 的 t 分布,记作 $T \sim t(n)$.

定义 6.2.3　设随机变量 $X \sim \chi^2(m)$,$Y \sim \chi^2(n)$,且 X 与 Y 相互独立,则称随机变量

$$F = \frac{X/m}{Y/n} \tag{6.2.3}$$

所服从的分布为自由度为 m, n 的 **F 分布**,记作 $F \sim F(m, n)$.

特别要注意,这三种常见分布的函数形式是今后判断统计量分布的主要依据.

2. 密度函数及图形

若 $X \sim \chi^2(n)$,则 X 的概率密度函数为

$$f_n(x) = \begin{cases} \dfrac{1}{2^{\frac{n}{2}} \Gamma\left(\dfrac{n}{2}\right)} x^{\frac{n}{2}-1} \mathrm{e}^{-\frac{x}{2}}, & x > 0, \\ 0, & x \leqslant 0. \end{cases} \tag{6.2.4}$$

其中 $\Gamma(s) = \displaystyle\int_0^{+\infty} t^{s-1} \mathrm{e}^{-t} \mathrm{d}t \, (s > 0)$ 为伽马函数,$f_n(x)$ 的图形如图 6.2.1 所示.

若 $X \sim t(n)$ 则 X 的概率密度函数为

$$f_n(x) = \frac{\Gamma\left(\dfrac{n+1}{2}\right)}{\sqrt{n\pi}\,\Gamma\left(\dfrac{n}{2}\right)} \left(1 + \frac{x^2}{n}\right)^{-\frac{n+1}{2}}, \quad -\infty < x < +\infty, \tag{6.2.5}$$

其图形如图 6.2.2 所示. 由于 $f_n(x)$ 是偶函数,所以图形关于纵坐标对称.

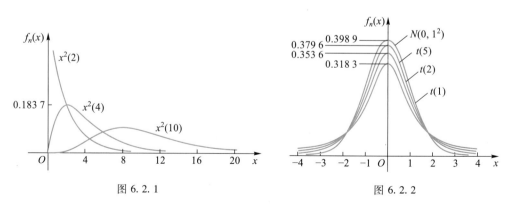

图 6.2.1　　　　　　　　　　　　图 6.2.2

若 $X \sim F(m, n)$,则 X 的概率密度函数为

$$f_{m,n}(x) = \begin{cases} \dfrac{\Gamma\left(\dfrac{m+n}{2}\right)}{\Gamma\left(\dfrac{m}{2}\right)\Gamma\left(\dfrac{n}{2}\right)}\left(\dfrac{m}{n}\right)^{\frac{m}{2}}x^{\frac{m}{2}-1}\left(1+\dfrac{m}{n}x\right)^{-\frac{m+n}{2}}, & x>0. \\ 0, & x\leqslant 0, \end{cases} \quad (6.2.6)$$

其图形如图 6.2.3 所示.

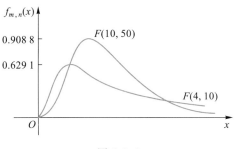

图 6.2.3

注　三种常见分布的密度函数并不常用,但密度函数图形经常需要用到.

3. 性质

性质 1　设 $Y_1 \sim \chi^2(m)$, $Y_2 \sim \chi^2(n)$, 且 Y_1 与 Y_2 相互独立,则 $Y_1+Y_2 \sim \chi^2(m+n)$.

证　根据 χ^2 分布的定义及 Y_1 和 Y_2 的独立性,我们可以把 Y_1 和 Y_2 分别表示为

$$Y_1 = X_1^2 + X_2^2 + \cdots + X_m^2,$$
$$Y_2 = X_{m+1}^2 + X_{m+2}^2 + \cdots + X_{m+n}^2,$$

其中 $X_1, X_2, \cdots, X_m, X_{m+1}, \cdots, X_{m+n}$ 相互独立且都服从 $N(0,1)$. 于是

$$Y_1 + Y_2 = X_1^2 + X_2^2 + \cdots + X_{m+n}^2.$$

由于 Y_1 与 Y_2 相互独立,根据 χ^2 分布的定义知, $Y_1+Y_2 \sim \chi^2(m+n)$.

性质 2　若 $X \sim \chi^2(n)$, 则 $E(X)=n$, $D(X)=2n$.

证　因为 $X = X_1^2 + X_2^2 + \cdots + X_n^2$, 而 $X_1, X_2, \cdots, X_n$ 都服从 $N(0,1)$, 且相互独立. 根据数学期望和方差的性质有

$$EX = E\left(\sum_{i=1}^{n} X_i^2\right) = \sum_{i=1}^{n} EX_i^2 = nEX_1^2,$$

$$DX = D\left(\sum_{i=1}^{n} X_i^2\right) = \sum_{i=1}^{n} DX_i^2 = nDX_1^2,$$

因为 $X_1 \sim N(0,1)$, 所以 $EX_1 = 0$, $DX_1 = 1$, 从而有 $EX_1^2 = 1$, 故

$$E(X) = n.$$

由第四章例 4.3.1 可得

$$EX_1^4 = (4-1)!! = 3,$$

所以 　　　　　　　　　　　　　$DX_1^2 = EX_1^4 - (EX_1^2)^2 = 3 - 1 = 2.$

故 　　　　　　　　　　　　　　$D(X) = nDX_1^2 = 2n.$

性质 3　设 $X \sim t(n)$, 则

（1）当 $n \neq 1$ 时，有 $E(X) = 0$（当 $n = 1$ 时，X 刚好服从标准柯西分布，此时其数学期望不存在）.

（2）当 n 较大时，X 近似服从标准正态分布 $N(0,1)$，一般地，当 $n > 45$ 时，t 分布与标准正态分布就已经非常接近了.

（3）$X^2 \sim F(1, n)$.

证明略.

性质 4　若 $X \sim F(m, n)$，则 $\dfrac{1}{X} \sim F(n, m)$.

这个性质可以直接从 F 分布的定义推出.

例 6.2.1　设 $X_1, X_2, \cdots, X_n$ 是来自正态总体 $N(\mu, \sigma^2)$ 的一个样本，求随机变量 $Y = \dfrac{1}{\sigma^2} \sum\limits_{i=1}^{n} (X_i - \mu)^2$ 的概率分布.

解　从随机变量 Y 的函数形式（平方和），初步判断 Y 应该服从 X^2 分布. 因为 $X_1, X_2, \cdots, X_n$ 是来自正态总体 $N(\mu, \sigma^2)$ 的一个样本，所以 $X_1, X_2, \cdots, X_n$ 相互独立，且 $X_i \sim N(\mu, \sigma^2)$（$i = 1, 2, \cdots, n$）. 令 $Y_i = \dfrac{X_i - \mu}{\sigma}$（$i = 1, 2, \cdots, n$），则 $Y_1, Y_2, \cdots, Y_n$ 相互独立，且 $Y_i \sim N(0,1)$（$i = 1, 2, \cdots, n$）. 根据定义 6.2.1 知 $Y = \dfrac{1}{\sigma^2} \sum\limits_{i=1}^{n} (X_i - \mu)^2 = \sum\limits_{i=1}^{n} Y_i^2 \sim X^2(n)$.

例 6.2.2　设 $X_1, X_2, \cdots, X_n$ 是来自正态总体 $N(0, 4)$ 的样本，试问统计量 $\dfrac{\sqrt{n-1}\, X_1}{\sqrt{\sum\limits_{i=2}^{n} X_i^2}}$ 服从什么分布？

解　从统计量 $\dfrac{\sqrt{n-1}\, X_1}{\sqrt{\sum\limits_{i=2}^{n} X_i^2}}$ 的函数形式（分数比，并且分母有开方），初步判断统计量应该服从 t 分布. 因为 $X_i \sim N(0, 4)$，$i = 1, 2, \cdots, n$，所以 $\dfrac{\sum\limits_{i=2}^{n} X_i^2}{4} \sim X^2(n-1)$，$\dfrac{X_1}{2} \sim N(0,1)$，且它们相互独立，根据 t 分布的定义，有

$$\frac{\sqrt{n-1}\, X_1}{\sqrt{\sum\limits_{i=2}^{n} X_i^2}} = \frac{X_1/2}{\sqrt{\dfrac{\sum\limits_{i=2}^{n} X_i^2}{4} \Big/ (n-1)}} \sim t(n-1).$$

例 6.2.3　设 $X_1, X_2, \cdots, X_n$ 是来自正态总体 $N(0,1)$ 的样本，试问统计量 $\dfrac{(n-3) \sum\limits_{i=1}^{3} X_i^2}{3 \sum\limits_{i=4}^{n} X_i^2}$ 服从什么分布？

解 从统计量 $\dfrac{(n-3)\sum\limits_{i=1}^{3} X_i^2}{3\sum\limits_{i=4}^{n} X_i^2}$ 的函数形式(分数比,并且分母没有开方),初步判断统计量

应该服从 F 分布. 因为 $\sum\limits_{i=1}^{3} X_i^2 \sim \chi^2(3)$, $\sum\limits_{i=4}^{n} X_i^2 \sim \chi^2(n-3)$, 且二者相互独立, 所以

$$\frac{(n-3)\sum\limits_{i=1}^{3} X_i^2}{3\sum\limits_{i=4}^{n} X_i^2} = \frac{\sum\limits_{i=1}^{3} X_i^2 / 3}{\sum\limits_{i=4}^{n} X_i^2 / (n-3)} \sim F(3, n-3).$$

4. 分位数(点)

在实际应用中,这三种常见分布的概率密度函数很少用到,而主要是用它们的分位数(点). §4.3 我们已经给出随机变量关于 α 的上侧分位数(点)及双侧分位数(点)的定义,下面我们仅介绍一下这三种常见分布的分位数(点)记号.

(1) $\chi^2(n)$ 分布关于 α 的分位数(点)记为 $\chi_\alpha^2(n)$, 关于 α 的双侧分位数(点)记为 $\chi_{1-\alpha/2}^2(n)$, $\chi_{\alpha/2}^2(n)$, 如图 6.2.4 所示.

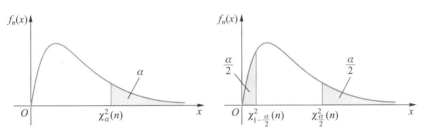

图 6.2.4

(2) $t(n)$ 分布关于 α 的分位数(点)记为 $t_\alpha(n)$, 关于 α 的双侧分位数(点)记为 $t_{1-\alpha/2}(n)$, $t_{\alpha/2}(n)$, 如图 6.2.5 所示.

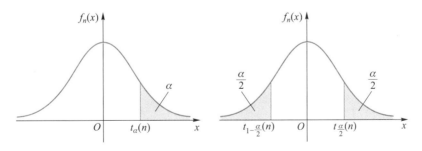

图 6.2.5

(3) $F(m,n)$ 分布关于 α 的分位数(点)记为 $F_\alpha(m,n)$, 关于 α 的双侧分位数(点)记为 $F_{1-\alpha/2}(m,n)$, $F_{\alpha/2}(m,n)$, 如图 6.2.6 所示.

通常地,给定 α 时可从附录Ⅱ表 3 至表 5 中查出关于 α 的(上侧)分位数(点), 反之给定某个(上侧)分位数(点)时, 不一定能从附录Ⅱ表 3 至表 5 中查出相应的概率, 只有特殊的分位数(点)才能从附录Ⅱ表 3 至表 5 中查出相应的概率.

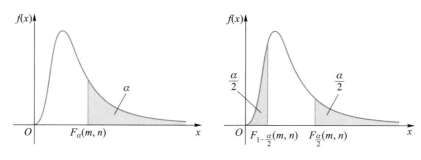

图 6.2.6

关于分位数(点)有如下一些性质:

(1) $u_{1-\alpha} = -u_{\alpha}$($u_{\alpha}$ 为标准正态分布关于 α 的(上侧)分位数(点));

(2) $t_{1-\alpha}(n) = -t_{\alpha}(n)$;

(3) $F_{\alpha}(m, n) = \dfrac{1}{F_{1-\alpha}(n, m)}$.

例 6.2.4 求 $\chi^2_{0.05}(10)$,$t_{0.9}(20)$ 和 $F_{0.95}(5, 10)$ 的值.

解 查附录Ⅱ常用分布表,并利用分位点的性质得

$$\chi^2_{0.05}(10) = 18.306\ 6,$$

$$t_{0.9}(20) = -t_{0.1}(20) = -1.325\ 3,$$

$$F_{0.95}(5, 10) = \frac{1}{F_{0.05}(10, 5)} = \frac{1}{4.735\ 1} = 0.211\ 2.$$

二、 正态总体的抽样分布

前面已经指出,统计量是随机变量,所以也有相应的概率分布,称之为抽样分布. 这个分布原则上可以从样本的概率分布计算出来. 但是,一般说来,统计量的抽样分布的计算是很困难的. 目前只对一些重要的特殊情形可以求出统计量的精确分布或近似分布.

对于正态总体,关于样本均值和样本方差以及某些重要统计量的抽样分布具有非常完善的理论结果,它们为讨论参数估计和假设检验奠定了坚实的基础,我们将这些内容归纳成如下两个定理.

定理 6.2.1(单总体) 设 $X_1, X_2, \cdots, X_n$ 是来自正态总体 $X \sim N(\mu, \sigma^2)$ 的样本,则

(1) $\bar{X} \sim N\left(\mu, \dfrac{\sigma^2}{n}\right)$;   (2) $\dfrac{(n-1)S^2}{\sigma^2} \sim \chi^2(n-1)$;

(3) $\bar{X}$ 与 S^2 相互独立;   (4) $\dfrac{\sqrt{n}(\bar{X}-\mu)}{S} \sim t(n-1)$.

其中 $\bar{X}$ 为样本均值,S^2 为样本方差,即

$$\bar{X} = \frac{1}{n}\sum_{i=1}^{n} X_i, \quad S^2 = \frac{1}{n-1}\sum_{i=1}^{n}(X_i - \bar{X})^2.$$

证 (1) 因为 $X_i \sim N(\mu, \sigma^2)$,$i = 1, 2, \cdots, n$,且独立正态随机变量的线性组合仍是正态随机变量. 根据数学期望和方差的性质知

$$E(\overline{X}) = E\left(\frac{1}{n}\sum_{i=1}^{n}X_i\right) = \frac{1}{n}\sum_{i=1}^{n}E(X_i) = \mu,$$

$$D(\overline{X}) = D\left(\frac{1}{n}\sum_{i=1}^{n}X_i\right) = \frac{1}{n^2}\sum_{i=1}^{n}D(X_i) = \frac{\sigma^2}{n},$$

所以 $\overline{X} \sim N\left(\mu, \dfrac{\sigma^2}{n}\right)$.

（2），（3）证明略.

（4）因为 $\overline{X} \sim N\left(\mu, \dfrac{\sigma^2}{n}\right)$，所以 $\dfrac{\overline{X}-\mu}{\sigma/\sqrt{n}} \sim N(0,1)$，又 $\dfrac{(n-1)S^2}{\sigma^2} \sim \chi^2(n-1)$，并且由于 $\overline{X}$ 与 S^2

相互独立，因此 $\dfrac{\overline{X}-\mu}{\sigma/\sqrt{n}}$ 与 $\dfrac{(n-1)S^2}{\sigma^2}$ 相互独立，从而

$$\frac{\sqrt{n}(\overline{X}-\mu)}{S} = \frac{\dfrac{\overline{X}-\mu}{\sigma/\sqrt{n}}}{\sqrt{\dfrac{(n-1)S^2}{\sigma^2}\Big/(n-1)}} \sim t(n-1).$$

定理 6.2.2（双总体）　设 $X_1, X_2, \cdots, X_m$ 是来自正态总体 $X \sim N(\mu_1, \sigma_1^2)$ 的样本，$Y_1, Y_2, \cdots, Y_n$ 是来自正态总体 $Y \sim N(\mu_2, \sigma_2^2)$ 的样本，且 X 与 Y 相互独立，则

（1）　$\overline{X}-\overline{Y} \sim N\left(\mu_1-\mu_2, \dfrac{\sigma_1^2}{m}+\dfrac{\sigma_2^2}{n}\right)$；

（2）　$\dfrac{S_1^2/\sigma_1^2}{S_2^2/\sigma_2^2} \sim F(m-1, n-1)$；

（3）　当 $\sigma_1^2 = \sigma_2^2 = \sigma^2$ 时，

$$\frac{(\overline{X}-\overline{Y})-(\mu_1-\mu_2)}{S_w\sqrt{\dfrac{1}{m}+\dfrac{1}{n}}} \sim t(m+n-2).$$

其中

$$\overline{X} = \frac{1}{m}\sum_{i=1}^{m}X_i,\quad S_1^2 = \frac{1}{m-1}\sum_{i=1}^{m}(X_i-\overline{X})^2,$$

$$\overline{Y} = \frac{1}{n}\sum_{i=1}^{n}Y_i,\quad S_2^2 = \frac{1}{n-1}\sum_{i=1}^{n}(Y_i-\overline{Y})^2,$$

$$S_w^2 = \frac{(m-1)S_1^2+(n-1)S_2^2}{m+n-2} = \frac{m-1}{m+n-2}S_1^2+\frac{n-1}{m+n-2}S_2^2,$$

即 S_w^2 是 S_1^2 和 S_2^2 的加权平均，称为两样本的加权方差.

证　（1）由定理 6.2.1 知，

$$\overline{X} \sim N\left(\mu_1, \frac{\sigma_1^2}{m}\right),\quad \overline{Y} \sim N\left(\mu_2, \frac{\sigma_2^2}{n}\right).$$

因为 X 与 Y 相互独立,于是 $\bar{X}$ 与 $\bar{Y}$ 相互独立,从而

$$\bar{X} - \bar{Y} \sim N\left(\mu_1 - \mu_2, \frac{\sigma_1^2}{m} + \frac{\sigma_2^2}{n}\right).$$

（2）由定理 6.2.1 知,

$$\frac{(m-1)S_1^2}{\sigma_1^2} \sim \chi^2(m-1), \frac{(n-1)S_2^2}{\sigma_2^2} \sim \chi^2(n-1),$$

且二者相互独立,根据 F 分布的定义

$$\frac{\dfrac{(m-1)S_1^2}{\sigma_1^2} \Big/ (m-1)}{\dfrac{(n-1)S_2^2}{\sigma_2^2} \Big/ (n-1)} = \frac{S_1^2/\sigma_1^2}{S_2^2/\sigma_2^2} \sim F(m-1, n-1).$$

（3）当 $\sigma_1^2 = \sigma_2^2 = \sigma^2$ 时,由（1）得

$$\frac{(\bar{X} - \bar{Y}) - (\mu_1 - \mu_2)}{\sigma\sqrt{\dfrac{1}{m} + \dfrac{1}{n}}} \sim N(0, 1).$$

由（2）及 χ^2 分布的可加性得

$$\frac{(m+n-2)S_w^2}{\sigma^2} = \frac{(m-1)S_1^2 + (n-1)S_2^2}{\sigma^2} \sim \chi^2(m+n-2).$$

又因为 $\dfrac{(m+n-2)S_w^2}{\sigma^2}$ 与 $\dfrac{(\bar{X} - \bar{Y}) - (\mu_1 - \mu_2)}{\sigma\sqrt{\dfrac{1}{m} + \dfrac{1}{n}}}$ 相互独立,根据 t 分布的定义知

$$\frac{(\bar{X} - \bar{Y}) - (\mu_1 - \mu_2)}{S_w\sqrt{\dfrac{1}{m} + \dfrac{1}{n}}} \sim t(m+n-2).$$

上述两个定理是以后几章的理论基础,读者不但要熟悉定理的内容,而且要掌握它们的证明方法.

例 6.2.5　设总体 $X \sim N(\mu, 4)$,$X_1, X_2, \cdots, X_n$ 是来自总体 X 的一个样本,$\bar{X}$ 为样本均值,试问样本容量 n 应取多大,才能使 $P(|\bar{X} - \mu| < 0.1) \geqslant 0.95$?

解　因为 $X \sim N(\mu, 4)$,由定理 6.2.1 得 $\bar{X} \sim N(\mu, 4/n)$,即 $\dfrac{\bar{X} - \mu}{2/\sqrt{n}} \sim N(0, 1)$,所以

$$P(|\bar{X} - \mu| < 0.1) = P\left(\left|\frac{\bar{X} - \mu}{2/\sqrt{n}}\right| < \frac{0.1}{2/\sqrt{n}}\right) = 2\Phi(0.05\sqrt{n}) - 1 \geqslant 0.95,$$

即 $\Phi(0.05\sqrt{n}) \geqslant 0.975$,查表得 $\Phi(1.96) = 0.975$,则 $0.05\sqrt{n} \geqslant 1.96$,解得 $n \geqslant 1\,536.64$,即样本容量最小应取 1 537.

例 6.2.6　设 $X_1, X_2, \cdots, X_n$ 是来自 $N(\mu, \sigma^2)$ 的一个样本,$\bar{X} = \dfrac{1}{n}\sum_{i=1}^{n} X_i$,$T_1 = \sum_{i=1}^{n}(X_i - \mu)^2$,

$T_2 = \sum_{i=1}^{n} (X_i - \overline{X})^2$. 试求 ET_1, DT_1, ET_2, DT_2.

解 由例 6.2.1 及定理 6.2.1 得

$$\sum_{i=1}^{n} \left(\frac{X_i - \mu}{\sigma}\right)^2 = \frac{1}{\sigma^2} \sum_{i=1}^{n} (X_i - \mu)^2 = \frac{T_1}{\sigma^2} \sim \chi^2(n),$$

$$\sum_{i=1}^{n} \left(\frac{X_i - \overline{X}}{\sigma}\right)^2 = \frac{1}{\sigma^2} \sum_{i=1}^{n} (X_i - \overline{X})^2 = \frac{T_2}{\sigma^2} \sim \chi^2(n-1),$$

所以

$$E\left(\frac{T_1}{\sigma^2}\right) = n, E(T_1) = n\sigma^2,$$

$$D\left(\frac{T_1}{\sigma^2}\right) = \frac{DT_1}{\sigma^4} = 2n, D(T_1) = 2n\sigma^4.$$

$$E\left(\frac{T_2}{\sigma^2}\right) = \frac{ET_2}{\sigma^2} = n-1, E(T_2) = (n-1)\sigma^2,$$

$$D\left(\frac{T_2}{\sigma^2}\right) = \frac{DT_2}{\sigma^4} = 2(n-1), D(T_2) = 2(n-1)\sigma^4.$$

 内容小结

本章介绍数理统计的基本概念和抽样分布,为数理统计(第七章、第八章)的学习打下基础.

本章概念网络图:

$$\begin{cases} \text{基本概念} \begin{cases} \text{总体} \\ \text{样本} \\ \text{统计量} \\ \text{经验分布函数} \end{cases} \\ \text{抽样分布} \begin{cases} \text{三种常见的分布} \begin{cases} \chi^2 \text{分布} \\ t \text{分布} \\ F \text{分布} \end{cases} \\ \text{正态总体的抽样分布} \begin{cases} \text{单总体} \\ \text{双总体} \end{cases} \end{cases} \end{cases}$$

本章基本要求:

1. 理解总体、个体、样本、简单随机样本和样本容量的概念,了解总体分布、样本分布和经验分布函数的概念.

2. 理解统计量的概念,掌握样本均值和样本方差的计算,了解样本(原点)矩、样本中心矩及顺序统计量的定义.

3. 理解 χ^2 分布、t 分布和 F 分布的定义,会查表计算相应分布的概率及分位点.

4. 掌握正态总体的常用抽样分布.

 习题六

第一部分 基 本 题

一、选择题

1. 设 X_1, X_2, X_3, X_4 是来自总体 $N(\mu, \sigma^2)$ 的简单随机样本,其中 σ 已知,μ 未知,则不是统计量的是( ).

A. $\max X_i - \min X_i$

B. $\dfrac{1}{4} \sum_{i=1}^{4} (X_i - \mu)$

C. $\sum_{i=1}^{4} \dfrac{X_i^2}{\sigma^2}$

D. $\dfrac{1}{3} \sum_{i=1}^{4} X_i^2 - \dfrac{1}{12} \left(\sum_{i=1}^{4} X_i \right)^2$

2. 设 $X_1, X_2, \cdots, X_n$ 是来自正态总体 $N(\mu, \sigma^2)$ 的简单随机样本,$\overline{X}$ 是样本均值,记

$$S_1^2 = \frac{1}{n-1} \sum_{i=1}^{n} (X_i - \overline{X})^2, \qquad S_2^2 = \frac{1}{n} \sum_{i=1}^{n} (X_i - \overline{X})^2,$$

$$S_3^2 = \frac{1}{n-1} \sum_{i=1}^{n} (X_i - \mu)^2, \qquad S_4^2 = \frac{1}{n} \sum_{i=1}^{n} (X_i - \mu)^2,$$

则服从自由度为 $n-1$ 的 t 分布的随机变量是( ).

A. $\dfrac{\overline{X} - \mu}{S_1} \sqrt{n-1}$

B. $\dfrac{\overline{X} - \mu}{S_2} \sqrt{n-1}$

C. $\dfrac{\overline{X} - \mu}{S_3} \sqrt{n-1}$

D. $\dfrac{\overline{X} - \mu}{S_4} \sqrt{n-1}$

3. 对于给定的正数 α, $0 < \alpha < 1$,设 $u_\alpha, \chi_\alpha^2(n), t_\alpha(n), F_\alpha(n_1, n_2)$ 分别是 $N(0,1), \chi^2(n), t(n), F(n_1, n_2)$ 分布关于 α 的(上侧)分位点,则下面结论不正确的是( ).

A. $u_{1-\alpha} = -u_\alpha$

B. $\chi_{1-\alpha}^2(n) = -\chi_\alpha^2(n)$

C. $t_\alpha(n) = -t_{1-\alpha}(n)$

D. $F_{1-\alpha}(n_1, n_2) = \dfrac{1}{F_\alpha(n_2, n_1)}$

4. 设随机变量 $X \sim N(0,1), Y \sim N(0,1)$,则( ).

A. $X+Y$ 服从正态分布

B. X^2 和 Y^2 都服从 χ^2 分布

C. $X^2 + Y^2$ 服从 χ^2 分布

D. $\dfrac{X^2}{Y^2}$ 服从 F 分布

5. 设 $X_1, X_2, \cdots, X_n$ 是来自正态总体 X 的一个样本,$E(X) = -1, E(X^2) = 4, \overline{X} = \dfrac{1}{n} \sum_{i=1}^{n} X_i$,则 $\overline{X}$ 服从的分布为( ).

A. $N\left(-1, \dfrac{3}{n}\right)$

B. $N\left(-1, \dfrac{4}{n}\right)$

C. $N\left(-\dfrac{1}{n}, 4\right)$

D. $N\left(-\dfrac{1}{n}, \dfrac{3}{n}\right)$

6. 设 $X_1, X_2, \cdots, X_8$ 和 $Y_1, Y_2, \cdots, Y_{10}$ 分别是来自总体 $N(-1, 2^2)$ 和 $N(2, 5)$ 的两个样本,且相互独立,S_1^2, S_2^2 分别为这两个样本的方差,则服从 $F(7, 9)$ 分布的统计量是( ).

A. $2S_1^2 / 5S_2^2$

B. $5S_1^2 / 4S_2^2$

C. $4S_2^2 / 5S_1^2$

D. $5S_1^2 / 2S_2^2$

二、填空题

1. 设 X 与 Y 相互独立且均服从正态分布 $N(0,9)$，$X_1, X_2, \cdots, X_9$ 与 $Y_1, Y_2, \cdots, Y_9$ 分别来自总体 X 和 Y 的样本，则统计量 $U = \dfrac{X_1 + X_2 + \cdots + X_9}{\sqrt{Y_1^2 + Y_2^2 + \cdots + Y_9^2}}$ 服从_____分布.

2. 设 $X \sim N(0,2)$，$Y \sim \chi^2(5)$，且 X 与 Y 相互独立，则当 $A = $ _____ $(A > 0)$ 时，$Z = A \dfrac{X}{\sqrt{Y}}$ 服从 t 分布，自由度为_____.

3. 设总体 X 服从正态分布 $N(0,4)$，而 $X_1, X_2, \cdots, X_{15}$ 是来自 X 的简单随机样本，则随机变量 $Y = \dfrac{X_1^2 + \cdots + X_{10}^2}{2(X_{11}^2 + \cdots + X_{15}^2)}$ 服从_____分布，参数为_____.

4. 已知 F 分布的分位点 $F_{0.05}(9,12) = 2.8$，$F_{0.05}(12,9) = 3.07$，则 $F_{0.95}(12,9) = $ _____.

5. 设 $X_1, X_2, \cdots, X_n$ 是来自标准正态总体 $X \sim N(0,1)$ 的一个样本，$\bar{X}, S^2$ 分别为样本均值与样本方差，则 $E\left[\sum\limits_{i=1}^{n} (X_i - \bar{X})^2 \right] = $ _____.

三、计算题

1. 设 $X_1, X_2, \cdots, X_6$ 是来自正态总体 $N(0,4)$ 的简单随机样本，确定正常数 a, b，使随机变量
$$Y = a(X_1 - X_2 + 2X_3)^2 + b(3X_4 + 2X_5 - X_6)^2$$
服从 χ^2 分布，并求其自由度.

2. 设 $X_1, X_2, \cdots, X_n$ 是来自 $U(-1,1)$ 的一个样本，$\bar{X}, S^2$ 分别为样本均值和样本方差，试求 $D(\bar{X})$，$E(S^2)$，$\mathrm{cov}(X_1, \bar{X})$.

3. 设 $X_1, X_2, \cdots, X_9$ 是来自正态总体 $X \sim N(2,1)$ 的一个样本，求样本均值 $\bar{X}$ 在区间 $[1,3]$ 上取值的概率.

4. 设正态总体 X 有 $E(X) = \mu$，$D(X) = \sigma^2$，取 X 的容量为 n 的样本，其样本均值为 $\bar{X}$，问 n 多大时，有 $P(|\bar{X} - \mu| < 0.1\sigma) \geqslant 0.95$.

5. 设 $X_1, X_2, \cdots, X_{16}$ 是来自正态总体 $X \sim N(\mu, \sigma^2)$ 的一个样本，S^2 是样本方差，求 $P\{S^2/\sigma^2 \leqslant 2.0385\}$.

6. 设总体 $X \sim N(\mu, \sigma^2)$，$X_1, X_2, \cdots, X_n$ 是来自总体 X 的一个样本，样本均值为 $\bar{X}$，样本方差为 S^2.

(1) 设 $n = 25$，求 $P(\mu - 0.2\sigma < \bar{X} < \mu + 0.2\sigma)$；

(2) 要使 $P(|\bar{X} - \mu| > 0.1\sigma) \leqslant 0.05$，问 n 至少应等于多少？

(3) 设 $n = 10$，求使 $P(\mu - \lambda S < \bar{X} < \mu + \lambda S) = 0.90$ 的 λ；

(4) 设 $n = 10$，求使 $P(S^2 > \lambda \sigma^2) = 0.95$ 的 λ.

7. 设某两个工厂的每日碳排放量 X, Y 相互独立且分别服从 $N(\mu, 1)$ 和 $N(\mu, 3)$，各观测两个工厂 36 日的碳排放量，记样本均值分别为 $\bar{X}, \bar{Y}$，(1) 计算概率 $P(|\bar{X} - \bar{Y}| > 1)$；(2) 求方差 $D[(\bar{X} - \bar{Y})^2]$.

8. 设总体 $X \sim N(\mu_1, \sigma^2)$，$Y \sim N(\mu_2, \sigma^2)$，$X, Y$ 相互独立，$X_1, X_2, \cdots, X_n; Y_1, Y_2, \cdots, Y_m$ 分别是来自 X 与 Y 的样本，$\bar{X}, \bar{Y}$ 分别是两个样本的样本均值，$S^2 = \dfrac{1}{n-1} \sum\limits_{i=1}^{n} (X_i - \bar{X})^2$，试求统计量 $T = \dfrac{(\bar{X} - \bar{Y}) - (\mu_1 - \mu_2)}{S\sqrt{\dfrac{1}{n} + \dfrac{1}{m}}}$ 的分布.

第二部分 提 高 题

1. 设 $X_1, X_2, \cdots, X_n$ 是来自正态总体 $N(\mu, \sigma^2)$ 的简单随机样本，$\bar{X}$ 是样本均值，记
$$S_1^2 = \frac{1}{n-1} \sum_{i=1}^{n} (X_i - \bar{X})^2, \qquad S_2^2 = \frac{1}{n} \sum_{i=1}^{n} (X_i - \bar{X})^2,$$

$$S_3^2 = \frac{1}{n-1} \sum_{i=1}^{n} (X_i - \mu)^2, \qquad\qquad S_4^2 = \frac{1}{n} \sum_{i=1}^{n} (X_i - \mu)^2,$$

确定常数 a_i，使得 $a_i S_i^2$ 服从 χ^2 分布，并求其自由度 $(i = 1,2,3,4)$.

2. 设 $X_1, X_2, \cdots, X_9$ 是来自正态总体 $X \sim N(\mu, \sigma^2)$ 的一个样本，令

$$Y_1 = \frac{X_1 + X_2 + \cdots + X_6}{6}, \quad Y_2 = \frac{X_7 + X_8 + X_9}{3},$$

$$S^2 = \frac{1}{2} \sum_{i=7}^{9} (X_i - Y_2)^2, \quad Z = \frac{\sqrt{2}(Y_1 - Y_2)}{S}.$$

求 Z 的分布，并估计 $P(Z < 5)$.

3. 分别从方差为 20 和 35 的正态总体中抽取容量为 8 和 10 的两个独立样本，估计第一个样本方差不小于第二个样本方差两倍的概率.

4. 设 X_1, X_2 是取自正态总体 $X \sim N(0, \sigma^2)$ 的一个样本，试求概率 $P\left(\frac{(X_1 + X_2)^2}{(X_1 - X_2)^2} < 40 \right)$.

5. 设 $X \sim F(m, n)$，证明 $F_\alpha(m, n) = \dfrac{1}{F_{1-\alpha}(n, m)}$.

6. 从同一总体中抽取两个容量分别为 n, m 的样本，样本均值分别为 $\bar{X}_1, \bar{X}_2$，样本方差分别为 S_1^2, S_2^2，将两组样本合并，其均值、方差分别记为 $\bar{X}, S^2$，证明：

$$\bar{X} = \frac{n\bar{X}_1 + m\bar{X}_2}{n+m}, \quad S^2 = \frac{(n-1)S_1^2 + (m-1)S_2^2}{n+m-1} + \frac{nm(\bar{X}_1 - \bar{X}_2)^2}{(n+m)(n+m-1)}.$$

第三部分　近年考研真题

一、选择题

1.（2018）已知 $X_1, X_2, \cdots, X_n (n \geqslant 2)$ 为来自总体 $X \sim N(\mu, \sigma^2)$ $(\sigma > 0)$ 的简单随机样本，令 $\bar{X} = \dfrac{1}{n} \sum_{i=1}^{n} X_i$，

$S = \sqrt{\dfrac{1}{n-1} \sum_{i=1}^{n} (X_i - \bar{X})^2}$，$S^* = \sqrt{\dfrac{1}{n} \sum_{i=1}^{n} (X_i - \mu)^2}$，则（　　）.

A. $\dfrac{\sqrt{n}(\bar{X} - \mu)}{S} \sim t(n)$ B. $\dfrac{\sqrt{n}(\bar{X} - \mu)}{S} \sim t(n-1)$

C. $\dfrac{\sqrt{n}(\bar{X} - \mu)}{S^*} \sim t(n)$ D. $\dfrac{\sqrt{n}(\bar{X} - \mu)}{S^*} \sim t(n-1)$

2.（2023）已知 $X_1, X_2, \cdots, X_n$ 为来自总体 $N(\mu_1, \sigma^2)$ 的简单随机样本，$Y_1, Y_2, \cdots, Y_m$ 为来自总体 $N(\mu_2, 2\sigma^2)$ 的简单随机样本，且两样本相互独立. 记 $\bar{X} = \dfrac{1}{n} \sum_{i=1}^{n} X_i$，$\bar{Y} = \dfrac{1}{m} \sum_{i=1}^{m} Y_i$，$S_1^2 = \dfrac{1}{n-1} \sum_{i=1}^{n} (X_i - \bar{X})^2$，$S_2^2 = $

$\dfrac{1}{m-1} \sum_{i=1}^{m} (Y_i - \bar{Y})^2$，则（　　）.

A. $\dfrac{S_1^2}{S_2^2} \sim F(n, m)$ B. $\dfrac{S_1^2}{S_2^2} \sim F(n-1, m-1)$

C. $\dfrac{2S_1^2}{S_2^2} \sim F(n, m)$ D. $\dfrac{2S_1^2}{S_2^2} \sim F(n-1, m-1)$

第七章

参数估计

数理统计的基本问题就是根据样本所提供的信息,对总体的分布或分布中的某些未知参数作出统计推断.统计推断的主要内容分为两大类:一类是参数估计,另一类是假设检验.参数估计是数理统计中最重要的统计推断问题之一,所谓参数估计,即总体分布形式是已知的,而分布中的某些参数却是未知的,需要借助总体的样本,构造适当的统计量来估计这些未知参数,并对这种估计进行评价.本章主要介绍参数估计的基本概念、点估计以及区间估计等.

§7.1 参数估计的基本概念

设总体 X 的分布函数 $F(x;\theta)$ 的形式已知, $\theta=(\theta_1,\theta_2,\cdots,\theta_k)\in\Theta$,其中 Θ 是未知参数 θ 的可能的取值范围,称为参数空间.借助于总体 X 的样本来估计未知参数 θ 的问题就称为参数估计.

定义 7.1.1 设总体 X 的分布函数为 $F(x;\theta)$, $\theta=(\theta_1,\theta_2,\cdots,\theta_k)\in\Theta$ 是未知参数, X_1 , $X_2,\cdots,X_n$ 是来自总体 X 的样本, $x_1,x_2,\cdots,x_n$ 是样本观测值.

(1)构造 1 个统计量 $T=T(X_1,X_2,\cdots,X_n)$ 来估计未知参数 θ ,用相应的数值 $T(x_1,x_2,\cdots,x_n)$ 作为未知参数 θ 的估计值,则称统计量 $T(X_1,X_2,\cdots,X_n)$ 为 θ 的估计量,称数值 $T(x_1,x_2,\cdots,x_n)$ 为 θ 的估计值,这种方法称为参数的点估计.在不至于混淆的情况下,统称估计量和估计值为估计,并记为 $\hat{\theta}$,即 $\hat{\theta}=T(X_1,X_2,\cdots,X_n)$ (或 $\hat{\theta}=T(x_1,x_2,\cdots,x_n)$).

(2)构造 2 个统计量 $T_1=T_1(X_1,X_2,\cdots,X_n)$ 和 $T_2=T_2(X_1,X_2,\cdots,X_n)$,用区间 (T_1,T_2) 来估计参数 θ ,这种方法称为参数的区间估计.

例 7.1.1 设总体 $X\sim N(\mu,1)$,其中 μ 是未知参数, $X_1,X_2,\cdots,X_n$ 为总体 X 的一个样本, $x_1,x_2,\cdots,x_n$ 为样本观测值,我们可以构造不同的统计量来估计未知参数 μ ,如:

$$T_1=T_1(X_1,X_2,\cdots,X_n)=\frac{1}{n}\sum_{i=1}^{n}X_i\overset{\text{def}}{=\!=}\mu,$$

$$T_2 = T_2(X_1, X_2, \cdots, X_n) = \frac{1}{2}(X_{(1)} + X_{(n)}) \stackrel{\text{def}}{=\!=} \mu,$$

$$\cdots$$

称 $\dfrac{1}{n}\sum\limits_{i=1}^{n}X_i, \dfrac{1}{2}(X_{(1)}+X_{(n)}), \cdots$ 为参数 μ 的估计量, 称 $\dfrac{1}{n}\sum\limits_{i=1}^{n}x_i, \dfrac{1}{2}(x_{(1)}+x_{(n)}), \cdots$ 为参数 μ 的估计值.

也可以同时构造 2 个统计量, 如:

$$T_1 = T_1(X_1, X_2, \cdots, X_n) = \overline{X}-1,\ T_2 = T_2(X_1, X_2, \cdots, X_n) = \overline{X}+1,$$

称区间 $(\overline{X}-1, \overline{X}+1)$ 为参数 μ 的区间估计.

显然, 随便构造 1 个统计量作为参数 θ 的估计量(或构造 2 个统计量构成 1 个区间来估计参数 θ)没什么意义, 应该要有某种构造方法, 这就是以下介绍的点估计和区间估计.

§7.2 点 估 计

如何构造统计量 $T(X_1, X_2, \cdots, X_n)$ 作为参数 θ 的估计量呢? 这就是求点估计量的方法, 目前求点估计量的方法很多, 本节仅介绍两种常用的求点估计量方法: 矩法和最大似然法. 既然有不同的求估计量方法, 同一参数可能就有不同的估计量(原则上说, 任何统计量都可以作为参数的估计量), 那么到底采用哪个估计量好呢? 这就是估计量评价标准问题.

一、 求点估计量的方法

1. 矩法

矩法是英国统计学家卡尔·皮尔逊在 1894 年提出的求点估计量的方法, 其主要思想包含两个方面:

(1) 由大数定律知道, 对任意 $\varepsilon > 0$, 有 $\lim\limits_{n \to \infty} P\left(\left|\dfrac{1}{n}\sum\limits_{i=1}^{n}X_i^r - E(X^r)\right| < \varepsilon\right) = 1$. 因此, 当总体矩 $E(X^r)$ 存在时, 只要样本的容量足够大, 样本矩 $\dfrac{1}{n}\sum\limits_{i=1}^{n}X_i^r$ 在总体矩 $E(X^r)$ 附近的可能性就很大 $(r=1,2,\cdots,k)$.

(2) 总体的 r 阶矩通常都是未知参数 θ 的函数, 因此很自然地会想到用样本矩来代替总体矩建立样本与未知参数 θ 的近似关系, 从而得到总体分布中未知参数的一个估计.

7.2.1 皮尔逊

按这种统计思想获得未知参数 θ 的估计量方法称为矩法. 按照上述的思路, 下面给出用矩法构造未知参数估计量的基本步骤.

设总体 X 的分布函数为 $F(x; \theta)$, $\theta = (\theta_1, \theta_2, \cdots, \theta_k) \in \Theta$ 是未知参数(k 为未知参数的个数), $X_1, X_2, \cdots, X_n$ 是来自总体 X 的样本, $x_1, x_2, \cdots, x_n$ 是样本观测值, 则用矩法求未知参数

估计量的步骤如下:

(1) 计算总体分布的 r 阶原点矩 $E(X^r)$(一般为未知参数 θ 的函数),记为

$$E(X^r) = g_r(\theta), \quad r = 1, 2, \cdots; \qquad (7.2.1)$$

(2) 近似替换,即用样本 r 阶原点矩替换总体 r 阶原点矩,列出方程:

$$g_r(\theta) \stackrel{\text{def}}{=\!=} \frac{1}{n} \sum_{i=1}^{n} X_i^r \quad (r = 1, 2, \cdots); \qquad (7.2.2)$$

(3) 解此方程得

$$\theta = h(X_1, X_2, \cdots, X_n),$$

则以 $h(X_1, X_2, \cdots, X_n)$ 作为 θ 的估计量 $\hat{\theta}$,并称

$$\hat{\theta} = h(X_1, X_2, \cdots, X_n) \qquad (7.2.3)$$

为 θ 的矩法估计量(或矩估计量),称 $h(x_1, x_2, \cdots, x_n)$ 为 θ 的矩法估计值(或矩估计值).

注 (1) 如果未知参数的个数 $k=1$,一般 r 取 1,即用样本 1 阶原点矩替换总体 1 阶原点矩(即样本均值替换总体均值),当然 r 也可以取 $2, 3, \cdots$,视计算方便而定(一般采用阶数低的,这样容易计算).

(2) 如果未知参数的个数 $k>1$,那么就要选取不同的 r,构成 k 个方程组,才能解出所有的未知参数.

例 7.2.1 设总体 X 的分布律为

X	-1	0	1
P	θ^2	$2\theta(1-\theta)$	$(1-\theta)^2$

其中 θ 为未知参数,$X_1, X_2, \cdots, X_n$ 为总体 X 的一个样本.

(1) 求 θ 的矩法估计量;

(2) 如果样本的观测值为 $0, 0, -1, 1, 0, -1, 1, 1, 1$,求 θ 的矩法估计值.

解 (1) 由 X 的分布律得

$$E(X) = (-1) \times \theta^2 + 0 \times 2\theta(1-\theta) + 1 \times (1-\theta)^2 = 1 - 2\theta.$$

根据 (7.2.2) 式可得

$$E(X) = 1 - 2\theta \stackrel{\text{def}}{=\!=} \frac{1}{n} \sum_{i=1}^{n} X_i = \bar{X},$$

解得 θ 的矩法估计量为

$$\hat{\theta} = \frac{1 - \bar{X}}{2}.$$

(2) 由样本观测值计算样本均值为 $\bar{x} = \dfrac{2}{9}$,所以 θ 的矩法估计值为 $\hat{\theta} = \dfrac{7}{18}$.

例 7.2.2 设总体 $X \sim P(\lambda)$,其中 λ 是未知参数,$X_1, X_2, \cdots, X_n$ 为总体 X 的一个样本,试求 λ 的矩法估计量.

解 由总体 X 的分布得

$$E(X) = \lambda.$$

根据 (7.2.2) 式可得

$$E(X) = \lambda \stackrel{\text{def}}{=\!=} \frac{1}{n} \sum_{i=1}^{n} X_i = \overline{X},$$

解得 λ 的矩法估计量为 $\hat{\lambda} = \overline{X}$.

例 7.2.3 设总体 $X \sim N(\mu, \sigma^2)$, 其中 μ, σ^2 是未知参数, $X_1, X_2, \cdots, X_n$ 为总体 X 的一个样本, 试求 μ, σ^2 的矩法估计量.

解 由于 $E(X) = \mu, D(X) = \sigma^2$, 根据 (7.2.2) 式可得

$$\begin{cases} E(X) = \mu \stackrel{\text{def}}{=\!=} \dfrac{1}{n} \sum_{i=1}^{n} X_i = \overline{X}, \\[2mm] E(X^2) = D(X) + E^2(X) = \sigma^2 + \mu^2 \stackrel{\text{def}}{=\!=} \dfrac{1}{n} \sum_{i=1}^{n} X_i^2, \end{cases}$$

解得 μ, σ^2 的矩法估计量为

$$\begin{cases} \hat{\mu} = \overline{X}, \\[2mm] \hat{\sigma}^2 = \dfrac{1}{n} \sum_{i=1}^{n} X_i^2 - \overline{X}^2 = \dfrac{1}{n} \sum_{i=1}^{n} (X_i - \overline{X})^2 = \dfrac{n-1}{n} S^2, \end{cases}$$

其中 S^2 是样本方差.

一般地, 当总体中只含一个未知参数时, 用方程

$$E(X) \stackrel{\text{def}}{=\!=} \overline{X}$$

即可解出未知参数的矩法估计量; 当总体中含有两个未知参数时, 可用方程组

$$\begin{cases} E(X) \stackrel{\text{def}}{=\!=} \dfrac{1}{n} \sum_{i=1}^{n} X_i = \overline{X}, \\[2mm] E(X^2) \stackrel{\text{def}}{=\!=} \dfrac{1}{n} \sum_{i=1}^{n} X_i^2, \end{cases} \quad 或 \quad \begin{cases} E(X) \stackrel{\text{def}}{=\!=} \overline{X}, \\[2mm] D(X) \stackrel{\text{def}}{=\!=} \dfrac{n-1}{n} S^2 \end{cases}$$

解出未知参数的矩法估计量.

例 7.2.4 设总体 X 的概率密度为

$$f(x; \theta) = \frac{1}{2\theta} e^{-\frac{|x|}{\theta}}, \quad -\infty < x < +\infty,$$

其中 $\theta > 0$ 为未知参数, $X_1, X_2, \cdots, X_n$ 为 X 的样本, 试求参数 θ 的矩估计量.

解 由于总体只含一个未知参数 θ, 一般只需求出 $E(X)$ 便能得到 θ 的矩估计量, 但

$$E(X) = \int_{-\infty}^{+\infty} x \cdot \frac{1}{2\theta} e^{-\frac{|x|}{\theta}} \mathrm{d}x = 0$$

不含未知参数 θ, 所以无法求出参数 θ 的估计量. 为此需要求

$$E(X^2) = \int_{-\infty}^{+\infty} x^2 \cdot \frac{1}{2\theta} e^{-\frac{|x|}{\theta}} \mathrm{d}x = \frac{1}{\theta} \int_{0}^{+\infty} x^2 \cdot e^{-\frac{x}{\theta}} \mathrm{d}x = 2\theta^2.$$

用样本的 2 阶原点矩来替换, 即

$$2\theta^2 \stackrel{\text{def}}{=\!=} \frac{1}{n} \sum_{i=1}^{n} X_i^2.$$

所以参数 θ 的矩估计量为

$$\hat{\theta} = \sqrt{\frac{1}{2n}\sum_{i=1}^{n}X_i^2}.$$

例 7.2.5 设总体 $X \sim E(\lambda)$,其中 $\lambda > 0$ 为未知参数,$X_1, X_2, \cdots, X_n$ 为总体 X 的一个样本,试求 λ 的矩法估计量.

解 由于总体只含一个未知参数 λ,一般用方程 $E(X) \overset{\text{def}}{=\!=} \bar{X}$ 即可解得 λ 的矩法估计量. 因为 $E(X) = \dfrac{1}{\lambda}$,所以 λ 的矩法估计量为 $\hat{\lambda} = \dfrac{1}{\bar{X}}$.

当然,也可以用样本的 2 阶矩估计总体的 2 阶矩,即用方程 $E(X^2) \overset{\text{def}}{=\!=} \dfrac{1}{n}\sum\limits_{i=1}^{n}X_i^2$ 解得 λ 的

矩法估计量. 因为 $E(X^2) = D(X) + E^2(X) = \dfrac{2}{\lambda^2}$,所以 λ 的矩法估计量为 $\hat{\lambda} = \sqrt{\dfrac{2n}{\sum\limits_{i=1}^{n}X_i^2}}$.

本例说明矩估计量可能是不唯一的,通常应尽量采用低阶矩求未知参数的矩估计量.

2. 最大似然法

最大似然估计法是求点估计的另一种方法,于 1821 年首先由德国数学家高斯提出,但这个方法通常被归功于英国的统计学家费希尔,他在 1922 年的论文中再次提出了这个思想,并首先探讨了此方法的一些性质. 先介绍似然函数的概念.

7.2.2 高斯

(1) 似然函数

定义 7.2.1 设总体 X 的概率分布为 $f(x; \theta)$,其中 $\theta = (\theta_1, \cdots, \theta_k)$ 是未知参数,$X_1, X_2, \cdots, X_n$ 是总体 X 的样本,则 $X_1, X_2, \cdots, X_n$ 的联合概率分布为 $\prod\limits_{i=1}^{n} f(x_i; \theta)$,当给定样本观测值 $x_1, x_2, \cdots, x_n$ 时,称

7.2.3 费希尔

$$L(x_1, x_2, \cdots, x_n; \theta) = \prod_{i=1}^{n} f(x_i; \theta) \tag{7.2.4}$$

为样本的似然函数,简记为 $L(\theta)$.

注 ① 当总体 X 为离散型随机变量时,$f(x; \theta)$ 为 X 的分布律 $f(x; \theta) = P(X = x)$;

② 当总体 X 为连续型随机变量时,$f(x; \theta)$ 为 X 的概率密度函数.

③ 联合概率分布 $\prod\limits_{i=1}^{n} f(x_i; \theta)$ 是 $x_1, x_2, \cdots, x_n$ 的函数(通常把参数 θ 看作常数),而似然函

数 $L(\theta) = \prod\limits_{i=1}^{n} f(x_i; \theta)$ 是参数 θ 的函数($x_1, x_2, \cdots, x_n$ 在给定条件下是常数).

例 7.2.6 设总体 $X \sim B(1, p)$,$p > 0$ 为未知参数,$X_1, X_2, \cdots, X_n$ 是总体 X 的一个样本,试求样本的似然函数 $L(p)$.

解 由于总体 X 是离散型随机变量,所以

$$f(x; p) = P(X = x) = p^x (1-p)^{1-x} \quad (x = 0, 1),$$

因此样本的似然函数为

$$L(p) = \prod_{i=1}^{n} f(x_i; p) = \prod_{i=1}^{n} p^{x_i} (1-p)^{1-x_i} = p^{\sum_{i=1}^{n} x_i} (1-p)^{n - \sum_{i=1}^{n} x_i}.$$

例 7.2.7 设总体 $X \sim U(0, \theta)$, $\theta > 0$ 为未知参数, $X_1, X_2, \cdots, X_n$ 是总体 X 的一个样本, 试求样本的似然函数 $L(\theta)$.

解 X 的概率密度为

$$f(x; \theta) = \begin{cases} \dfrac{1}{\theta}, & 0 < x < \theta, \\ 0, & \text{其他}, \end{cases}$$

因此样本的似然函数为

$$L(\theta) = \prod_{i=1}^{n} f(x_i; \theta) = \begin{cases} \dfrac{1}{\theta^n}, & \theta > x_1, x_2, \cdots, x_n, \\ 0, & \text{其他}. \end{cases}$$

（2）最大似然估计法

下面结合例子来介绍最大似然估计方法的基本思想.

例 7.2.8 设在一个箱子中装有若干个白色和黄色乒乓球, 已知两种球的数目之比为 $1:3$, 但不知是白球多还是黄球多, 现从中有放回地任取 3 个球, 发现有两个白球、一个黄球, 问白球所占的比例是多少?

解 设白球所占的比例为 p, 则 $p = \dfrac{1}{4}$ 或 $\dfrac{3}{4}$. 我们用 X 表示从箱子中抽出的球是否为白球, 即

$$X = \begin{cases} 0, & \text{抽出的球不是白球}, \\ 1, & \text{抽出的球是白球}, \end{cases}$$

则总体 $X \sim B(1, p)$, 现从箱子中有放回地抽出 3 个球, 相当于从总体 X 中抽取容量为 3 的一个样本 X_1, X_2, X_3, 虽然具体观测值 x_1, x_2, x_3 未知, 但由已知条件我们知道, 其中有 2 个观测值为 1, 1 个观测值是 0, 所以"这次抽样结果（即有 2 个白球、1 个黄球）"发生的概率（实际上就是样本的似然函数）为

$$L(p) = P(X_1 = x_1, X_2 = x_2, X_3 = x_3) = \prod_{i=1}^{3} p^{x_i} (1-p)^{1-x_i}$$

$$= p^{\sum_{i=1}^{3} x_i} (1-p)^{3 - \sum_{i=1}^{3} x_i} = p^2 (1-p).$$

当 $p = \dfrac{1}{4}$ 时, $L\left(\dfrac{1}{4}\right) = \dfrac{3}{64}$; 当 $p = \dfrac{3}{4}$ 时, $L\left(\dfrac{3}{4}\right) = \dfrac{9}{64}$. 这意味着这个样本来自 $p = \dfrac{3}{4}$ 的总体比来自 $p = \dfrac{1}{4}$ 的总体的可能性要大, 因而取 $\dfrac{3}{4}$ 作为 p 的估计值比取 $\dfrac{1}{4}$ 作为 p 的估计值更合理, 故我们认为白球所占的比例为 $\dfrac{3}{4}$.

上述选取 p 的估计值 $\hat{p}$ 的原则是: 在给定样本观测值的条件下, 选取 $\hat{p}$ 使得似然函数取到最大. 这种选择使得似然函数取到最大的 $\hat{p}$ 作为参数 p 的估计的方法, 就是最大似然估计法. 用同样的思想方法也可以估计连续型总体的参数, 为此引入如下定义:

定义 7.2.2 若 $\hat{\theta} \in \Theta$（这里 Θ 是 θ 的取值范围），使得

$$L(\hat{\theta}) = \max_{\theta \in \Theta} L(\theta)\ (\text{或}\ L(\hat{\theta}) = \sup_{\theta \in \Theta} L(\theta)),$$

则称 $\hat{\theta} = \hat{\theta}(x_1, x_2, \cdots, x_n)$ 为 θ 的最大似然估计值，而称相应的统计量 $\hat{\theta} = \hat{\theta}(X_1, X_2, \cdots, X_n)$ 为 θ 的最大似然估计量. 有时也称为极大似然估计.

我们知道，$\ln x$ 是 x 的严格单增函数，因此，$\ln x$ 与 x 有相同的极大值点. 由于似然函数 $L(\theta)$ 的表达式中含有 n 个乘积项，而 $\ln L(\theta)$ 将 n 个乘积项变为和项，便于求解极大值点. 所以一般选择 $\ln L(\theta)$ 来求极大值点较为方便，通常称 $\ln L(\theta)$ 为对数似然函数.

求最大似然估计的步骤如下：

① 根据总体 X 的分布 $f(x; \theta)$，写出似然函数 $L(\theta) = \prod_{i=1}^{n} f(x_i; \theta)$；

② 写出对数似然函数 $\ln L(\theta) = \sum_{i=1}^{n} \ln f(x_i; \theta)$；

③ 写出似然方程 $\dfrac{\mathrm{d}\ln L}{\mathrm{d}\theta} = 0$.

若方程有解，则求出 $L(\theta)$ 的最大值点 $\hat{\theta} = \hat{\theta}(x_1, x_2, \cdots, x_n)$，$\hat{\theta}$ 即为 θ 的最大似然估计值，$\hat{\theta} = \hat{\theta}(X_1, X_2, \cdots, X_n)$ 为 θ 的最大似然估计量.

注　① 若似然函数中含有多个未知参数，即 $\theta = (\theta_1, \theta_2, \cdots, \theta_k)$，则解方程组

$$\frac{\partial \ln L(\theta)}{\partial \theta_i} = 0, \quad i = 1, 2, \cdots, k.$$

解得的 $\hat{\theta}_i$ 即为 θ_i 的最大似然估计值（$i = 1, 2, \cdots, k$）.

② 若似然方程无解，即似然函数没有驻点时，通常 $L(\theta)$ 在 θ 的边界点上达到最大值，可由定义通过对边界点的分析直接求得.

③ 若 $\hat{\theta}$ 是未知参数 θ 的最大似然估计值，则对于任意连续函数 $g(\theta)$，$g(\theta)$ 的最大似然估计为 $g(\hat{\theta})$.

例 7.2.9　设 $X \sim B(1, p)$，$p(0 < p < 1)$ 为未知参数，$X_1, X_2, \cdots, X_n$ 是取自总体 X 的一个样本，试求参数 p 的最大似然估计量；如果 p 表示某一批产品的次品率，今从中随机抽取 85 件，发现次品 10 件，试估计这批产品的次品率.

解　由例 7.2.6 得样本的似然函数为

$$L(p) = L(x_1, x_2, \cdots, x_n; p) = p^{\sum\limits_{i=1}^{n} x_i} (1-p)^{n - \sum\limits_{i=1}^{n} x_i},$$

取对数得

$$\ln L(p) = \left(\sum_{i=1}^{n} x_i \right) \ln p + \left(n - \sum_{i=1}^{n} x_i \right) \ln (1-p).$$

对 p 求导数得

$$\frac{\mathrm{d}\ln L(p)}{\mathrm{d}p} = \left(\sum_{i=1}^{n} x_i \right) \frac{1}{p} - \left(n - \sum_{i=1}^{n} x_i \right) \frac{1}{1-p} = \frac{\sum\limits_{i=1}^{n} x_i - np}{p(1-p)}.$$

令 $\dfrac{\mathrm{d}\ln L(p)}{\mathrm{d}p}=0$，解得 p 的最大似然估计值为 $\hat{p}=\dfrac{1}{n}\sum_{i=1}^{n}x_i=\bar{x}$，则其最大似然估计量为 $\hat{p}=\bar{X}$.

如果 p 表示某一批产品的次品率，此时 $X=1$ 表示取到次品，而 $X=0$ 表示取到正品，现从中随机抽取 85 件，发现次品 10 件，即样本的容量 $n=85$，虽然不知道每个样品是取 0 或 1，但我们知道 85 个样品中共有 10 个样品取 1，75 个样品取 0，即样本均值 $\bar{x}=\dfrac{1}{n}\sum_{i=1}^{n}x_i=\dfrac{10}{85}=\dfrac{2}{17}$，所以 p 的最大似然估计值为 $\hat{p}=\dfrac{2}{17}$，即这批产品的次品率的估计值为 $\dfrac{2}{17}$.

例 7.2.10 设总体 X 的分布律为

X	1	2	3
P	θ	$\dfrac{1}{2}\theta$	$1-\dfrac{3}{2}\theta$

其中 θ 为未知参数，现从总体 X 中抽取一个样本，其观测值为：1，1，2，3，1，2，2，1，1，3，求 θ 的最大似然估计值.

解　由总体 X 的分布律得样本似然函数为

$$L(\theta)=\prod_{i=1}^{10}P(X=x_i)=\theta^5\left(\dfrac{1}{2}\theta\right)^3\left(1-\dfrac{3}{2}\theta\right)^2.$$

取对数得

$$\ln L(\theta)=5\ln\theta+3\ln\left(\dfrac{1}{2}\theta\right)+2\ln\left(1-\dfrac{3}{2}\theta\right).$$

将 $\ln L(\theta)$ 对 θ 求导数，并令它为零，

$$\dfrac{\mathrm{d}\ln L(\theta)}{\mathrm{d}\theta}=\dfrac{5}{\theta}+\dfrac{3}{\theta}-\dfrac{3}{1-\dfrac{3}{2}\theta}=\dfrac{8}{\theta}-\dfrac{6}{2-3\theta}=0,$$

解得 θ 的最大似然估计值为 $\hat{\theta}=\dfrac{8}{15}$.

对于离散型随机变量的总体，如果其分布律不能用统一的式子表示（如例 7.2.10），那么一般不能求出最大似然估计量，只有在给出样本观测值的情况下，才能求出相应的最大似然估计值.

例 7.2.11 设 $X_1,X_2,\cdots,X_n$ 为来自总体 $X\sim N(\mu,\sigma^2)$ 的一个样本，求未知参数 μ,σ^2 的最大似然估计量.

解　由题意可知，X 的概率密度为

$$f(x;\mu,\sigma^2)=\dfrac{1}{\sqrt{2\pi}\,\sigma}\mathrm{e}^{-\frac{1}{2\sigma^2}(x-\mu)^2}.$$

样本似然函数为

$$L(\mu,\sigma^2)=\prod_{i=1}^{n}\dfrac{1}{\sqrt{2\pi}\,\sigma}\mathrm{e}^{-\frac{1}{2\sigma^2}(x_i-\mu)^2}$$

$$=(2\pi)^{-n/2}(\sigma^2)^{-n/2}\mathrm{e}^{-\frac{1}{2\sigma^2}\sum_{i=1}^{n}(x_i-\mu)^2}.$$

取对数得

$$\ln L(\mu,\sigma^2) = -\frac{n}{2}\ln(2\pi) - \frac{n}{2}\ln\sigma^2 - \frac{1}{2\sigma^2}\sum_{i=1}^{n}(x_i-\mu)^2.$$

分别对 μ,σ^2 求导数,并令它们为零,

$$\begin{cases} \dfrac{\partial\ln L}{\partial\mu} = \dfrac{1}{\sigma^2}\left(\sum_{i=1}^{n}x_i - n\mu\right) = 0, \\[2mm] \dfrac{\partial\ln L}{\partial\sigma^2} = -\dfrac{n}{2\sigma^2} + \dfrac{1}{2(\sigma^2)^2}\sum_{i=1}^{n}(x_i-\mu)^2 = 0, \end{cases}$$

解得 $\hat{\mu} = \dfrac{1}{n}\sum_{i=1}^{n}x_i = \bar{x}, \hat{\sigma}^2 = \dfrac{1}{n}\sum_{i=1}^{n}(x_i-\bar{x})^2$. 因此, μ,σ^2 的最大似然估计量为

$$\hat{\mu} = \bar{X}, \hat{\sigma}^2 = \frac{1}{n}\sum_{i=1}^{n}(X_i-\bar{X})^2 = \frac{n-1}{n}S^2.$$

由于 $\sigma = \sqrt{\sigma^2}$ 是 σ^2 的函数,根据注③有:标准差 σ 的最大似然估计量为 $\hat{\sigma} = \sqrt{\hat{\sigma}^2} = \sqrt{\dfrac{n-1}{n}}S$.

例 7.2.12 设 $X_1, X_2, \cdots, X_n$ 为来自总体 $X \sim U(0,\theta)$ 的一个样本,其中 $\theta>0$ 未知,分别用矩法和最大似然法求参数 θ 的估计量.

解 由于 $X \sim U(0,\theta)$,概率密度函数为

$$f(x;\theta) = \begin{cases} \dfrac{1}{\theta}, & 0<x<\theta, \\[2mm] 0, & \text{其他}. \end{cases}$$

(1) 矩法:因为 $E(X) = \dfrac{\theta}{2}$,根据(7.2.2)式可得 $\dfrac{\theta}{2} \stackrel{\text{def}}{=\!=} \bar{X}$,所以 θ 的矩法估计量为

$$\hat{\theta}_1 = 2\bar{X}.$$

(2) 最大似然法:样本的似然函数为

$$L(\theta) = \begin{cases} \dfrac{1}{\theta^n}, & \theta > \max\limits_{1\leqslant i\leqslant n} x_i, \\[2mm] 0, & \text{其他}. \end{cases} \tag{7.2.5}$$

若先对似然函数取对数,再列出似然方程进行求解,显然似然方程无解;由注②,可直接对 θ 的边界点进行分析,使得

$$L(\hat{\theta}) = \max_{\theta\in\Theta}L(\theta)\,(\text{或}\sup_{\theta\in\Theta}L(\theta)).$$

由(7.2.5)式可得,只要取 $\hat{\theta} = \max\limits_{1\leqslant i\leqslant n}x_i, L(\hat{\theta}) = \sup\limits_{\theta\in\Theta}L(\theta)$,所以 θ 的最大似然估计量为

$$\hat{\theta}_2 = \max_{1\leqslant i\leqslant n}X_i.$$

例 7.2.13 设总体 X 的概率密度为

$$f(x) = \begin{cases} (\theta+1)x^{\theta}, & 0<x<1, \\ 0, & \text{其他}, \end{cases}$$

其中 $\theta>-1$ 是未知参数,$X_1, X_2, \cdots, X_n$ 是来自总体 X 的一个样本,分别用矩法和最大似然法

求 θ 的估计量.

解　（1）矩法：

$$E(X) = \int_{-\infty}^{+\infty} x f(x)\,\mathrm{d}x = \int_0^1 x(\theta+1)x^\theta\,\mathrm{d}x = \frac{\theta+1}{\theta+2} \overset{\text{def}}{=\!=} \bar{X},$$

解得 θ 的矩法估计量为 $\hat{\theta}_1 = \dfrac{2\bar{X}-1}{1-\bar{X}}$.

（2）最大似然法：样本的似然函数为

$$L(\theta) = (\theta+1)^n \Big(\prod_{i=1}^n x_i\Big)^\theta.$$

取对数得 $\ln L(\theta) = n\ln(\theta+1) + \theta\sum_{i=1}^n \ln x_i$. 对 θ 求导数，并令它为零，

$$\frac{\mathrm{d}\ln L(\theta)}{\mathrm{d}\theta} = \frac{n}{\theta+1} + \sum_{i=1}^n \ln x_i = 0,$$

解得 θ 的最大似然估计量为

$$\hat{\theta}_2 = -1 - \frac{n}{\displaystyle\sum_{i=1}^n \ln X_i}.$$

二、　估计量的评价标准

从上面的讨论可知，对于总体的同一参数，用不同的估计方法求出的估计量可能不相同，即使用相同的方法也可能得到不同的估计量，也就是说，同一参数可能具有多种估计量. 原则上来说，任何统计量都可以作为未知参数的估计量，那么到底采用哪个估计量好呢？

确定估计量好坏必须在大量观测的基础上从统计的意义来评价，也就是说，估计的好坏取决于估计量的统计性质. 设总体 X 的未知参数 θ 的估计量为 $\hat{\theta} = \hat{\theta}(X_1, X_2, \cdots, X_n)$，很自然地，我们认为一个"好"的估计量应该与被估计参数 θ 的真值越近越好，即估计量 $\hat{\theta} = \hat{\theta}(X_1, X_2, \cdots, X_n)$ 与参数 θ 的距离越小越好. 由于估计量 $\hat{\theta}$ 是随机变量，所以 $\hat{\theta}$ 与 θ 之间的距离也是随机变量，通常用平均距离来衡量，即 $E(|\hat{\theta}-\theta|)$，由于绝对值运算不便，通常用 $E(\hat{\theta}-\theta)^2$ 来替代，这就是均方误差.

1. 均方误差

定义 7.2.3　设 $\hat{\theta} = \hat{\theta}(X_1, X_2, \cdots, X_n)$ 是未知参数 θ 的估计量，$\theta \in \Theta$，则称 $E(\hat{\theta}-\theta)^2$ 为估计量 $\hat{\theta}$ 的**均方误差**，记为

$$MSE(\hat{\theta}) = E(\hat{\theta}-\theta)^2. \tag{7.2.6}$$

设 $\hat{\theta}_1(X_1, X_2, \cdots, X_n)$ 和 $\hat{\theta}_2(X_1, X_2, \cdots, X_n)$ 是参数 θ 的两个估计量，若 $\forall\, \theta \in \Theta$，有

$$MSE(\hat{\theta}_1) < MSE(\hat{\theta}_2), \tag{7.2.7}$$

则称在均方误差准则下，$\hat{\theta}_1(X_1, X_2, \cdots, X_n)$ 优于 $\hat{\theta}_2(X_1, X_2, \cdots, X_n)$.

均方误差还有一种分解公式,即

$$
\begin{aligned}
MSE(\hat{\theta}) = E(\hat{\theta}-\theta)^2 &= E(\hat{\theta}-E(\hat{\theta})+E(\hat{\theta})-\theta)^2 \\
&= E(\hat{\theta}-E(\hat{\theta}))^2 + E(E(\hat{\theta})-\theta)^2 \\
&= D(\hat{\theta}) + (E(\hat{\theta})-\theta)^2,
\end{aligned} \tag{7.2.8}
$$

其中 $(E(\hat{\theta})-\theta)^2$ 称为偏差平方. 上式表明,估计量 $\hat{\theta}$ 的均方误差 $MSE(\hat{\theta})$ 可分解为两部分,一部分是估计量 $\hat{\theta}$ 的方差,另一部分是估计量 $\hat{\theta}$ 的偏差平方,要使均方误差小,必须使其方差和偏差平方都要小.

例 7.2.14 设 $X_1, X_2, \cdots, X_n$ 是来自期望为 μ 和方差为 1 的总体 X 的样本,μ 为未知参数,构造参数 μ 的 1 个估计量 $\hat{\mu}=\overline{X}-2X_1$,求估计量 $\hat{\mu}$ 的均方误差 $MSE(\hat{\mu})$.

解 由于 $E(X_i)=\mu$,$D(X_i)=1$ $(i=1,2,\cdots,n)$,所以

$$
E(\hat{\mu}) = E(\overline{X}-2X_1) = E(\overline{X}) - 2E(X_1) = \mu - 2\mu = -\mu,
$$

$$
D(\hat{\mu}) = D(\overline{X}-2X_1) = D\left[\left(\frac{1}{n}-2\right)X_1 + \frac{1}{n}\sum_{i=2}^{n} X_i\right] = \frac{(1-2n)^2}{n^2}D(X_1) + \frac{n-1}{n^2}D(X_1)
$$

$$
= \frac{4n-3}{n},
$$

从而 $MSE(\hat{\mu}) = D(\hat{\mu}) + [E(\hat{\mu})-\mu]^2 = \frac{4n-3}{n} + (-\mu-\mu)^2 = \frac{4n-3}{n} + 4\mu^2$.

从均方误差的计算公式 (7.2.8) 可以看出,如果估计量的偏差为零,应该也是不错的估计,这就是无偏估计.

2. 无偏性

定义 7.2.4 设 $\hat{\theta}=\hat{\theta}(X_1, X_2, \cdots, X_n)$ 是未知参数 θ 的估计量,$\theta \in \Theta$,若

$$
E(\hat{\theta}) = \theta, \tag{7.2.9}
$$

则称 $\hat{\theta}=\hat{\theta}(X_1, X_2, \cdots, X_n)$ 是 θ 的无偏估计量. 如果 $E(\hat{\theta}) \neq \theta$,那么称 $E(\hat{\theta})-\theta$ 为估计量 $\hat{\theta}$ 的偏差. 若

$$
\lim_{n\to\infty} E(\hat{\theta}) = \theta, \tag{7.2.10}
$$

则称 $\hat{\theta}=\hat{\theta}(X_1, X_2, \cdots, X_n)$ 是 θ 的渐近无偏估计量.

例 7.2.15 设 $X_1, X_2, \cdots, X_n$ 是来自期望为 μ 和方差为 σ^2 的总体 X 的样本,证明:

(1) $\hat{\mu}=\overline{X}=\frac{1}{n}\sum_{i=1}^{n} X_i$ 是总体均值 μ 的无偏估计量;

(2) $\hat{\sigma}_1^2 = S^2 = \frac{1}{n-1}\sum_{i=1}^{n}(X_i-\overline{X})^2$ 是总体方差 σ^2 的无偏估计量;

(3) $\hat{\sigma}_2^2 = \frac{1}{n}\sum_{i=1}^{n}(X_i-\overline{X})^2$ 是总体方差 σ^2 的渐近无偏估计量.

证 (1) 由于 $E(X_i)=\mu(i=1,2,\cdots,n)$,因此 $E(\overline{X})=\frac{1}{n}E\left(\sum_{i=1}^{n} X_i\right) = \frac{1}{n}\sum_{i=1}^{n} E(X_i) = \mu$.

由无偏估计量的定义可知,$\hat{\mu}=\overline{X}$ 是 μ 的无偏估计量.

（2）由于 $D(X_i)=\sigma^2$，$D(\overline{X})=\dfrac{\sigma^2}{n}$，所以 $E(X_i^2)=D(X_i)+E^2(X_i)=\sigma^2+\mu^2$；$E(\overline{X}^2)=D(\overline{X})+$

$E^2(\overline{X})=\dfrac{\sigma^2}{n}+\mu^2(i=1,2,\cdots,n)$，因此

$$E(S^2)=\frac{1}{n-1}E\left(\sum_{i=1}^n X_i^2-n\overline{X}^2\right)=\frac{1}{n-1}\left[\sum_{i=1}^n E(X_i^2)-nE(\overline{X}^2)\right]$$

$$=\frac{1}{n-1}\left[n(\sigma^2+\mu^2)-n\left(\frac{\sigma^2}{n}+\mu^2\right)\right]$$

$$=\frac{1}{n-1}\left(n\sigma^2-n\frac{\sigma^2}{n}\right)$$

$$=\sigma^2.$$

由无偏估计量的定义可知，$\hat{\sigma}_1^2=S^2$ 是 σ^2 的无偏估计量.

（3）因为 $\hat{\sigma}_2^2=\dfrac{n-1}{n}S^2$，$E(\hat{\sigma}_2^2)=\dfrac{n-1}{n}E(S^2)=\dfrac{n-1}{n}\sigma^2$，所以

$$\lim_{n\to\infty}E(\hat{\sigma}_2^2)=\lim_{n\to\infty}\left(\frac{n-1}{n}\sigma^2\right)=\sigma^2,$$

故 $\hat{\sigma}_2^2$ 是 σ^2 的渐近无偏估计量.

例 7.2.16 设 $X_1,X_2,\cdots,X_n$ 是来自期望为 μ 和方差为 σ^2 的总体 X 的样本，试证统计量：

（1）$\hat{\mu}_1=X_1$；　　　（2）$\hat{\mu}_2=\overline{X}$；

（3）$\hat{\mu}_3=\displaystyle\sum_{i=1}^n a_iX_i$，其中 $a_i(i=1,2,\cdots,n)$ 为常数，满足 $\displaystyle\sum_{i=1}^n a_i=1$，

都是 μ 的无偏估计量.

证　因为

$$E(\hat{\mu}_1)=E(X_1)=E(X)=\mu,$$

$$E(\hat{\mu}_2)=E(\overline{X})=\frac{1}{n}\sum_{i=1}^n E(X_i)=E(X)=\mu,$$

$$E(\hat{\mu}_3)=E\left(\sum_{i=1}^n a_iX_i\right)=\sum_{i=1}^n a_iE(X_i)=\sum_{i=1}^n a_i\mu=\mu\left(\sum_{i=1}^n a_i\right)=\mu,$$

由无偏估计量的定义可知，$\hat{\mu}_1,\hat{\mu}_2,\hat{\mu}_3$ 均为 μ 的无偏估计量.

例 7.2.17 设总体 $X\sim N(\mu,\sigma^2)$，$X_1,X_2,\cdots,X_n$ 是来自总体 X 的样本，试确定常数 C，使得 $C\displaystyle\sum_{i=1}^{n-1}(X_{i+1}-X_i)^2$ 是 σ^2 的无偏估计量.

解　因为 $X_1,X_2,\cdots,X_n$ 是来自总体 $X\sim N(\mu,\sigma^2)$ 的样本，所以

$$E(X_i)=\mu,E(X_i^2)=\sigma^2+\mu^2(i=1,2,\cdots,n),$$

$$E(X_iX_{i+1})=E(X_i)E(X_{i+1})=\mu^2(i=1,2,\cdots,n-1),$$

所以

$$E\left[C\sum_{i=1}^{n-1}(X_{i+1}-X_i)^2\right]=C\sum_{i=1}^{n-1}E(X_{i+1}^2-2X_iX_{i+1}+X_i^2)=C\sum_{i=1}^{n-1}(\sigma^2+\mu^2-2\mu^2+\sigma^2+\mu^2)$$

$$= 2C(n-1)\sigma^2.$$

由 $C \sum\limits_{i=1}^{n-1} (X_{i+1} - X_i)^2$ 是 σ^2 的无偏估计量,得

$$E\left[C \sum_{i=1}^{n-1} (X_{i+1} - X_i)^2 \right] = 2\sigma^2 C(n-1) \stackrel{\text{def}}{=\!=} \sigma^2,$$

故 $C = \dfrac{1}{2(n-1)}$.

从均方误差的计算公式(7.2.8)可以看出,仅要求估计量具有无偏性是不够的,还需要其方差比较小,这样才能保证均方误差比较小,这就是有效性.

3. 有效性

定义 7.2.5 设 $\hat{\theta}_1(X_1, X_2, \cdots, X_n)$ 和 $\hat{\theta}_2(X_1, X_2, \cdots, X_n)$ 均是参数 θ 的两个无偏估计量,若

$$D(\hat{\theta}_1) < D(\hat{\theta}_2), \tag{7.2.11}$$

则称估计量 $\hat{\theta}_1$ 比 $\hat{\theta}_2$ 有效.

由有效性的定义容易看出,在 θ 的无偏估计类中,方差越小者越有效.

例 7.2.18 评价例 7.2.16 中 $\hat{\mu}_1, \hat{\mu}_2, \hat{\mu}_3$ 的哪个估计量比较有效.

解 由例 7.2.16 可知,$\hat{\mu}_1, \hat{\mu}_2, \hat{\mu}_3$ 均是 μ 的无偏估计.下面考虑其方差的大小:

$$D(\hat{\mu}_1) = D(X_1) = D(X) = \sigma^2,$$

$$D(\hat{\mu}_2) = D(\bar{X}) = \frac{1}{n^2} \sum_{i=1}^{n} D(X_i) = \frac{1}{n}\sigma^2,$$

$$D(\hat{\mu}_3) = D\left(\sum_{i=1}^{n} a_i X_i \right) = \sum_{i=1}^{n} a_i^2 D(X_i) = \sigma^2 \sum_{i=1}^{n} a_i^2.$$

显然,当 $n \geq 2$ 时,$D(\hat{\mu}_2) < D(\hat{\mu}_1)$;由柯西不等式 $n \sum\limits_{i=1}^{n} a_i^2 \geq \left(\sum\limits_{i=1}^{n} a_i \right)^2$ 且 $\sum\limits_{i=1}^{n} a_i = 1$,得

$$\sum_{i=1}^{n} a_i^2 \geq \frac{1}{n}\left(\text{等号成立当且仅当} \ a_1, a_2, \cdots, a_n \ \text{都相等,即} \ a_1 = a_2 = \cdots = a_n = \frac{1}{n} \right),$$

所以 $D(\hat{\mu}_2) \leq D(\hat{\mu}_3)$,即 $\hat{\mu}_2$ 比较有效.

4. 一致性

对于一个估计量,我们希望它的均方误差越小越好,然而均方误差常常是在样本容量固定时进行比较,因此,随着样本容量的增大,我们也希望其估计值能稳定于待估参数的真值.为此,引入了一致性(相合性)的概念.

定义 7.2.6 设 $\hat{\theta}_n$(其中 n 为样本容量)是 θ 的估计量,若对任意的 $\varepsilon > 0$,有

$$\lim_{n \to \infty} P(|\hat{\theta}_n - \theta| < \varepsilon) = 1 \tag{7.2.12}$$

恒成立,则称 $\hat{\theta}_n$ 是 θ 的一致(相合)估计量,也可以说估计量 $\hat{\theta}_n$ 具有一致性(相合性),记为 $\hat{\theta}_n \stackrel{P}{\longrightarrow} \theta$.

例 7.2.19 设有一批产品,为估计其次品率 p,随机取一样本 $X_1, X_2, \cdots, X_n$,其中

$$X_i = \begin{cases} 0, & \text{取得合格品,} \\ 1, & \text{取得次品,} \end{cases} \quad i = 1, 2, \cdots, n.$$

证明: $\hat{p}_n = \bar{X} = \dfrac{1}{n} \sum\limits_{i=1}^{n} X_i$ 是 p 的无偏估计量,并判断所求估计量的一致性.

证　由题可知, $X_i \sim B(1, p)$,故

$$E(X_i) = p \times 1 + (1-p) \times 0 = p, D(X_i) = p(1-p) \quad (i = 1, 2, \cdots, n),$$

于是

$$E(\hat{p}_n) = E(\bar{X}) = E\left(\frac{1}{n} \sum_{i=1}^{n} X_i\right) = \frac{1}{n} \sum_{i=1}^{n} E(X_i) = \frac{1}{n} \times np = p.$$

根据无偏估计的定义, $\hat{p}_n$ 是 p 的无偏估计量.

由伯努利大数定律可得, $\hat{p}_n$ 是 p 的一致估计量.

例 7.2.20　设 $X_1, X_2, \cdots, X_n$ 是取自总体 X 的样本,且 $E(X^k)$ 存在,证明 $\dfrac{1}{n} \sum\limits_{i=1}^{n} X_i^k$ 为 $E(X^k)$ 的一致(相合)估计量 $(k = 1, 2, \cdots)$.

证　因为样本 $X_1, X_2, \cdots, X_n$ 相互独立且与总体 X 同分布,所以对于任一 $k = 1, 2, \cdots, X_1^k,$ $X_2^k, \cdots, X_n^k$ 也相互独立且同分布,且 $E(X_i^k) = E(X^k) (i = 1, 2, \cdots, n)$ 存在,由辛钦大数定律可得

$$\lim_{n \to \infty} P\left(\left| \frac{1}{n} \sum_{i=1}^{n} X_i^k - E(X^k) \right| < \varepsilon \right) = 1.$$

因此, $\dfrac{1}{n} \sum\limits_{i=1}^{n} X_i^k$ 为 $E(X^k)$ 的一致(相合)估计量 $(k = 1, 2, \cdots)$.

要检验一个估计量是否无偏、是否有效,相对来说是比较容易的,但是想用一致性的定义来检验一个估计量的一致性(除了矩估计量外),往往就不是那么简单.下面的定理用来检验一致估计量是有效的.

定理 7.2.1　设 $\hat{\theta}_n$ 是 θ 的一个估计量,若

$$\lim_{n \to \infty} E(\hat{\theta}_n) = \theta \tag{7.2.13}$$

且

$$\lim_{n \to \infty} D(\hat{\theta}_n) = 0, \tag{7.2.14}$$

则 $\hat{\theta}_n$ 是 θ 的一致(相合)估计量.

证明略.

定理 7.2.2　如果 $\hat{\theta}_n$ 是 θ 的一致估计量, $g(x)$ 在 $x = \theta$ 处连续,那么 $g(\hat{\theta}_n)$ 是 $g(\theta)$ 的一致估计量.

证明略.

例 7.2.21　设 $X_1, X_2, \cdots, X_n$ 是来自总体 X 的一个样本,且 $D(X) = \sigma^2$ 存在,在下面两种情况下,证明 $\dfrac{n-1}{n} S^2$ 是 σ^2 的一致估计量,其中 S^2 为样本方差.

(1) 总体 $X \sim N(\mu, \sigma^2)$;

(2) 总体 X 的分布未知.

证 (1) 因为 $X \sim N(\mu, \sigma^2)$，所以 $\dfrac{(n-1)S^2}{\sigma^2} \sim \chi^2(n-1)$，故 $E\left(\dfrac{n-1}{n}S^2\right) = \dfrac{n-1}{n}\sigma^2$，

$D\left(\dfrac{n-1}{n}S^2\right) = \dfrac{2(n-1)\sigma^4}{n^2}$，从而有

$$\lim_{n\to\infty} E\left(\frac{n-1}{n}S^2\right) = \lim_{n\to\infty} \frac{n-1}{n}\sigma^2 = \sigma^2,$$

$$\lim_{n\to\infty} D\left(\frac{n-1}{n}S^2\right) = \lim_{n\to\infty} \frac{2(n-1)\sigma^4}{n^2} = 0.$$

由定理 7.2.1 得，$\dfrac{n-1}{n}S^2$ 是 σ^2 的一致估计量.

(2) 因为总体的分布未知，所以 S^2 的方差无法计算，故不能像上题一样用定理 7.2.1. 由于 $\dfrac{n-1}{n}S^2 = \dfrac{1}{n}\sum\limits_{i=1}^{n} X_i^2 - \bar{X}^2$，其中 $\bar{X} = \dfrac{1}{n}\sum\limits_{i=1}^{n} X_i$ 为样本均值，而 $X_1, X_2, \cdots, X_n$ 独立同分布，且 $E(X_i) = \mu (i = 1, 2, \cdots, n)$ 存在（因为 $D(X) = \sigma^2$ 存在），所以 $X_1^2, X_2^2, \cdots, X_n^2$ 独立同分布，且 $E(X_i^2) = D(X_i) + E^2(X_i) = \sigma^2 + \mu^2 (i = 1, 2, \cdots, n)$，由辛钦大数定律得

$$\bar{X} = \frac{1}{n}\sum_{i=1}^{n} X_i \xrightarrow{P} \mu, \quad \frac{1}{n}\sum_{i=1}^{n} X_i^2 \xrightarrow{P} \sigma^2 + \mu^2, \quad n\to\infty.$$

再由定理 5.1.1 得

$$\frac{n-1}{n}S^2 = \frac{1}{n}\sum_{i=1}^{n} X_i^2 - \bar{X}^2 \xrightarrow{P} (\sigma^2 + \mu^2) - \mu^2 = \sigma^2, n\to\infty.$$

因此 $\dfrac{n-1}{n}S^2$ 是 σ^2 的一致估计量.

§7.3 区 间 估 计

从 §7.1 可看出，区间估计就是构造 2 个统计量 $T_1(X_1, X_2, \cdots, X_n)$、$T_2(X_1, X_2, \cdots, X_n)$，用区间 (T_1, T_2) 作为参数 θ 的估计，那如何同时构造 2 个统计量呢？我们先从区间估计的评价标准出发，来寻找构造统计量的方法.

一、区间估计的评价标准

构造什么样的区间 (T_1, T_2) 才是好的区间估计呢？直观上看应该有两条标准：一是所构造的区间 (T_1, T_2) 能覆盖参数 θ，由于区间 (T_1, T_2) 是随机区间，所以无法明确是否覆盖，只能用概率来衡量，即区间覆盖参数 θ 的概率越大越好，这就是置信度（或可信度）；二是所构造区间 (T_1, T_2) 的精度问题，即区间的长度，由于同样的原因，一般用平均长度来衡量，平均长度越短越精确，这就是精确度.

定义 7.3.1 设总体 X 的分布函数为 $F(x;\theta)$，θ 是未知参数，$X_1, X_2, \cdots, X_n$ 是来自总体 X 的样本，构造统计量 $T_1(X_1, X_2, \cdots, X_n)$ 和 $T_2(X_1, X_2, \cdots, X_n)$，如果用区间 (T_1, T_2) 来估计参数 θ，那么称

（1）区间(T_1,T_2)覆盖θ的概率为区间估计的**置信度**（或**可信度**），记为

$$1-\alpha \overset{\text{def}}{=\!=} P(T_1<\theta<T_2);\qquad\qquad (7.3.1)$$

（2）区间(T_1,T_2)的平均长度为区间估计的**精确度**，记为

$$\beta \overset{\text{def}}{=\!=} E(T_2-T_1).\qquad\qquad (7.3.2)$$

置信度的直观意义是：若反复抽样多次，每个样本值确定一个区间(T_1,T_2)，每个这样的区间可能包含θ的真值，也可能不包含θ的真值. 根据伯努利大数定律，在这么多的区间中，包含θ真值的约占$100(1-\alpha)\%$，不包含θ真值的约占$100\alpha\%$. 比如，反复抽样N次，则得到N个区间中不包含θ真值的区间约为$N\alpha$个.

我们自然希望区间估计(T_1,T_2)的置信度$1-\alpha$越大越好，而反映区间长度的精确度β越小越好，但在实际问题中，二者常常不能兼顾，从而考虑在一定的可信程度下，使区间的平均长度尽可能地小. 为此，引入置信区间的概念，它是奈曼在1934年开始的一系列工作中引进的，其统计思想受到众多统计学家的重视.

7.3.1 奈曼

二、 置信区间

定义 7.3.2 设总体X的分布函数为$F(x;\theta)$，θ是未知参数，$X_1,X_2,\cdots,X_n$是来自总体X的样本，对于给定的$\alpha(0<\alpha<1)$，如果构造区间(T_1,T_2)的置信度为$1-\alpha$，并且其精确度尽可能小，即区间(T_1,T_2)满足

$$P(T_1<\theta<T_2)=1-\alpha\ \text{并且}\ E(T_2-T_1)\text{尽可能小}，$$

那么称区间(T_1,T_2)为参数θ的置信度为$1-\alpha$的**双侧置信区间**（简称**置信区间**），其中T_1和T_2分别称为**置信下限**和**置信上限**.

根据置信区间的定义，我们给出求未知参数θ置信区间的一般方法（枢轴量法）：

（1）**构造枢轴量**

先对总体的未知参数θ作出合理的点估计，然后由参数θ的点估计量出发，构造一个包含参数θ，而不含有其他未知参数且充分利用已知信息的样本函数$T=T(X_1,X_2,\cdots,X_n;\theta)$，并要求$T$所服从的分布已知（通常为标准正态分布、$\chi^2$分布、$t$分布或$F$分布）. 这样构造的样本函数$T=T(X_1,X_2,\cdots,X_n;\theta)$常称为**枢轴量**，相应构造未知参数$\theta$置信区间的方法称为**枢轴量法**.

（2）**对于给定的置信度$1-\alpha$，确定常数a,b**

对于给定的置信度$1-\alpha$，由T的已知分布，确定满足$P(a\leqslant T\leqslant b)=1-\alpha$的两个常数$a$，$b$，通常$a,b$可由$T$所服从分布的双侧分位点来确定，即取$a$为$T$所服从分布的$1-\dfrac{\alpha}{2}$分位点，取$b$为$T$所服从分布的$\dfrac{\alpha}{2}$分位点，这就保证所求区间的精确度尽可能小.

（3）**不等式变形**

对事件"$a\leqslant T\leqslant b$"进行变形，化成等价事件不等式"$T_1\leqslant\theta\leqslant T_2$"，则区间$(T_1,T_2)$就是参数$\theta$的一个置信度为$1-\alpha$的（双侧）置信区间.

特别说明 我们仅介绍总体是连续型随机变量时，其未知参数求置信区间方法. 此时，

所构造的枢轴量也是连续型随机变量,所以最终所求的置信区间可以写成开区间,也可以写成闭区间.

在解决某些实际问题时,我们可能不是同时关心"上限"和"下限",即有时"上限"和"下限"的重要性是不对称的,可能只关心某一个界限.例如,对产品的寿命,就平均寿命这个参数而言,由于寿命越长越好,当然重要的只是"下限";再如次品率,重要的只是"上限".由此实际背景,我们引进单侧置信区间的概念.

定义 7.3.3 设总体 X 的分布函数为 $F(x;\theta)$, θ 是未知参数, $X_1, X_2, \cdots, X_n$ 是来自总体 X 的样本,对于给定的 $\alpha(0<\alpha<1)$,如果构造区间 $(T_1, +\infty)$ 或 $(-\infty, T_2)$ 的置信度为 $1-\alpha$,即满足

7.3.2 置信区间 1

$$P(T_1 \leqslant \theta) = 1-\alpha \quad \text{或} \quad P(T_2 \geqslant \theta) = 1-\alpha,$$

那么称区间 $(T_1, +\infty)$ 或 $(-\infty, T_2)$ (有时是 $(T_1, 1)$ 或 $(0, T_2)$,视 θ 的取值范围而定)为 θ 的置信度为 $1-\alpha$ 的单侧置信区间,其中 T_1 称为单侧置信下限, T_2 称为单侧置信上限(为了区别,有时也将 $(T_1, +\infty)$ 称为单侧下限置信区间,而将 $(-\infty, T_2)$ 称为单侧上限置信区间).

按此定义,只需要将求双侧置信区间的方法稍加修改,就可得到求单侧置信区间的方法,即只要把第(2)步修改如下:

对于给定的置信度 $1-\alpha$,由 T 的已知分布,确定满足 $P(T \geqslant a) = 1-\alpha$ 的常数 a(或满足 $P(T \leqslant b) = 1-\alpha$ 的常数 b),通常 a(或 b)可由 T 所服从分布的 $1-\alpha$ 分位点来确定(或由 T 所服从分布的 α 分位点来确定).

从上面求置信区间的方法可以看出,求参数 θ 的区间估计并不容易,特别是在构造枢轴量 T 时,要求其分布已知,对多数总体的参数来说,都很难做到,所以我们仅介绍正态总体参数的置信区间.

三、 正态总体参数的置信区间

1. 单总体情形

设总体 $X \sim N(\mu, \sigma^2)$, $X_1, X_2, \cdots, X_n$ 是总体 X 的一个样本, $x_1, x_2, \cdots, x_n$ 是样本观测值,样本均值和样本方差分别为:

$$\bar{X} = \frac{1}{n} \sum_{i=1}^{n} X_i, \quad S^2 = \frac{1}{n-1} \sum_{i=1}^{n} (X_i - \bar{X})^2.$$

此时,有两个参数 μ 和 σ^2 需要估计,我们仅详细介绍其中一种情况(σ^2 已知,求参数 μ 的置信区间)的推导过程,其余情形只列出相应的置信区间,读者可以参阅二维码资源"7.3.2 置信区间 1".

(1)构造枢轴量

从参数 μ 的点估计量 $\bar{X}$ 出发,根据定理 6.2.1 有

$$\bar{X} \sim N\left(\mu, \frac{\sigma^2}{n}\right), \quad \text{即} \quad \frac{\bar{X}-\mu}{\sigma/\sqrt{n}} \sim N(0,1).$$

$$T = \frac{\bar{X}-\mu}{\sigma/\sqrt{n}} \sim N(0,1). \tag{7.3.3}$$

（2）对给定的置信度 $1-\alpha$，确定常数 a,b

对给定的置信度 $1-\alpha$，由 T 的分布，确定常数 a,b，即 a,b 为标准正态分布关于 α 的双侧分位点，$b=-a=u_{\alpha/2}$.

（3）不等式变形

对不等式 "$-u_{\alpha/2}\leqslant T\leqslant u_{\alpha/2}$" 进行等价变形：

$$-u_{\alpha/2}\leqslant\frac{\overline{X}-\mu}{\sigma/\sqrt{n}}\leqslant u_{\alpha/2}$$

$$\Leftrightarrow-\overline{X}-u_{\alpha/2}\frac{\sigma}{\sqrt{n}}\leqslant-\mu\leqslant-\overline{X}+u_{\alpha/2}\frac{\sigma}{\sqrt{n}}$$

$$\Leftrightarrow\overline{X}-u_{\alpha/2}\frac{\sigma}{\sqrt{n}}\leqslant\mu\leqslant\overline{X}+u_{\alpha/2}\frac{\sigma}{\sqrt{n}},$$

所以 μ 的双侧置信区间为

$$\left(\overline{X}-u_{\alpha/2}\frac{\sigma}{\sqrt{n}},\overline{X}+u_{\alpha/2}\frac{\sigma}{\sqrt{n}}\right). \tag{7.3.4}$$

如果求单侧下限置信区间，由于所构造的样本函数 T 中 μ 的符号为负，所以取常数 b，使得 $P(T\leqslant b)=1-\alpha$，即 b 为标准正态分布关于 α 的分位点（$b=u_\alpha$），对不等式 "$T\leqslant u_\alpha$" 进行等价变形，得 μ 的单侧下限置信区间为

$$\left(\overline{X}-u_\alpha\frac{\sigma}{\sqrt{n}},+\infty\right), \tag{7.3.5}$$

同理，可求出 μ 的单侧上限置信区间为

$$\left(-\infty,\overline{X}+u_\alpha\frac{\sigma}{\sqrt{n}}\right). \tag{7.3.6}$$

比较（7.3.4）式，（7.3.5）式及（7.3.6）式，我们发现求单侧置信区间，只要在双侧置信区间的上下限中将分位点 $u_{\alpha/2}$ 改为 u_α，即可得到相应的单侧置信区间. 这种方法在所有求正态总体参数置信区间中都适用.

单总体参数 μ、σ^2 的各种情况下的置信区间见表 7.3.1.

例 7.3.1 现随机地从一批服从正态分布 $N(\mu,0.02^2)$ 的零件中抽取 16 个，分别测得其长度（单位：cm）为

$$4.14\quad 4.10\quad 4.13\quad 4.15\quad 4.13\quad 4.12\quad 4.13\quad 4.10$$
$$4.15\quad 4.12\quad 4.14\quad 4.10\quad 4.13\quad 4.11\quad 4.14\quad 4.11$$

试估计该批零件的平均长度 μ，并求 μ 置信度为 95% 的双侧置信区间及单侧下限置信区间.

解 根据矩估计得该批零件的平均长度为 $\hat{\mu}=\overline{X}=\dfrac{4.14+\cdots+4.11}{16}=4.125$. 因为 $\sigma^2=0.02^2$ 已知，由表 7.3.1 可知，μ 置信度为 $1-\alpha$ 的双侧置信区间、单侧下限置信区间分别为

$$\left(\overline{X}-u_{\frac{\alpha}{2}}\frac{\sigma}{\sqrt{n}},\overline{X}+u_{\frac{\alpha}{2}}\frac{\sigma}{\sqrt{n}}\right)\text{ 和 }\left(\overline{X}-u_\alpha\frac{\sigma}{\sqrt{n}},+\infty\right).$$

由题意，$\alpha=0.05$，查表得 $u_\alpha=u_{0.05}=1.645$，$u_{\alpha/2}=u_{0.025}=1.96$，又 $\sigma=0.02$，$n=16$，$\overline{X}=4.125$，所以

表 7.3.1 单个正态总体参数的置信区间

估计参数	总体条件	样本函数（枢轴量）	置信区间	上限置信区间	下限置信区间
μ	σ^2 已知	$T=\dfrac{\overline{X}-\mu}{\sigma/\sqrt{n}}\sim N(0,1)$	$\left(\overline{X}-u_{\alpha/2}\dfrac{\sigma}{\sqrt{n}},\ \overline{X}+u_{\alpha/2}\dfrac{\sigma}{\sqrt{n}}\right)$	$\left(-\infty,\ \overline{X}+u_{\alpha}\dfrac{\sigma}{\sqrt{n}}\right)$	$\left(\overline{X}-u_{\alpha}\dfrac{\sigma}{\sqrt{n}},\ +\infty\right)$
	σ^2 未知	$T=\dfrac{\overline{X}-\mu}{S/\sqrt{n}}\sim t(n-1)$	$\left(\overline{X}-t_{\alpha/2}(n-1)\dfrac{S}{\sqrt{n}},\ \overline{X}+t_{\alpha/2}(n-1)\dfrac{S}{\sqrt{n}}\right)$	$\left(-\infty,\ \overline{X}+t_{\alpha}(n-1)\dfrac{S}{\sqrt{n}}\right)$	$\left(\overline{X}-t_{\alpha}(n-1)\dfrac{S}{\sqrt{n}},\ +\infty\right)$
σ^2	μ 已知	$T=\displaystyle\sum_{i=1}^{n}\left(\dfrac{X_i-\mu}{\sigma}\right)^2\sim\chi^2(n)$	$\left(\dfrac{\displaystyle\sum_{i=1}^{n}(X_i-\mu)^2}{\chi^2_{\alpha/2}(n)},\ \dfrac{\displaystyle\sum_{i=1}^{n}(X_i-\mu)^2}{\chi^2_{1-\alpha/2}(n)}\right)$	$\left(0,\ \dfrac{\displaystyle\sum_{i=1}^{n}(X_i-\mu)^2}{\chi^2_{1-\alpha}(n)}\right)$	$\left(\dfrac{\displaystyle\sum_{i=1}^{n}(X_i-\mu)^2}{\chi^2_{\alpha}(n)},\ +\infty\right)$
	μ 未知	$T=\dfrac{(n-1)S^2}{\sigma^2}\sim\chi^2(n-1)$	$\left(\dfrac{(n-1)S^2}{\chi^2_{\alpha/2}(n-1)},\ \dfrac{(n-1)S^2}{\chi^2_{1-\alpha/2}(n-1)}\right)$	$\left(0,\ \dfrac{(n-1)S^2}{\chi^2_{1-\alpha}(n-1)}\right)$	$\left(\dfrac{(n-1)S^2}{\chi^2_{\alpha}(n-1)},\ +\infty\right)$

$$\overline{X}-u_{\alpha/2}\frac{\sigma}{\sqrt{n}}=4.125-1.96\times\frac{0.02}{4}=4.115,$$

$$\overline{X}+u_{\alpha/2}\frac{\sigma}{\sqrt{n}}=4.125+1.96\times\frac{0.02}{4}=4.135,$$

$$\overline{X}-u_{\alpha}\frac{\sigma}{\sqrt{n}}=4.125-1.645\times\frac{0.02}{4}=4.117.$$

故 μ 的置信度为 95% 的双侧置信区间为 $(4.115,4.135)$,单侧下限置信区间为 $(4.117,+\infty)$.

例 7.3.2　为考察某大学男性教师的胆固醇水平,现抽取了样本容量为 16 的一个样本,并计算得样本均值 $\overline{X}=4.8$,样本标准差 $S=0.4$. 假定该大学男性教师的胆固醇水平 $X\sim N(\mu,\sigma^2)$,μ 与 σ^2 均未知. 试求 μ 的 95% 双侧置信区间.

解　因为 σ^2 未知,由表 7.3.1 可知,μ 置信度为 $1-\alpha$ 的置信区间是

$$\left(\overline{X}-t_{\alpha/2}(n-1)\frac{S}{\sqrt{n}},\overline{X}+t_{\alpha/2}(n-1)\frac{S}{\sqrt{n}}\right).$$

由题意,$n=16$,$\overline{X}=4.8$,$S=0.4$. 对给定的置信度 $1-\alpha=0.95$,$\alpha=0.05$,查 t 分布表得 $t_{\alpha/2}(n-1)=t_{0.025}(15)=2.13$,所以

$$\overline{X}-t_{\alpha/2}(n-1)\frac{S}{\sqrt{n}}=4.8-2.13\times\frac{0.4}{4}=4.587,$$

$$\overline{X}+t_{\alpha/2}(n-1)\frac{S}{\sqrt{n}}=4.8+2.13\times\frac{0.4}{4}=5.013.$$

故所求的置信区间为 $(4.587,5.013)$.

例 7.3.3　求例 7.3.2 中 σ^2 的双侧置信区间 $(\alpha=0.05)$.

解　因为 μ 未知,由表 7.3.1 可知,σ^2 置信度为 $1-\alpha$ 的置信区间是

$$\left(\frac{(n-1)S^2}{\chi^2_{\alpha/2}(n-1)},\frac{(n-1)S^2}{\chi^2_{1-\alpha/2}(n-1)}\right).$$

由题意,$n=16$,$S=0.4$,对于 $\alpha=0.05$,查表得 $\chi^2_{\alpha/2}(n-1)=\chi^2_{0.025}(15)=27.4883$,$\chi^2_{1-\alpha/2}(n-1)=\chi^2_{0.975}(15)=6.2617$,所以 σ^2 的双侧置信区间为

$$\left(\frac{15\times0.4^2}{27.4883},\frac{15\times0.4^2}{6.2617}\right),$$

即 $(0.0873,0.3833)$.

例 7.3.4　设某自动包装机包装茶叶的质量(单位:g)服从正态分布 $N(100,\sigma^2)$,某日开工后,随机抽测了 9 包,其质量(单位:g)分别为

99.3, 98.7, 100.5, 101.2, 98.3, 99.7, 99.5, 102.1, 100.5.

如果均值保持不变,求当天包装茶叶质量方差的双侧置信区间 $(\alpha=0.10)$.

解　因为 $\mu=100$ 已知,由表 7.3.1 可知,σ^2 置信度为 $1-\alpha$ 的双侧置信区间是

$$\left(\frac{\sum_{i=1}^{n}(X_i-\mu)^2}{\chi^2_{\alpha/2}(n)},\frac{\sum_{i=1}^{n}(X_i-\mu)^2}{\chi^2_{1-\alpha/2}(n)}\right).$$

由题意,$n = 9$,$\sum\limits_{i=1}^{9}(X_i - \mu)^2 = 11.76$,对于 $\alpha = 0.10$,查表得 $\chi^2_{0.95}(9) = 3.3252$,$\chi^2_{0.05}(9) = 16.9189$,所以 σ^2 的双侧置信区间为 $(0.6951, 3.5366)$.

2. 双总体情形

设总体 $X \sim N(\mu_1, \sigma_1^2)$,$Y \sim N(\mu_2, \sigma_2^2)$,$X$ 与 Y 相互独立,$X_1, X_2, \cdots, X_m$ 为 X 的样本,$Y_1, Y_2, \cdots, Y_n$ 为 Y 的样本,样本的均值、方差分别记为

$$\overline{X} = \frac{1}{m}\sum_{i=1}^{m}X_i, \quad S_1^2 = \frac{1}{m-1}\sum_{i=1}^{m}(X_i - \overline{X})^2; \quad \overline{Y} = \frac{1}{n}\sum_{i=1}^{n}Y_i, \quad S_2^2 = \frac{1}{n-1}\sum_{i=1}^{n}(Y_i - \overline{Y})^2.$$

又记

$$S_w^2 = \frac{(m-1)S_1^2 + (n-1)S_2^2}{m+n-2} = \frac{m-1}{m+n-2}S_1^2 + \frac{n-1}{m+n-2}S_2^2.$$

此时,并不是对两个总体的四个参数 μ_1、σ_1^2、μ_2、σ_2^2 分别做估计,而是对两个总体的四个参数进行某种比较,通常是 μ_1、μ_2 进行比较,σ_1^2、σ_2^2 进行比较,即把 $\mu_1 - \mu_2$,$\dfrac{\sigma_1^2}{\sigma_2^2}$ 作为参数进行估计. 我们同样不写出区间估计的推导过程,只列出相应的置信区间,读者可以参阅二维码资源"7.3.3 置信区间2".

7.3.3 置信区间2

双总体参数 $\mu_1 - \mu_2$,$\dfrac{\sigma_1^2}{\sigma_2^2}$ 的各种情况下的置信区间见表 7.3.2.

例 7.3.5 某年在某地区分行业调查职工平均工资情况:已知 A 行业职工月工资 X(单位:千元)$\sim N(\mu_1, 1.5^2)$;B 行业职工月工资 Y(单位:千元)$\sim N(\mu_2, 1.2^2)$,从总体 X、Y 中分别调查样本容量为 25 和 30 的两个样本,算得其平均月工资分别为 4.8 千元,4.2 千元. 求这两行业职工月平均工资之差的双侧置信区间($\alpha = 0.05$).

解 因为 $\sigma_1^2 = 1.5^2$,$\sigma_2^2 = 1.2^2$ 都已知,由表 7.3.2 可知 $\mu_1 - \mu_2$ 的双侧置信区间为

$$\left(\overline{X} - \overline{Y} - u_{\alpha/2}\sqrt{\frac{\sigma_1^2}{m} + \frac{\sigma_2^2}{n}}, \ \overline{X} - \overline{Y} + u_{\alpha/2}\sqrt{\frac{\sigma_1^2}{m} + \frac{\sigma_2^2}{n}} \right).$$

由题意,$m = 25$,$n = 30$,$\overline{X} = 4.8$,$\overline{Y} = 4.2$,对给定 $\alpha = 0.05$,查表得 $u_{\alpha/2} = u_{0.025} = 1.96$,代入得

$$\overline{X} - \overline{Y} - u_{\alpha/2}\sqrt{\frac{\sigma_1^2}{m} + \frac{\sigma_2^2}{n}} = 4.8 - 4.2 - 1.96\sqrt{\frac{1.5^2}{25} + \frac{1.2^2}{30}} = -0.1281,$$

$$\overline{X} - \overline{Y} + u_{\alpha/2}\sqrt{\frac{\sigma_1^2}{m} + \frac{\sigma_2^2}{n}} = 4.8 - 4.2 + 1.96\sqrt{\frac{1.5^2}{25} + \frac{1.2^2}{30}} = 1.3281.$$

故这两行业职工月平均工资之差的 95% 的双侧置信区间为 $(-0.1281, 1.3281)$.

例 7.3.6 某公司利用两条自动化流水线灌装矿泉水,设所装矿泉水的体积 X, Y(单位:mL)分别服从 $N(\mu_1, \sigma^2)$ 和 $N(\mu_2, \sigma^2)$(它们的方差相同),现从生产线上分别随机抽取容量为 12 和 17 的两个样本,计算得样本均值分别为 501.1 和 499.7,样本方差分别为 2.4 和 4.7,求 $\mu_1 - \mu_2$ 的置信度为 0.95 的双侧置信区间.

解 因为 σ_1,σ_2 未知,但 $\sigma_1 = \sigma_2 = \sigma$,由表 7.3.2 可知,$\mu_1 - \mu_2$ 置信度为 $1 - \alpha$ 的双侧置信区间为

表 7.3.2　双正态总体参数的置信区间

估计参数	总体条件	样本函数（枢轴量）	置信区间	上限置信区间	下限置信区间
$\mu_1-\mu_2$	σ_1^2,σ_2^2 已知	$T=\dfrac{\bar{X}-\bar{Y}-(\mu_1-\mu_2)}{\sqrt{\dfrac{\sigma_1^2}{m}+\dfrac{\sigma_2^2}{n}}}\sim N(0,1)$	$\left(\bar{X}-\bar{Y}-u_{\alpha/2}\sqrt{\dfrac{\sigma_1^2}{m}+\dfrac{\sigma_2^2}{n}},\ \bar{X}-\bar{Y}+u_{\alpha/2}\sqrt{\dfrac{\sigma_1^2}{m}+\dfrac{\sigma_2^2}{n}}\right)$	$\left(-\infty,\ \bar{X}-\bar{Y}+u_{\alpha}\sqrt{\dfrac{\sigma_1^2}{m}+\dfrac{\sigma_2^2}{n}}\right)$	$\left(\bar{X}-\bar{Y}-u_{\alpha}\sqrt{\dfrac{\sigma_1^2}{m}+\dfrac{\sigma_2^2}{n}},\ +\infty\right)$
	$\sigma_1^2=\sigma_2^2$ 未知	$T=\dfrac{\bar{X}-\bar{Y}-(\mu_1-\mu_2)}{S_w\sqrt{\dfrac{1}{m}+\dfrac{1}{n}}}\sim t(m+n-2)$	$\left(\bar{X}-\bar{Y}-t_{\alpha/2}(m+n-2)S_w\sqrt{\dfrac{1}{m}+\dfrac{1}{n}},\ \bar{X}-\bar{Y}+t_{\alpha/2}(m+n-2)S_w\sqrt{\dfrac{1}{m}+\dfrac{1}{n}}\right)$	$\left(-\infty,\ \bar{X}-\bar{Y}+t_{\alpha}S_w\sqrt{\dfrac{1}{m}+\dfrac{1}{n}}\right)$	$\left(\bar{X}-\bar{Y}-t_{\alpha}S_w\sqrt{\dfrac{1}{m}+\dfrac{1}{n}},\ +\infty\right)$
$\dfrac{\sigma_1^2}{\sigma_2^2}$	μ_1,μ_2 已知	$T=\dfrac{\sum_{i=1}^m(X_i-\mu_1)^2/(m\sigma_1^2)}{\sum_{i=1}^n(Y_i-\mu_2)^2/(n\sigma_2^2)}\sim F(m,n)$	$\left(\dfrac{n\sum_{i=1}^m(X_i-\mu_1)^2}{m\sum_{i=1}^n(Y_i-\mu_2)^2}F_{1-\frac{\alpha}{2}}(n,m),\ \dfrac{n\sum_{i=1}^m(X_i-\mu_1)^2}{m\sum_{i=1}^n(Y_i-\mu_2)^2}F_{\frac{\alpha}{2}}(n,m)\right)$	$\left(0,\ \dfrac{n\sum_{i=1}^m(X_i-\mu_1)^2}{m\sum_{i=1}^n(Y_i-\mu_2)^2}F_{\alpha}(n,m)\right)$	$\left(\dfrac{n\sum_{i=1}^m(X_i-\mu_1)^2}{m\sum_{i=1}^n(Y_i-\mu_2)^2}F_{1-\alpha}(n,m),\ +\infty\right)$
	μ_1,μ_2 未知	$T=\dfrac{S_1^2/S_2^2}{\sigma_1^2/\sigma_2^2}\sim F(m-1,n-1)$	$\left(F_{1-\alpha/2}(n-1,m-1)\dfrac{S_1^2}{S_2^2},\ F_{\alpha/2}(n-1,m-1)\dfrac{S_1^2}{S_2^2}\right)$	$\left(0,\ F_{\alpha}(n-1,m-1)\dfrac{S_1^2}{S_2^2}\right)$	$\left(F_{1-\alpha}(n-1,m-1)\dfrac{S_1^2}{S_2^2},\ +\infty\right)$

$$\left(\overline{X}-\overline{Y}-t_{\alpha/2}(m+n-2)S_w\sqrt{\frac{1}{m}+\frac{1}{n}},\overline{X}-\overline{Y}+t_{\alpha/2}(m+n-2)S_w\sqrt{\frac{1}{m}+\frac{1}{n}}\right)$$

由题意,$m=12$,$n=17$,$\overline{X}=501.1$,$\overline{Y}=499.7$,$S_1^2=2.4$,$S_2^2=4.7$,给定 $\alpha=0.05$,查表得 $t_{0.025}(27)=2.052$,可计算得

$$S_w=\sqrt{\frac{(m-1)S_1^2+(n-1)S_2^2}{m+n-2}}=\sqrt{\frac{11\times2.4+16\times4.7}{12+17-2}}=1.940.$$

$$\overline{X}-\overline{Y}-t_{\alpha/2}(m+n-2)\sqrt{\frac{1}{m}+\frac{1}{n}}S_w=501.1-499.7-2.052\times\sqrt{\frac{1}{12}+\frac{1}{17}}\times1.940=-0.101,$$

$$\overline{X}-\overline{Y}+t_{\alpha/2}(m+n-2)\sqrt{\frac{1}{m}+\frac{1}{n}}S_w=501.1-499.7+2.052\times\sqrt{\frac{1}{12}+\frac{1}{17}}\times1.940=2.901.$$

故 $\mu_1-\mu_2$ 的置信度为 0.95 的双侧置信区间为 $(-0.101,2.901)$.

例 7.3.7 某自动机床加工同类型零件,假设零件的直径(单位:cm)服从正态分布 $N(\mu,\sigma^2)$,现在从两个不同班次的产品中各抽验了 5 个零件,测定它们的直径,得如下数据

A 班:2.066   2.063   2.068   2.060   2.067

B 班:2.058   2.057   2.063   2.059   2.060

试求两班所加工零件直径的方差之比 $\dfrac{\sigma_1^2}{\sigma_2^2}$ 的置信度为 0.90 的双侧置信区间.

解 设 A 班加工零件的直径服从 $N(\mu_1,\sigma_1^2)$,B 班加工零件的直径服从 $N(\mu_2,\sigma_2^2)$,由于 μ_1,μ_2 未知,由表 7.3.2 可知,$\dfrac{\sigma_1^2}{\sigma_2^2}$ 所对应的置信度为 $1-\alpha$ 的双侧置信区间为

$$\left(\frac{S_1^2}{S_2^2}F_{1-\alpha/2}(n-1,m-1),\frac{S_1^2}{S_2^2}F_{\alpha/2}(n-1,m-1)\right).$$

由题意,$m=5$,$n=5$,经计算得 $S_1^2=0.0011$,$S_2^2=0.0005$,给定 $\alpha=0.05$,查表得

$$F_{\alpha/2}(n-1,m-1)=F_{0.05}(4,4)=6.3882,$$

$$F_{1-\alpha/2}(n-1,m-1)=F_{0.95}(4,4)=\frac{1}{F_{0.05}(4,4)}=\frac{1}{6.3882},$$

因此,方差之比 $\dfrac{\sigma_1^2}{\sigma_2^2}$ 的置信度为 0.90 的双侧置信区间为

$$\left(\frac{0.0011}{0.0005}\times\frac{1}{6.3882},\frac{0.0011}{0.0005}\times6.3882\right).$$

即 $(0.3444,14.0540)$.

 **内容小结**

本章介绍数理统计中一类重要问题——参数估计.在许多实际问题中,总体的分布一般是未知的,但在多数情况下,其分布类型是已知的(如正态分布),只包含若干未知参数,这些未知参数需要用样本加以估计,参数估计分为点估计与区间估计.

本章概念网络图：

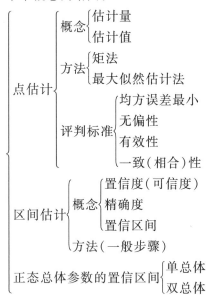

本章的基本要求：

1. 理解参数的点估计、估计量与估计值的概念，掌握矩估计法与最大似然估计法.

2. 了解均方误差的概念及估计量的评价标准（均方误差最小、无偏性、有效性、一致性）.

3. 理解区间估计、置信区间、置信度、精确度的概念，会求单个正态总体均值和方差的置信区间，会求两个正态总体均值差和方差比的置信区间.

 习题七

第一部分　基　本　题

一、选择题

1. 已知总体 $X \sim F(x; \theta)$，其中 θ 为未知参数，则下列说法正确的是（　　）.

A. 若 $E(X) = 0$，则 θ 的矩估计不存在　　　　B. θ 的矩估计结果是唯一的

C. 无法基于 1 阶中心矩求 θ 的矩估计　　　　D. θ 的矩估计与最大似然估计一样

2. 设 $X_1, X_2, \cdots, X_n$ 是来自正态总体 $N(\mu, \sigma^2)$ 的一个样本，其中 μ 未知，则 σ^2 的最大似然估计量为（　　）.

A. $\dfrac{1}{n} \sum\limits_{i=1}^{n} (X_i - \mu)^2$　　　B. $\dfrac{1}{n-1} \sum\limits_{i=1}^{n} (X_i - \mu)^2$　　　C. $\dfrac{1}{n-1} \sum\limits_{i=1}^{n} (X_i - \overline{X})^2$　　　D. $\dfrac{1}{n} \sum\limits_{i=1}^{n} (X_i - \overline{X})^2$

3. 设 $X_1, X_2, \cdots, X_n$ 是来自总体 X 的样本，$D(X) = \sigma^2$，$\overline{X} = \dfrac{1}{n} \sum\limits_{i=1}^{n} X_i$，$S^2 = \dfrac{1}{n-1} \sum\limits_{i=1}^{n} (X_i - \overline{X})^2$，则（　　）.

A. S 是 σ 的无偏估计量　　　　　　　　B. S 是 σ 的最大似然估计量

C. S^2 是 σ^2 的无偏估计量　　　　　　　D. S^2 是 σ^2 的最大似然估计量

4. 设 $\hat{\theta}$ 是参数 θ 的无偏估计，且 $D(\hat{\theta}) > 0$，则 $\hat{\theta}^2$ 是 θ^2 的（　　）估计量.

A. 无偏估计量　　　　B. 有偏估计量　　　　C. 有效估计量　　　　D. A 和 B 同时成立

5. 设 $X_1,X_2,\cdots,X_n$ 是来自总体 X 的样本，$E(X)=\mu$，$D(X)=\sigma^2$，样本均值和样本方差分别为 $\overline{X}$ 和 S^2，若 $\overline{X}^2+kS^2$ 是 μ^2 的无偏估计，则常数 $k=$（   ）.

A. 1   B. -1 C. $\dfrac{1}{n}$ D. $-\dfrac{1}{n}$

6. 设总体 $X\sim N(\mu,\sigma^2)$，其中 σ^2 已知，则总体均值 μ 的置信区间长度 l 与置信度 $1-\alpha$ 的关系是（   ）.

A. 当 $1-\alpha$ 缩小时，l 缩短   B. 当 $1-\alpha$ 缩小时，l 增大

C. 当 $1-\alpha$ 缩小时，l 不变   D. 以上说法都不对

7. 单个正态总体期望未知时，对给定的样本观察值及 $\alpha(0<\alpha<1)$，欲求总体方差的置信度为 $1-\alpha$ 的置信区间，使用的样本函数服从（   ）.

A. F 分布   B. t 分布   C. χ^2 分布   D. 标准正态分布

二、填空题

1. 设总体 X 服从区间 $(0,\theta)$ 内的均匀分布，则未知参数 θ 的矩法估计量为_____.

2. 设总体 X 的概率分布为 $P(X=-1)=P(X=1)=\theta$，$P(X=0)=1-2\theta$，则未知参数 θ 的矩法估计量为_____.

3. 一个袋子中有两种颜色（黑白）的球共 6 个，有放回地连续抽取 3 次，每次抽一个，则黑白球的比例是_____时，能使"观察到 2 个白球"的可能性最大.

4. 设总体 $X\sim B(m,p)$，它的分布律为 $P(X=k)=C_m^k p^k (1-p)^{m-k}(k=0,1,2,\cdots,m)$，其中 $0<p<1$，则未知参数 p 的最大似然估计量为_____.

5. 设 $X_1,X_2,\cdots,X_n$ 是来自总体 $X\sim N(0,\sigma^2)$ 的样本，则常数 $C=$_____时，$C\sum\limits_{i=1}^{n}X_i^2$ 为 σ^2 的无偏估计.

6. 总体 $X\sim P(\lambda)$，若 $\hat{\lambda}=a\overline{X}+bS^2$ 是 λ 的无偏估计，则系数 a,b 满足_____.

7. 设总体 $X\sim N(\mu,\sigma^2)$，X_1,X_2,X_3 为来自总体 X 的样本，统计量 $\hat{\mu}_1=\dfrac{1}{2}X_1+aX_2-\dfrac{1}{6}X_3$ 和 $\hat{\mu}_2=\overline{X}$ 均为 μ 的无偏估计量，则常数 $a=$_____，$\hat{\mu}_1$ 和 $\hat{\mu}_2$ 更有效的是_____.

8. 设总体 $X\sim N(\mu,10^2)$，若使 μ 的置信度为 0.95 的置信区间长度不超过 5，则样本容量 n 最小应为_____.

三、计算题

1. 设总体 X 具有分布列 $P(X=k)=(1-p)^{k-1}p\ (k=1,2,\cdots)$，求 p 的矩估计量和最大似然估计量.

2. 设电话总机在某段时间内接到呼唤的次数服从参数未知的泊松分布，现在收集了 42 个数据：

接到呼唤次数	0	1	2	3	4	5
出现的频数	7	10	12	8	3	2

分别用矩法和最大似然法估计上述的未知参数.

3. 设总体 X 的概率分布为 $P(X=0)=P(X=2)=\dfrac{\theta}{2}$，$P(X=1)=1-\theta$，其中 θ 为未知参数，现从总体 X 中抽取一个样本，其观测值为：1，1，2，0，0，求 θ 的矩估计值和最大似然估计值.

4. 设 $X_1,X_2,\cdots,X_n$ 为来自总体 X 的样本，X 的密度函数 $f(x)$ 如下所示，试求未知参数的矩估计.

（1）$f(x;\theta)=\begin{cases}\dfrac{2}{\theta^2}(\theta-x)，& 0<x<\theta，\\ 0，& \text{其他}，\end{cases}$ 其中 θ 为未知参数；

（2）$f(x;\theta)=\begin{cases}\theta^2 x\mathrm{e}^{-\theta x}, & x>0,\\ 0, & \text{其他},\end{cases}$　其中 $\theta>0$ 为未知参数；

（3）$f(x;\theta)=\begin{cases}\theta x^{\theta-1}, & 0<x<1,\\ 0, & \text{其他},\end{cases}$　其中 $\theta>0$ 为未知参数；

（4）$f(x;a,b)=\begin{cases}\dfrac{1}{b}\mathrm{e}^{-\frac{x-a}{b}}, & x>a,b>0,\\ 0, & \text{其他},\end{cases}$　其中 a,b 为未知参数.

5. 设 $X_1,X_2,\cdots,X_n$ 为来自总体 X 的样本，X 的密度函数 $f(x)$ 如下所示，试求未知参数的最大似然估计.

（1）$f(x;\theta)=\begin{cases}\theta^2 x\mathrm{e}^{-\theta x}, & x>0,\\ 0, & \text{其他},\end{cases}$　其中 $\theta>0$ 为未知参数；

（2）$f(x;\theta)=\begin{cases}\theta x^{\theta-1}, & 0<x<1,\\ 0, & \text{其他},\end{cases}$　其中 $\theta>0$ 为未知参数；

（3）$f(x;\theta)=\begin{cases}\dfrac{1}{a\theta}, & \theta<x<(a+1)\theta,\\ 0, & \text{其他},\end{cases}$　其中 $a>0$ 为已知常数，$\theta>0$ 为未知参数.

6. 设 $X_1,X_2,\cdots,X_n$ 为总体 $X\sim N(\mu,\sigma^2)$ 的一个样本，μ 已知，求未知参数 σ^2 的最大似然估计.

7. 设总体 $X\sim U(-\theta,\theta)$，已知 $X_1,X_2,\cdots,X_n$ 为其样本，所得 10 个观测值为 0.4, 0, 2.3, -2.9, 2.7, -2.2, 1.6, -1.8, 1.9, -2.0，求未知参数 $\theta(\theta>0)$ 最大似然估计量与估计值.

8. 设总体 X 服从双参数指数分布，其概率密度函数为

$$f(x;\theta_1,\theta_2)=\begin{cases}\dfrac{1}{\theta_2}\mathrm{e}^{-\frac{x-\theta_1}{\theta_2}}, & x\geqslant\theta_1,\\ 0, & x<\theta_1,\end{cases}\quad -\infty<\theta_1<+\infty,\ 0<\theta_2<+\infty.$$

为了估计未知参数，从该总体抽取容量为 n 的随机样本 $X_1,X_2,\cdots,X_n$.

（1）当参数 θ_2 已知时，试求未知参数 θ_1 的矩估计量；

（2）当参数 θ_1 已知时，试求未知参数 θ_2 的最大似然估计量.

9. 一个罐子里装有黑球和白球，有放回地取出一个容量为 n 的样本，其中有 k 个白球，求罐子里黑球数和白球数之比 R 的最大似然估计.

10. 设 $X_1,X_2,\cdots,X_n$ 是正态总体 $X\sim N(0,\sigma^2)$ 的样本，样本方差为 S^2，σ^2 为未知参数，构造参数 σ^2 的 1 个估计量 $\hat{\sigma}^2=\dfrac{n-1}{n}S^2$，求估计量 $\hat{\sigma}^2$ 的均方误差 $MSE(\hat{\sigma}^2)$.

11. 设总体 $X\sim N(\mu,1)$，X_1,X_2,X_3 是 X 的一个样本，验证 $\hat{\mu}_1=2X_1-\overline{X}$，$\hat{\mu}_2=2\overline{X}-X_1$，$\hat{\mu}_3=\overline{X}$ 都是 μ 的无偏估计量，并指出哪一个最有效.

12. 设正态总体 $X\sim N(\mu,\sigma^2)$，μ 已知，σ^2 未知，选取一个样本 $X_1,X_2,\cdots,X_n$，样本方差为 S^2，验证 $\hat{\sigma}^2=S^2$ 和 $\hat{\sigma}_2^2=\dfrac{1}{n}\sum_{i=1}^{n}(X_i-\mu)^2$ 都是 σ^2 的无偏估计量，并指出哪一个更有效.

13. 设总体 X 服从泊松分布 $P\{X=x\}=\dfrac{\lambda^x}{x!}\mathrm{e}^{-\lambda}$，$x=0,1,2,\cdots$. 证明：样本均值 $\overline{X}$ 是 λ 的一致（相合）估计量.

14. 用自动装罐机装罐头，已知罐头质量（单位：kg）服从正态分布 $N(\mu,0.02^2)$，随机抽取 25 个罐头进行测量，算得其样本均值 $\overline{X}=1.01$ kg，试求总体期望 μ 的置信度为 95% 的置信区间.

15. 从某商店一年来的发票存根中随机抽取 26 张，算得平均金额为 78.5 元，样本标准差为 20 元，假定

发票金额服从正态分布,试求该商店一年来发票平均金额的置信度为90%的置信区间.

16. 抽查某种油漆的5个样品,检测其干燥时间(单位:h)分别为:6.0,5.8,6.2,6.4,5.5,设该种油漆的干燥时间服从正态分布 $N(6,\sigma^2)$,求总体方差 σ^2 的置信度为 0.95 的置信区间.

17. 随机抽取某种炮弹 9 发做试验,计算得炮口速度的样本标准差为 $S=11\ \mathrm{m\cdot s^{-1}}$,设炮速度服从正态分布 $N(\mu,\sigma^2)$.求这种炮弹炮口速度的方差 σ^2 和标准差 σ 的置信度为 0.95 的置信区间.

18. 设来自总体 $X\sim N(\mu_1,16)$ 的一个容量为 15 的样本,其中样本均值 $\overline{X}=14.6$;来自总体 $Y\sim N(\mu_2,9)$ 的一个容量为 20 的样本,其样本均值 $\overline{Y}=13.2$,并且两样本是相互独立的,试求 $\mu_1-\mu_2$ 的置信度为 95% 的置信区间.

19. 对某农作物两个品种 A、B 计算了 8 个地区的单位面积产量如下:

品种 A: 86 87 56 93 84 93 75 79

品种 B: 80 79 58 91 77 82 74 66

假定两个品种的单位面积的产量都服从正态分布,并且方差相同,试求 A、B 平均单位面积的产量之差的置信度为 95% 的置信区间.

20. 设两位化验员甲、乙独立地对某种化合物的含氯量用相同的方法各作 10 次测量,其测量值的样本方差分别为 $S_1^2=0.541\ 9,S_2^2=0.606\ 5$.设甲、乙所测量的测量值总体为 X,Y,并且均服从正态分布,方差分别为 σ_1^2,σ_2^2.求方差比 σ_1^2/σ_2^2 的置信度为 0.95 的置信区间.

第二部分　提　高　题

1. 设 $X_1,X_2,\cdots,X_n$ 为来自总体 $X\sim P(\lambda)(\lambda>0)$ 的样本,$\overline{X}$、S^2 分别为样本均值和样本方差.试证:S^2 是 λ 的无偏估计量;并且对一切 $\alpha(0<\alpha<1)$,$\alpha\overline{X}+(1-\alpha)S^2$ 也为 λ 的无偏估计量.

2. 设统计量 $\hat{\theta}_n=\hat{\theta}(X_1,X_2,\cdots,X_n)$ 是 θ 的估计量,其满足

$$\lim_{n\to\infty}E(\hat{\theta}_n-\theta)^2=0.$$

证明:$\hat{\theta}_n$ 是 θ 的一致(相合)估计量.

3. 设总体 $X\sim N(\mu,8)$,μ 为未知参数,$X_1,X_2,\cdots,X_{36}$ 是取自总体 X 的简单随机样本,如果以区间 $(\overline{X}-1,\overline{X}+1)$ 作为 μ 的置信区间,那么置信度是多少?

4. 设总体 $X\sim U(0,\theta)$,$\theta>0$ 为未知参数,$X_1,X_2,\cdots,X_n$ 为 X 的样本,求 θ 的最大似然估计量,并将其修正为无偏估计量.

5. 设湖中有 N 条鱼,现捕出 r 条,做上记号后放回.一段时间后,再从湖中捕起 n 条鱼,其中有标记的有 k 条,试据此信息估计湖中鱼的条数 N.

第三部分　近年考研真题

一、选择题

1. (2021)设 $(X_1,Y_1),(X_2,Y_2),\cdots,(X_n,Y_n)$ 为来自总体 $N(\mu_1,\mu_2,\sigma_1^2,\sigma_2^2,\rho)$ 的简单随机样本,令 $\theta=\mu_1-\mu_2$,$\overline{X}=\dfrac{1}{n}\sum_{i=1}^{n}X_i$,$\overline{Y}=\dfrac{1}{n}\sum_{i=1}^{n}Y_i$,$\hat{\theta}=\overline{X}-\overline{Y}$,则(　　).

A. $\hat{\theta}$ 是 θ 的无偏估计,$D(\hat{\theta})=\dfrac{\sigma_1^2+\sigma_2^2}{n}$　　　　B. $\hat{\theta}$ 不是 θ 的无偏估计,$D(\hat{\theta})=\dfrac{\sigma_1^2+\sigma_2^2}{n}$

C. $\hat{\theta}$ 是 θ 的无偏估计,$D(\hat{\theta})=\dfrac{\sigma_1^2+\sigma_2^2-2\rho\sigma_1\sigma_2}{n}$　　D. $\hat{\theta}$ 不是 θ 的无偏估计,$D(\hat{\theta})=\dfrac{\sigma_1^2+\sigma_2^2-2\rho\sigma_1\sigma_2}{n}$

2. (2021)设总体 X 的概率分布为 $P(X=1)=\dfrac{1-\theta}{2}$,$P(X=2)=P(X=3)=\dfrac{1+\theta}{4}$,利用来自总体的样本值

$1,3,2,2,1,3,1,2$,可得 θ 的最大似然估计值为(　　).

A. $\dfrac{1}{4}$ 　　　　　B. $\dfrac{3}{8}$ 　　　　　C. $\dfrac{1}{2}$ 　　　　　D. $\dfrac{5}{8}$

3. (2023)已知 X_1,X_2 为来自总体 $N(\mu,\sigma^2)$ 的简单随机样本,其中 $\sigma(\sigma>0)$ 是未知参数,若 $\hat{\sigma}=a\,|X_1-X_2|$ 为 σ 的无偏估计,则 $a=($ 　　).

A. $\dfrac{\sqrt{\pi}}{2}$ 　　　　　B. $\dfrac{\sqrt{2\pi}}{2}$ 　　　　　C. $\sqrt{\pi}$ 　　　　　D. $\sqrt{2\pi}$

二、解答题

1. (2018)已知总体 X 的概率密度为 $f(x,\sigma)=\dfrac{1}{2\sigma}\mathrm{e}^{-\frac{|x|}{\sigma}}$,$-\infty<x<+\infty$,$\sigma$ 为大于 0 的未知参数,$X_1,X_2,\cdots,$ X_n 为来自总体 X 的简单随机样本,记 σ 的最大似然估计量为 $\hat{\sigma}$.(1)求 $\hat{\sigma}$;(2)求 $E(\hat{\sigma})$,$D(\hat{\sigma})$.

2. (2019)设总体 X 的概率密度为 $f(x,\sigma^2)=\begin{cases}\dfrac{A}{\sigma}\mathrm{e}^{-\frac{(x-\mu)^2}{2\sigma^2}}, & x\geqslant\mu,\\[2mm] 0, & x<\mu,\end{cases}$ 其中 μ 是已知参数,$\sigma>0$ 是未知参数,

A 是常数,$X_1,X_2,\cdots,X_n$ 是来自总体 X 的简单随机样本.(1)求 A;(2)求 σ^2 的最大似然估计.

3. (2020)设某种元件的使用寿命 T 的分布函数为 $F(t)=\begin{cases}1-\mathrm{e}^{-(t/\theta)^m}, & t\geqslant0,\\ 0, & t<0\end{cases}$,其中 θ,m 为参数且均大

于零.

(1) 求概率 $P(T>t)$ 与 $P(T>s+t\mid T>s)$,其中 $s>0,t>0$;

(2) 任取 n 个这种元件做寿命试验,测得它们的寿命分别为 $t_1,t_2,\cdots,t_n$,若 m 已知,求 θ 的最大似然估计 $\hat{\theta}$.

4. (2022)设 $X_1,X_2,\cdots,X_n$ 为来自均值为 θ 的指数分布总体的简单随机样本,$Y_1,Y_2,\cdots,Y_m$ 为来自均值为 2θ 的指数分布总体的简单随机样本,且两样本相互独立,其中 $\theta(\theta>0)$ 是未知参数.利用 $X_1,X_2,\cdots,X_n$, $Y_1,Y_2,\cdots,Y_m$,求 θ 的最大似然估计量 $\hat{\theta}$,并求 $D(\hat{\theta})$.

第八章

假设检验

假设检验是数理统计中另一类重要的统计推断问题. 它的基本任务是, 在总体的分布函数完全未知或只知其形式但不知其参数的情况下, 首先提出某些关于总体分布类型或分布类型中未知参数的假设, 然后根据样本构造适当的统计量, 对所提假设做出拒绝或接受的判断. 本章主要介绍假设检验的基本概念、正态总体参数的假设检验等.

§8.1 基 本 概 念

一、 问题的提出

为了对假设检验问题有一个初步了解, 我们先看以下例子.

例 8.1.1 某红酒企业自动罐装瓶装红酒, 设每瓶容量服从正态分布 $N(\mu, \sigma^2)$, 某日开工后, 随机抽测了 9 瓶, 其容量分别为 (单位:mL):748.5,751,752,749.5,747.5,750.5,752,746.5,753. 请问:

(1) 这天罐装机的平均容量是多少?

(2) 若正常情况下罐装机的平均容量是 750 mL, 则这天罐装机罐装的平均容量正常吗?

显然第一个问题就是估计参数 μ, 可以用参数点估计, 也可以用参数区间估计, 点估计给出平均容量 μ 的具体数值, 而区间估计给出平均容量 μ 的区间范围; 第二个问题实际上只有两个结论, 要么平均容量 μ 正常, 要么平均容量 μ 不正常, 统计学给出另一种推断思想, 即根据问题需要, 先提出某种结论 (假设), 然后利用样本观测值, 判断这种结论 (假设) 是否可接受, 这就是假设检验.

二、 提出假设

如何根据问题需要提出假设 (某种结论)? 从上面例子可以知道, 我们考虑的总体是每瓶

容量服从 $N(\mu,\sigma^2)$（分布已知），根据问题需要，不外乎就是两种结论，一种是正常，即"$\mu = 750$"，另一种是不正常，即"$\mu \neq 750$"，我们把提出的假设称为原假设（也称为零假设），记为 H_0，比如我们选第一种正常为原假设（如何选择原假设，要有一定原则，请注意后面叙述），则记为

$$H_0 : \mu = 750.$$

有了原假设，就有其对立的假设（即原假设不成立的结论），我们把原假设的对立假设称为备择假设（也称为对立假设），记为 H_1，这就形成一对完整的假设. 任何假设问题都必须有原假设，以及对应的备择假设，比如上面例子完整写法是

$$H_0 : \mu = 750, \qquad H_1 : \mu \neq 750.$$

综上，我们给出参数型假设检验提出假设的基本方法.

设总体 $X \sim f(x;\theta)$ 分布形式已知，但含有未知参数 θ，要知道参数 θ 是什么，可以按参数估计的方法，把参数估计出来；但还有一种方法，可以先对参数 θ 给出某种结论（提出假设），再利用样本的信息，对所提出的假设进行检验，最后做出拒绝或接受的结论，这就是假设检验.

关于参数的假设可以归结为以下三种假设形式：

（1） $H_0 : \theta = \theta_0, \qquad H_1 : \theta \neq \theta_0;$

（2） $H_0 : \theta \geqslant \theta_0, \qquad H_1 : \theta < \theta_0;$

（3） $H_0 : \theta \leqslant \theta_0, \qquad H_1 : \theta > \theta_0.$

根据备择假设的位置，通常我们把第（1）种假设称为双边假设（检验），第（2）、（3）种假设称为单边假设（检验），有时也把第（2）种假设称为左边假设，而第（3）种假设称为右边假设.

假设检验除了参数型假设检验外，还有非参数型假设检验，它是解决总体分布未知时，关于总体的某个性质（如分布类型、独立性等）的检验，本章不讲述这类问题，有兴趣的读者可以参阅二维码资源"8.2.4 非参数假设检验".

三、 检验思想

如何利用样本信息对假设进行检验？

1. 方法与原理

假设检验的基本思想实质上是带有某种概率性质的反证法（类似于数学中的反证法），即在假定原假设 H_0 成立的前提下，样本观测值是否导致了"不合理"的现象，如果发生"不合理"现象，那么就拒绝原假设 H_0，否则只能接受原假设 H_0.

如何判断"不合理"现象？就要有一个原理（或公理），如果不符合这个原理，那么就判断为"不合理"现象，这个原理就是"小概率事件"原理，即小概率事件在一次试验中几乎不可能发生.

2. 检验

如何通过样本构造"小概率"事件？样本 $X_1, X_2, \cdots, X_n$ 可以理解为样本空间（n 维空间）中的一个点，先把样本空间划分为两部分，在原假设成立的条件下，这个样本不太可能落入其中一部分区域，也就是样本落入这部分区域是个小概率事件（这就是我们要构造的小概率事

件). 如果这个小概率事件发生了,那么说明违背"小概率事件"原理,即存在"不合理"现象,则拒绝原假设 H_0;如果小概率事件不发生,那么就不存在"不合理"现象,即接受原假设 H_0.

显然直接把样本空间划分为两部分(区域)很麻烦,通常的做法是:构造一个统计量 $T(X_1,X_2,\cdots,X_n)$(称为检验统计量),也可以理解为从 n 维空间(样本空间)投影到一维空间(实数轴)上,利用这个统计量,把实数轴($\mathbf{R}$)划分为两部分(区域),其中一部分区域是:在原假设成立的条件下,统计量的值不太可能落入的区域. 如果统计量的值落入这部分区域,就应该拒绝原假设,这部分区域称为拒绝域,记为 W_α,另一部分就称为接受域,那么小概率事件 A 可以由这个统计量 $T(X_1,X_2,\cdots,X_n)$ 和拒绝域 W_α 来表示,即 $A=\{T\in W_\alpha\}$,事件 A 的概率大小由拒绝域 W_α 的大小来确定.

如何判断事件 A 是否发生呢? 根据样本观测值 $x_1,x_2,\cdots,x_n$,计算相应的统计量值 $T_0=T(x_1,x_2,\cdots,x_n)$,如果 $T_0\in W_\alpha$,那么事件 A 就发生,否则事件 A 就不发生;

例 8.1.2 在例 8.1.1 中,为了检验该天罐装机罐装的平均容量是否正常,可提出原假设 $H_0:\mu=750$ 及相应的备择假设 $H_1:\mu\neq750$.

为了检验假设,从总体中抽取了容量为 9 的样本:$X_1,X_2,\cdots,X_9$,如果直接对样本空间进行划分很难,可以考虑构造检验统计量 $T(X_1,X_2,\cdots,X_n)$,我们知道在原假设 H_0 成立的条件下

$$\overline{X}=\frac{1}{n}\sum_{i=1}^{n}X_i\sim N\left(750,\frac{\sigma^2}{n}\right).$$

对 $\overline{X}$ 标准化得

$$\frac{\overline{X}-750}{\sigma/\sqrt{n}}\sim N(0,1).$$

由于上式中含有未知参数 σ,所以我们构造检验统计量

$$T(X_1,X_2,\cdots,X_n)=\frac{\overline{X}-750}{S/\sqrt{n}}\sim t(n-1).$$

在原假设 H_0 成立的条件下,$\overline{X}$ 偏离 750 较远的可能性较小,即统计量 T 偏离 0 较远的可能性较小,所以我们很容易想到把实数轴($\mathbf{R}$)划分为两部分,靠近 0 的中间部分为接受域,而实数轴的两端为拒绝域,即 $W_\alpha=(-\infty,a)\cup(b,+\infty)$. 构造小概率事件 $A=\{T\in W_\alpha\}=\{(T<a)\cup(T>b)\}$,选一个较小的概率 α(称之为检验的显著性水平),寻找 a,b,使得 $P(A)\leqslant\alpha$(尽可能接近 α),由于检验统计量是 t 分布(对称的),可以选择对称的 a,b($b=-a=t_{\alpha/2}(n-1)$),刚好 $P(A)=\alpha$(小概率事件).

对于给定的 α,根据抽样观测值计算 $\overline{x}=\frac{1}{9}\sum_{i=1}^{9}x_i,s^2=\frac{1}{8}\sum_{i=1}^{9}(x_i-\overline{x})^2$,进而计算统计量 T 的值 T_0,若 $T_0\in W_\alpha$,则小概率事件 A 在一次试验中发生了,从而拒绝原假设 H_0;否则接受原假设 H_0.

在本例中,取 $\alpha=0.05$,查 t 分布表可得 $b=t_{\alpha/2}(8)=2.306$,经计算得

$$\overline{x}=\frac{1}{9}\sum_{i=1}^{9}x_i=\frac{6\ 750.5}{9},s^2=\frac{1}{8}\sum_{i=1}^{9}(x_i-\overline{x})^2=\frac{39.22}{8},T_0=\frac{\overline{x}-750}{s/3}\approx0.081.$$

因为 $T_0\notin W_\alpha=(-\infty,-2.306)\cup(2.306,+\infty)$,即事件 A 不发生,所以接受原假设 $H_0:\mu=750$,即认为这天罐装机罐装的平均容量是正常的.

　　构造检验统计量 $T(X_1,X_2,\cdots,X_n)$ 是假设检验最关键的步骤,从上面的例子可以看到,为了能确定出拒绝域 W_α,必须知道所构造的检验统计量服从什么分布(在原假设成立的条件下),一般检验统计量都是服从标准正态分布、χ^2 分布、t 分布或 F 分布,此时相应的检验分别称为 U 检验、χ^2 检验、t 检验或 F 检验.

　　如何确定拒绝域 W_α 呢?从上面的例子可以看到,通常先确定拒绝域的形式,再确定拒绝域的端点(称为临界值).拒绝域形式一般有两种,一种是双边拒绝域,可以表示为:$W_\alpha = (-\infty,a) \cup (b,+\infty)$(实数轴的两端区域);另一种是单边拒绝域,可以表示为:$W_\alpha = (-\infty,a)$(有时也称为左边拒绝域)或 $W_\alpha = (b,+\infty)$(有时也称为右边拒绝域),称上述拒绝域中的端点 a,b 为临界值,临界值一般由检验统计量所服从分布的分位点确定.

　　拒绝域的形式与假设有没有关系呢?肯定有关系,一般来说,双边假设的拒绝域是双边的,但有时也是单边的;而单边假设的拒绝域一定是单边的.对于临界值,当拒绝域是双边时,其临界值就是对应检验统计量所服从分布的双侧分位点;当拒绝域是右边时,其临界值就是上侧分位点;当拒绝域是左边时,其临界值就是下侧分位点.特别注意左边假设,拒绝域不一定是左边,同样右边假设拒绝域也不一定是右边.

四、 假设检验的两类错误

　　假设检验的理论依据是"小概率事件"原理.然而,小概率事件不管其概率多小,还是有可能发生的,所以假设检验的结果有可能是错误的.这种错误有两种情况:

　　(1)原假设 H_0 实际上是正确的,由于样本的随机性,检验统计量的观测值落入了拒绝域,于是我们错误地拒绝了原假设 H_0,即犯"弃真"的错误,我们称之为第一类错误.犯第一类错误的概率实际上就是小概率事件发生的概率,记为 β_1,即 $P(拒绝\ H_0|H_0\ 为真) = \beta_1$.

　　(2)原假设 H_0 实际上是错误的,由于样本的随机性,检验统计量的观测值落入了接受域,于是我们错误地接受了原假设 H_0,即犯了"取伪"的错误,我们称之为第二类错误.犯第二类错误的概率记为 β_2,即 $P(接受\ H_0|H_0\ 不真) = \beta_2$.

　　当然我们希望犯这两类错误的概率 β_1 和 β_2 越小越好.但当样本容量 n 固定时,要使 β_1,β_2 同时变小是不可能的,当减小犯第一类错误的概率 β_1 时,会使得犯第二类错误的概率 β_2 增大.反之亦然.通过图 8.1.1,我们可以很清楚地看到这种变化,其中 $y=f_1(x)$ 是 H_0 为真时检验统计量 T_0 的概率密度曲线,$y=f_2(x)$ 是 H_0 不真时检验统计量 T_0 的概率密度曲线,β_1,β_2 分别是犯第一类和第二类错误的概率,λ 是检验的临界值.当临界值 λ 往右移动时,β_1 变小,β_2 变大,反之亦然.只有增加样本容量 n,才能使 β_1 和 β_2 同时变小.

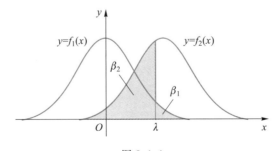

图 8.1.1

鉴于上述情况,奈曼和皮尔逊提出,首先控制犯第一类错误的概率,在这个条件下寻找犯第二类错误的概率尽可能小的检验,即奈曼和皮尔逊原则,这就是统计学给出的经典方案,我们称之为<u>显著性检验</u>.

实际上寻找犯第二类错误的概率尽可能小的检验,在理论和计算上都并非易事. 为了方便起见,在样本容量 n 固定时,我们着重对犯第一类错误的概率加以控制,使之不超过某一给定值 α,称之为<u>显著性水平</u>,即 $P(拒绝 H_0 \mid H_0 为真) = \beta_1 \leqslant \alpha$. 在实际应用中,常取显著性水平 α 为一些标准化的值,如 $0.01, 0.05, 0.10$ 等.

上面提到关于总体的假设通常是两个相互对立的假设,但这两个假设的地位并不相同,那么到底应该选择哪一个作为原假设,哪一个作为备择假设呢? 关于这个问题,我们应遵循以下原则:

(1) 相等性假设放在原假设. 这主要从方便构造检验统计量的角度考虑.

(2) 常识性的结论应放在原假设. 由于犯第一类错误的概率不大于给定的显著性水平 α(通常很小),这说明当原假设 H_0 为真时,它被拒绝的概率很小,所以原假设是一个受保护的假设,不会被轻易否定. 如常识性结论:"夏天的最高气温不低于 25 度"或"正常企业的产品符合产品标准"等,这些结论应放在原假设上.

(3) 需要充分理由支持的结论应放在备择假设. 如果检验结果是拒绝原假设(即接受备择假设),说明小概率事件在一次试验中发生了,这与"小概率事件"原理相违背,所以如果拒绝原假设 H_0,我们有充分的理由接受备择假设 H_1;反之,如果接受原假设 H_0,其理由并不充分,需要充分理由支持的结论:如"新药比旧药好"或"新生产工艺能使产品的废品率降低"等,这些结论应放在备择假设上.

五、 假设检验的一般步骤

通过上面的分析讨论,我们可以把假设检验的一般步骤归纳如下:

1. 根据实际问题提出原假设 H_0 与备择假设 H_1,即说明所要检验假设的具体内容.

2. 构造检验统计量(实际上它就是相应参数做区间估计时所构造的枢轴量(样本函数),然后把原假设中已知参数代入即为检验统计量),在原假设 H_0 为真的条件下,该统计量的精确分布(小样本情况)或极限分布(大样本情况)已知(一般是标准正态分布、χ^2 分布、t 分布或 F 分布).

3. 对于给定的显著性水平 α,确定拒绝域 W_α:

(1) 根据原假设与备择假设的形式,确定拒绝域 W_α 的形式,即双侧或单侧的.

(2) 对给定的显著性水平 α,确定对应于 α 的临界值 a, b(当拒绝域为双侧形式时,需要定出 2 个临界值 a, b,且 a, b 为检验统计量分布关于 α 的双侧分位点;当拒绝域为单侧形式时,只需定出 1 个临界值 a 或 b(视拒绝域在左、右侧而定),且 a(或 b)为检验统计量分布关于 $1-\alpha$ 分位点(或 α 分位点)).

4. 根据样本观测值计算检验统计量的观测值,并与临界值 a, b(或 1 个临界值 a 或 b)比较(即判断是否落入拒绝域 W_α),从而作出拒绝或接受原假设 H_0 的结论.

与参数的区间估计类似,不是所有总体的参数提出假设检验时,都能够构造出分布已知的检验统计量,所以我们仅介绍正态总体参数的假设检验.

§8.2　正态总体参数的假设检验

一、单个正态总体参数的假设检验

设总体 $X \sim N(\mu, \sigma^2)$，从总体 X 中抽取一个容量为 n 的样本 $X_1, X_2, \cdots, X_n$，样本均值和样本方差分别为：

$$\overline{X} = \frac{1}{n} \sum_{i=1}^{n} X_i, \quad S^2 = \frac{1}{n-1} \sum_{i=1}^{n} (X_i - \overline{X})^2.$$

此时，需要对参数 μ, σ^2 分别提出假设，对参数 μ 常见的假设检验问题有以下三种：

（1）$H_0 : \mu = \mu_0, H_1 : \mu \neq \mu_0$；

（2）$H_0 : \mu \leqslant \mu_0, H_1 : \mu > \mu_0$；

（3）$H_0 : \mu \geqslant \mu_0, H_1 : \mu < \mu_0$，

其中 μ_0 为已知常数.

对参数 σ^2 常见的假设检验问题有以下三种：

（1）$H_0 : \sigma^2 = \sigma_0^2, H_1 : \sigma^2 \neq \sigma_0^2$；

（2）$H_0 : \sigma^2 \leqslant \sigma_0^2, H_0 : \sigma^2 > \sigma_0^2$；

（3）$H_0 : \sigma^2 \geqslant \sigma_0^2, H_1 : \sigma^2 < \sigma_0^2$，

其中 σ_0^2 为已知常数.

我们仅介绍其中一种情况（总体方差 σ^2 已知时，总体均值 μ 的假设检验），构造检验统计量、分布以及确定拒绝域的详细过程，其余情况只列出检验统计量、分布以及拒绝域相应结果，详细推导过程可以参阅二维码资源"8.2.1 假设检验 1".

8.2.1 假设检验 1

1. 检验问题（1）$H_0 : \mu = \mu_0, H_1 : \mu \neq \mu_0$

（1）构造检验统计量

从参数 μ 的点估计量 $\overline{X}$ 出发，根据定理 6.2.1 有

$$\overline{X} \sim N\left(\mu, \frac{\sigma^2}{n}\right), \quad \text{即} \quad \frac{\overline{X} - \mu}{\sigma / \sqrt{n}} \sim N(0, 1).$$

当原假设 H_0 成立时，可构造检验统计量：

$$T = \frac{\overline{X} - \mu_0}{\sigma / \sqrt{n}} \sim N(0, 1).$$

（2）对于给定的显著性水平 α，确定拒绝域 W_α

在原假设 H_0 成立条件下，统计量 T 偏离 0 较远的可能性很小，所以拒绝域应取双侧，对给定显著性水平 α，为了使犯第一类错误概率 $P(T \in W_\alpha) \leqslant \alpha$，取双侧临界值 a, b 为标准正态分布关于 α 的双侧分位点，即 $b = -a = u_{\alpha/2}$，所以拒绝域确定为 $W_\alpha = (-\infty, -u_{\alpha/2}) \cup (u_{\alpha/2}, +\infty)$，

此时犯第一类错误概率 $P(T \in W_\alpha) = P(|T| > u_{\alpha/2}) = \alpha$.

（3）结论

当检验统计量 T 的值 $T_0 \in W_\alpha$（即 $|T_0| > u_{\alpha/2}$）时，拒绝原假设 H_0；否则，接受原假设 H_0.

2. 检验问题（2）$H_0: \mu \leqslant \mu_0, H_1: \mu > \mu_0$

（1）构造检验统计量

同样构造检验统计量：$T = \dfrac{\overline{X} - \mu_0}{\sigma/\sqrt{n}}$，此时检验统计量并不一定服从 $N(0,1)$，但 $\dfrac{\overline{X} - \mu}{\sigma/\sqrt{n}} \sim N(0,1)$，并且当 H_0 成立时，有

$$T = \frac{\overline{X} - \mu_0}{\sigma/\sqrt{n}} \leqslant \frac{\overline{X} - \mu}{\sigma/\sqrt{n}} \sim N(0,1).$$

（2）对于给定的显著性水平 α，确定拒绝域 W_α

在原假设 H_0 成立条件下，统计量 $T \gg 0$ 的可能性很小，所以拒绝域应取单侧（右边），对给定显著性水平 α，为了使犯第一类错误概率 $P(T \in W_\alpha) \leqslant \alpha$，取单侧（上侧）临界值 b 为标准正态分布关于 α 的分位点，即 $b = u_\alpha$，所以拒绝域确定为 $W_\alpha = (u_\alpha, +\infty)$，此时犯第一类错误概率 $P(T \in W_\alpha) = P(T > u_\alpha) \leqslant P\left(\dfrac{\overline{X} - \mu}{\sigma/\sqrt{n}} > u_\alpha\right) = \alpha$.

（3）结论

当检验统计量 T 的值 $T_0 \in W_\alpha$（即 $T_0 > u_\alpha$）时，拒绝原假设 H_0；否则，接受原假设 H_0.

3. 检验问题（3）$H_0: \mu \geqslant \mu_0, H_1: \mu < \mu_0$

（1）构造检验统计量

同样构造检验统计量：$T = \dfrac{\overline{X} - \mu_0}{\sigma/\sqrt{n}}$，此时检验统计量并不一定服从 $N(0,1)$，但 $\dfrac{\overline{X} - \mu}{\sigma/\sqrt{n}} \sim N(0,1)$，并且当 H_0 成立时，有

$$T = \frac{\overline{X} - \mu_0}{\sigma/\sqrt{n}} \geqslant \frac{\overline{X} - \mu}{\sigma/\sqrt{n}} \sim N(0,1).$$

（2）对于给定的显著性水平 α，确定拒绝域 W_α

在原假设 H_0 成立条件下，统计量 $T \ll 0$ 的可能性较小，所以拒绝域应取单侧（左边），对给定显著性水平 α，为了使犯第一类错误概率 $P(T \in W_\alpha) \leqslant \alpha$，取单侧（下侧）临界值 a 为标准正态分布关于 $1-\alpha$ 的分位点，即 $a = u_{1-\alpha} = -u_\alpha$，所以拒绝域确定为 $W_\alpha = (-\infty, -u_\alpha)$，此时犯第一类错误概率 $P(T \in W_\alpha) = P(T < -u_\alpha) \leqslant P\left(\dfrac{\overline{X} - \mu}{\sigma/\sqrt{n}} < -u_\alpha\right) = \alpha$.

（3）结论

当检验统计量 T 的值 $T_0 \in W_\alpha$（即 $T_0 < -u_\alpha$）时，拒绝原假设 H_0；否则，接受原假设 H_0.

特别说明　对于假设检验，在原假设 H_0 成立时，问题（1）中统计量 T 服从 $N(0,1)$，而问题（2），（3）中的统计量 T 不一定服从 $N(0,1)$（而是样本函数 $\dfrac{\overline{X} - \mu}{\sigma/\sqrt{n}}$ 服从 $N(0,1)$），但它们

的临界值都是由标准正态分布的分位点决定,所以为了叙述方便,也便于记忆,我们通常把这三种假设检验问题都叙述为:在原假设 H_0 成立时,构造检验统计量 $T = \dfrac{\overline{X} - \mu_0}{\sigma/\sqrt{n}} \sim N(0,1)$,对于给定的显著性水平 α,问题(1)的拒绝域为 $W_\alpha = (-\infty, -u_{\alpha/2}) \cup (u_{\alpha/2}, +\infty)$,问题(2)的拒绝域为 $W_\alpha = (u_\alpha, +\infty)$,问题(3)的拒绝域为 $W_\alpha = (-\infty, -u_\alpha)$.

综上所述,总体方差 σ^2 已知时,总体均值 μ 的 3 种假设检验的方法可以归结为以下两个步骤:

① 构造检验统计量

$$T = \frac{\overline{X} - \mu_0}{\sigma/\sqrt{n}} \sim N(0,1), \tag{8.2.1}$$

称之为 U 检验.

② 对于给定的显著性水平 α,确定拒绝域 W_α(或定出临界值).

对问题(1),其临界值是双侧的,记为 a,b,它们是标准正态分布关于 α 的双侧分位点,即 $b = -a = u_{\alpha/2}$,拒绝域为 $W_\alpha = (-\infty, -u_{\alpha/2}) \cup (u_{\alpha/2}, \infty)$,且有 $P(T \in W_\alpha) = P(|T| > u_{\alpha/2}) = \alpha$(图 8.2.1(a)).

对问题(2),其临界值是单侧(上侧)的,记为 b,它是标准正态分布关于 α 的分位点,即 $b = u_\alpha$,拒绝域为 $W_\alpha = (u_\alpha, \infty)$,且有 $P(T \in W_\alpha) = P(T > u_\alpha) \leqslant \alpha$(图 8.2.1(b)).

对问题(3),其临界值是单侧(下侧)的,记为 a,它是标准正态分布关于 $1-\alpha$ 的分位点,即 $a = u_{1-\alpha} = -u_\alpha$,拒绝域为:$W_\alpha = (-\infty, u_\alpha)$,且有 $P(T \in W_\alpha) = P(T < -u_\alpha) \leqslant \alpha$(图 8.2.1(c)).

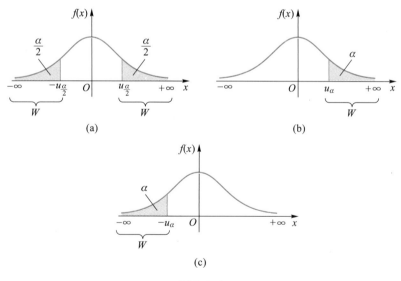

图 8.2.1

其余情况我们直接把结果列在表 8.2.1 中.

例 8.2.1 现随机地从一批零件中抽取 16 个,分别测得其长度(单位:cm)为(假设这批零件的长度服从 $N(\mu, 0.02^2)$):

4.14　4.10　4.13　4.15　4.13　4.12　4.13　4.10

4.15　4.12　4.14　4.10　4.13　4.11　4.14　4.11

是否可以认为该批零件的平均长度为 4.15 cm?（$\alpha = 0.05$）

　　解　依题意提出假设(相等性假设应放在原假设上)：

$$H_0 : \mu = \mu_0 \quad (\mu_0 = 4.15), \quad H_1 : \mu \neq \mu_0.$$

由于 $\sigma = 0.02$ 已知,由表 8.2.1 可构造检验统计量

$$T = \frac{\bar{X} - \mu_0}{\sigma / \sqrt{n}} \sim N(0, 1).$$

经计算得 $\bar{X} = 4.125$,所以检验统计量值 $T_0 = \dfrac{\sqrt{16}\,(4.125 - 4.15)}{0.02} = -5$. 对于给定显著性水平

$\alpha = 0.05$,查表得 $u_{\alpha/2} = u_{0.025} = 1.96$,拒绝域 $W_\alpha = (-\infty, -u_{\alpha/2}) \cup (u_{\alpha/2}, +\infty) = (-\infty, -1.96) \cup$

$(1.96, +\infty)$. 由于 $T_0 \in W_\alpha$,所以拒绝 H_0,即不能认为该批零件的平均长度为 4.15 cm.

表 8.2.1　单个正态总体参数的假设检验

检验的参数	条件	原假设 H_0	备择假设 H_1	检验统计量	服从分布	拒绝域 W_α
μ	σ^2 已知	$\mu = \mu_0$	$\mu \neq \mu_0$	$T = \dfrac{\bar{X} - \mu_0}{\sigma / \sqrt{n}}$	$N(0,1)$	$(-\infty, -u_{\alpha/2}) \cup (u_{\alpha/2}, +\infty)$
		$\mu \leq \mu_0$	$\mu > \mu_0$			$(u_\alpha, +\infty)$
		$\mu \geq \mu_0$	$\mu < \mu_0$			$(-\infty, -u_\alpha)$
	σ^2 未知	$\mu = \mu_0$	$\mu \neq \mu_0$	$T = \dfrac{\bar{X} - \mu_0}{S / \sqrt{n}}$	$t(n-1)$	$(-\infty, -t_{\alpha/2}(n-1)) \cup (t_{\alpha/2}(n-1), \infty)$
		$\mu \leq \mu_0$	$\mu > \mu_0$			$(t_\alpha(n-1), +\infty)$
		$\mu \geq \mu_0$	$\mu < \mu_0$			$(-\infty, -t_\alpha(n-1))$
σ^2	μ 已知	$\sigma^2 = \sigma_0^2$	$\sigma^2 \neq \sigma_0^2$	$T = \dfrac{1}{\sigma_0^2} \sum\limits_{i=1}^{n} (X_i - \mu)^2$	$\chi^2(n)$	$(0, \chi_{1-\alpha/2}^2(n)) \cup (\chi_{\alpha/2}^2(n), +\infty)$
		$\sigma^2 \leq \sigma_0^2$	$\sigma^2 > \sigma_0^2$			$(\chi_\alpha^2(n), +\infty)$
		$\sigma^2 \geq \sigma_0^2$	$\sigma^2 < \sigma_0^2$			$(0, \chi_{1-\alpha}^2(n))$
	μ 未知	$\sigma^2 = \sigma_0^2$	$\sigma^2 \neq \sigma_0^2$	$T = \dfrac{1}{\sigma_0^2} \sum\limits_{i=1}^{n} (X_i - \bar{X})^2$	$\chi^2(n-1)$	$(0, \chi_{1-\alpha/2}^2(n-1)) \cup (\chi_{\alpha/2}^2(n-1), +\infty)$
		$\sigma^2 \leq \sigma_0^2$	$\sigma^2 > \sigma_0^2$			$(\chi_\alpha^2(n-1), +\infty)$
		$\sigma^2 \geq \sigma_0^2$	$\sigma^2 < \sigma_0^2$			$(0, \chi_{1-\alpha}^2(n-1))$

　　例 8.2.2　一支香烟中的尼古丁含量 $X \sim N(\mu, \sigma^2)$,合格标准规定 μ 不能超过 1.5 mg. 现随机抽取一盒(20 支)香烟,测得香烟的平均尼古丁含量为 1.97 mg,标准差为 1.1 mg,试问这批香烟的尼古丁含量是否合格?（$\alpha = 0.05$）

　　解　依题意提出假设(常识性命题,应放在原假设上)：

$$H_0 : \mu \leq \mu_0 \quad (\mu_0 = 1.5), \quad H_1 : \mu > \mu_0.$$

由于 σ 未知,由表 8.2.1 可构造检验统计量

$$T = \frac{\bar{X} - \mu_0}{S / \sqrt{n}} \sim t(n-1).$$

已知 $n=20, \overline{X}=1.97, S=1.1$，所以检验统计量的值 $T_0=\dfrac{1.97-1.5}{1.1/\sqrt{20}}=1.91$. 对于给定显著性水平 $\alpha=0.05$，查表得 $t_{0.05}(19)=1.729$，拒绝域 $W_\alpha=(t_\alpha(n-1),+\infty)=(1.729,+\infty)$. 由于 $T_0\in W_\alpha$，所以拒绝 H_0，即这批香烟的尼古丁含量不合格.

例 8.2.3 某厂生产的电子仪表的寿命（单位：h）服从正态分布，其标准差为 $\sigma=1.6$，改进新工艺后，从新的产品中抽出 9 件，测得平均寿命 $\overline{X}=52.8$，方差 $S^2=1.19$，问应用新工艺后仪表寿命的方差是否发生了显著变化？（$\alpha=0.05$）

解 依题意提出假设（相等性假设应放在原假设上）：
$$H_0:\sigma^2=\sigma_0^2(\sigma_0^2=1.6^2), \quad H_1:\sigma^2\neq\sigma_0^2.$$
由于 μ 未知，由表 8.2.1 可构造统计量
$$T=\frac{n-1}{\sigma_0^2}S^2\sim\chi^2(n-1).$$

已知 $n=9, S^2=1.19$，所以检验统计量的值 $T_0=\dfrac{9-1}{1.6^2}\times1.19=3.72$. 对于给定显著性水平 $\alpha=0.05$，查表得 $\chi_{0.025}^2(8)=17.5352, \chi_{0.975}^2(8)=2.1797$，拒绝域
$$W_\alpha=(0,\chi_{1-\alpha/2}^2(n-1))\cup(\chi_{\alpha/2}^2(n-1),+\infty)=(0,2.1797)\cup(17.5352,+\infty).$$
由于 $T_0\notin W_\alpha$，所以接受原假设 H_0，即可认为改进工艺后仪表寿命的方差没有显著变化.

例 8.2.4 设维尼纶纤度在正常生产条件下服从正态分布 $N(1.405,0.048^2)$，某日抽出 5 根纤维，测得其纤度为：
$$1.32 \quad 1.36 \quad 1.55 \quad 1.44 \quad 1.40$$
试问这一天生产的维尼纶纤度的方差是否正常（设其均值保持不变）？（$\alpha=0.10$）

解 设这一天生产的维尼纶的纤度 $X\sim N(\mu,\sigma^2)$，依题意提出假设（相等性假设应放在原假设上）：
$$H_0:\sigma^2=\sigma_0^2(\sigma_0^2=0.048^2),H_1:\sigma^2\neq\sigma_0^2.$$
由于 $\mu=1.405$ 已知，由表 8.2.1 可构造统计量
$$T=\frac{1}{\sigma_0^2}\sum_{i=1}^n(X_i-\mu)^2\sim\chi^2(n).$$

已知 $n=5$，所以检验统计量的值 $T_0=\dfrac{\sum\limits_{i=1}^5(X_i-\mu)^2}{\sigma_0^2}=13.67$. 对于给定显著性水平 $\alpha=0.10$，查表得 $\chi_{0.95}^2(5)=1.145, \chi_{0.05}^2(5)=11.070$，拒绝域 $W_\alpha=(0,\chi_{1-\alpha/2}^2(n))\cup(\chi_{\alpha/2}^2(n),+\infty)=(0,1.145)\cup(11.07,+\infty)$. 由于 $T_0\in W_\alpha$，所以拒绝 H_0，即认为这一天生产的维尼纶纤维的方差不正常.

二、 两个正态总体参数的假设检验

设总体 $X\sim N(\mu_1,\sigma_1^2), Y\sim N(\mu_2,\sigma_2^2)$，$X$ 与 Y 相互独立，$X_1,X_2,\cdots,X_m$ 为 X 的样本，Y_1, $Y_2,\cdots,Y_n$ 为 Y 的样本，样本的均值、方差分别记为：

$$\overline{X} = \frac{1}{m}\sum_{i=1}^{m}X_i , \quad S_1^2 = \frac{1}{m-1}\sum_{i=1}^{m}(X_i-\overline{X})^2 ;$$

$$\overline{Y} = \frac{1}{n}\sum_{i=1}^{n}Y_i , \quad S_2^2 = \frac{1}{n-1}\sum_{i=1}^{n}(Y_i-\overline{Y})^2 .$$

又记

$$S_w^2 = \frac{(m-1)S_1^2+(n-1)S_2^2}{m+n-2} = \frac{m-1}{m+n-2}S_1^2 + \frac{n-1}{m+n-2}S_2^2 .$$

此时,并不是对两个总体的四个参数 μ_1、σ_1^2、μ_2、σ_2^2 分别提出假设,而是对两个总体的四个参数进行某种比较,通常是 μ_1、μ_2 进行比较,σ_1^2、σ_2^2 进行比较,即把 $\mu_1-\mu_2$、$\dfrac{\sigma_1^2}{\sigma_2^2}$ 作为参数进行检验. 我们同样不写出构造检验统计量、分布以及确定拒绝域的详细过程(读者可以参阅二维码资源"8.2.2 假设检验2").

8.2.2 假设检验2

对参数 $\mu_1-\mu_2$(均值 μ_1 与 μ_2 比较)的假设检验问题有以下三种:

(1) $H_0:\mu_1=\mu_2 , H_1:\mu_1\neq\mu_2$;

(2) $H_0:\mu_1\leqslant\mu_2 , H_1:\mu_1>\mu_2$;

(3) $H_0:\mu_1\geqslant\mu_2 , H_1:\mu_1<\mu_2$.

对参数 $\dfrac{\sigma_1^2}{\sigma_2^2}$(方差 σ_1^2 与 σ_2^2 比较)的假设检验问题有以下三种:

(1) $H_0:\sigma_1^2=\sigma_2^2 , H_1:\sigma_1^2\neq\sigma_2^2$;

(2) $H_0:\sigma_1^2\leqslant\sigma_2^2 , H_0:\sigma_1^2>\sigma_2^2$;

(3) $H_0:\sigma_1^2\geqslant\sigma_2^2 , H_1:\sigma_1^2<\sigma_2^2$.

相应的检验统计量、分布以及拒绝域见表 8.2.2.

表 8.2.2　两个正态总体参数的假设检验

检验的参数	条件	原假设 H_0	备择假设 H_1	检验统计量	服从分布	拒绝域 W_α
$\mu_1-\mu_2$	σ_1^2,σ_2^2 已知	$\mu_1=\mu_2$	$\mu_1\neq\mu_2$	$T=\dfrac{\overline{X}-\overline{Y}}{\sqrt{\dfrac{\sigma_1^2}{m}+\dfrac{\sigma_2^2}{n}}}$	$N(0,1)$	$(-\infty,-u_{\alpha/2})\cup(u_{\alpha/2},+\infty)$
		$\mu_1\leqslant\mu_2$	$\mu_1>\mu_2$			$(u_\alpha,+\infty)$
		$\mu_1\geqslant\mu_2$	$\mu_1<\mu_2$			$(-\infty,-u_\alpha)$
	$\sigma_1^2=\sigma_2^2$ 未知	$\mu_1=\mu_2$	$\mu_1\neq\mu_2$	$T=\dfrac{\overline{X}-\overline{Y}}{S_w\sqrt{\dfrac{1}{m}+\dfrac{1}{n}}}$	$t(m+n-2)$	$(-\infty,-t_{\alpha/2}(m+n-2))\cup(t_{\alpha/2}(m+n-2),+\infty)$
		$\mu_1\leqslant\mu_2$	$\mu_1>\mu_2$			$(t_\alpha(m+n-2),+\infty)$
		$\mu_1\geqslant\mu_2$	$\mu_1<\mu_2$			$(-\infty,-t_\alpha(m+n-2))$

续表

检验的参数	条件	原假设 H_0	备择假设 H_1	检验统计量	服从分布	拒绝域 W_α
$\dfrac{\sigma_1^2}{\sigma_2^2}$	μ_1,μ_2 已知	$\sigma_1^2=\sigma_2^2$	$\sigma_1^2\neq\sigma_2^2$	$T=\dfrac{n\sum\limits_{i=1}^{m}(X_i-\mu_1)^2}{m\sum\limits_{i=1}^{m}(Y_i-\mu_2)^2}$	$F(m,n)$	$(0,F_{1-\alpha/2}(m,n))\cup$ $(F_{\alpha/2}(m,n),+\infty)$
		$\sigma_1^2\leqslant\sigma_2^2$	$\sigma_1^2>\sigma_2^2$			$(F_\alpha(m,n),+\infty)$
		$\sigma_1^2\geqslant\sigma_2^2$	$\sigma_1^2<\sigma_2^2$			$(0,F_{1-\alpha}(m,n))$
	μ_1,μ_2 未知	$\sigma_1^2=\sigma_2^2$	$\sigma_1^2\neq\sigma_2^2$	$T=\dfrac{S_1^2}{S_2^2}$	$F(m-1,n-1)$	$(0,F_{1-\alpha/2}(m-1,n-1))\cup$ $(F_{\alpha/2}(m-1,n-1),+\infty)$
		$\sigma_1^2\leqslant\sigma_2^2$	$\sigma_1^2>\sigma_2^2$			$(F_\alpha(m-1,n-1),+\infty)$
		$\sigma_1^2\geqslant\sigma_2^2$	$\sigma_1^2<\sigma_2^2$			$(0,F_{1-\alpha}(m-1,n-1))$

例 8.2.5　某年在某地区分行业调查职工平均工资情况:已知 A 行业职工月工资 X(单位:千元)$\sim N(\mu_1,1.5^2)$;B 行业职工月工资 Y(单位:千元)$\sim N(\mu_2,1.8^2)$,从总体 X,Y 中分别调查 25,30 人,计算得平均月工资分别为 4.5,5.2,试问这两行业职工月平均工资是否有显著差异?($\alpha=0.05$)

解　依题意提出假设(相等性假设应放在原假设上):
$$H_0:\mu_1=\mu_2,H_1:\mu_1\neq\mu_2.$$
由于 $\sigma_1^2=1.5^2,\sigma_2^2=1.8^2$ 都已知,由表 8.2.2 可构造检验统计量
$$T=\frac{\overline{X}-\overline{Y}}{\sqrt{\dfrac{\sigma_1^2}{m}+\dfrac{\sigma_2^2}{n}}}\sim N(0,1).$$
已知 $m=25,n=30,\overline{X}=4.5,\overline{Y}=5.2$,所以检验统计量的值 $T_0=\dfrac{4.5-5.2}{\sqrt{\dfrac{1.5^2}{25}+\dfrac{1.8^2}{30}}}=-1.573.$ 对于给

定显著性水平 $\alpha=0.05$,查表得 $u_{0.025}=1.96$,拒绝域 $W_\alpha=(-\infty,-u_{\alpha/2})\cup(u_{\alpha/2},+\infty)=(-\infty,$ $-1.96)\cup(1.96,+\infty)$. 由于 $T_0\notin W_\alpha$,所以接受 H_0,即这两行业职工月平均工资无显著差异.

例 8.2.6　某中学从经常参加体育锻炼的男生中随机地选出 50 名,测得平均身高为 174.34 cm,标准差为 5.35 cm;从不经常参加体育锻炼的男生中随机地选出 50 名,测得平均身高为 172.02 cm,标准差为 6.11 cm.据统计资料表明这两类男生的身高都服从正态分布,且有相同的方差,问该校经常参加体育锻炼的男生是否比不常参加体育锻炼的男生平均身高要高些?($\alpha=0.05$)

解　设 X,Y 分别表示经常锻炼和不常锻炼男生的身高,则 $X\sim N(\mu_1,\sigma_1^2),Y\sim N(\mu_2,\sigma_2^2)$,且 $\sigma_1^2=\sigma_2^2$,依题意提出假设(为了对这一命题取得有力的支持,应把这一命题放在备择假设上):

$$H_0 : \mu_1 \leqslant \mu_2, \quad H_1 : \mu_1 > \mu_2.$$

由于两总体的方差相等但未知,由表 8.2.2 可构造检验统计量

$$T = \frac{\overline{X} - \overline{Y}}{S_w \sqrt{\dfrac{1}{m} + \dfrac{1}{n}}} \sim t(m+n-2).$$

已知 $\overline{X} = 174.34, \overline{Y} = 172.02, S_1 = 5.35, S_2 = 6.11, m = n = 50, S_w = \sqrt{\dfrac{49 \times 5.35^2 + 49 \times 6.11^2}{50 + 50 - 2}} =$

5.7426,所以检验统计量的值 $T_0 = \dfrac{174.34 - 172.02}{5.7426 \times \sqrt{\dfrac{2}{50}}} = 2.02$. 对于给定显著性水平 $\alpha = 0.05$,查

表得 $t_{0.05}(50+50-2) = t_{0.05}(98) = 1.66$,拒绝域 $W_\alpha = (t_\alpha(m+n-2), \infty) = (1.66, \infty)$. 由于 $T_0 \in W_\alpha$,所以拒绝 H_0,即可以认为经常参加体育锻炼的男生比不常参加体育锻炼的男生平均身高要高些.

例 8.2.7 请检验例 8.2.6 中两个总体的方差是否相等?($\alpha = 0.1$)

解 检验假设 $H_0 : \sigma_1^2 = \sigma_2^2, H_1 : \sigma_1^2 \neq \sigma_2^2$. 由于 μ_1, μ_2 未知,由表 8.2.2 可构造检验统计量

$$T = \frac{S_1^2}{S_2^2} \sim F(m-1, n-1).$$

已知 $m = n = 50, S_1 = 5.35, S_2 = 6.11$,所以检验统计量的值 $T_0 = \dfrac{5.35^2}{6.11^2} = 0.7667$. 对于给定

显著性水平 $\alpha = 0.1$,查表得 $F_{0.05}(49, 49) = 1.60, F_{0.95}(49, 49) = \dfrac{1}{F_{0.05}(49, 49)} = \dfrac{1}{1.60} = 0.625$,

拒绝域 $W_\alpha = (0, F_{1-\alpha/2}(m-1, n-1)) \cup (F_{\alpha/2}(m-1, n-1), \infty) = (0, 0.625) \cup (1.60, \infty)$. 由于 $T_0 \notin W_\alpha$,所以接受原假设 H_0,即认为这两个总体的方差无明显差异.

 内容小结

8.2.3 置信区间与假设检验的对偶关系

本章介绍数理统计中另一重要问题——假设检验.

本章知识点网络图:

$$\begin{cases} \text{概念} \begin{cases} \text{提出假设} \\ \text{检验原理} \\ \text{两类错误} \end{cases} \\ \text{方法(一般步骤)} \\ \text{正态总体参数的假设检验} \begin{cases} \text{单总体} \\ \text{双总体} \end{cases} \end{cases}$$

8.2.4 非参数假设检验

本章的基本要求:

1. 理解假设检验的基本思想,掌握假设检验的基本步骤,了解假设检验可能产生的两类错误.

2. 掌握单个正态总体均值和方差的假设检验,了解两个正态总体均值差和方差比的假

设检验.

习题八

第一部分　基　本　题

一、选择题

1. 在假设检验中,用 β_1 和 β_2 分别表示犯第一类错误和第二类错误的概率,则当样本容量一定时,下列说法正确的是(　　).

　A. β_1 减小 β_2 也减小

　B. β_1 增大 β_2 也增大

　C. β_1 与 β_2 不能同时减小,减小其中一个,另一个往往就会增大

　D. A 和 B 同时成立

2. 在假设检验问题中,一旦检验法选择正确,计算无误(　　).

　A. 不可能作出错误判断　　　　　　　　　B. 增加样本容量就不会作出错误判断

　C. 仍有可能作出错误判断　　　　　　　　D. 计算精确些就可避免作出错误判断

3. 设 $X_1, X_2, \cdots, X_n$ 是来自正态分布 $N(\mu, \sigma^2)$ 的样本,且 μ, σ^2 未知,$\overline{X}, S^2$ 分别是样本均值与样本方差,则检验假设 $H_0: \sigma^2 = \sigma_0^2, H_1: \sigma^2 \neq \sigma_0^2$ 所用的统计量是(　　).

　A. $\dfrac{n-1}{\sigma_0^2} S^2$ 　　　　　　B. $\dfrac{n-1}{\sigma^2} S^2$ 　　　　　　C. $\dfrac{\overline{X} - \mu}{\sigma / \sqrt{n}}$ 　　　　　　D. $\dfrac{\overline{X} - \mu}{\sigma_0 / \sqrt{n}}$

4. 在假设检验中,对于显著水平 α,如果检验结果是拒绝原假设 H_0,那么下列说法正确的是(　　).

　A. 适当加大 α,可能接受原假设 H_0　　　　B. 适当加大 α,可能使拒绝域变小

　C. 适当减少 α,可能接受原假设 H_0　　　　D. 减少 α,都不可能接受原假设 H_0

5. 在假设检验中,记 H_0 为原假设;H_1 为备择假设,则第一类错误是指(　　).

　A. H_1 为真,接受 H_1　　　　　　　　　B. H_1 不真,接受 H_1

　C. H_1 为真,接受 H_0　　　　　　　　　D. H_1 不真,接受 H_0

二、填空题

1. 在假设检验中,记 H_0 为原假设;H_1 为备择假设,则称_____为犯第二类错误.

2. 设 $X_1, X_2, \cdots, X_n$ 是来自正态分布 $N(\mu, \sigma^2)$ 的样本,且 σ^2 已知,$\overline{X}$ 是样本均值,则检验假设 $H_0: \mu_0 = \mu_0; H_1: \mu \neq \mu_0$ 所用的统计量是_____,它服从_____分布.

3. 在假设检验中,为了同时减少犯第一类错误和犯第二类错误的概率,必须_____.

4. 假设检验是建立在_____原理上的反证法.

三、计算题

1. 从甲地发送一个信号到乙地,设乙地接收到的信号值是一个服从正态分布 $N(\mu, 0.2^2)$ 的随机变量,其中 μ 为甲地发送的真实信号值,现甲地重复发送同一信号 5 次,乙地接收到的信号值为

$$8.05 \quad 8.15 \quad 8.20 \quad 8.10 \quad 8.25$$

对于给定的显著性水平 $\alpha = 0.05$,接收方是否可以猜测甲地发送的信号值为 8?

2. 根据某地环境保护法规定,倾入河流的废水中某种有毒化学物质的平均含量不得超过 3×10^{-6}. 某日环保组织对沿河某厂进行检查,抽测 20 个该厂当日倾入河流的废水中该物质的含量,经计算得样本均值为 3.2×10^{-6},样本标准差为 $0.381\ 1 \times 10^{-6}$,试在显著水平 $\alpha = 0.05$ 上判断该厂是否符合环保规定(假设废水中有毒物质含量服从正态分布).

3. 某种导线,要求其电阻的标准差不得超过 0.005 Ω. 今在生产的一批导线中取样品 9 根,测得样本标准差为 0.007 Ω,设总体为正态分布. 问在显著水平 $\alpha = 0.05$ 下能否认为这批导线的标准差显著地偏大?

4. 由累积资料知道甲、乙两煤矿所采煤的含灰率分别服从 $N(\mu_1, 7.5)$ 及 $N(\mu_2, 2.6)$. 现分别从两矿各抽几个样品,分析其含灰率(单位:%)为

$$甲: 24.3 \quad 20.8 \quad 23.7 \quad 21.3 \quad 17.4$$
$$乙: 18.2 \quad 16.9 \quad 20.2 \quad 16.7$$

问甲、乙两矿所采煤的含灰率的平均值有无显著差异?(显著水平 $\alpha = 0.1$)

5. 某苗圃采用甲、乙两种育苗方案做杨树的育苗试验. 在两组育苗试验中,已知两组苗高均服从正态分布,现各抽取 61 株苗作为样本,求出甲、乙两种育苗试验中苗高的样本均值与标准差(单位:cm)分别为 $\bar{X} = 59.34, S_1 = 20; \bar{Y} = 49.16, S_2 = 18$,试问甲种试验方案的平均苗高是否明显高于乙种试验方案的平均苗高?(显著水平 $\alpha = 0.05$)

6. 甲、乙相邻两地段各取了 46 块和 51 块岩心进行磁化率测定,算出样本方差分别为 $s_1^2 = 0.014, s_2^2 = 0.005$,试问甲、乙两地段岩心的磁化率的方差是否有显著差异(显著水平 $\alpha = 0.05$,假设两地段岩心的磁化率均服从正态分布)?

7. 将一颗骰子掷 60 次,所得数据如下:

点数 i	1	2	3	4	5	6
出现次数 n_i	8	8	12	11	9	12

问这颗骰子是否均匀、对称?($\alpha = 0.05$)

8. 调查 339 名 50 岁以上的人的吸烟习惯与患慢性气管炎的关系,得数据如下表,试问吸烟与患慢性气管炎之间是否有关系?($\alpha = 0.01$)

	患慢性气管炎者	未患慢性气管炎者	$\sum$
吸烟	43	162	205
不吸烟	13	121	134
$\sum$	56	283	339

第二部分　提　高　题

1. 检查了一本书的 100 页,记录各页中印刷错误的个数,其结果为

各页错误个数 f_i	0	1	2	3	4	5	≥ 6
错误个数 f_i 所对应的页数	35	40	20	2	1	2	0

问能否认为各页的印刷错误个数服从泊松分布?($\alpha = 0.05$)

2. 随机抽取某次考试中 100 名学生的某门课程成绩,经统计成绩如下(成绩均为整数):

成绩	人数
40 以下	3
40~49	7
50~59	10

续表

成绩	人数
60～69	25
70～79	35
80～89	13
90～100	7

试估计这门课程的平均成绩,并检验这门课程的成绩是否服从正态分布?($\alpha = 0.05$)

3. 设总体 $X \sim N(\mu_1, \sigma^2)$,总体 $Y \sim N(\mu_2, \sigma^2)$. 从两总体中分别取容量为 n 的样本(即两样本容量相等),两样本独立. 试设计一种较简易的检验法,作假设检验:

$$H_0 : \mu_1 = \mu_2, \qquad H_1 : \mu_1 \neq \mu_2.$$

4. 一药厂生产一种新的止痛片,厂家希望验证服用新药后至开始起作用的时间间隔较原有止痛片至少缩短一半,因此厂家提出如下的假设:

$$H_0 : \mu_1 \leqslant 2\mu_2, \quad H_1 : \mu_1 > 2\mu_2,$$

此处 μ_1, μ_2 分别是服用原有止痛片和服用新止痛片后至起作用的时间间隔的总体的均值. 设两总体均为正态分布且方差分别为已知值 σ_1^2, σ_2^2,现分别在两总体中各抽取一样本 $X_1, X_2, \cdots, X_m$ 和 $Y_1, Y_2, \cdots, Y_n$,设两个样本相互独立,试给出上述假设 H_0 的拒绝域(取显著性水平为 α).

第三部分　近年考研真题

一、选择题

1. (2018)给定总体 $X \sim N(\mu, \sigma^2)$,σ^2 已知,给定样本 $X_1, X_2, \cdots, X_n$,对总体均值 μ 进行检验,令 $H_0 : \mu = \mu_0$,$H_1 : \mu \neq \mu_0$,则(　　).

A. 若显著性水平 $\alpha = 0.05$ 时拒绝 H_0,则 $\alpha = 0.01$ 时也拒绝 H_0

B. 若显著性水平 $\alpha = 0.05$ 时接受 H_0,则 $\alpha = 0.01$ 时拒绝 H_0

C. 若显著性水平 $\alpha = 0.05$ 时拒绝 H_0,则 $\alpha = 0.01$ 时接受 H_0

D. 若显著性水平 $\alpha = 0.05$ 时接受 H_0,则 $\alpha = 0.01$ 时也接受 H_0

2. (2021)设 $X_1, X_2, \cdots, X_{16}$ 是来自总体 $N(\mu, 4)$ 的简单随机样本,考虑假设检验问题:$H_0 : \mu \leqslant 10$,$H_1 : \mu > 10$. $\Phi(x)$ 表示标准正态分布函数,若该检验问题的拒绝域为 $W = \{\bar{X} \geqslant 10\}$,其中 $\bar{X} = \dfrac{1}{16} \sum_{i=1}^{16} X_i$,则当 $\mu = 11.5$ 时,该检验犯第二类错误的概率为(　　).

A. $1 - \Phi(0.5)$ 　　　　B. $1 - \Phi(1)$ 　　　　C. $1 - \Phi(1.5)$ 　　　　D. $1 - \Phi(2)$

部分习题参考答案

习 题 一

第一部分 基 本 题

一、选择题

1. D.　　2. C.　　3. C.　　4. B.　　5. B.　　6. D.　　7. C.

二、填空题

1. $\Omega = \{1,2,3,\cdots\}$.　　2. Ω.　　3. $\dfrac{1}{4}$.　　4. $\dfrac{7}{8}$.　　5. 0.3.　　6. 0.2.

7. 0.8.　　8. $\dfrac{19}{27}$.

三、计算题

1. (1) $\Omega = \{(H,H,H),(H,H,T),(H,T,H),(H,T,T),(T,H,H),(T,H,T),(T,T,H),(T,T,T)\}$;

(2) $\Omega = \{0,1,2,3\}$;　　(3) $\Omega = \{(x,y)\mid x^2+y^2<1\}$;

(4) $\Omega = \{5:0,5:1,5:2,5:3,5:4,4:5,3:5,2:5,1:5,0:5\}$.

2. (1) $A\cup B\cup C$;　　　　　(2) $\overline{A}(B\cup C)$;　　　　　(3) $A\,\overline{B}\,\overline{C}\cup\overline{A}B\overline{C}\cup\overline{A}\,\overline{B}C$;

(4) $AB\cup BC\cup AC$;　　(5) $\overline{A}\,\overline{B}\,\overline{C}$;　　　　(6) $\overline{A}\cup\overline{B}\cup\overline{C}$;　　　　(7) $\overline{ABC}$.

3. $\dfrac{C_{20}^4 9^{16}}{10^{20}}$.　　　　4. $\dfrac{C_6^2 C_4^2 C_2^2}{3^6}$.　　5. $\dfrac{4!\,(13!)^4}{52!}$.　　6. $\dfrac{A_N^n}{N^n}$.

7. (1) $P(A)=\dfrac{n!}{N^n}$;　　(2) $P(B)=\dfrac{C_N^n n!}{N^n}$;　　(3) $P(C)=\dfrac{C_n^m(N-1)^{n-m}}{N^n}=C_n^m\left(\dfrac{1}{N}\right)^m\left(1-\dfrac{1}{N}\right)^{n-m}$.

8. (1) $\dfrac{1}{10^6}$;　(2) $\dfrac{1}{A_{10}^6}$.　　　9. 0.3,0.6.　　　10. (1) $\dfrac{3}{8}$;　(2) $\dfrac{3}{8}$;　(3) $\dfrac{3}{4}$.

11. (1) $\dfrac{1}{7^6}$;　(2) $\left(\dfrac{6}{7}\right)^6$;　(3) $1-\dfrac{1}{7^6}$.　　12. $\dfrac{2}{9}+\dfrac{2}{9}\ln\dfrac{9}{2}$.　　13. $\dfrac{1}{4}$.　　14. $\dfrac{227}{648}$.　　15. 0.7.

16. (1) $1-c$;(2) $1-a-b+c$;(3) $b-c$;(4) $1-a+c$.　　17. 略.　　18. 略.

19. $1-\dfrac{1}{n}$.　　20. $\dfrac{23}{24}$.　　21. $\dfrac{6}{11}$.　　　22. 0.64;0.25.

23. 0.004 48;0.000 125.　　24. $\dfrac{3}{2}p-\dfrac{1}{2}p^2$.　　25. $\dfrac{1}{3}$.　　26. 0.5.　　27. 299.

28. (1) p;(2) $(1-p)^{k-1}p$;(3) $C_{k-1}^{r-1}p^r(1-p)^{k-r}$;(4) $C_{k+r-1}^r p^k(1-p)^r$.

29. $\displaystyle\sum_{k=60}^{1\,000} C_{100}^k 0.25^k 0.75^{100-k}$.　　　30. $210\left(\dfrac{\pi}{4}\right)^6\left(1-\dfrac{\pi}{4}\right)^4$.

第二部分 提 高 题

1. **解** 由于 n 阶行列式展开式共有 $n!$ 项,其中含有第 1 行第 1 列元素 a_{11} 的共有 $(n-1)!$ 项,所以从展开式中任取一项,此项含有 a_{11} 的概率是 $\dfrac{(n-1)!}{n!} = \dfrac{1}{n}$.

如果已知从展开式中任取一项,此项不含有 a_{11} 的概率是 $\dfrac{8}{9}$,那么 $1 - \dfrac{1}{n} = \dfrac{8}{9}$,解得 $n = 9$.

2. **解** 如图 1,样本空间可表示成 $\Omega = \{(x,y) \mid 0 < y < \sqrt{2ax-x^2}\}$. 设事件 A 表示原点与该点的连线与 x 轴的夹角小于 $\dfrac{\pi}{4}$,那么 A 为图中阴影部分. 事件 A 可表示成

$$A = \{(x,y) \mid y < x, 0 < y < \sqrt{2ax-x^2}\}.$$

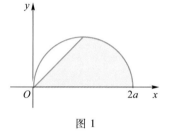

图 1

如图 1 所示,A 为图中阴影部分. 故 $P(A) = \dfrac{S_A}{S_\Omega} = \dfrac{\dfrac{1}{2}a^2 + \dfrac{1}{4}\pi a^2}{\dfrac{1}{2}\pi a^2} = \dfrac{1}{2} + \dfrac{1}{\pi}$.

3. **解** 设 $A_i = \{$第 i 封信正确$\}$.

(1) $P_n = P(\overline{A_1}\,\overline{A_2} \cdots \overline{A_n}) = P\left(\overline{\bigcup_{i=1}^{n} A_i}\right) = 1 - P\left(\bigcup_{i=1}^{n} A_i\right)$

$= 1 - \sum_{i=1}^{n} P(A_i) + \sum_{1 \leq i < j \leq n} P(A_i A_j) - \sum_{1 \leq i < j < k \leq n} P(A_i A_j A_k) \cdots + (-1)^n P(A_1 A_2 \cdots A_n).$

将 n 封信放入 n 只信封中相当于将 n 个元素进行全排列,有 $n!$ 种. 对于 A_i,将第 i 封信放入第 i 只信封中,将剩下的 $n-1$ 封信放入 $n-1$ 只信封中,有 $(n-1)!$ 种,故 $P(A_i) = \dfrac{(n-1)!}{n!}$. 对于 $A_i A_j$,将第 i,j 封信放入第 i,j 只信封中,将剩下的 $n-2$ 封信放入 $n-2$ 只信封中,有 $(n-2)!$ 种,故 $P(A_i A_j) = \dfrac{(n-2)!}{n!}$. 同理 $P(A_{i_1} A_{i_2} \cdots A_{i_k}) = \dfrac{(n-k)!}{n!}$,从而

$$P_n = P(\overline{A_1}\,\overline{A_2} \cdots \overline{A_n}) = 1 - C_n^1 \cdot \dfrac{(n-1)!}{n!} + C_n^2 \cdot \dfrac{(n-2)!}{n!} - C_n^3 \cdot \dfrac{(n-3)!}{n!} + \cdots +$$

$$(-1)^n \dfrac{(n-n)!}{n!} = 1 - \dfrac{1}{1!} + \dfrac{1}{2!} - \dfrac{1}{3!} \cdots + (-1)^n \dfrac{1}{n!} \approx e^{-1}.$$

(2) 从 n 封信中选出 r 封有 C_n^r 种,而选出的 r 封信放入它们正确信封的概率为 $\dfrac{(n-r)!}{n!}$. 而其余"$n-r$ 封信全部放错信封"的概率为

$$P_{n-r} = 1 - \dfrac{1}{1!} + \dfrac{1}{2!} - \dfrac{1}{3!} + \cdots + (-1)^{n-r} \dfrac{1}{(n-r)!} = \sum_{k=0}^{n-r} \dfrac{(-1)^k}{k!}.$$

故恰好有 r 封信放正确的概率为

$$C_n^r \dfrac{(n-r)!}{n!} \sum_{k=0}^{n-r} \dfrac{(-1)^k}{k!} = \dfrac{1}{r!} \sum_{k=0}^{n-r} \dfrac{(-1)^k}{k!}.$$

4. **解** 要使最后甲兴趣小组有 4 个女生,必须 4 次从乙兴趣小组选出来的都是女生,且 4 次从甲兴趣小组选出来的都是男生. 因此,设事件 A_i 表示在第 i 次交换过程中从乙兴趣小组选到的是女生,而从甲兴趣小组选到的是男生,$i = 1,2,3,4$;事件 A 表示经过 4 次交换后,甲兴趣小组有 4 个女生. 那么 $A = A_1 A_2 A_3 A_4$,

$$P(A) = P(A_1 A_2 A_3 A_4) = P(A_1) P(A_2 \mid A_1) P(A_3 \mid A_1 A_2) P(A_4 \mid A_1 A_2 A_3)$$

$$=\left(\frac{4}{8}\cdot\frac{4}{5}\right)\left(\frac{3}{8}\cdot\frac{3}{5}\right)\left(\frac{2}{8}\cdot\frac{2}{5}\right)\left(\frac{1}{8}\cdot\frac{1}{5}\right)=\frac{9}{40\ 000}.$$

5. 解 第 m 次再从袋中取出一球的情况取决于前 $m-1$ 次取球的情况,但 $m-1$ 次后袋中要么全部为黑球,要么有 1 个白球和 $n-1$ 个黑球.因此可以这样假设随机事件:

A 表示 $m-1$ 次后袋中全部为黑球,

$\overline{A}$ 表示 $m-1$ 次后袋中有 1 个白球和 $n-1$ 个黑球,

B 表示第 m 次再从袋中取出一球为黑球,

则由全概率公式,得

$$P(B)=P(A)P(B|A)+P(\overline{A})P(B|\overline{A}),$$

其中 $P(B|A)=1$,$P(B|\overline{A})=\dfrac{n-1}{n}$,而事件 $\overline{A}$ 意味前 $m-1$ 次从袋中取出的一球都是黑球,所以 $P(\overline{A})=\left(\dfrac{n-1}{n}\right)^{m-1}$,因此,$P(B)=1-\dfrac{(n-1)^{m-1}}{n^m}$.

6. 解 设事件 A_i 表示放入甲盒的 4 个球中有 i 个白球,$i=0,1,2,3,4$,事件 B 表示在两盒中各取一球颜色相同,那么

$$P(A_0)=\frac{1}{C_8^4}=\frac{1}{70},P(A_1)=\frac{C_4^1C_4^3}{C_8^4}=\frac{16}{70},P(A_2)=\frac{C_4^2C_4^2}{C_8^4}=\frac{36}{70},$$

$$P(A_3)=\frac{C_4^3C_4^1}{C_8^4}=\frac{16}{70},P(A_4)=\frac{1}{C_8^4}=\frac{1}{70},$$

$$P(B|A_0)=0,P(B|A_1)=\frac{1}{4}\times\frac{3}{4}\times2=\frac{3}{8},P(B|A_2)=\frac{2}{4}\times\frac{2}{4}\times2=\frac{1}{2},$$

$$P(B|A_3)=\frac{3}{4}\times\frac{1}{4}\times2=\frac{3}{8},P(B|A_4)=0,$$

$$P(B)=\sum_{i=0}^{4}P(A_i)P(B|A_i)$$

$$=\frac{1}{70}\times0+\frac{16}{70}\times\frac{3}{8}+\frac{36}{70}\times\frac{1}{2}+\frac{16}{70}\times\frac{3}{8}+\frac{1}{70}\times0=\frac{3}{7},$$

$$P(A_0|B)=0,P(A_1|B)=\frac{P(A_1B)}{P(B)}=\frac{P(A_1)P(B|A_1)}{P(B)}=\frac{\frac{16}{70}\times\frac{3}{8}}{\frac{3}{7}}=\frac{1}{5},$$

$$P(A_2|B)=\frac{P(A_2B)}{P(B)}=\frac{P(A_2)P(B|A_2)}{P(B)}=\frac{\frac{36}{70}\times\frac{1}{2}}{\frac{3}{7}}=\frac{3}{5},$$

$$P(A_3|B)=\frac{P(A_3B)}{P(B)}=\frac{P(A_3)P(B|A_3)}{P(B)}=\frac{\frac{16}{70}\times\frac{3}{8}}{\frac{3}{7}}=\frac{1}{5},P(A_4|B)=0,$$

所以放入甲盒的 4 个球中有 2 个白球的概率最大,概率为 0.6.

7. 解 设 A_i,B_i 分别表示甲、乙在第 i 次投篮中投中,i 为甲、乙二人投篮的总次数,$i=1,2,3,\cdots$;又设 A,B 分别表示甲、乙获胜,再设甲每次投篮的命中率为 p,则

$$A=A_1\cup\overline{A_1}\overline{B_2}A_3\cup\overline{A_1}\overline{B_2}\overline{A_3}\overline{A_4}\overline{B_5}\overline{B_6}A_7\cup\cdots$$

且 A 中每项中的各事件相互独立,所以

$$P(A) = P(A_1) + P(\overline{A_1}\,\overline{B_2}\,\overline{B_3}A_4) + P(\overline{A_1}\,\overline{B_2}\,\overline{B_3}\,\overline{A_4}\,\overline{B_5}\,\overline{B_6}A_7) + \cdots$$
$$= P(A_1) + P(\overline{A_1})P(\overline{B_2})P(\overline{B_3})P(A_4) + P(\overline{A_1})P(\overline{B_2})P(\overline{B_3})P(\overline{A_4})P(\overline{B_5})P(\overline{B_6})P(A_7) + \cdots$$
$$= p + 0.5^2(1-p)p + 0.5^4(1-p)^2 p + \cdots.$$

上式是一个公比为 $0.25(1-p)$ 的几何级数的和，而且 $0 < 0.25(1-p) < 1$，该级数收敛，因此

$$P(A) = \frac{p}{1 - 0.25(1-p)}.$$

要是甲、乙胜负概率相同，那么 $\dfrac{p}{1 - 0.25(1-p)} = P(A) = P(B) = 0.5$，解得 $p = \dfrac{3}{7}$.

8. 解　设 A：一批产品被认为合格.

解法一　由统计概率，因为次品率为 5%，所以 100 件产品中有 95 件合格品和 5 件次品，则 $P(A) = \dfrac{C_{95}^{50} + C_{95}^{49}C_5^1}{C_{100}^{50}} \approx 0.181.$

解法二　依题意可知，若 50 件产品中恰好有 0 件或 1 件次品，均可认为这一批产品合格.

设 A_i：50 件产品中恰好有 i 件次品，$i = 0, 1$，则由伯努利定理，可得

$$P(A) = P(A_0) + P(A_1) = C_{50}^0 0.05^0 0.95^{50} + C_{50}^1 0.05^1 0.95^{49} \approx 0.279.$$

注　这里两种解法的答案差距较大，是由于产品总数还不是很大，解法一把次品率近似成频率.

9. 解　设事件 A 表示任投的一点落在区域 D_1 内，求 $P(A)$ 是一个几何概率的计算问题.

样本空间 $\Omega = \{(x, y) \mid 0 \le x \le 1, 0 \le y \le 1\}$，事件 $A = \{(x, y) \mid x^2 \le y \le x\}$，由几何概率可计算得，$P(A) = \dfrac{S_A}{S_\Omega} = \dfrac{1}{6}$，其中 $S_\Omega = \int_0^1 (x - x^2)\,\mathrm{d}x = \dfrac{1}{6}$.

因此，10 个点中恰好有 2 个点落在 D_1 内的概率为 $C_{10}^2\left(\dfrac{1}{6}\right)^2\left(\dfrac{5}{6}\right)^8$；$10$ 个点中至少有 1 个点不落在 D_1 内的概率为 $1 - \left(\dfrac{1}{6}\right)^{10}$.

第三部分　近年考研真题

一、选择题

1. 选（C）.

【分析】　利用概率的性质.

【详解】　由减法公式，$P(A\overline{B}) = P(A) - P(AB)$，$P(B\overline{A}) = P(B) - P(AB)$.

那么，$P(A) = P(B) \Leftrightarrow P(A) - P(AB) = P(B) - P(AB) \Leftrightarrow P(A\overline{B}) = P(B\overline{A})$.

2. 选（D）.

【分析】　利用概率的性质.

【详解】　$\{A, B, C \text{ 中恰有一个事件发生}\} = \{A\overline{B}\,\overline{C} \cup B\overline{A}\,\overline{C} \cup C\overline{A}\,\overline{B}\}$.

因为 $P(AB) = 0$，所以 $P(ABC) = 0$.

$P(A\overline{B}\,\overline{C} \cup B\overline{A}\,\overline{C} \cup C\overline{A}\,\overline{B}) = P(A\overline{B}\,\overline{C}) + P(B\overline{A}\,\overline{C}) + P(C\overline{A}\,\overline{B})$，

$P(A\overline{B}\,\overline{C}) = P(A\overline{B} - C) = P(A\overline{B}) - P(A\overline{B}C) = [P(A) - P(AB)] - [P(AC) - P(ABC)] = P(A) - P(AC) = \dfrac{1}{6}$，

$P(B\overline{A}\,\overline{C}) = P(B\overline{A} - C) = P(B\overline{A}) - P(B\overline{A}C) = [P(B) - P(AB)] - [P(BC) - P(ABC)] = P(B) - P(BC) = \dfrac{1}{6}$，

$P(C\overline{A}\,\overline{B}) = P(C\overline{A} - B) = P(C\overline{A}) - P(C\overline{A}B) = [P(C) - P(AC)] - [P(BC) - P(ABC)] = P(C) - P(AC) -$

$$P(BC)=\frac{1}{12},$$

因此，$P(A\overline{B}\,\overline{C}\cup B\overline{A}\,\overline{C}\cup C\overline{A}\,\overline{B})=\frac{1}{6}+\frac{1}{6}+\frac{1}{12}=\frac{5}{12}.$

3. 选（D）.

【分析】 利用随机事件的运算法则和概率的性质.

【详解】 若 $P(A\mid B)=P(A)$，则 $P(AB)=P(A)P(B)$，即 A,B 相互独立. 那么 $A,\overline{B}$ 也相互独立，从而 $P(A\mid\overline{B})=P(A)$. 所以选项 A 成立.

若 $P(A\mid B)>P(A)$，则 $P(AB)>P(A)P(B)$，那么

$$P(\overline{A}\mid\overline{B})=\frac{P(\overline{A}\,\overline{B})}{P(\overline{B})}=\frac{1-P(A)-P(B)+P(AB)}{1-P(B)}$$

$$>\frac{1-P(A)-P(B)+P(A)P(B)}{1-P(B)}=\frac{[1-P(A)][1-P(B)]}{1-P(B)}=1-P(A)=P(\overline{A}).\text{ 所以选项 B 成立.}$$

若 $P(A\mid B)>P(A\mid\overline{B})$，则 $\frac{P(AB)}{P(B)}>\frac{P(A\overline{B})}{P(\overline{B})}$，即 $\frac{P(AB)}{P(B)}>\frac{P(A)-P(AB)}{1-P(B)}$，那么 $P(AB)>P(A)P(B)$，从而 $P(A\mid B)>P(A)$. 所以选项 C 成立.

若 $P(A\mid A\cup B)>P(\overline{A}\mid A\cup B)$，因为 $P(A\mid A\cup B)=\frac{P(A)}{P(A\cup B)}=\frac{P(A)}{P(A)+P(B)-P(AB)}$，$P(\overline{A}\mid A\cup B)=\frac{P[\overline{A}\cap(A\cup B)]}{P(A\cup B)}=\frac{P(\overline{A}B)}{P(A\cup B)}=\frac{P(B)-P(AB)}{P(A)+P(B)-P(AB)}$，则 $P(A)>P(B)-P(AB)$. 所以选项 D 不成立.

二、填空题

1. $\frac{1}{4}$.

【分析】 利用条件概率的计算公式、概率的性质以及随机事件的独立性.

【详解】 $P(AC\mid AB\cup C)=\frac{P[AC\cap(AB\cup C)]}{P(AB\cup C)}=\frac{P(AC)}{P(AB)+P(C)-P(ABC)}$

$$=\frac{P(A)P(C)}{P(A)P(B)+P(C)-0}=\frac{\frac{1}{2}P(C)}{\frac{1}{4}+P(C)}=\frac{1}{4},$$

解得 $P(C)=\frac{1}{4}$.

2. $\frac{1}{3}$.

【分析】 利用条件概率的计算公式、概率的性质以及随机事件的独立性.

【详解】 $P(AC\mid A\cup B)=\frac{P[AC\cap(A\cup B)]}{P(A\cup B)}=\frac{P(AC)}{P(A)+P(B)-P(AB)}$

$$=\frac{P(A)P(C)}{P(A)+P(B)-P(A)P(B)}=\frac{\frac{1}{4}}{\frac{1}{2}+\frac{1}{2}-\frac{1}{4}}=\frac{1}{3}.$$

3. $\frac{5}{8}$.

【分析】 利用随机事件的关系和概率的加法公式.

【详解】 因为 $P(B \cup C \mid A \cup B \cup C) = \dfrac{P(B \cup C)}{P(A \cup B \cup C)}$，而 $P(B \cup C) = P(B) + P(C) - P(BC) = \dfrac{1}{3} + \dfrac{1}{3} - \dfrac{1}{3} \times$

$\dfrac{1}{3} = \dfrac{5}{9}$，

$P(A \cup B \cup C) = P(A) + P(B) + P(C) - P(AB) - P(BC) - P(AC) + P(ABC) = \dfrac{1}{3} + \dfrac{1}{3} + \dfrac{1}{3} - 0 - 0 - \dfrac{1}{3} \times \dfrac{1}{3} + 0 = \dfrac{8}{9}$，

所以 $P(B \cup C \mid A \cup B \cup C) = \dfrac{5}{8}$.

习 题 二

第一部分 基 本 题

一、选择题

1. B. 　2. D. 　3. B. 　4. C. 　5. C. 　6. A. 　7. A. 　8. D.

二、填空题

1. e^{-1}. 　2. $\dfrac{19}{27}$. 　3. 0.75. 　4. 8. 　5. 0.35. 　6. 0.72. 　7. $N(6,16)$.

三、计算题

1. $a = \dfrac{1}{4}, b = 1, P(X=2) = 0.2, P(-1 < X < 1) = 0.5$.

2. $P(X=k) = \dfrac{1}{4}, k = 1, 2, 3, 4$.

$F(x) = \begin{cases} 0, & x < 1, \\ \dfrac{1}{4}, & 1 \leqslant x < 2, \\ \dfrac{1}{2}, & 2 \leqslant x < 3, \\ \dfrac{3}{4}, & 3 \leqslant x < 4, \\ 1, & x \geqslant 4. \end{cases}$

3. $P(X=k) = 0.5^{k-1}, k = 2, 3, \cdots$.

4. $C_1 = \dfrac{2}{N(N+1)}; C_2 = \dfrac{27}{38}; C_3 = \dfrac{1}{e^{\lambda} - 1}$.

5.

X	-1	1	3
P_k	0.2	0.5	0.3

$P(X < 1) = 0.2, P(X \leqslant 1) = 0.7, P(1 \leqslant X \leqslant 3) = 0.8$.

6. $1 - 0.4^{10}$. 　7. (1) $C_{5\,000}^{10} \cdot 0.001^{10} \cdot 0.999^{4\,990}$ 或 $e^{-5} \cdot \dfrac{5^{10}}{10!}$; 0.7622. 　8. 8.

9. $\dfrac{1}{64}; \dfrac{1}{16}$. 　10. (1) $A = 1$; (2) $f(x) = \dfrac{e^{-x}}{(1 + e^{-x})^2}, -\infty < x < +\infty$; (3) 0.5.

11. $a=-\dfrac{3}{2}, b=\dfrac{7}{4}$.

12. （1）$C=\dfrac{1}{\pi}$；（2）$F(x)=\begin{cases} 0, & x\leqslant -1, \\ \dfrac{1}{\pi}\arcsin x+\dfrac{1}{2}, & -1<x<1, \\ 1, & x\geqslant 1. \end{cases}$

13. （1）$F(x)=\begin{cases} 0, & x<0, \\ \dfrac{x^2}{2}, & 0\leqslant x<1, \\ -\dfrac{x^2}{2}+2x-1, & 1\leqslant x<2, \\ 1, & x\geqslant 2; \end{cases}$　（2）$\dfrac{27}{32}$.　14. （1）$-\dfrac{3}{8}$；（2）$\dfrac{5}{8}$.

15. （1）$e^{-2}\approx 0.135\,3$；（2）$1-(1-e^{-2})^3\approx 0.353\,5$.　16. $0.329\,1$.

17. （1）$0.532\,8$；（2）$0.999\,6$；（3）$0.697\,7$；（4）$0.498\,7$.　18. $0.045\,4$.

19. $0.682\,6$.　20. $0.081\,5$.　21. 3.

22. （1）$f_Y(y)=\begin{cases} \dfrac{1}{\sqrt{2\pi}\,y}\exp\left(-\dfrac{\ln^2 y}{2}\right), & y>0, \\ 0, & \text{其他}; \end{cases}$

（2）$f_Y(y)=\begin{cases} \dfrac{2}{\sqrt{2\pi}}\exp\left(-\dfrac{y^2}{2}\right), & y\geqslant 0, \\ 0, & \text{其他}. \end{cases}$

23. （1）$f_Y(y)=\begin{cases} \dfrac{1}{8}, & -5<y<3, \\ 0, & \text{其他}; \end{cases}$　（2）$f_Y(y)=\begin{cases} \dfrac{1}{4\sqrt{y}}, & 0<y\leqslant 1, \\ \dfrac{1}{8\sqrt{y}}, & 1<y\leqslant 9, \\ 0, & \text{其他}. \end{cases}$

24. $f_Y(y)=\begin{cases} \dfrac{3(1+y)}{8\sqrt{y}}, & 0<y<1, \\ 0, & \text{其他}. \end{cases}$　25. $f_Y(y)=\begin{cases} \dfrac{1}{\sqrt{\pi y}}, & \dfrac{25}{4}\pi<y<9\pi, \\ 0, & \text{其他}. \end{cases}$　26. 略.

第二部分　提　高　题

1. 解　显然随机变量 X 只能取 $0,1,2$ 这三个可能值. 又记 $A=$ "取出的甲地区的报名表". 因为事件 $\{X=0\}$ 即为"两份报名表均为男生表"，则由全概率公式得

$$P(X=0)=P(A)P(X=0|A)+P(\bar{A})P(X=0|\bar{A})=\frac{1}{2}\times\frac{3}{10}\times\frac{2}{9}+\frac{1}{2}\times\frac{7}{15}\times\frac{6}{14}=\frac{2}{15}.$$

同理得

$$P(X=2)=P(A)P(X=2|A)+P(\bar{A})P(X=2|\bar{A})=\frac{1}{2}\times\frac{7}{10}\times\frac{6}{9}+\frac{1}{2}\times\frac{8}{15}\times\frac{7}{14}=\frac{11}{30}.$$

因此

$$P(X=1)=1-P(X=0)-P(X=1)=\frac{1}{2}.$$

所以 X 的分布列为

X	0	1	2
P	2/15	1/2	11/30

2. 解 （1）令 $A_1 = \{X < 200\}, A_2 = \{200 \leqslant X \leqslant 240\}, A_3 = \{X > 240\}$，又令事件 $B =$ "电子元件损坏"，由全概率公式可得

$$P(B) = \sum_{i=1}^{3} P(A_i) P(B|A_i).$$

其中

$$P(A_1) = P(X < 200) = \Phi\left(\frac{200-220}{25}\right) = \Phi(-0.8) = 0.211\,9,$$

$$P(A_3) = P(X \geqslant 240) = 1 - \Phi\left(\frac{240-220}{25}\right) = 1 - \Phi(0.8) = 0.211\,9,$$

$$P(A_2) = P(200 < X < 240) = 1 - 2 \times 0.211\,9 = 0.576\,2,$$

$$P(B|A_1) = 0.1, P(B|A_2) = 0.001, P(B|A_2) = 0.2,$$

因此电子元件损坏的概率为

$$P(B) = 0.211\,9 \times 0.1 + 0.576\,2 \times 0.001 + 0.211\,9 \times 0.2 = 0.064\,1.$$

（2）该电子元件损坏时，电源电压在 200~240 V 的概率为

$$P(A_2|B) = \frac{P(A_2 B)}{P(B)} = \frac{0.576\,2 \times 0.001}{0.064\,1} = 0.009\,0.$$

3. 解 由题意知该动物后代个数 Y 的可能取值为 $0,1,2,\cdots$，由全概率公式 $P(Y=k) = \sum_{n=k}^{+\infty} P(X=n) \cdot$ $P(Y=k|X=n)$. 其中 $P(X=n) = \frac{\lambda^n e^{-\lambda}}{n!}, n = 0,1,2,\cdots$. 条件概率 $P(Y=k|X=n)$ 是已知蛋的数量为 n 时，动物后代个数 Y 恰为 k 的概率. 由于若每一个蛋能孵化成小动物的概率为 p，则

$$P(Y=k|X=n) = C_n^k p^k (1-p)^{n-k}, k = 0,1,\cdots,n.$$

因此

$$\begin{aligned}
P(Y=k) &= \sum_{n=k}^{+\infty} P(X=n) P(Y=k|X=n) \\
&= \sum_{n=k}^{+\infty} \frac{\lambda^n e^{-\lambda}}{n!} C_n^k p^k (1-p)^{n-k} \\
&= \sum_{n=k}^{+\infty} \frac{\lambda^n e^{-\lambda}}{k!\,(n-k)!} p^k (1-p)^{n-k} \\
&= \frac{e^{-\lambda} (\lambda p)^k}{k!} \sum_{n=k}^{+\infty} \frac{[\lambda(1-p)]^{n-k}}{(n-k)!} \\
&= \frac{e^{-\lambda} (\lambda p)^k}{k!} e^{\lambda(1-p)} \\
&= \frac{e^{-\lambda p} (\lambda p)^k}{k!}.
\end{aligned}$$

可见该动物后代个数 Y 服从参数为 λp 的泊松分布.

4. 证 由分布函数的性质可知随机变量 $Y = F(X)$ 的取值范围是 $[0,1]$. 又因为 $F(x)$ 是严格单调递增的连续函数，所以其反函数存在. 因此当 $0 \leqslant y \leqslant 1$ 时，$Y = F(X)$ 的分布函数为

$$\begin{aligned}
F_Y(y) &= P(Y \leqslant y) = P(F(X) \leqslant y) = P(X \leqslant F^{-1}(y)) \\
&= F(F^{-1}(y)) = y.
\end{aligned}$$

因此 $Y = F(X)$ 的概率密度函数为

$$f_Y(y) = \begin{cases} 1, & 0 \leqslant y \leqslant 1; \\ 0, & \text{其他}. \end{cases}$$

即 $Y = F(X)$ 在区间 $[0,1]$ 上服从均匀分布.

5. 解　可以看到 Y 的取值范围为 $[1,5]$,因此

当 $y<1$ 时,$F_Y(y)=P(Y\leqslant y)=0$;当 $y\geqslant 5$ 时,$F_Y(y)=P(Y\leqslant y)=1$;

当 $1\leqslant y<5$ 时,

$$F_Y(y)=P(Y\leqslant y)=P(X\geqslant 10)+P(2<X\leqslant 2y)$$
$$=\int_{10}^{+\infty}0.5e^{-0.5x}\mathrm{d}x+\int_{2}^{2y}0.5e^{-0.5x}\mathrm{d}x$$
$$=e^{-5}+e^{-1}-e^{-y}.$$

综上,$F_Y(y)=\begin{cases}0, & y<1,\\ e^{-5}+e^{-1}-e^{-y}, & 1\leqslant y<5,\\ 1, & y\geqslant 5.\end{cases}$

显然 $F_Y(y)$ 在区间 $(-\infty,1),(1,5),(5,\infty)$ 内均连续. 但 $F_Y(1)=e^{-5}\neq F_Y(1-0)$,$F_Y(y)$ 在 $y=5$ 处的左极限 $F_Y(5-0)=e^{-1}\neq F(5)$. 因此分布函数 $F_Y(y)$ 有两个间断点,即 1 和 5.

第三部分　近年考研真题

一、选择题

1. 选(A).

【分析】　利用概率密度的对称性.

【详解】　由 $f(1+x)=f(1-x)$,知 X 的概率密度关于直线 $x=1$ 对称,所以 $P(X<1)=0.5$. 又由 $\int_{0}^{2}f(x)\mathrm{d}x=0.6$,知 $P(0<X<1)=0.3$,因此 $P(X<0)=0.2$.

习　题　三

第一部分　基　本　题

一、选择题

1. C.　2. A.　3. C.　4. A.　5. D.　6. B.

二、填空题

1. 0.45,0.15.　　2. 0.5.　　3. $\dfrac{1}{6}$.　　4. 0.75.

5. $f_X(x)=3e^{-3x}$.

6. $f(x,y)=\begin{cases}6, & x^2<y<x,0<x<1,\\ 0, & 其他.\end{cases}$

三、计算题

1. $P(X=i,Y=j)=C_3^iC_{3-i}^j0.5^i0.3^j0.2^{3-i-j}$,$(i=0,1,2,3;j=0,1,2,3;i+j\leqslant 3)$,即

X	Y			
	0	1	2	3
0	0.008	0.036	0.054	0.027
1	0.06	0.18	0.135	0
2	0.15	0.225	0	0
3	0.125	0	0	0

当已知 $X=1$ 时，$Y \sim B(2,0.6)$，即

$Y \mid X=1$	0	1	2
$P(Y=k \mid X=1)$	0.16	0.48	0.36

2.

X	Y	
	1	0
1	0.64	0
0	0.32	0.04

X 和 Y 不独立.

3. $P(X=i)=p(1-p)^{i-1}, i=1,2,\cdots,$

$P(Y=j)=(j-1)p^2(1-p)^{j-2}, j=2,3,\cdots.$

4. （1）

X	Y	
	0	1
-1	1/4	0
0	0	1/2
1	1/4	0

（2）X 与 Y 不独立.

5. （1）$A=\dfrac{1}{\pi^2}, B=C=\dfrac{\pi}{2}$；

（2）$f(x,y)=\dfrac{6}{\pi^2(4+x^2)(9+y^2)}, x \in \mathbf{R}, y \in \mathbf{R}.$

6. （1）$A=2$；（2）$1-e^{-1}$；（3）$F(x,y)=\begin{cases} y^2(1-e^{-x}), & x>0, 0<y<1, \\ 1-e^{-x}, & x>0, y \geqslant 1, \\ 0, & \text{其他}. \end{cases}$

7. （1）$\dfrac{1}{16}$；（2）$\dfrac{1}{16}+\dfrac{1}{4}\ln 2$；（3）$F(x,y)=\begin{cases} 0, & x<0 \text{ 或 } y<0, \\ x^2 y^2, & 0 \leqslant x<1, 0 \leqslant y<1, \\ y^2, & x \geqslant 1, 0 \leqslant y<1, \\ x^2, & 0 \leqslant x<1, y \geqslant 1, \\ 1, & x \geqslant 1, y \geqslant 1. \end{cases}$

8. （1）$f_X(x)=\begin{cases} \dfrac{2-x}{2}, & 0<x<2, \\ 0, & \text{其他}, \end{cases}$ $f_Y(y)=\begin{cases} \dfrac{y}{2}, & 0<y<2, \\ 0, & \text{其他}; \end{cases}$

（2）$f_{Y|X}(y|x)=\begin{cases} \dfrac{1}{2-x}, & x<y<2, \\ 0, & \text{其他}. \end{cases}$

9. $f_{Y|X}(y|x) = \begin{cases} xe^{-xy}, & y>0, \\ 0, & y\leqslant 0. \end{cases}$

10. （1）$c=24$；

（2）$f_X(x) = \begin{cases} 12x^2(1-x), & 0<x<1, \\ 0, & 其他, \end{cases}$ $f_Y(y) = \begin{cases} 12y(y-1)^2, & 0<y<1, \\ 0, & 其他, \end{cases}$ 不独立.

11. （1）$\dfrac{1}{3}$.　　（2）不独立.

12.

Z_1	-2	-1	0	1	2
P	0.18	0.24	0.3	0.16	0.12

Z_2	-1	0	1
P	0.3	0.4	0.3

13.

U	V		
	0	1	$p_{i\cdot}$
0	1/4	0	1/4
1	1/2	1/4	3/4
$p_{\cdot j}$	3/4	1/4	1

U 和 V 不独立.

14. $p=0.5$.

15. $f_Z(z) = \begin{cases} \dfrac{2z}{R^2}, & 0<z<R, \\ 0, & 其他. \end{cases}$

16. （1）$f_{Z_1}(z) = \begin{cases} 2z, & 0<z<1, \\ 0, & 其他； \end{cases}$ 　　（2）$f_{Z_2}(z) = \begin{cases} 2(1-z), & 0<z<1, \\ 0, & 其他； \end{cases}$

（3）$f_{Z_3}(z) = \begin{cases} 2(1-z), & 0<z<1, \\ 0, & 其他. \end{cases}$

17. $f_Z(z) = \begin{cases} ze^{-z}, & z>0, \\ 0, & 其他. \end{cases}$ 　　18. $f_Z(z) = \begin{cases} \dfrac{3}{2} - \dfrac{3}{2}z^2, & 0<z<1, \\ 0, & 其他. \end{cases}$

第二部分　提　高　题

1. 由题意有 (X,Y) 的联合分布律为

$$P(X=i, Y=i-1) = p_{i,i-1} = (1-p_1)^{i-1}(1-p_2)^{i-1}p_1, i=1,2,\cdots,$$
$$P(X=i, Y=i) = p_{ii} = (1-p_1)^i(1-p_2)^{i-1}p_2, i=1,2,\cdots,$$

所以

$$P(X=i) = P(X=i, Y=i-1) + P(X=i, Y=i)$$
$$= (1-p_1)^{i-1}(1-p_2)^{i-1}p_1 + (1-p_1)^i(1-p_2)^{i-1}p_2$$
$$= [(1-p_1)(1-p_2)]^{i-1}(p_1+p_2-p_1p_2), i=1,2,\cdots;$$
$$P(Y=0) = p_1,$$
$$P(Y=i) = P(X=i+1, Y=i) + P(X=i, Y=i)$$
$$= (1-p_1)^i(1-p_2)^i p_1 + (1-p_1)^i(1-p_2)^{i-1}p_2$$
$$= (1-p_1)^i(1-p_2)^{i-1}(p_1+p_2-p_1p_2), i=1,2,\cdots.$$

2. （1）$f_Y(y) = \begin{cases} \int_0^y e^{-y}\,dx = ye^{-y}, & y>0, \\ 0, & \text{其他}, \end{cases}$ 当 $Y=y(y>0)$ 时，

$$f_{X|Y}(x|y) = \frac{f(x,y)}{f_Y(y)} = \begin{cases} \dfrac{e^{-y}}{ye^{-y}} = \dfrac{1}{y}, & 0<x<y, \\ 0, & \text{其他}; \end{cases}$$

（2）

$$P\left(0<X<\frac{1}{2} \;\middle|\; Y<1\right) = \frac{P\left(0<X<\dfrac{1}{2}, Y<1\right)}{P(Y<1)}$$

$$= \frac{\displaystyle\int_0^{\frac{1}{2}} dx \int_x^1 e^{-y}\,dy}{\displaystyle\int_0^1 dx \int_x^1 e^{-y}\,dy} = \frac{1-e^{-0.5}-0.5e^{-1}}{1-2e^{-1}},$$

$$P(X>2|Y=4) = \int_2^{+\infty} f_{X|Y}(x|4)\,dx = \int_2^4 \frac{1}{4}\,dx = \frac{1}{2}.$$

3. 解　因为 $X \sim U(0,1), Y \sim E(1), X, Y$ 的概率密度函数分别为

$$f_X(x) = \begin{cases} 1, & 0<x<1, \\ 0, & \text{其他}, \end{cases} \qquad f_Y(y) = \begin{cases} e^{-y}, & y>0, \\ 0, & \text{其他}. \end{cases}$$

由于 X 与 Y 相互独立，则 $Z=X+Y$ 的概率密度为

$$f_Z(z) = \int_{-\infty}^{+\infty} f_X(x) f_Y(z-x)\,dx.$$

上式中被积函数大于零的区域是 $\{0<x<1\}$ 与 $\{z-x>0\}$ 的交集，所以当 $z \le 0$ 时，$f_Z(z)=0$；当 $0<z<1$ 时，$f_Z(z)=\int_0^z e^{-(z-x)}\,dx = 1-e^{-z}$；当 $z \ge 1$ 时，$f_Z(z)=\int_0^1 e^{-(z-x)}\,dx = e^{-z}(e-1)$，即 $Z=X+Y$ 的概率密度函数为

$$f_Z(z) = \begin{cases} 1-e^{-z}, & 0<z<1, \\ e^{-z}(e-1), & z \ge 1, \\ 0, & \text{其他}. \end{cases}$$

4. 解　由于 $X_1, X_2, \cdots, X_n$ 且均服从区间 $(0,\theta)$ 上的均匀分布，则它们的密度函数都为

$$f(x) = \begin{cases} \dfrac{1}{\theta}, & 0<x<\theta, \\ 0, & \text{其他}. \end{cases}$$

分布函数也都为

$$F(x) = \begin{cases} 0, & x<0, \\ \dfrac{x}{\theta}, & 0 \le x<\theta, \\ 1, & x \ge \theta, \end{cases}$$

$$F_Z(x) = P(Z \leqslant x) = P(X_1 \leqslant x, X_2 \leqslant x, \cdots, X_n \leqslant x)$$
$$= P(X_1 \leqslant x)P(X_2 \leqslant x)\cdots P(X_n \leqslant x) = [F(x)]^n.$$

$$f_Z(x) = F'_Z(x) = n[F(x)]^{n-1}f(x) = \begin{cases} \dfrac{nx^{n-1}}{\theta^n}, & 0 < x < \theta, \\ 0, & \text{其他}. \end{cases}$$

5. 因为 $X \sim U(0,1)$,则其分布函数为

$$F_X(x) = \begin{cases} 0, & x < 0, \\ x, & 0 \leqslant x < 1, \\ 1, & x \geqslant 1, \end{cases}$$

且 Y 只可能取 0 和 1 两个值,因此 $Z_1 = XY$ 可能的取值范围是 $[0,1)$,且当 $z < 0$ 时,$Z_1 = XY$ 的分布函数 $F_{Z_1}(z) = P(XY \leqslant z) = 0$;当 $0 \leqslant z < 1$ 时,

$$F_{Z_1}(z) = P(XY \leqslant z) = P(Y=0, XY \leqslant z) + P(Y=1, XY \leqslant z)$$
$$= P(Y=0) + P(Y=1, X \leqslant z) = \frac{1}{2} + \frac{1}{2}F_X(z) = \frac{1}{2} + \frac{z}{2};$$

当 $z \geqslant 1$ 时,$F_{Z_1}(z) = 1$.

综上,$Z_1 = XY$ 的分布函数为

$$F_{Z_1}(z) = \begin{cases} 0, & z < 0, \\ \dfrac{1}{2} + \dfrac{z}{2}, & 0 \leqslant z < 1, \\ 1, & z \geqslant 1. \end{cases}$$

该函数在 $z=0$ 处不连续,可见 $Z_1 = XY$ 是非离散非连续的随机变量.

$Z_2 = X+Y$ 的分布函数为

$$F_{Z_2}(z) = P(Z_2 \leqslant z) = P(X+Y \leqslant z)$$
$$F_{Z_2}(z) = P(X+Y \leqslant z) = P(Y=0, X+Y \leqslant z) + P(Y=1, X+Y \leqslant z)$$
$$= P(Y=0, X \leqslant z) + P(Y=1, X \leqslant z-1)$$
$$= \frac{1}{2}P(X \leqslant z) + \frac{1}{2}P(X \leqslant z-1) = \frac{1}{2}(F_X(z) + F_X(z-1)).$$

又因为 $X \sim U(0,1)$,则

$$F_X(z) = \begin{cases} 0, & z < 0, \\ z, & 0 \leqslant z < 1, \\ 1, & z \geqslant 1, \end{cases} \qquad F_X(z-1) = \begin{cases} 0, & z < 1, \\ z-1, & 1 \leqslant z < 2, \\ 1, & z \geqslant 2, \end{cases}$$

所以

$$F_{Z_2}(z) = \begin{cases} 0, & z < 0, \\ \dfrac{z}{2}, & 0 \leqslant z < 2, \\ 1, & z \geqslant 2. \end{cases}$$

对上式求导得 $Z_2 = X+Y$ 的概率密度函数为

$$f_{Z_2}(z) = \begin{cases} \dfrac{1}{2}, & 0 < z < 2, \\ 0, & \text{其他}. \end{cases}$$

可见 $Z_2 = X+Y \sim U(0,2)$.

第三部分　近年考研真题

一、选择题

1. 选（A）.

【分析】　利用正态分布的性质和正态分布概率的计算. 本题为第二章与第三章的综合题型.

【详解】　因为 X,Y 相互独立,且都服从正态分布 $N(\mu,\sigma^2)$,所以 $X-Y\sim N(0,2\sigma^2)$.

$$P(\,|\,X-Y\,|<1)=P\left(\left|\frac{X-Y}{\sqrt{2}\,\sigma}\right|<\frac{1}{\sqrt{2}\,\sigma}\right)=2\Phi\left(\frac{1}{\sqrt{2}\,\sigma}\right)-1,该值与\ \mu\ 无关,与\ \sigma^2\ 有关.$$

二、填空题

1. $\dfrac{1}{3}$.

【分析】　利用二项分布的概率分布和随机变量的独立性. 本题为第二章与第三章的综合题型.

【详解】　因为 $X\sim B\left(1,\dfrac{1}{3}\right)$,$Y\sim B\left(2,\dfrac{1}{2}\right)$,所以 X 可取 $0,1$,Y 可取 $0,1,2$.

又因为 X,Y 相互独立,所以

$$P(X=Y)=P(X=0,Y=0)+P(X=1,Y=1)=P(X=0)P(Y=0)+P(X=1)P(Y=1)$$

$$=\frac{2}{3}C_2^0\left(\frac{1}{2}\right)^2+\frac{1}{3}C_2^1\left(\frac{1}{2}\right)^2=\frac{1}{3}.$$

三、解答题

1.【分析】　利用随机变量的分布函数、随机变量的独立性以及标准正态分布. 本题为第二章与第三章的综合题型.

【详解】　（1）$Y=X_3X_1+(1-X_3)X_2=\begin{cases}X_2, & X_3=0,\\ X_1, & X_3=1.\end{cases}$

设二维随机变量 (X_1,Y) 的分布函数为 $F(x,y)$,则对任意实数 x,y,有

$$F(x,y)=P(X_1\le x,Y\le y)=P(X_1\le x,Y\le y,X_3=0)+P(X_1\le x,Y\le y,X_3=1)$$

$$=P(X_3=0)\cdot P(X_1\le x,Y\le y\mid X_3=0)+P(X_3=1)\cdot P(X_1\le x,Y\le y\mid X_3=1)$$

$$=\frac{1}{2}P(X_1\le x,Y\le y\mid X_3=0)+\frac{1}{2}P(X_1\le x,Y\le y\mid X_3=1)$$

$$=\frac{1}{2}P(X_1\le x,X_2\le y\mid X_3=0)+\frac{1}{2}P(X_1\le x,X_1\le y\mid X_3=1)$$

$$=\frac{1}{2}P(X_1\le x,X_2\le y)+\frac{1}{2}P(X_1\le x,X_1\le y)$$

$$=\begin{cases}\dfrac{1}{2}\Phi(x)\Phi(y)+\dfrac{1}{2}\Phi(x), & x\le y,\\[2mm] \dfrac{1}{2}\Phi(x)\Phi(y)+\dfrac{1}{2}\Phi(y), & x>y.\end{cases}$$

（2）设随机变量 Y 的分布函数为 $F_Y(y)$,则对任意实数 y,有

$$F_Y(y)=P(Y\le y)=P(X_3=0)P(Y\le y\mid X_3=0)+P(X_3=1)P(Y\le y\mid X_3=1)$$

$$=\frac{1}{2}P(Y\le y\mid X_3=0)+\frac{1}{2}P(Y\le y\mid X_3=1)=\frac{1}{2}P(X_2\le y\mid X_3=0)+\frac{1}{2}P(X_1\le y\mid X_3=1)$$

$$=\frac{1}{2}P(X_2\le y)+\frac{1}{2}P(X_1\le y)=\frac{1}{2}\Phi(y)+\frac{1}{2}\Phi(y)=\Phi(y).$$

因此,随机变量 Y 服从标准正态分布.

习　题　四

第一部分　基　本　题

一、选择题

1. B.　2. C.　3. D.　4. C.　5. B.　6. D.　7. D.　8. B.

二、填空题

1. 0，2.4.　2. e^{-2}，2，2.　3. $(1-e^{-\lambda})/\lambda$.　4. 3/4.　5. 31.　6. $\sqrt{2/\pi}$.　7. 15/16.

8. 57，57.　9. $(a+b)/2$.　10. 144/195.　11. -1.　12. 7/25.

三、计算题

1. 7.8.　2. 245/9.　3. $10 \times \left[1 - \left(\dfrac{9}{10} \right)^{20} \right]$.　4. 1.　5. 期望不存在.

6. $y = \ln \dfrac{a+b}{b} \Big/ \lambda$.　7. $[21,26]$.　8. 1.4，2.2.

9. （1）$a = \dfrac{1}{4}, b = 1, c = -\dfrac{1}{4}$.　　（2）$Ee^X = \dfrac{1}{4}e^4 - \dfrac{1}{2}e^2 + \dfrac{1}{4}$.

10. 1，1/4.　11. $2R/3$.

12. （1）$E(X^n) = \begin{cases} 0, & n \text{ 为奇数}, \\ \sigma^n (n-1)!!, & n \text{ 为偶数}; \end{cases}$　　（2）$E(|X|^n) = \begin{cases} \sigma^n \dfrac{\sqrt{2}}{\sqrt{\pi}} (n-1)!!, & n \text{ 为奇数}, \\ \sigma^n (n-1)!!, & n \text{ 为偶数}. \end{cases}$

13. $3\sqrt{\pi}/4$.　14. 4.　15. $E(Y) = 11.67$.　16. 1/9，4/405.

17. （1）$1 - e^{-2}$；（2）$E(Y) = 10(1 - e^{-1/5})$；（3）$D(Y) = 10e^{-1/5}(1 - e^{-1/5})$.

18. $E(X) = 1$.　19. $E(X) = \dfrac{\alpha}{\beta}$，$D(X) = \dfrac{\alpha}{\beta^2}$.

20. $E(X) = e^{\mu + \frac{\sigma^2}{2}}$，$D(X) = (e^{\sigma^2} - 1)e^{2\mu + \sigma^2}$.　21. 大于 0.975.

22. $E(X+Y) = 2, D(2X+Y) = 7/3$.

23. $E(X) = 2/3, E(Y) = 3/4, \text{cov}(X,Y) = 0$（相互独立）.

24. $E(X) = E(Y) = 7/6, \text{cov}(X,Y) = -1/36, \rho_{XY} = -1/11$.

25. $\rho_{XY} = -1/2$.　26. $\rho_{XY} = -1/2$.　27. $\rho_{XY} = 0$，不独立.

28. （1）$\rho_{UV} = \dfrac{\alpha^2 - \beta^2}{\alpha^2 + \beta^2}$；　（2）当 $|\alpha| = |\beta|$ 时，不相关且相互独立；否则相关.

29. 不相关，不独立.

30. 不相关，不独立.　31. 因为 $Z \sim N(20, 5^2)$，所以概率为 0.9773.　32. $-\dfrac{1}{n-1}$.

第二部分　提　高　题

1. 解　设结束抽查时抽查的产品件数为 X，其所有可能值为 $1, 2, \cdots, n$，其分布列如下

X	1	2	$\cdots$	k	$\cdots$	$n-1$	n
P	p	$(1-p)p$	$\cdots$	$(1-p)^{k-1}p$	$\cdots$	$(1-p)^{n-2}p$	$(1-p)^{n-1}$

其中,当抽查件数为 n 时有两种情况需要考虑:其一,恰好在第 n 件抽到废品,此概率为 $P(X=n)=(1-p)^{n-1}p$;其二,第 n 件仍是合格品,此概率为 $P(X=n)=(1-p)^n$;综合起来有 $P(X=n)=(1-p)^n+(1-p)^{n-1}p=(1-p)^{n-1}$.

求平均需抽查的件数就是计算 $E(X)$,即

$$E(X)=\sum_{k=1}^{n-1}k(1-p)^{k-1}p+n(1-p)^{n-1}=\frac{1-(1-p)^n}{p}.$$

2. 解 令 $X_i=\begin{cases}1, & \text{从第 }i\text{ 个袋子中摸出白球},\\ 0, & \text{其他},\end{cases}$ $i=1,2,\cdots,n$,则 $S_n=\sum_{i=1}^{n}X_i$.

$$P(X_1=1)=\frac{a}{a+b},$$

$$P(X_2=1)=\frac{a}{a+b}\cdot\frac{a+1}{a+b+1}+\frac{b}{a+b}\cdot\frac{a}{a+b+1}=\frac{a}{a+b},$$

由全概率公式计算易得 $P(X_i=1)=\frac{a}{a+b}(i=1,2,\cdots,n)$,由期望的性质得

$$E(S_n)=\sum_{i=1}^{n}E(X_i)=\frac{na}{a+b}.$$

3. 解 由题意可知 $X\sim U(0,1)$,$Y=|X-a|$,求 $a\in(0,1)$ 使得 $\rho_{XY}=0$.

$$\text{cov}(X,|X-a|)=E(X\cdot|X-a|)-E(X)E(|X-a|)$$

$$=\int_0^1 x|x-a|\,\mathrm{d}x-\frac{1}{2}\int_0^1|x-a|\,\mathrm{d}x$$

$$=\int_0^a x(a-x)\,\mathrm{d}x+\int_a^1 x(x-a)\,\mathrm{d}x-\frac{1}{2}\int_0^a(a-x)\,\mathrm{d}x-\int_a^1(x-a)\,\mathrm{d}x|x-a|\,\mathrm{d}x$$

$$=\frac{1}{3}a^3-\frac{1}{2}a^2+\frac{1}{12}=\frac{1}{12}(4a^3-6a^2+1)=\frac{1}{12}(2a-1)(2a^2-2a+1)=0,$$

解得仅当 $a=\dfrac{1}{2}$ 时,$\text{cov}(X,|X-a|)=0$,即 $\rho_{XY}=0$.

4. 证 不妨假设随机变量 X 的密度函数为 $f(x)$,则

$$P(X>\varepsilon)=\int_\varepsilon^{+\infty}f(x)\,\mathrm{d}x$$

$$\leqslant\int_\varepsilon^{+\infty}\frac{g(x)}{g(\varepsilon)}f(x)\,\mathrm{d}x\leqslant\int_{-\infty}^{+\infty}\frac{g(x)}{g(\varepsilon)}f(x)\,\mathrm{d}x$$

$$=\frac{1}{g(\varepsilon)}\int_{-\infty}^{+\infty}g(x)f(x)\,\mathrm{d}x=\frac{E[g(X)]}{g(\varepsilon)}.$$

5. 解 设随机变量 X 表示指针所指刻度,则依题意可知 $P(X=1)=P(X=2)=\dfrac{1}{4}$,$P(0\leqslant X<1)=\dfrac{1}{2}$,即

$$X\sim F(x)=\begin{cases}0, & x<0,\\[2mm]\dfrac{1}{2}x, & 0\leqslant x<1,\\[2mm]\dfrac{3}{4}, & 1\leqslant x<2,\\[2mm]1, & x\geqslant 2,\end{cases}$$

则 $EX=\int_0^1 x\,\dfrac{1}{2}\mathrm{d}x+1\times P(X=1)+2\times P(X=2)=1$.

6. 解 定义随机变量 $X_i=\begin{cases}1, & \text{第 }i\text{ 封信搭配正确},\\ 0, & \text{第 }i\text{ 封信搭配不正确},\end{cases}$ 则 $EX_i=\dfrac{1}{n}$. 令 $Y=\sum_{i=1}^{n}X_i$,则 Y 表示搭配正确的

个数,平均搭配正确的个数是

$$EY = E\sum_{i=1}^{n} X_i = n \cdot \frac{1}{n} = 1.$$

7. 证 令 $Z = Y - X$,不妨假设 Z 的密度函数为 $g(z)$. 由 $X \leqslant Y$, a. s. ,知 $Z \geqslant 0$, a. s. ,即 $z < 0$ 有 $g(z) = 0$,则

$$EZ = EY - EX = \int_0^{+\infty} z \cdot g(z) \, \mathrm{d}z \geqslant 0.$$

这个结论说明,如果随机变量 X 几乎处处小于等于 Y,那么 X 的期望值应小于等于 Y 的期望值. 由此可容易证明两个推论.

8. 对任意 $C > 0$,有 $P(|X| \geqslant C) \leqslant E\left(\frac{|X|}{C}\right) = \frac{1}{C} E(|X|) = 0$,

$$P(|X| > 0) = P\left(\bigcup_{n=1}^{+\infty}\left\{|X| \geqslant \frac{1}{n}\right\}\right) \leqslant \sum_{n=1}^{+\infty} P\left(|X| \geqslant \frac{1}{n}\right) \leqslant \sum_{n=1}^{+\infty} \frac{E|X|}{1/n} = 0,$$

所以 $P(|X| = 0) = 1$,即 $P(X = 0) = 1$.

9. 解 若有某个 $\sigma_j = 0$,可取 $a_j = 1, a_i = 0 (i \neq j)$,此时方差最小. 若所有 $\sigma_i \neq 0$,则令 $f(a_1, a_2, \cdots, a_n) = D\left(\sum_{i=1}^{n} a_i X_i\right) = \sum_{i=1}^{n} a_i^2 \sigma_i^2$,其中 a_i 满足约束条件 $\sum_{i=1}^{n} a_i - 1 = 0$,构造拉格朗日函数:

$$L(\lambda; a_1, a_2, \cdots, a_n) = f(a_1, a_2, \cdots, a_n) + \lambda\left(\sum_{i=1}^{n} a_i - 1\right).$$

令

$$\begin{cases} \dfrac{\partial L(\lambda; a_1, a_2, \cdots, a_n)}{\partial a_i} = 2a_i \sigma_i^2 + \lambda = 0, i = 1, 2, \cdots, n, \\[3mm] \dfrac{\partial L(\lambda; a_1, a_2, \cdots, a_n)}{\partial \lambda} = \sum_{i=1}^{n} a_i - 1 = 0, \end{cases}$$

解得 $a_i = -\dfrac{\lambda}{2\sigma_i^2}$, 且 $\sum_{i=1}^{n} -\dfrac{\lambda}{2\sigma_i^2} = 1$, $\lambda = -\dfrac{1}{\sum\limits_{i=1}^{n} \dfrac{1}{2\sigma_i^2}}$,所以 $a_i = \dfrac{1}{\sigma_i^2 \sum\limits_{j=1}^{n} \dfrac{1}{2\sigma_j^2}}$ 时方差达到最小,此时方差为

$$D\left(\sum_{i=1}^{n} a_i X_i\right) = \sum_{i=1}^{n} a_i^2 \sigma_i^2 = \left(\sum_{i=1}^{n} \frac{1}{\sigma_i^2}\right)^{-1}.$$

第三部分　近年考研真题

一、选择题

1. 选(C).

【分析】 利用二维正态分布的性质、一维正态分布的标准化和随机变量数字特征的计算. 本题为第二章、第三章与第四章的综合题型.

【详解】 由题意,$X \sim N(0,1), Y \sim N(0,4), \rho_{XY} = -\dfrac{1}{2}$.

$D(X+Y) = D(X) + D(Y) + 2\rho_{XY}\sqrt{D(X)D(Y)} = 3, D(X-Y) = D(X) + D(Y) - 2\rho_{XY}\sqrt{D(X)D(Y)} = 7$,从而,$X+Y \sim N(0,3), X-Y \sim N(0,7)$.

因此,$\dfrac{\sqrt{3}}{3}(X+Y) \sim N(0,1), \dfrac{\sqrt{7}}{7}(X-Y) \sim N(0,1)$.

又 $\mathrm{cov}\left(\dfrac{\sqrt{3}}{3}(X+Y), X\right) = \dfrac{\sqrt{3}}{3}(D(X) + \mathrm{cov}(Y,X)) = \dfrac{\sqrt{3}}{3}\left(1 + \left(-\dfrac{1}{2}\right) \times 2 \times 1\right) = 0$,即 $\dfrac{\sqrt{3}}{3}(X+Y)$ 与 X 不相关.

而 $\left(\dfrac{\sqrt{3}}{3}(X+Y), X\right)$ 服从二维正态分布,所以 $\dfrac{\sqrt{3}}{3}(X+Y)$ 与 X 相互独立.

2. 选（C）.

【分析】 利用常见分布的数字特征计算和方差的性质.

【详解】 因为 $X \sim U(0,3)$, $Y \sim P(2)$, 所以 $D(X) = \dfrac{3}{4}$, $D(Y) = 2$, $D(2X - Y + 1) = D(2X) + D(Y) - 2\mathrm{cov}(2X, Y) = 4 \times \dfrac{3}{4} + 2 - 4 \times (-1) = 9$.

3. 选（A）.

【分析】 利用数学期望和方差的性质以及切比雪夫不等式.

【详解】 因为随机变量 $X_1, X_2, \cdots, X_n$ 独立同分布, 且 X_1 的 4 阶矩存在, 所以

$$E\left(\frac{1}{n}\sum_{i=1}^{n} X_i^2\right) = \frac{1}{n}\sum_{i=1}^{n} E(X_i^2) = E(X_1^2) = \mu_2,$$

$$D\left(\frac{1}{n}\sum_{i=1}^{n} X_i^2\right) = \frac{1}{n^2}\sum_{i=1}^{n} D(X_i^2) = \frac{1}{n}D(X_1^2) = \frac{1}{n}(\mu_4 - \mu_2^2).$$

由切比雪夫不等式, 对任意 $\varepsilon > 0$, 有 $P\left(\left|\dfrac{1}{n}\sum\limits_{i=1}^{n} X_i^2 - \mu_2\right| \geq \varepsilon\right) \leq \dfrac{D\left(\dfrac{1}{n}\sum\limits_{i=1}^{n} X_i^2\right)}{\varepsilon^2} = \dfrac{1}{n\varepsilon^2}(\mu_4 - \mu_2^2)$.

4. 选（A）.

【分析】 利用条件概率密度函数和二维正态分布的联合概率密度及其性质. 如果没有看出 (X, Y) 服从二维正态分布, 而根据联合概率密度去计算相关系数, 那么计算量将比较大. 本题为第三章与第四章的综合题型.

【详解】 依题意, 有 $f_X(x) = \dfrac{1}{\sqrt{2\pi}}e^{-\frac{x^2}{2}}$, $f_{Y|X}(y \mid x) = \dfrac{1}{\sqrt{2\pi}}e^{-\frac{(y-x)^2}{2}}$.

由 $f(x, y) = f_X(x) \cdot f_{Y|X}(y \mid x) = \dfrac{1}{2\pi}e^{-\frac{x^2 + (y-x)^2}{2}} = \dfrac{1}{2\pi}e^{-\left(x^2 - 2xy + \frac{y^2}{2}\right)}$, 可知 $(X, Y) \sim N\left(0, 0, 1, 2, \dfrac{\sqrt{2}}{2}\right)$.

因此, X 与 Y 的相关系数为 $\dfrac{\sqrt{2}}{2}$.

5. 选（D）.

【分析】 利用常见分布的数字特征计算和方差的性质.

【详解】 因为 $X \sim N(0, 4)$, $Y \sim B\left(3, \dfrac{1}{3}\right)$, 所以 $D(X) = 4$, $D(Y) = \dfrac{2}{3}$,

$$D(X - 3Y + 1) = D(X) + D(3Y) - 2\mathrm{cov}(X, 3Y) = 4 + 9 \times \frac{2}{3} - 0 = 10.$$

6. 选（B）.

【分析】 利用随机事件的独立性、概率分布的性质和协方差的计算. 本题为第一章、第三章与第四章的综合题型.

【详解】 设 $A = \{\max\{X, Y\} = 2\}$, $B = \{\min\{X, Y\} = 1\}$, 则 $P(AB) = P(A)P(B)$.

又 $P(A) = P(Y = 2) = b + 0.1$, $P(B) = P(X = 1, Y = 1) + P(X = 1, Y = 2) = 0.2$, $P(AB) = P(X = 1, Y = 2) = 0.1$, 所以 $b = 0.4$.

根据联合概率分布的性质, $a + b = 0.6$, 可得 $a = 0.2$.

从而 $E(X) = (-1) \times 0.6 + 1 \times 0.4 = -0.2$, $E(Y) = 0 \times 0.3 + 1 \times 0.2 + 2 \times 0.5 = 1.2$,

$$E(XY) = (-2) \times 0.4 + (-1) \times 0.1 + 0 \times 0.3 + 1 \times 0.1 + 2 \times 0.1 = -0.6,$$

$$\mathrm{cov}(X, Y) = E(XY) - E(X)E(Y) = -0.36.$$

7. 选（C）.

【分析】　利用泊松分布函数的数学期望的计算. 本题为第二章与第四章的综合题型.

【详解】　由题意可知 $E(X)=1,P(X=k)=\dfrac{1}{k!}(k=0,1,2,\cdots)$,那么,

$$E(|X-E(X)|)=E(X-1)=1\cdot\frac{1}{0!}e^{-1}+0\cdot\frac{1}{1!}e^{-1}+1\cdot\frac{1}{2!}e^{-1}+\cdots+(k-1)\cdot\frac{1}{k!}e^{-1}+\cdots$$

$$=e^{-1}+\sum_{k=2}^{\infty}(k-1)\cdot\frac{1}{k!}e^{-1}=e^{-1}+\sum_{k=2}^{\infty}\frac{1}{(k-1)!}e^{-1}-\sum_{k=2}^{\infty}\frac{1}{k!}e^{-1}$$

$$=e^{-1}+(e-1)e^{-1}-(e-1-1)e^{-1}=2e^{-1}.$$

二、填空题

1. $\dfrac{2}{3}$.

【分析】　利用随机变量概率密度的性质和数学期望的定义. 本题为第二章与第四章的综合题型.

【详解】　$E(X)=\displaystyle\int_{-\infty}^{+\infty}xf(x)\mathrm{d}x=\int_{0}^{2}x\cdot\frac{x}{2}\mathrm{d}x=\frac{4}{3}$.

由 $f(x)=\begin{cases}\dfrac{x}{2}, & 0<x<2,\\[2mm]0, & \text{其他},\end{cases}$ 可得 $F(x)=\begin{cases}0, & x<0,\\[2mm]\dfrac{x^{2}}{4}, & 0\le x<2,\\[2mm]1, & x\ge 1,\end{cases}$ 从而

$$P[F(X)>EX-1]=P\left[F(X)>\frac{1}{3}\right]=P\left(\frac{X^{2}}{4}>\frac{1}{3}\right)=P\left(\frac{2}{\sqrt{3}}<X<2\right)=\int_{\frac{2}{\sqrt{3}}}^{2}\frac{x}{2}\mathrm{d}x=\frac{2}{3}.$$

2. $\dfrac{2}{\pi}$.

【分析】　利用随机变量协方差的计算.

【详解】　依题意,$f_{X}(x)=\begin{cases}\dfrac{1}{\pi}, & -\dfrac{\pi}{2}<x<\dfrac{\pi}{2},\\[2mm]0, & \text{其他},\end{cases}$ 那么 $E(X)=0$.

所以 $\mathrm{cov}(X,Y)=E(XY)-E(X)E(Y)=E(X\sin X)-E(X)E(\sin X)=\displaystyle\int_{-\frac{\pi}{2}}^{\frac{\pi}{2}}\frac{1}{\pi}x\sin x\mathrm{d}x-0=\frac{2}{\pi}\int_{0}^{\frac{\pi}{2}}x\sin x\mathrm{d}x=\frac{2}{\pi}.$

3. $\dfrac{8}{7}$.

【分析】　利用离散型随机变量的数学期望的计算.

【详解】　显然 Y 可取 $0,1,2$,

$$P(Y=0)=P(X=3)+P(X=6)+P(X=9)+\cdots=\frac{\dfrac{1}{2^{3}}}{1-\dfrac{1}{2^{3}}}=\frac{1}{7},$$

$$P(Y=1)=P(X=1)+P(X=4)+P(X=7)+\cdots=\frac{\dfrac{1}{2}}{1-\dfrac{1}{2^{3}}}=\frac{4}{7},$$

$$P(Y=2)=P(X=2)+P(X=5)+P(X=8)+\cdots=\frac{\dfrac{1}{2^{2}}}{1-\dfrac{1}{2^{3}}}=\frac{2}{7},$$

$$E(Y) = 0 \times \frac{1}{7} + 1 \times \frac{4}{7} + 2 \times \frac{2}{7} = \frac{8}{7}.$$

4. $\dfrac{1}{5}$.

【分析】 利用古典概率、离散型随机变量的概率分布和数字特征的计算. 本题为第一章、第二章与第四章的综合题型.

【详解】 由题意可得, $P(X=0) = P(X=1) = \dfrac{1}{2}$, $P(Y=0) = P(Y=1) = \dfrac{1}{2}$,

$$P(XY=1) = P(X=1, Y=1) = P(X=1)P(Y=1 \mid X=1) = \frac{1}{2} \times \frac{3}{5} = \frac{3}{10}, P(XY=0) = \frac{7}{10}.$$

$E(X) = E(Y) = \dfrac{1}{2}$, $E(XY) = \dfrac{3}{10}$, $\text{cov}(X,Y) = E(XY) - E(X)E(Y) = \dfrac{1}{20}$, $E(X^2) = E(Y^2) = \dfrac{1}{2}$, $D(X) = D(Y) = \dfrac{1}{4}$.

因此, $\rho_{XY} = \dfrac{\text{cov}(X,Y)}{\sqrt{D(X)D(Y)}} = \dfrac{1}{5}$.

5. $-\dfrac{1}{3}$.

【分析】 利用常见分布的数字特征、协方差的性质和相关系数的定义.

【详解】 由题意可得, $D(X) = p(1-p)$, $D(Y) = 2p(1-p)$, 那么,

$$\text{cov}(X+Y, X-Y) = D(X) - D(Y) = -p(1-p).$$

因为 X, Y 相互独立, 所以 $D(X+Y) = 3p(1-p)$, $D(X-Y) = 3p(1-p)$.

因此, 相关系数 $\rho = \dfrac{\text{cov}(X+Y, X-Y)}{\sqrt{D(X+Y)D(X-Y)}} = -\dfrac{1}{3}$.

三、解答题

1.【分析】 (1) 利用随机变量的独立性和协方差的计算; (2) 利用全概率公式和分布律的性质. 本题为第一章至第四章的综合题型.

【详解】 (1) $\text{cov}(X,Z) = \text{cov}(X, XY) = E(X^2 Y) - E(X)E(XY).$

因为 X, Y 相互独立, 所以 $\text{cov}(X,Z) = E(X^2)E(Y) - [E(X)]^2 E(Y) = D(X)E(Y) = \lambda.$

(2) 由题意, Z 的所有取值为全体整数,

$$P(Z=k) = P(X=-1)P(XY=k \mid X=-1) + P(X=1)P(XY=k \mid X=1) = \frac{1}{2}P(Y=-k) + \frac{1}{2}P(Y=k).$$

已知 Y 服从参数为 λ 的泊松分布, 所以

当 $k<0$ 时, $P(Z=k) = \dfrac{1}{2}P(Y=-k) = \dfrac{\mathrm{e}^{-\lambda} \lambda^{-k}}{2(-k)!}$;

当 $k=0$ 时, $P(Z=k) = P(Y=0) = \mathrm{e}^{-\lambda}$;

当 $k>0$ 时, $P(Z=k) = \dfrac{1}{2}P(Y=k) = \dfrac{\mathrm{e}^{-\lambda} \lambda^{k}}{2k!}$.

2.【分析】 (1) 利用一个离散型、一个连续型随机变量综合函数的分布; (2) 利用随机变量相关性的判断; (3) 利用随机变量独立性的定义. 本题为第三章与第四章的综合题型.

【详解】 (1) 随机变量 X 的分布函数 $F_X(x) = \begin{cases} 1 - \mathrm{e}^{-x}, & x \geqslant 0, \\ 0, & x < 0. \end{cases}$

$$F_Z(z) = P(Z \leqslant z) = P(XY \leqslant z) = P(Y=-1)P(XY \leqslant z \mid Y=-1) + P(Y=1)P(XY \leqslant z \mid Y=1)$$
$$= pP(X \geqslant -z) + (1-p)P(X \leqslant z) = p[1 - F_X(-z)] + (1-p)F_X(z).$$

当 $z<0$ 时, $F_Z(z)=p[1-F_X(-z)]=p\mathrm{e}^z$;

当 $z\geqslant 0$ 时, $F_Z(z)=p[1-F_X(-z)]+(1-p)F_X(z)=p+(1-p)(1-\mathrm{e}^{-z})$.

因此, Z 的概率密度 $f_Z(z)=\begin{cases}p\mathrm{e}^z, & z<0, \\ (1-p)\mathrm{e}^{-z}, & z\geqslant 0.\end{cases}$

(2) $E(X)=1$, $E(Z)=E(XY)=E(X)E(Y)=1-2p$, $E(XZ)=E(X^2Y)=E(X^2)E(Y)=2(1-2p)$. 当 $E(XZ)=E(X)E(Z)$ 时, X 与 Z 不相关, 此时 $1-2p=2(1-2p)$, 得 $1-2p=0$, 故 $p=\dfrac{1}{2}$.

(3) 因为 $P(X\leqslant 1, Z\leqslant -1)=P(\{X\leqslant 1\}\cap\{Y=-1, X\geqslant 1\})=0$.

又 $P(X\leqslant 1)=1-\mathrm{e}^{-1}$, $P(Z\leqslant -1)=p\mathrm{e}^{-1}$, 则 $P(X\leqslant 1, Z\leqslant -1)\neq P(X\leqslant 1)P(Z\leqslant -1)$, 因此, X 与 Z 不相互独立.

3. 【分析】 (1) 利用二维均匀分布的定义与性质;(2) 随机变量相关系数的计算. 本题为第三章与第四章的综合题型.

【详解】 (1) 易得区域 D 的面积 $S_D=\dfrac{\pi}{2}$.

$$P(Z_1=1, Z_2=1)=P(X-Y>0, X+Y>0)=P(X>Y, X>-Y)=P(X>Y)=\frac{1}{4},$$

$$P(Z_1=1, Z_2=0)=P(X-Y>0, X+Y\leqslant 0)=P(X>Y, X\leqslant -Y)=0,$$

$$P(Z_1=0, Z_2=1)=P(X-Y\leqslant 0, X+Y>0)=P(X\leqslant Y, X>-Y)=P(-Y<X\leqslant Y)=\frac{1}{2},$$

$$P(Z_1=0, Z_2=0)=P(X-Y\leqslant 0, X+Y\leqslant 0)=P(X\leqslant Y, X\leqslant -Y)=P(X\leqslant -Y)=\frac{1}{4}.$$

(2) 由(1)得, $P(Z_1=1)=\dfrac{1}{4}$, $P(Z_1=0)=\dfrac{3}{4}$, $P(Z_2=1)=\dfrac{3}{4}$, $P(Z_2=0)=\dfrac{1}{4}$, $E(Z_1Z_2)=\dfrac{1}{4}$.

从而 $E(Z_1)=\dfrac{1}{4}$, $E(Z_2)=\dfrac{3}{4}$, $\mathrm{cov}(Z_1, Z_2)=E(Z_1Z_2)-E(Z_1)E(Z_2)=\dfrac{1}{16}$, $E(Z_1^2)=\dfrac{1}{4}$, $E(Z_2^2)=\dfrac{3}{4}$,

$D(Z_1)=\dfrac{3}{16}$, $D(Z_2)=\dfrac{3}{16}$.

因此, $\rho_{Z_1Z_2}=\dfrac{\mathrm{cov}(Z_1, Z_2)}{\sqrt{D(Z_1)D(Z_2)}}=\dfrac{1}{3}$.

4. 【分析】 利用均匀分布、随机变量函数的分布和数学期望的计算. 本题为第二章、第三章与第四章的综合题型.

【详解】 设该点的坐标为 T, 则 $T\sim U(0,2)$, T 的概率密度为 $f_T(t)=\begin{cases}\dfrac{1}{2}, & 0<t<2, \\ 0, & \text{其他},\end{cases}$ 从而

$$X=\min\{T, 2-T\}, \quad Y=\max\{T, 2-T\}.$$

(1) 设 X 的分布函数为 $F_X(x)$, 则

$$F_X(x)=P(X\leqslant x)=P(\min\{T, 2-T\}\leqslant x)=1-P(T>x, 2-T>x)=1-P(T>x, T<2-x).$$

当 $x\leqslant 0$ 时, $F_X(x)=1-P(T>x, T<2-x)=1-P(0<T<2)=1-1=0$;

当 $0<x<1$ 时, $F_X(x)=1-P(T>x, T<2-x)=1-P(x<T<2-x)=1-\dfrac{2-2x}{2}=x$;

当 $x\geqslant 1$ 时, $F_X(x)=1-P(T>x, T<2-x)=1-0=1$.

故 X 的概率密度为 $f_X(x)=\begin{cases}1, & 0<x<1, \\ 0, & \text{其他},\end{cases}$ 即 $X\sim U(0,1)$.

（2）$Z = \dfrac{Y}{X} = \dfrac{2-X}{X} > 1$，设 Z 的分布函数为 $F_Z(z)$，则

$$F_Z(z) = P(Z \leqslant z) = P\left(\dfrac{2-X}{X} \leqslant z\right) = P\left(\dfrac{2}{X} \leqslant z+1\right).$$

当 $z \leqslant 1$ 时，$F_Z(z) = P\left(\dfrac{2}{X} \leqslant z+1\right) = 0$；当 $z > 1$ 时，$F_Z(z) = P\left(X \geqslant \dfrac{2}{z+1}\right) = 1 - \dfrac{2}{z+1}$.

故 Z 的概率密度为 $f_Z(z) = \begin{cases} \dfrac{2}{(z+1)^2}, & z > 1, \\ 0, & z \leqslant 1. \end{cases}$

（3）$E\left(\dfrac{X}{Y}\right) = E\left(\dfrac{X}{2-X}\right) = \displaystyle\int_0^1 \dfrac{x}{2-x}\mathrm{d}x = 2\ln 2 - 1$.

5.【分析】 利用二维连续型随机变量独立性的判断、二维连续型随机变量函数的分布和数字特征的计算. 本题为第三章与第四章的综合题型.

【详解】 （1）$E(X) = \displaystyle\int_{-\infty}^{+\infty}\int_{-\infty}^{+\infty} x f(x,y)\mathrm{d}x\mathrm{d}y = \iint\limits_{x^2+y^2 \leqslant 1} x \dfrac{2}{\pi}(x^2+y^2)\mathrm{d}x\mathrm{d}y = 0$,

$$E(X^2) = \int_{-\infty}^{+\infty}\int_{-\infty}^{+\infty} x^2 f(x,y)\mathrm{d}x\mathrm{d}y = \iint\limits_{x^2+y^2 \leqslant 1} x^2 \dfrac{2}{\pi}(x^2+y^2)\mathrm{d}x\mathrm{d}y = \dfrac{4}{\pi}\int_0^{\frac{\pi}{2}}\mathrm{d}\theta\int_0^1 r^5 \mathrm{d}r = \dfrac{1}{3},$$

所以 $D(X) = \dfrac{1}{3}$.

同理，$D(Y) = \dfrac{1}{3}$.

（2）$f_X(x) = \displaystyle\int_{-\infty}^{+\infty} f(x,y)\mathrm{d}y = \begin{cases} \displaystyle\int_{-\sqrt{1+x^2}}^{\sqrt{1+x^2}} \dfrac{2}{\pi}(x^2+y^2)\mathrm{d}y, & -1 < x < 1, \\ 0, & \text{其他} \end{cases} = \begin{cases} \dfrac{4}{3\pi}(1+2x^2)\sqrt{1-x^2}, & -1 < x < 1, \\ 0, & \text{其他}. \end{cases}$

同理，$f_Y(y) = \begin{cases} \dfrac{4}{3\pi}(1+2y^2)\sqrt{1-y^2}, & -1 < y < 1, \\ 0, & \text{其他}. \end{cases}$

因为 $f(x,y) \neq f_X(x) \cdot f_Y(y)$，所以 X 与 Y 不相互独立.

（3）$F_Z(z) = P(Z \leqslant z) = P\{X^2 + Y^2 \leqslant z\}$.

当 $z \leqslant 0$ 时，$F_Z(z) = 0$；

当 $0 < z < 1$ 时，$F_Z(z) = \iint\limits_{x^2+y^2 \leqslant z} \dfrac{2}{\pi}(x^2+y^2)\mathrm{d}x\mathrm{d}y = \dfrac{2}{\pi}\int_0^{2\pi}\mathrm{d}\theta\int_0^{\sqrt{z}} r^3 \mathrm{d}r = z^2$；

当 $z \geqslant 1$ 时，$F_Z(z) = 1$.

故 Z 的概率密度为 $f_Z(z) = \begin{cases} 2z, & 0 < Z < 1, \\ 0, & \text{其他}. \end{cases}$

6.【分析】 利用连续型随机变量的分布函数、随机变量函数的分布和数学期望的计算. 本题为第二章与第四章的综合题型.

【详解】 （1）设 X 的分布函数为 $F_X(x)$，则 $F_X(x) = \displaystyle\int_{-\infty}^x \dfrac{\mathrm{e}^x}{(1+\mathrm{e}^x)^2}\mathrm{d}x = \dfrac{\mathrm{e}^x}{1+\mathrm{e}^x}$.

（2）设 Y 的分布函数为 $F_Y(y)$，则 $F_Y(y) = P(Y \leqslant y) = P(\mathrm{e}^X \leqslant y)$.

当 $y \leqslant 0$ 时，$F_Y(y) = 0$；

当 $y > 0$ 时，$F_Y(y) = P(X \leqslant \ln y) = F_X(\ln y) = \dfrac{y}{1+y}$.

故 Y 的概率密度为 $f_Y(y) = \begin{cases} \dfrac{1}{(1+y)^2}, & y>0, \\ 0, & y\leqslant 0. \end{cases}$

（3）因为 $\displaystyle\int_0^{+\infty} \dfrac{y}{(1+y)^2}\mathrm{d}y = \left[\ln(1+y)+\dfrac{1}{1+y}\right]_0^{+\infty} = \infty$，所以 Y 的数学期望不存在.

习 题 五

第一部分 基 本 题

一、选择题

1. B. 2. A. 3. D. 4. C.

二、填空题

1. $N\left(\dfrac{n}{2}, \dfrac{n}{12}\right)$. 2. $N\left(\dfrac{1}{2}, \dfrac{1}{2n}\right)$. 3. $1-\Phi\left(\dfrac{a-n\mu}{\sigma\sqrt{n}}\right)$. 4. 0.022 7.

三、计算题

1. 不服从. 2. 不服从. 3. $N\left(a_2, \dfrac{a_4-a_2^2}{n}\right)$. 4. 略. 5. 0.000 2. 6. 272.

7. （1）0.006 2;（2）807 840. 8. （1）0.818 5; （2）81. 9. 52 083 333, 1 587 769.

10. 537. 11. 0.910 6, 0.908 4, 0.843 8. 12. （1）0.003;（2）0.5.

第二部分 提 高 题

1. 证 对任意 $n, a<X_{(1)}<b$. 当 $a<x<b$ 时, 有

$$P(X_{(1)}\leqslant x) = 1-P(X_{(1)}>x) = 1-P(X_1>x, \cdots, X_n>x)$$
$$= 1-\prod_{i=1}^{n} P(X_i>x) = 1-\left(1-\dfrac{x-a}{b-a}\right)^n$$
$$= 1-\left(\dfrac{b-x}{b-a}\right)^n;$$

当 $x\leqslant a$ 时, $P(X_{(1)}\leqslant x) = 0$; 当 $x\geqslant b$ 时, $P(X_{(1)}\leqslant x) = 1$. $\forall \varepsilon>0 (\varepsilon<b-a)$, 有

$$P(|X_{(1)}-a|<\varepsilon) = 1-P(|X_{(1)}-a|\geqslant\varepsilon)$$
$$= 1-P(X_{(1)}\leqslant a-\varepsilon)-P(X_{(1)}\geqslant a+\varepsilon)$$
$$= P(X_{(1)}<a+\varepsilon)-P(X_{(1)}\leqslant a-\varepsilon)$$
$$= 1-\left(\dfrac{b-a-\varepsilon}{b-a}\right)^n \to 1 \quad (n\to\infty),$$

所以 $X_{(1)} \xrightarrow{P} a$.

2. 证 设 $Y_n = \dfrac{1}{n}\sum_{i=1}^{n} X_i$, 则

$$E(Y_n) = \dfrac{1}{n}\sum_{i=1}^{n} E(X_i) = \dfrac{1}{n}\sum_{i=1}^{n}\mu_i, \quad D(Y_n) = \dfrac{1}{n^2}\sum_{i=1}^{n} D(X_i).$$

由切比雪夫不等式可知, 对任何 $\varepsilon>0$, 有

$$P(|Y_n-E(Y_n)|<\varepsilon) \geqslant 1-\dfrac{D(Y_n)}{\varepsilon^2}.$$

即 $P\left(\left|\dfrac{1}{n}\sum_{i=1}^{n}X_i-\dfrac{1}{n}\sum_{i=1}^{n}\mu_i\right|<\varepsilon\right)\geqslant 1-\dfrac{\dfrac{1}{n^2}\sum_{i=1}^{n}D(X_i)}{\varepsilon^2}\to 1$，$n\to\infty$，所以 $\{X_n\}$ 满足大数定律.

3. 解　由于每次从罐中有放回地抽取一个球，并且每个球都一样，所以 $\{X_n\}$ 独立同分布，且 $X_n\sim B(1,$ $0.1)$，因为 $E(X_n)=0.1(n=1,2,\cdots)$ 存在，由辛钦大数定律知 $\{X_n\}$ 服从大数定律.

4. 解　设 X_i 表示事件 A 在第 i 次试验中发生的次数，则 $X_i\sim B(1,p_i)(i=1,2,\cdots,n)$，并且 $X_1,X_2,\cdots,$ X_n 相互独立，$m=\sum_{i=1}^{n}X_i$，因为 $E(X_i)=p_i,D(X_i)=p_i(1-p_i)<1$　$(i=1,2,\cdots)$. 由切比雪夫大数定律，对于任意 $\varepsilon>0$，有

$$\lim_{n\to\infty}P\left(\left|\dfrac{1}{n}\sum_{i=1}^{n}X_i-\dfrac{1}{n}\sum_{i=1}^{n}E(X_i)\right|<\varepsilon\right)=\lim_{n\to\infty}P\left(\left|\dfrac{m}{n}-\dfrac{1}{n}\sum_{i=1}^{n}p_i\right|<\varepsilon\right)=1.$$

5. 解　（1）设 X_i 表示第 i 个学生来参加家长会的家长数，则 X_i 的概率分布为

X_i	0	1	2
P	0.05	0.8	0.15

$i=1,2,\cdots,400$，且 $X_1,X_2,\cdots,X_{400}$ 相互独立，$X=\sum_{i=1}^{400}X_i$，$E(X_i)=1.1,D(X_i)=0.19(i=1,2,\cdots,400)$，由中心极限定理得 $X=\sum_{i=1}^{400}X_i$ 近似服从 $N(440,76)$，所以

$$P(X>450)=1-P(X\leqslant 450)\approx 1-\Phi\left(\dfrac{450-440}{\sqrt{76}}\right)=0.126\ 1;$$

（2）设 Y 表示有 1 名家长来参加家长会的学生数，则 $Y\sim B(400,0.8)$，由中心极限定理得 Y 近似服从 $N(320,64)$. 所以

$$P(Y\leqslant 340)\approx\Phi\left(\dfrac{340-320}{\sqrt{64}}\right)=0.993\ 8.$$

第三部分　近年考研真题

一、选择题

1. 选（B）.

【分析】　利用独立同分布中心极限定理和正态分布概率的计算. 本题为第二章与第五章的综合题型.

【详解】　因为 $P(X_i=0)=P(X_i=1)=\dfrac{1}{2}$，所以 $E(X_i)=\dfrac{1}{2},D(X_i)=\dfrac{1}{4}$，且 $X_1,X_2,\cdots,X_{100}$ 相互独立.

由独立同分布中心极限定理，近似地，$\sum_{i=1}^{100}X_i\sim N(50,25)$，因此，$P\left(\sum_{i=1}^{100}X_i\leqslant 55\right)\approx\Phi\left(\dfrac{55-50}{5}\right)=\Phi(1)$.

2. 选（B）.

【分析】　利用连续型随机变量函数数学期望的计算和辛钦大数定律. 本题为第四章与第五章的综合题型.

【详解】　因为随机变量 $X_1,X_2,\cdots,X_n$ 独立同分布，所以随机变量 $X_1^2,X_2^2,\cdots,X_n^2$ 也独立同分布，由辛钦大数定律，$\dfrac{1}{n}\sum_{i=1}^{n}X_i^2$ 依概率收敛于 $E\left(\dfrac{1}{n}\sum_{i=1}^{n}X_i^2\right)$.

$$E\left(\dfrac{1}{n}\sum_{i=1}^{n}X_i^2\right)=\dfrac{1}{n}\sum_{i=1}^{n}E(X_i^2)=E(X_1^2)$$

$$= \int_{-\infty}^{+\infty} x^2 f(x) \, dx = \int_{-1}^{1} x^2 (1 - |x|) \, dx = 2 \int_{0}^{1} x^2 (1 - x) \, dx = \frac{1}{6}.$$

习 题 六

第一部分 基 本 题

一、选择题

1. B.　2. B.　3. B.　4. B.　5. A.　6. B.

二、填空题

1. $t(9)$.　2. $\sqrt{\dfrac{5}{2}}$, 5.　3. F, $(10, 5)$.　4. $\dfrac{5}{14} \approx 0.357\,1$.　5. $n-1$.

三、计算题

1. $a = \dfrac{1}{24}$, $b = \dfrac{1}{56}$, 自由度为 2.　2. $\dfrac{1}{3n}$, $\dfrac{1}{3}$, $\dfrac{1}{3n}$.　3. 0.997 4.　4. 385.

5. 0.99.　6. (1) 0.682 6; (2) 385; (3) 0.579 7; (4) 0.369 5.

7. (1) 0.002 6; (2) $\dfrac{2}{81}$.　8. $t(n-1)$.

第二部分 提 高 题

1. 解　因 $X_1, X_2, \cdots, X_n$ 是来自正态总体 $N(\mu, \sigma^2)$ 的简单随机样本, 所以

$$\frac{1}{\sigma^2} \sum_{i=1}^{n} (X_i - \bar{X})^2 \sim \chi^2(n-1), \quad \frac{1}{\sigma^2} \sum_{i=1}^{n} (X_i - \mu)^2 \sim \chi^2(n),$$

即 $\dfrac{(n-1)}{\sigma^2} S_1^2 \sim \chi^2(n-1)$, $\dfrac{n}{\sigma^2} S_2^2 \sim \chi^2(n-1)$, $\dfrac{(n-1)}{\sigma^2} S_3^2 \sim \chi^2(n)$, $\dfrac{n}{\sigma^2} S_4^2 \sim \chi^2(n)$, 故 $a_1 = \dfrac{n-1}{\sigma^2}$, $a_2 = \dfrac{n}{\sigma^2}$, $a_3 = \dfrac{n-1}{\sigma^2}$, $a_4 = \dfrac{n}{\sigma^2}$; 其自由度分别为 $n-1, n-1, n, n$.

2. 解　因 $Y_1 \sim N\left(\mu, \dfrac{\sigma^2}{6}\right)$, $Y_2 \sim N\left(\mu, \dfrac{\sigma^2}{3}\right)$, 又 Y_1, Y_2 相互独立, 故 $Y_1 - Y_2 \sim N\left(0, \dfrac{\sigma^2}{6} + \dfrac{\sigma^2}{3}\right) = N\left(0, \dfrac{\sigma^2}{2}\right)$, 从

而 $\dfrac{Y_1 - Y_2}{\sigma/\sqrt{2}} = \dfrac{\sqrt{2}(Y_1 - Y_2)}{\sigma} \sim N(0, 1)$. 由抽样分布定理知 $\dfrac{2 S^2}{\sigma^2} \sim \chi^2(2)$, 因 Y_1, Y_2, S^2 相互独立, 故 S^2 与 $Y_1 - Y_2$ 相互

独立, 由 t 分布定义得

$$\frac{\sqrt{2}(Y_1 - Y_2)/\sigma}{\sqrt{\dfrac{2 S^2}{\sigma^2} \Big/ 2}} = \frac{\sqrt{2}(Y_1 - Y_2)}{S} = Z \sim t(2),$$

由于 $P(Z \geqslant 4.30) = 0.025$, $P(Z \geqslant 6.97) = 0.01$, 又 $P(Z < 5) = 1 - P(Z \geqslant 5)$, 所以

$$0.975 < P(Z < 5) < 0.99.$$

3. 解　用 S_1^2, S_1^2 分别表示第一个与第二个样本的样本方差, 由抽样分布定理得

$$F = \frac{S_1^2 / S_2^2}{\sigma_1^2 / \sigma_2^2} = \frac{S_1^2 / S_2^2}{20/35} \sim F(7, 9),$$

于是,

$$P(S_1^2 \geqslant 2 S_2^2) = P\left(\frac{S_1^2 / S_2^2}{20/35} \geqslant 3.5\right) = P(F \geqslant 3.5).$$

查 F 分布表得 $F_{0.05}(7,9) = 3.2927$，$F_{0.025}(7,9) = 4.1970$，所以

$$0.025 < P(S_1^2 \geq 2S_2^2) < 0.05.$$

4. 解　因 $X_1 + X_2 \sim N(0, 2\sigma^2)$，$X_1 - X_2 \sim N(0, 2\sigma^2)$，故 $\dfrac{X_1 + X_2}{\sqrt{2}\sigma} \sim N(0,1)$，$\dfrac{X_1 - X_2}{\sqrt{2}\sigma} \sim N(0,1)$，由 χ^2 分布定义

得 $\dfrac{(X_1 + X_2)^2}{2\sigma^2} \sim \chi^2(1)$，$\dfrac{(X_1 - X_2)^2}{2\sigma^2} \sim \chi^2(1)$；由 $\overline{X} = \dfrac{1}{2}(X_1 + X_2)$ 得 $\dfrac{(X_1 + X_2)^2}{2\sigma^2} = \dfrac{2}{\sigma^2}\overline{X}^2$；由 $S^2 = \left(X_1 - \dfrac{X_1 + X_2}{2}\right)^2 +$

$\left(X_2 - \dfrac{X_1 + X_2}{2}\right)^2 = \dfrac{(X_1 - X_2)^2}{2}$ 得 $\dfrac{(X_1 - X_2)^2}{2\sigma^2} = \dfrac{S^2}{\sigma^2}$. 因 $\overline{X}, S^2$ 相互独立，故 $\dfrac{(X_1 + X_2)^2}{2\sigma^2}$ 与 $\dfrac{(X_1 - X_2)^2}{2\sigma^2}$ 相互独立，由 F 分

布定义得 $F = \dfrac{(X_1 + X_2)^2}{(X_1 - X_2)^2} \sim F(1,1)$，于是

$$P\left(\frac{(X_1 + X_2)^2}{(X_1 - X_2)^2} < 40\right) = P(F < 40) = 1 - P(F \geq 40) \approx 1 - 0.1 = 0.9.$$

5. 证　设 $X \sim F(m,n)$，则 $\forall \alpha\,(0 < \alpha < 1)$，有 $P(X > F_\alpha(m,n)) = \alpha$. 由于 $\dfrac{1}{X} \sim F(n,m)$，所以

$P\left(\dfrac{1}{X} > F_{1-\alpha}(n,m)\right) = 1 - \alpha$，即 $P\left(X < \dfrac{1}{F_{1-\alpha}(n,m)}\right) = 1 - \alpha$ 或 $P\left(X > \dfrac{1}{F_{1-\alpha}(n,m)}\right) = \alpha$. 比较 $P(X > F_\alpha(m,n)) = \alpha$ 和

$P\left(X > \dfrac{1}{F_{1-\alpha}(n,m)}\right) = \alpha$，故 $F_\alpha(m,n) = \dfrac{1}{F_{1-\alpha}(n,m)}$.

6. 证　设取自同一总体的两个样本分别为 $X_{11}, X_{21}, \cdots, X_{n1}$；$X_{12}, X_{22}, \cdots, X_{m2}$. 由 $\overline{X}_1 = \dfrac{1}{n}\sum\limits_{i=1}^{n} X_{i1}$，$\overline{X}_2 =$

$\dfrac{1}{m}\sum\limits_{i=1}^{m} X_{i2}$，得 $\overline{X} = \dfrac{1}{n+m}\left(\sum\limits_{i=1}^{n} X_{i1} + \sum\limits_{i=1}^{m} X_{i2}\right) = \dfrac{n\overline{X}_1 + m\overline{X}_2}{n+m}$；由 $S_1^2 = \dfrac{1}{n-1}\sum\limits_{i=1}^{n}(X_{i1} - \overline{X}_1)^2$，$S_2^2 = \dfrac{1}{m-1}\sum\limits_{i=1}^{m}(X_{i2} - \overline{X}_2)^2$，得

$$
\begin{aligned}
S^2 &= \frac{1}{n+m-1}\left[\sum_{i=1}^{n}(X_{i1} - \overline{X})^2 + \sum_{i=1}^{m}(X_{i2} - \overline{X})^2\right] \\
&= \frac{1}{n+m-1}\left[\sum_{i=1}^{n}(X_{i1} - \overline{X}_1 + \overline{X}_1 - \overline{X})^2 + \sum_{i=1}^{m}(X_{i2} - \overline{X}_2 + \overline{X}_2 - \overline{X})^2\right] \\
&= \frac{1}{n+m-1}\left[\sum_{i=1}^{n}(X_{i1} - \overline{X}_1)^2 + n(\overline{X}_1 - \overline{X})^2 + \sum_{i=1}^{m}(X_{i2} - \overline{X}_2)^2 + m(\overline{X}_2 - \overline{X})^2\right] \\
&= \frac{1}{n+m-1}\left[(n-1)S_1^2 + (m-1)S_2^2 + n(\overline{X}_1 - \overline{X})^2 + m(\overline{X}_2 - \overline{X})^2\right] \\
&= \frac{(n-1)S_1^2 + (m-1)S_2^2}{n+m-1} + \frac{n\left(\overline{X}_1 - \dfrac{n\overline{X}_1 + m\overline{X}_2}{n+m}\right)^2 + m\left(\overline{X}_2 - \dfrac{n\overline{X}_1 + m\overline{X}_2}{n+m}\right)^2}{n+m-1} \\
&= \frac{(n-1)S_1^2 + (m-1)S_2^2}{n+m-1} + \frac{nm^2\left(\dfrac{\overline{X}_1 - \overline{X}_2}{n+m}\right)^2 + mn^2\left(\dfrac{\overline{X}_1 - \overline{X}_2}{n+m}\right)^2}{n+m-1} \\
&= \frac{(n-1)S_1^2 + (m-1)S_2^2}{n+m-1} + \frac{nm(\overline{X}_1 - \overline{X}_2)^2}{(n+m)(n+m-1)}.
\end{aligned}
$$

第三部分　近年考研真题

一、选择题

1. 选(B).

【分析】　利用正态总体的抽样定理和 t 分布的定义.

【详解】 因为 $\overline{X} \sim N\left(\mu, \dfrac{\sigma^2}{n}\right)$，所以 $\dfrac{\overline{X}-\mu}{\sigma/\sqrt{n}} \sim N(0, 1)$，又 $\dfrac{(n-1)S^2}{\sigma^2} \sim \chi^2(n-1)$，且 $\overline{X}$ 与 S^2 相互独立，因此

$\dfrac{\overline{X}-\mu}{\sigma/\sqrt{n}}$ 与 $\dfrac{(n-1)S^2}{\sigma^2}$ 相互独立，从而

$$\frac{\sqrt{n}\,(\overline{X}-\mu)}{S} = \frac{\dfrac{\overline{X}-\mu}{\sigma/\sqrt{n}}}{\sqrt{\dfrac{(n-1)S^2}{\sigma^2}\Big/(n-1)}} \sim t(n-1).$$

2. 选（D）.

【分析】 利用正态总体的抽样定理和 F 分布的定义.

【详解】 因为 $X_1, X_2, \cdots, X_n$ 的样本方差 $S_1^2 = \dfrac{1}{n-1}\displaystyle\sum_{i=1}^{n}(X_i-\overline{X})^2$，$Y_1, Y_2, \cdots, Y_m$ 的样本方差 $S_2^2 =$

$\dfrac{1}{m-1}\displaystyle\sum_{i=1}^{m}(Y_i-\overline{Y})^2$，则 $\dfrac{(n-1)S_1^2}{\sigma^2} \sim \chi^2(n-1)$，$\dfrac{(m-1)S_2^2}{2\sigma^2} \sim \chi^2(m-1)$，两个样本相互独立，所以，根据 F 分布的定

义，$\dfrac{\dfrac{(n-1)S_1^2}{\sigma^2}\Big/(n-1)}{\dfrac{(m-1)S_2^2}{2\sigma^2}\Big/(m-1)} = \dfrac{2S_1^2}{S_2^2} \sim F(n-1, m-1)$.

习 题 七

第一部分 基 本 题

一、选择题

1. C. 2. D. 3. C. 4. B. 5. D. 6. A. 7. C.

二、填空题

1. $2\overline{X}$. 2. $\dfrac{1}{2n}\displaystyle\sum_{i=1}^{n}X_i^2$. 3. $1:2$. 4. $\dfrac{X}{m}$. 5. $\dfrac{1}{n}$. 6. $a+b=1$. 7. $\dfrac{2}{3}, \hat{\mu}_2$. 8. 62.

三、计算题

1. $\hat{p} = \dfrac{1}{\overline{X}}, \hat{p} = \dfrac{1}{\overline{X}}$. 2. $\hat{\lambda} = \overline{X} = 1.9, \hat{\lambda} = \overline{X} = 1.9$. 3. $1/5, 3/5$.

4. （1）$\hat{\theta} = 3\overline{X}$；（2）$\hat{\theta} = \dfrac{2}{\overline{X}}$；（3）$\hat{\theta} = \dfrac{\overline{X}}{1-\overline{X}}$；（4）$\hat{a} = \sqrt{\dfrac{2}{n}\displaystyle\sum_{i=1}^{n}X_i^2 - 2\overline{X}}$，$\hat{b} = \overline{X} - \sqrt{\dfrac{2}{n}\displaystyle\sum_{i=1}^{n}X_i^2 - 2\overline{X}}$.

5. （1）$\hat{\theta} = \dfrac{2}{\overline{X}}$；（2）$\hat{\theta} = -\dfrac{n}{\displaystyle\sum_{i=1}^{n}\ln X_i}$；（3）$\hat{\theta} = \dfrac{X_{(n)}}{a+1}$. 6. $\dfrac{1}{n}\displaystyle\sum_{i=1}^{n}(X_i-\mu)^2$.

7. $\hat{\theta} = \max\left\{\left|\min_{1\leqslant i\leqslant n}x_i\right|, \left|\max_{1\leqslant i\leqslant n}x_i\right|\right\}$，估计值为 2.9.

8. （1）$\hat{\theta}_1 = \overline{X} - \theta_2$；（2）$\hat{\theta}_2 = \dfrac{1}{n}\displaystyle\sum_{i=1}^{n}x_i - \theta_1 = \overline{X} - \theta_1$. 9. $\hat{R} = \dfrac{n}{k} - 1$.

10. $\dfrac{2n-1}{n^2}\sigma^4$. 11. $\hat{\mu}_3 = \overline{X}$ 最有效. 12. $\hat{\sigma}_2^2 = \dfrac{1}{n}\displaystyle\sum_{i=1}^{n}(X_i-\mu)^2$ 更有效. 13. 略.

14. (1.002 16, 1.017 84).   15. (71.8, 85.2).   16. (0.038 2, 0.589 4).

17. (55.203 2, 444.097 8), (7.429 9, 21.073 6).   18. (−1.014, 3.814).

19. (−6.187, 17.687).   20. (0.221 9, 3.597 0).

第二部分　提　高　题

1. 证　因为 $X_1, X_2, \cdots, X_n$ 是来自 $X \sim P(\lambda)$ 的样本,所以 $X_1, X_2, \cdots, X_n$ 相互独立,并且 $E(X_i) = \lambda$, $D(X_i) = \lambda (i = 1, 2, \cdots, n)$,则

$$E(\overline{X}) = \frac{1}{n} \sum_{i=1}^{n} E(X_i) = \lambda, \quad D(\overline{X}) = \frac{1}{n^2} \sum_{i=1}^{n} D(X_i) = \frac{\lambda}{n}.$$

$$\begin{aligned}
E(S^2) &= \frac{1}{n-1} E\left[\sum_{i=1}^{n} (X_i - \overline{X})^2 \right] = \frac{1}{n-1} \left[\sum_{i=1}^{n} E(X_i^2) - n E(\overline{X}^2) \right] \\
&= \frac{1}{n-1} \left\{ \sum_{i=1}^{n} \left[D(X_i) + E^2(X_i) \right] - n \left[D(\overline{X}) + E^2(\overline{X}) \right] \right\} \\
&= \frac{1}{n-1} \left[n\lambda + n\lambda^2 - n\left(\frac{\lambda}{n} + \lambda^2 \right) \right] \\
&= \lambda.
\end{aligned}$$

并且对一切 $\alpha (0 < \alpha < 1)$,有

$$E[\alpha \overline{X} + (1-\alpha) S^2] = \alpha E(\overline{X}) + (1-\alpha) E(S^2) = \alpha \lambda + (1-\alpha) \lambda = \lambda.$$

故 S^2 和 $\alpha \overline{X} + (1-\alpha) S^2 (0 < \alpha < 1)$ 都是 λ 的无偏估计量.

2. 证

$$\begin{aligned}
E(\hat{\theta}_n - \theta)^2 &= E[\hat{\theta}_n - E(\hat{\theta}_n) + E(\hat{\theta}_n) - \theta]^2 \\
&= E[\hat{\theta}_n - E(\hat{\theta}_n)]^2 + 2E[\hat{\theta}_n - E(\hat{\theta}_n)][E(\hat{\theta}_n) - \theta] + E[E(\hat{\theta}_n) - \theta]^2 \\
&= D(\hat{\theta}_n) + [E(\hat{\theta}_n) - \theta]^2.
\end{aligned}$$

因为 $\lim\limits_{n \to \infty} E(\hat{\theta}_n - \theta)^2 = 0$ 且 $D(\hat{\theta}_n) > 0$, $[E(\hat{\theta}_n) - \theta]^2 \geqslant 0$,所以 $\lim\limits_{n \to \infty} D(\hat{\theta}_n) = 0$, $\lim\limits_{n \to \infty} E(\hat{\theta}_n) = \theta$. 由定理 7.2.1 知 $\hat{\theta}_n$ 是 θ 的一致(相合)估计量.

3. 解　由于总体 $X \sim N(\mu, 8)$, $X_1, X_2, \cdots, X_{36}$ 为 X 的样本,所以 $\overline{X} \sim N\left(\mu, \frac{2}{9}\right)$,即 $\dfrac{\overline{X} - \mu}{\sqrt{2/9}} \sim N(0, 1)$,故所求置信度为

$$\begin{aligned}
P(\overline{X} - 1 < \mu < \overline{X} + 1) &= P(-1 < \mu - \overline{X} < 1) = P\left(\left| \frac{\overline{X} - \mu}{\sqrt{2/9}} \right| < \frac{1}{\sqrt{2/9}} \right) \\
&= 2\Phi\left(\frac{1}{\sqrt{2/9}} \right) - 1 = 0.966.
\end{aligned}$$

4. 解　θ 的最大似然估计量为 $\hat{\theta} = \max\{X_1, X_2, \cdots, X_n\} = X_{(n)}$. 先求 $E(X_{(n)})$,因此要求 $X_{(n)}$ 的分布密度.

总体 X 的分布函数为

$$F(x) = \begin{cases} 0, & x \leqslant 0, \\ \dfrac{x}{\theta}, & 0 < x < \theta, \\ 1, & x \geqslant \theta. \end{cases}$$

而 $X_{(n)}$ 的分布函数为

$$G(x) = F^n(x) = \begin{cases} 0, & x \leqslant 0, \\ \dfrac{x^n}{\theta^n}, & 0 < x < \theta, \\ 1, & x \geqslant \theta. \end{cases}$$

$X_{(n)}$ 的分布密度为

$$g(x) = G'(x) = \begin{cases} \dfrac{nx^{n-1}}{\theta^n}, & 0 < x < \theta, \\ 0, & \text{其他}. \end{cases}$$

所以

$$E(X_{(n)}) = n\int_0^\theta x\,\frac{x^{n-1}}{\theta^n}\mathrm{d}x = \frac{n}{\theta^n}\int_0^\theta x^n\mathrm{d}x = \frac{n\theta^{n+1}}{(n+1)\theta^n} = \frac{n\theta}{n+1},$$

于是 $E\left(\dfrac{n+1}{n}X_{(n)}\right) = \theta$，故估计量 $\dfrac{n+1}{n}X_{(n)}$ 为 θ 的无偏估计.

5. **解法一**　湖中有记号的鱼的比例是 $\dfrac{r}{N}$（概率），而在捕出的 n 条中，有记号的鱼为 k 条，有记号的鱼的比例是 $\dfrac{k}{n}$（频率）. 我们设想捕鱼完全是随机的，每条鱼被捕到的机会都相等，于是根据频率近似概率的原理（统计概率），便有 $\dfrac{r}{N} = \dfrac{k}{n}$，即得 $N = \dfrac{rn}{k}$. 因为 N 为整数，故取 $N = \left[\dfrac{rn}{k}\right]$（最大整数部分）.

解法二　设捕出的 n 条中有记号的鱼数为 X，则 X 是一个随机变量，显然 X 只能取 $0,1,2,\cdots,r$，且 $P(X=i) = \mathrm{C}_r^i \mathrm{C}_{N-r}^{n-i}/\mathrm{C}_N^n,\ i = 0,1,\cdots,r$. 因而捕出的 n 条出现 k 条有标记的鱼，其概率为

$$P(X=k) = \frac{\mathrm{C}_r^k \mathrm{C}_{N-r}^{n-k}}{\mathrm{C}_N^n} = L(N).$$

式中 N 是一个未知参数，根据最大似然估计法，取参数 N 的估计值 $\hat{N}$，使得 $L(\hat{N}) = \max\{L(N)\}$，为此考虑

$$\frac{L(N)}{L(N-1)} = \frac{\mathrm{C}_r^k \mathrm{C}_{N-r}^{n-k} \mathrm{C}_{N-1}^n}{\mathrm{C}_N^n \mathrm{C}_r^k \mathrm{C}_{N-1-r}^{n-k}} = \frac{(N-r)(N-n)}{N(N-r-n+k)} = \frac{N^2 - Nr - Nn + rn}{N^2 - Nr - Nn + rk}.$$

所以，当 $rn < Nk$ 时，$L(N)/L(N-1) < 1$，$L(N)$ 是 N 的下降函数；当 $rn > Nk$ 时，$L(N)/L(N-1) > 1$，$L(N)$ 是 N 的上升函数. 于是当 $N = rn/k$ 时，$L(N)$ 达到最大值，取 $N = \left[\dfrac{rn}{k}\right]$.

解法三　用矩估法. 因为 X 服从超几何分布，而超几何分布的数学期望为 $EX = \dfrac{rn}{N}$，此即捕 N 条鱼得到有标记的鱼的总体平均数，而现在只捕一次出现 k 条有标记的鱼，故由矩估计法，令总体 1 阶原点矩等于样本 1 阶原点矩，即 $\dfrac{rn}{N} = k$ 于是 $\hat{N} = \left[\dfrac{rn}{k}\right]$.

第三部分　近年考研真题

一、填空题

1. 选（C）.

【分析】　利用无偏估计的定义、二维正态分布的性质和随机变量数字特征的计算. 本题为第三章、第四章与第七章的综合题型.

【详解】　因为总体 $(X,Y) \sim N(\mu_1,\mu_2;\sigma_1^2,\sigma_2^2;\rho)$，所以 $\overline{X} \sim N\left(\mu_1,\dfrac{\sigma_1^2}{n}\right)$，$\overline{Y} \sim N\left(\mu_2,\dfrac{\sigma_2^2}{n}\right)$.

因为 $E(\hat{\theta}) = E(\overline{X} - \overline{Y}) = E(\overline{X}) - E(\overline{Y}) = \mu_1 - \mu_2 = \theta$，所以 $\hat{\theta}$ 是 θ 的无偏估计.

$$D(\hat{\theta}) = D(\overline{X} - \overline{Y}) = D(\overline{X}) + D(\overline{Y}) - 2\mathrm{cov}(\overline{X},\overline{Y}),$$

$$\mathrm{cov}(\overline{X},\overline{Y}) = \mathrm{cov}\left(\frac{1}{n}\sum_{i=1}^n X_i, \frac{1}{n}\sum_{i=1}^n Y_i\right) = \frac{1}{n^2}\sum_{i=1}^n \mathrm{cov}(X_i,Y_i) = \frac{1}{n}\mathrm{cov}(X,Y) = \frac{1}{n}\rho\sigma_1\sigma_2,$$

因此，$D(\hat{\theta}) = \dfrac{\sigma_1^2 + \sigma_2^2 - 2\rho\sigma_1\sigma_2}{n}$.

2. 选（A）.

【分析】 利用离散型一般总体有样本观测值时参数的最大似然估计.

【详解】 似然函数 $L(\theta) = \prod\limits_{i=1}^{n} P(X_i = x_i) = \left(\dfrac{1-\theta}{2}\right)^3 \cdot \left(\dfrac{1+\theta}{4}\right)^5$.

上式两边同时取对数，得 $\ln L(\theta) = 3\ln\left(\dfrac{1-\theta}{2}\right) + 5\ln\left(\dfrac{1+\theta}{4}\right)$.

上式两边同时求导数，得 $\dfrac{\mathrm{d}\ln L(\theta)}{\mathrm{d}\theta} = \dfrac{3}{\frac{1-\theta}{2}} \cdot \left(-\dfrac{1}{2}\right) + \dfrac{5}{\frac{1+\theta}{4}} \cdot \dfrac{1}{4} = \dfrac{3}{\theta-1} + \dfrac{5}{1+\theta} = 0$.

因此，θ 的最大似然估计值为 $\hat{\theta} = \dfrac{1}{4}$.

3. 选（A）

【分析】 利用样本的定义、正态分布的性质、随机变量函数数学的期望和无偏估计的定义. 本题为第三章、第四章、第六章与第七章的综合题型.

【详解】 由题意可知 $X_1 - X_2 \sim N(0, 2\sigma^2)$. 令 $Y = X_1 - X_2$，则 Y 的概率密度为 $f(y) = \dfrac{1}{2\sqrt{\pi}\,\sigma} e^{-\frac{y^2}{4\sigma^2}}$,

$$E(|Y|) = \int_{-\infty}^{+\infty} |y| f(y)\,\mathrm{d}y = \int_{-\infty}^{+\infty} |y| \dfrac{1}{2\sqrt{\pi}\,\sigma} e^{-\frac{y^2}{4\sigma^2}}\,\mathrm{d}y = \dfrac{1}{\sqrt{\pi}\,\sigma} \int_{0}^{+\infty} y\, e^{-\frac{y^2}{4\sigma^2}}\,\mathrm{d}y = \dfrac{2\sigma}{\sqrt{\pi}},$$

$E(a|X_1 - X_2|) = aE(|Y|) = a\dfrac{2\sigma}{\sqrt{\pi}}$，由 $E(\hat{\sigma}) = \sigma$，得 $a = \dfrac{\sqrt{\pi}}{2}$.

二、解答题

1. 【分析】 （1）利用最大似然估计的计算步骤；（2）利用随机变量的数字特征. 本题为第四章与第七章的综合题型.

【详解】 （1）因为 $f(x, \sigma) = \dfrac{1}{2\sigma} e^{-\frac{|x|}{\sigma}}$，$-\infty < x < +\infty$，所以似然函数 $L(\sigma) = \prod\limits_{i=1}^{n} f(x_i) = \prod\limits_{i=1}^{n} \dfrac{1}{2\sigma} e^{-\frac{|x_i|}{\sigma}} = 2^{-n}\sigma^{-n} e^{-\frac{1}{\sigma}\sum\limits_{i=1}^{n}|x_i|}$.

上式两边同时取对数，得 $\ln L(\sigma) = -n\ln 2 - n\ln \sigma - \dfrac{1}{\sigma}\sum\limits_{i=1}^{n}|x_i|$.

上式两边同时求导数，得 $\dfrac{\mathrm{d}\ln L(\sigma)}{\mathrm{d}\sigma} = -\dfrac{n}{\sigma} + \dfrac{1}{\sigma^2}\sum\limits_{i=1}^{n}|x_i| = 0$.

因此，σ 的最大似然估计量 $\hat{\sigma} = \dfrac{1}{n}\sum\limits_{i=1}^{n}|X_i|$.

（2）$E(\hat{\sigma}) = E\left(\dfrac{1}{n}\sum\limits_{i=1}^{n}|X_i|\right) = E(|X|) = \int_{-\infty}^{+\infty} |x| \dfrac{1}{2\sigma} e^{-\frac{|x|}{\sigma}}\,\mathrm{d}x = \int_{0}^{+\infty} \dfrac{x}{\sigma} e^{-\frac{x}{\sigma}}\,\mathrm{d}x = \sigma\int_{0}^{+\infty} \dfrac{x}{\sigma} e^{-\frac{x}{\sigma}}\,\mathrm{d}\dfrac{x}{\sigma} = \sigma$.

$D(\hat{\sigma}) = D\left(\dfrac{1}{n}\sum\limits_{i=1}^{n}|X_i|\right) = \dfrac{1}{n}D(|X_i|) = \dfrac{1}{n}D(|X|)$.

而 $E(|X|^2) = E(X^2) = \int_{-\infty}^{+\infty} x^2 \dfrac{1}{2\sigma} e^{-\frac{|x|}{\sigma}}\,\mathrm{d}x = \int_{0}^{+\infty} \dfrac{x^2}{\sigma} e^{-\frac{x}{\sigma}}\,\mathrm{d}x = \sigma^2 \int_{0}^{+\infty} \left(\dfrac{x}{\sigma}\right)^2 e^{-\frac{x}{\sigma}}\,\mathrm{d}\dfrac{x}{\sigma} = 2\sigma^2$,

故 $D(|X|) = E(|X|^2) - [E(|X|)]^2 = \sigma^2$.

因此,$D(\hat{\sigma}) = \frac{1}{n}D(|X|) = \frac{1}{n}\sigma^2$.

2.【分析】(1)利用随机变量概率密度的性质;(2)利用参数的最大似然估计. 本题为第二章与第七章的综合题型.

【详解】(1) $\int_{-\infty}^{+\infty} f(x)\,\mathrm{d}x = \int_{\mu}^{+\infty} \frac{A}{\sigma}\mathrm{e}^{-\frac{(x-\mu)^2}{2\sigma^2}}\,\mathrm{d}x = 1$. 令 $\frac{x-\mu}{\sigma} = t$,则 $\int_{\mu}^{+\infty} \frac{A}{\sigma}\mathrm{e}^{-\frac{(x-\mu)^2}{2\sigma^2}}\,\mathrm{d}x = A\int_{0}^{+\infty}\mathrm{e}^{-\frac{t^2}{2}}\,\mathrm{d}t = A \cdot \frac{\sqrt{2\pi}}{2} = 1$,解得 $A = \sqrt{\frac{2}{\pi}}$.

(2)当样本观测值 $x_i \geqslant \mu(i=1,2,\cdots,n)$ 时,似然函数

$$L(\sigma^2) = \prod_{i=1}^{n} f(x_i) = \prod_{i=1}^{n}\sqrt{\frac{2}{\pi}} \cdot \frac{1}{\sigma}\mathrm{e}^{-\frac{(x_i-\mu)^2}{2\sigma^2}} = \left(\sqrt{\frac{2}{\pi}}\right)^n (\sigma^2)^{-n/2}\mathrm{e}^{-\frac{\sum_{i=1}^{n}(x_i-\mu)^2}{2\sigma^2}}.$$

上式两边同时取对数,得 $\ln L(\sigma^2) = n\ln\left(\sqrt{\frac{2}{\pi}}\right) - \frac{n}{2}\ln(\sigma^2) - \frac{\sum_{i=1}^{n}(x_i-\mu)^2}{2\sigma^2}$.

上式两边同时求导数,得 $\frac{\mathrm{d}\ln L(\sigma^2)}{\mathrm{d}\sigma^2} = -\frac{n}{2\sigma^2} + \frac{\sum_{i=1}^{n}(x_i-\mu)^2}{2\sigma^4} = 0$.

因此,σ^2 的最大似然估计为 $\hat{\sigma}^2 = \frac{\sum_{i=1}^{n}(x_i-\mu)^2}{n}$.

3.【分析】(1)利用条件概率和分布函数计算事件的概率;(2)连续型总体参数最大似然估计的步骤. 本题为第一章、第二章与第七章的综合题型.

【详解】(1) $P(T>t) = 1-F(t) = \mathrm{e}^{-(t/\theta)^m}$.

$$P(T>s+t \mid T>s) = \frac{P(T>s+t, T>s)}{P(T>s)} = \frac{P(T>s+t)}{P(T>s)} = \frac{1-F(s+t)}{1-F(s)} = \frac{\mathrm{e}^{-((t+s)/\theta)^m}}{\mathrm{e}^{-(s/\theta)^m}} = \mathrm{e}^{-\frac{(t+s)^m-s^m}{\theta^m}}.$$

(2)总体 T 的概率密度为 $f(t) = \begin{cases} \dfrac{mt^{m-1}}{\theta^m}\mathrm{e}^{-(t/\theta)^m}, & t>0, \\ 0, & t\leqslant 0. \end{cases}$ 似然函数

$$L(\theta) = \prod_{i=1}^{n} f(t_i) = m^n\theta^{-nm}\left(\prod_{i=1}^{n} t_i\right)^{m-1}\mathrm{e}^{-\frac{1}{\theta^m}\sum_{i=1}^{n} t_i^m}.$$

上式两边同时取对数,得 $\ln L(\theta) = n\ln m - mn\ln\theta + (m-1)\sum_{i=1}^{n}\ln t_i - \frac{1}{\theta^m}\sum_{i=1}^{n} t_i^m$.

上式两边同时求导数,得 $\frac{\mathrm{d}\ln L(\theta)}{\mathrm{d}\theta} = -\frac{mn}{\theta} + \sum_{i=1}^{n}\ln t_i + \frac{m}{\theta^{m+1}}\sum_{i=1}^{n} t_i^m = 0$.

因此,θ 的最大似然估计为 $\hat{\theta} = \left(\frac{1}{n}\sum_{i=1}^{n} t_i^m\right)^{\frac{1}{m}}$.

4.【分析】利用指数分布的数字特征和连续型总体参数的最大似然估计. 本题为第四章与第七章的综合题型.

【详解】均值为 θ 的指数分布总体 X 的概率密度为 $f_X(x) = \begin{cases} \dfrac{1}{\theta}\mathrm{e}^{-\frac{x}{\theta}}, & x>0, \\ 0, & \text{其他}; \end{cases}$ 均值为 2θ 的指数分布总

体 Y 的概率密度为 $f_Y(y)=\begin{cases}\dfrac{1}{2\theta}\mathrm{e}^{-\frac{y}{2\theta}}, & y>0, \\ 0, & \text{其他},\end{cases}$ 那么可设 $X_1,X_2,\cdots,X_n,Y_1,Y_2,\cdots,Y_m$ 的似然函数

$$L(\theta)=\prod_{i=1}^{n}f_{X_i}(x_i)\cdot\prod_{j=1}^{m}f_{Y_j}(Y_j)=\left(\frac{1}{\theta}\right)^{n}\mathrm{e}^{-\frac{1}{\theta}\sum\limits_{i=1}^{n}x_i}\left(\frac{1}{2\theta}\right)^{m}\mathrm{e}^{-\frac{1}{2\theta}\sum\limits_{j=1}^{m}y_j}.$$

上式两边同时取对数,得 $\ln L(\theta)=-n\ln\theta-\dfrac{1}{\theta}\displaystyle\sum_{i=1}^{n}x_i-m\ln 2\theta-\dfrac{1}{2\theta}\sum_{j=1}^{m}y_j.$

上式两边同时求导数,得 $\dfrac{\mathrm{d}\ln L(\theta)}{\mathrm{d}\theta}=-\dfrac{n}{\theta}+\dfrac{1}{\theta^2}\displaystyle\sum_{i=1}^{n}x_i-\dfrac{m}{\theta}+\dfrac{1}{2\theta^2}\sum_{j=1}^{m}y_j=0.$

因此,θ 的最大似然估计量为 $\hat{\theta}=\dfrac{\displaystyle\sum_{i=1}^{n}X_i+\dfrac{1}{2}\sum_{j=1}^{m}Y_j}{n+m}.$

$$D(\hat{\theta})=D\left(\frac{\displaystyle\sum_{i=1}^{n}X_i+\frac{1}{2}\sum_{j=1}^{m}Y_j}{m+n}\right)=\frac{1}{(m+n)^2}D\left(\sum_{i=1}^{n}X_i+\frac{1}{2}\sum_{j=1}^{m}Y_j\right)=\frac{1}{(m+n)^2}\left[\sum_{i=1}^{n}D(X_i)+\frac{1}{4}\sum_{j=1}^{m}D(Y_j)\right]$$

$$=\frac{1}{(m+n)^2}\left[nD(X_1)+\frac{m}{4}D(Y_1)\right].$$

又 $D(X_1)=\theta^2,D(Y_1)=4\theta^2,$ 所以 $D(\hat{\theta})=\dfrac{\theta^2}{m+n}.$

习　题　八

第一部分　基　本　题

一、选择题

1. C.　2. C.　3. A.　4. C.　5. B.

二、填空题

1. H_0 不真,接受 H_0.　2. $\dfrac{\overline{X}-\mu_0}{\sigma/\sqrt{n}},N(0,1).$　3. 增加样本容量.

4. "小概率事件".

三、计算题

1. $H_0:\mu=\mu_0,\quad H_1:\mu\neq\mu_0(\mu_0=8);T_0=\dfrac{\overline{X}-\mu_0}{\sigma/\sqrt{n}}(=1.677\ 1)\sim N(0,1);W=\{\,|T_0|>1.96\};$ 接受 H_0.

2. $H_0:\mu\leqslant\mu_0,\quad H_1:\mu>\mu_0(\mu_0=3);T_0=\dfrac{\overline{X}-\mu_0}{S/\sqrt{n}}(=2.347\ 0)\sim t(n-1);W=\{T_0>1.729\ 1\};$ 拒绝 H_0.

3. $H_0:\sigma^2\leqslant\sigma_0^2,\quad H_1:\sigma^2>\sigma_0^2(\sigma_0^2=0.005^2);T_0=\dfrac{(n-1)S^2}{\sigma_0^2}(=15.68)\sim\chi^2(n-1);$

$W=\{T_0>15.507\ 8\};$ 拒绝 H_0.

4. $H_0:\mu_1=\mu_2,\quad H_1:\mu_1\neq\mu_2;T_0=\dfrac{\overline{X}-\overline{Y}}{\sqrt{\dfrac{\sigma_1^2}{m}+\dfrac{\sigma_2^2}{n}}}(=2.386)\sim N(0,1);$

$W = \{ |T_0| > 1.645 \}$; 拒绝 H_0.

5. $H_0 : \mu_1 \leqslant \mu_2$, $H_1 : \mu_1 > \mu_2$; $T_0 = \dfrac{\overline{X} - \overline{Y}}{S_W \sqrt{\dfrac{1}{m} + \dfrac{1}{n}}}$ ($=2.9549$) $\sim t(m+n-2)$;

$W = \{ T_0 > 1.6577 \}$; 拒绝 H_0.

6. $H_0 : \sigma_1^2 = \sigma_2^2$, $H_1 : \sigma_1^2 \neq \sigma_2^2$; $T_0 = \dfrac{S_1^2}{S_2^2}$ ($=2.8$) $\sim F(m-1, n-1)$;

$W = \{ T_0 > 1.7719 \text{ 或 } T_0 < 0.5594 \}$; 拒绝 H_0.

7. $H_0 : p_1 = \cdots = p_6 = \dfrac{1}{6}$; $T_0 = \sum_{i=1}^{m} \dfrac{n_i^2}{np_i} - n$ ($=1.8$) $\sim \chi^2(m-1)$; $W = \{ T_0 > 11.0703 \}$; 接受 H_0.

8. H_0:吸烟与患慢性气管炎是独立的;

$T_0 = n \sum_{i=1}^{r} \sum_{j=1}^{s} \dfrac{(n_{ij} - n_i. \, n._{j}/n)^2}{n_i. \, n._{j}/n}$ ($=7.4688$) $\sim \chi^2((r-1)(s-1))$; $W = \{ T_0 > 6.635 \}$; 拒绝 H_0.

第二部分 提 高 题

1. **解** 设 X 表示各页印刷错误的个数,依题意提出假设:

$$H_0 : X \sim P(\lambda), \quad H_1 : X \text{ 不服从泊松分布.}$$

先用最大似然法估计 λ 得

$$\hat{\lambda} = \overline{X} = (0 \times 35 + 1 \times 40 + 2 \times 20 + 3 \times 2 + 4 \times 1 + 5 \times 2)/100 = 1.$$

由泊松分布及样本取值情况,我们把数轴 $(-\infty, +\infty)$ 划分成 6 个小区间 $D_i(i=1,2,\cdots,6)$,其中,前 5 个小区间分别包含 0,1,2,3,4,5,最后 1 个小区间包含 6,7,$\cdots$,此时

$$p_1 = P(X=0) = 0.3679, p_2 = P(X=1) = 0.3679, p_3 = P(X=2) = 0.1839,$$
$$p_4 = P(X=3) = 0.0613, p_5 = P(X=4) = 0.0153, p_6 = P(X \geqslant 5) = 0.0037,$$

$n_1 = 35, n_2 = 40, n_3 = 20, n_4 = 2, n_5 = 1, n_6 = 2$,所以

$$T_0 = \sum_{i=1}^{6} \dfrac{n_i^2}{np_i} - n = \dfrac{35^2}{36.79} + \dfrac{40^2}{36.79} + \cdots + \dfrac{2^2}{0.37} - 100 = 10.77.$$

近似有 $T_0 \sim \chi^2(6-1-1) = \chi^2(4)$,对给定的 $\alpha = 0.05$,查表得 $\chi^2_{0.05}(4) = 9.487$. 由于 $T_0 = 10.77 > \chi^2_{0.05}(4) = 9.487$,所以拒绝 H_0,即不能认为各页的印刷错误个数服从泊松分布.

2. **解** 设 X 表示该门课程的成绩,依题意提出假设:

$$H_0 : X \sim N(\mu, \sigma^2), \quad H_1 : X \text{ 不是正态分布.}$$

先用最大似然法估计未知参数 μ 和 σ^2,$\hat{\mu} = \overline{x}$,$\hat{\sigma}^2 = \dfrac{n-1}{n} S^2$,由于本题样本为分组数据,所以采用如下方法计算:设 x_i^* 为第 i 组的组中值,则

$$\hat{\mu} = \overline{x} = \dfrac{\sum_i x_i^* n_i}{n}$$

$$= \dfrac{18.5 \times 3 + 44.5 \times 7 + 54.5 \times 10 + 64.5 \times 25 + 74.5 \times 35 + 84.5 \times 13 + 95 \times 7}{100}$$

$$= 68.955.$$

$$\hat{\sigma}^2 = \dfrac{n-1}{n} S^2 = \dfrac{1}{n} \sum (x_i^* - \overline{x})^2 n_i = 233.7505.$$

原假设 H_0 改写成 "$X \sim N(68.955, 15.289^2)$",由于第一个区间样本个数只有 3 个(小于 5),所以把第一个与区间与第二个区间进行合并,使每个小区间样本点个数都大于 5,合并后区间个数 $m=6$,具体计算结果见下表:

正态分布的 χ^2 检验过程

成绩区间 $(a_{i-1},a_i]$	频数 n_i	$p_i=\Phi\left(\dfrac{a_i-\hat{\mu}}{\hat{\sigma}}\right)-\Phi\left(\dfrac{a_{i-1}-\hat{\mu}}{\hat{\sigma}}\right)$	np_i	$\dfrac{(n_i-np_i)^2}{np_i}$
$[0,49]$	10	0.095 9	9.59	0.017 4
$(49,59]$	10	0.161 6	16.16	2.346 2
$(59,69]$	25	0.243 7	24.37	0.016 3
$(69,79]$	35	0.243 2	24.32	4.686 0
$(79,89]$	13	0.160 7	16.07	0.585 5
$(89,100]$	7	0.094 9	9.49	0.654 1
$\sum$	100	1.000	100	8.305 5

从上面计算得出 T_0 的观察值为 8.305 5。在显著性水平 $\alpha=0.05$ 下，查自由度 $\nu=6-2-1=3$ 的 χ^2 分布表，得到临界值 $\chi^2_{0.05}(3)=7.814\ 5$。由 $T_0=8.305\ 5>7.814\ 5=\chi^2_{0.05}(3)$，所以拒绝原假设，认为这门课程的成绩不服从正态分布 $N(68.955,15.289^2)$。

3. 解　设 $X_1,X_2,\cdots,X_n;Y_1,Y_2,\cdots,Y_n$ 分别为两总体的样本。由于两总体的方差相等，所以可以构造检验统计量：

$$T_0=\frac{\overline{X}-\overline{Y}}{S_w\sqrt{\dfrac{2}{n}}}\sim t(2n-2).$$

拒绝域为 $W=\{|T_0|>t_{\alpha/2}(2n-2)\}$，其中 $\overline{X}$、$\overline{Y}$ 分别为两样本的均值，S_w^2 为两样本的加权方差。也可以构造一个新的总体 Z 和样本 $Z_1,Z_2,\cdots,Z_n$，其中 $Z_i=X_i-Y_i(i=1,2,\cdots,n)$，$\overline{Z}=\overline{X}-\overline{Y}$，$S_Z^2=\dfrac{1}{n-1}\sum\limits_{i=1}^{n}(Z_i-\overline{Z})^2=\dfrac{1}{n-1}\cdot$

$\sum\limits_{i=1}^{n}(X_i-Y_i-(\overline{X}-\overline{Y}))^2$，且总体 $Z\sim N(\mu_1-\mu_2,2\sigma^2)$。根据抽样分布定理得

$$\overline{Z}\sim N\left(\mu_1-\mu_2,\frac{2\sigma^2}{n}\right),\quad \frac{(n-1)S_Z^2}{2\sigma^2}\sim\chi^2(n-1),\quad \text{且}\frac{\overline{Z}-(\mu_1-\mu_2)}{S_Z/\sqrt{n}}\sim t(n-1),$$

所以可以构造检验统计量

$$T_0=\frac{\overline{Z}}{S_Z/\sqrt{n}}\sim t(n-1),$$

拒绝域为 $W=\{|T_0|>t_{\alpha/2}(n-1)\}$。

4. 解　设 $\overline{X}$、$\overline{Y}$ 分别为两样本的均值，则

$$\overline{X}\sim N\left(\mu_1,\frac{\sigma_1^2}{m}\right),\ \overline{Y}\sim N\left(\mu_2,\frac{\sigma_2^2}{n}\right),\text{且}\overline{X}\text{、}\overline{Y}\text{相互独立}.$$

所以 $\overline{X}-2\overline{Y}\sim N\left(\mu_1-2\mu_2,\dfrac{\sigma_1^2}{m}+\dfrac{4\sigma_2^2}{n}\right)$，即 $\dfrac{\overline{X}-2\overline{Y}-(\mu_1-2\mu_2)}{\sqrt{\dfrac{\sigma_1^2}{m}+\dfrac{4\sigma_2^2}{n}}}\sim N(0,1)$。在 H_0 成立的条件下，构造检验统计量

$$T_0=\frac{\overline{X}-2\overline{Y}}{\sqrt{\dfrac{\sigma_1^2}{m}+\dfrac{4\sigma_2^2}{n}}}\sim N(0,1),$$

拒绝域为 $W=\{T_0<-u_\alpha\}$。

第三部分　近年考研真题

一、选择题

1. 选(D).

【分析】　利用标准正态分布分位点的性质及假设检验的接受域或拒绝域的定义. 本题为第六章与第八章的综合题型.

【详解】　若显著性水平 $\alpha = 0.05$ 时接受 H_0，说明 $\left| \dfrac{\bar{x} - \mu_0}{\sigma/\sqrt{n}} \right| < u_{0.025}$ 成立，又由于 $u_{0.025} < u_{0.005}$，则 $\left| \dfrac{\bar{x} - \mu_0}{\sigma/\sqrt{n}} \right| < u_{0.005}$ 也成立，而该不等式正是 $\alpha = 0.01$ 时接受 H_0 的前提，所以 $\alpha = 0.01$ 时也接受 H_0.

2. 选(B).

【分析】　利用正态总体的抽样定理、假设检验第二类错误的定义和正态分布概率的计算. 本题为第二章、第六章与第八章的综合题型.

【详解】　由于 $\mu = 11.5$ 时，$\bar{X} \sim N\left(11.5, \dfrac{1}{4}\right)$，故所求概率为 $P(\bar{X} < 11) = \Phi\left(\dfrac{11 - 11.5}{1/2}\right) = \Phi(-1) = 1 - \Phi(1)$.

常见分布参数、估计量及数字特征与正态总体参数置信区间及假设检验一览表 ——○

常见分布参数、估计量及数字特征表

附录 II

常用分布表 ———————————○

表 1　泊松分布函数表 $P(X \leqslant k) = \sum\limits_{x=0}^{k} \mathrm{e}^{-\lambda} \dfrac{\lambda^{x}}{x!}$

表 2　标准正态分布函数表 $\Phi(x) = \dfrac{1}{\sqrt{2\pi}} \displaystyle\int_{-\infty}^{x} \exp\left(-\dfrac{t^2}{2}\right) \mathrm{d}t$

表 3　$t(n)$ 分布的上侧分位点表 $P(t(n) > t_a(n)) = \alpha$

表 4　$\chi^2(n)$ 分布的上侧分位点表 $P(\chi^2(n) > \chi^2_\alpha(n)) = \alpha$

表 5　F 分布的上侧分位点表 $P(F(n_1, n_2) > F_\alpha(n_1, n_2)) = \alpha$

参考文献

[1] 梁飞豹,刘文丽,薛美玉,等.概率论与数理统计.2 版.北京:北京大学出版社,2012.

[2] 梁飞豹,吕书龙,薛美玉,等.应用统计方法.北京:北京大学出版社,2010.

[3] 李少辅,阎国军,戴宁,等.概率论.北京:科学出版社,2011.

[4] 茆诗松,程依明,濮晓龙.概率论与数理统计教程.3 版.北京:高等教育出版社,2019.

[5] 茆诗松,程依明,濮晓龙.概率论与数理统计教程(第 3 版)习题与解答.北京:高等教育出版社,2012.

[6] 邓集贤,杨维权,司徒荣,等.概率论及数理统计(上、下).4 版.北京:高等教育出版社,2009.

[7] 盛骤,谢式千,潘承毅.概率论与数理统计.5 版.北京:高等教育出版社,2020.

[8] 盛骤,谢式千,潘承毅.概率论与数理统计习题全解指南(浙大·第五版).北京:高等教育出版社,2020.

[9] 威廉·费勒.概率论及其应用.3 版.胡迪鹤,译.北京:人民邮电出版社,2006.

[10] 郑明,陈子毅,汪嘉冈.数理统计讲义.上海:复旦大学出版社,2006.

[11] 肖筱南.新编概率论与数理统计.北京:北京大学出版社,2002.

[12] 陈家鼎,郑忠国.概率与统计.北京:北京大学出版社,2007.

[13] 何书元.概率论.北京:北京大学出版社,2006.

[14] 万建平,刘次华.概率论与数理统计学习辅导与习题全解.3 版.北京:高等教育出版社,2008.

[15] 肖马成,周概容.线性代数、概率论与数理统计证明题 500 例解析.北京:高等教育出版社,2008.

[16] 吴传生.经济数学——概率论与数理统计.4 版.北京:高等教育出版社,2021.

郑重声明

高等教育出版社依法对本书享有专有出版权。任何未经许可的复制、销售行为均违反《中华人民共和国著作权法》，其行为人将承担相应的民事责任和行政责任；构成犯罪的，将被依法追究刑事责任。为了维护市场秩序，保护读者的合法权益，避免读者误用盗版书造成不良后果，我社将配合行政执法部门和司法机关对违法犯罪的单位和个人进行严厉打击。社会各界人士如发现上述侵权行为，希望及时举报，我社将奖励举报有功人员。

反盗版举报电话　（010）58581999　58582371

反盗版举报邮箱　dd@hep.com.cn

通信地址　北京市西城区德外大街4号
　　　　　高等教育出版社法律事务部

邮政编码　100120

读者意见反馈

为收集对教材的意见建议，进一步完善教材编写并做好服务工作，读者可将对本教材的意见建议通过如下渠道反馈至我社。

咨询电话　400-810-0598

反馈邮箱　hepsci@pub.hep.cn

通信地址　北京市朝阳区惠新东街4号富盛大厦1座
　　　　　高等教育出版社理科事业部

邮政编码　100029

防伪查询说明

用户购书后刮开封底防伪涂层，使用手机微信等软件扫描二维码，会跳转至防伪查询网页，获得所购图书详细信息。

防伪客服电话　（010）58582300